中国石油科技进展丛书（2006—2015 年）

连续管作业技术与装备

主　编：李雪辉

副主编：胡强法　刘寿军

石油工业出版社

内 容 提 要

本书详细介绍了中国石油2006—2015年，尤其是"十二五"期间连续管技术与装备方面取得主要攻关成果和技术进展。主要内容包括连续管技术的发展历程与现状；连续管专用管材及其制造技术、连续管作业机关键部件与成套装备；连续管修井、储层改造、完井管柱技术与工具；连续管作业技术在页岩气开发中的应用。并分析了中国石油连续管技术与国外先进水平的差距，对"十三五"及今后一个时期中国石油连续管技术面临的生产需求、发展方向进行了展望。

本书可供采油工程技术人员、管理人员和石油院校师生参考。

图书在版编目（CIP）数据

连续管作业技术与装备 / 李雪辉主编 . —北京：石油工业出版社，2019.5

（中国石油科技进展丛书 . 2006—2015 年）

ISBN 978-7-5183-3239-7

Ⅰ . ①连… Ⅱ . ①李… Ⅲ . ①连续油管 – 采油设备

Ⅳ . ① TE931

中国版本图书馆 CIP 数据核字（2019）第 049941 号

出版发行：石油工业出版社

（北京安定门外安华里 2 区 1 号　100011）

网　　址：www. petropub. com

编辑部：（010）64523583　图书营销中心：（010）64523633

经　　销　全国新华书店

印　　刷　北京中石油彩色印刷有限责任公司

2019 年 5 月第 1 版　2022 年 7 月第 2 次印刷

787×1092 毫米　开本：1/16　印张：22

字数：560 千字

定价：180.00 元

（如出现印装质量问题，我社图书营销中心负责调换）

《连续管作业技术与装备》编写组

主　　编：李雪辉

副 主 编：胡强法　刘寿军

编写人员：

贺会群	谭多鸿	朱　峰	曹和平	杨　高	张友军
吕维平	盖志亮	付　悦	熊　革	杨志敏	张富强
宋治国	刘　菲	辛永安	毕宗岳	张锦刚	付洪强
余　晗	孙　虎	费节高	兰建平	任　斌	尹俊禄
黎宗琪	卢秀德	张　杰	邹先雄	孙兆岩	陈微熙
盛国青	鲁明春	李永贵	陈柯华	陈　智	徐云喜
贾　夏	刘习雄	曾永锋	程永瑞	雷兰祥	张志海
马　青	段文益	周忠城	颜家福	胡志强	刘平国
郝　军	彭治兰	刘仁敏	汪福华	伍甫生	陈立华
梁常飞	于东兵	朱再思	黄林华	万冬冬	吴大飞
康树国	郑承明	窦建庆	汤清源	王文军	石成刚
谭文峰	袁文才	王刚庆			

序

习近平总书记指出，创新是引领发展的第一动力，是建设现代化经济体系的战略支撑，要瞄准世界科技前沿，拓展实施国家重大科技项目，突出关键共性技术、前沿引领技术、现代工程技术、颠覆性技术创新，建立以企业为主体、市场为导向、产学研深度融合的技术创新体系，加快建设创新型国家。

中国石油认真学习贯彻习近平总书记关于科技创新的一系列重要论述，把创新作为高质量发展的第一驱动力，围绕建设世界一流综合性国际能源公司的战略目标，坚持国家"自主创新、重点跨越、支撑发展、引领未来"的科技工作指导方针，贯彻公司"业务主导、自主创新、强化激励、开放共享"的科技发展理念，全力实施"优势领域持续保持领先、赶超领域跨越式提升、储备领域占领技术制高点"的科技创新三大工程。

"十一五"以来，尤其是"十二五"期间，中国石油坚持"主营业务战略驱动、发展目标导向、顶层设计"的科技工作思路，以国家科技重大专项为龙头、公司重大科技专项为抓手，取得一大批标志性成果，一批新技术实现规模化应用，一批超前储备技术获重要进展，创新能力大幅提升。为了全面系统总结这一时期中国石油在国家和公司层面形成的重大科研创新成果，强化成果的传承、宣传和推广，我们组织编写了《中国石油科技进展丛书（2006—2015年）》（以下简称《丛书》）。

《丛书》是中国石油重大科技成果的集中展示。近些年来，世界能源市场特别是油气市场供需格局发生了深刻变革，企业间围绕资源、市场、技术的竞争日趋激烈。油气资源勘探开发领域不断向低渗透、深层、海洋、非常规扩展，炼油加工资源劣质化、多元化趋势明显，化工新材料、新产品需求持续增长。国际社会更加关注气候变化，各国对生态环境保护、节能减排等方面的监管日益严格，对能源生产和消费的绿色清洁要求不断提高。面对新形势新挑战，能源企业必须将科技创新作为发展战略支点，持续提升自主创新能力，加快构筑竞争新优势。"十一五"以来，中国石油突破了一批制约主营业务发展的关键技术，多项重要技术与产品填补空白，多项重大装备与软件满足国内外生产急需。截至 2015 年底，共获得国家科技奖励 30 项、获得授权专利 17813 项。《丛书》全面系统地梳理了中国石油"十一五""十二五"期间各专业领域基础研究、技术开发、技术应用中取得的主要创新性成果，总结了中国石油科技创新的成功经验。

《丛书》是中国石油科技发展辉煌历史的高度凝练。中国石油的发展史，就是一部创业创新的历史。建国初期，我国石油工业基础十分薄弱，20 世纪 50 年代以来，随着陆相生油理论和勘探技术的突破，成功发现和开发建设了大庆油田，使我国一举甩掉贫油的帽子；此后随着海相碳酸盐岩、岩性地层理论的创新发展和开发技术的进步，又陆续发现和建成了一批大中型油气田。在炼油化工方面，"五朵金花"炼化技术的开发成功打破了国外技术封锁，相继建成了一个又一个炼化企业，实现了炼化业务的不断发展壮大。重组改制后特别是"十二五"以来，我们将"创新"纳入公司总体发展战略，着力强化创新引领，这是中国石油在深入贯彻落实中央精神、系统总结"十二五"发展经验基础上、根据形势变化和公司发展需要作出的重要战略决策，意义重大而深远。《丛书》从石油地质、物探、测井、钻完井、采油、油气藏工程、提高采收率、地面工程、井下作业、油气储运、石油炼制、石油化工、安全环保、海外油气勘探开发和非常规油气勘探开发等 15 个方面，记述了中国石油艰难曲折的理论创新、科技进步、推广应用的历史。它的出版真实反映了一个时期中国石油科技工作者百折不挠、顽强拼搏、敢于创新的科学精神，弘扬了中国石油科技人员秉承"我为祖国献石油"的核心价值观和"三老四严"的工作作风。

《丛书》是广大科技工作者的交流平台。创新驱动的实质是人才驱动，人才是创新的第一资源。中国石油拥有 21 名院士、3 万多名科研人员和 1.6 万名信息技术人员，星光璀璨、人文荟萃、成果斐然。这是我们宝贵的人才资源。我们始终致力于抓好人才培养、引进、使用三个关键环节，打造一支数量充足、结构合理、素质优良的创新型人才队伍。《丛书》的出版搭建了一个展示交流的有形化平台，丰富了中国石油科技知识共享体系，对于科技管理人员系统掌握科技发展情况，做出科学规划和决策具有重要参考价值。同时，便于科研工作者全面把握本领域技术进展现状，准确了解学科前沿技术，明确学科发展方向，更好地指导生产与科研工作，对于提高中国石油科技创新的整体水平，加强科技成果宣传和推广，也具有十分重要的意义。

掩卷沉思，深感创新艰难、良作难得。《丛书》的编写出版是一项规模宏大的科技创新历史编纂工程，参与编写的单位有60多家，参加编写的科技人员有1000多人，参加审稿的专家学者有200多人次。自编写工作启动以来，中国石油党组对这项浩大的出版工程始终非常重视和关注。我高兴地看到，两年来，在各编写单位的精心组织下，在广大科研人员的辛勤付出下，《丛书》得以高质量出版。在此，我真诚地感谢所有参与《丛书》组织、研究、编写、出版工作的广大科技工作者和参编人员，真切地希望这套《丛书》能成为广大科技管理人员和科研工作者的案头必备图书，为中国石油整体科技创新水平的提升发挥应有的作用。我们要以习近平新时代中国特色社会主义思想为指引，认真贯彻落实党中央、国务院的决策部署，坚定信心、改革攻坚，以奋发有为的精神状态、卓有成效的创新成果，不断开创中国石油稳健发展新局面，高质量建设世界一流综合性国际能源公司，为国家推动能源革命和全面建成小康社会作出新贡献。

2018 年 12 月

丛书前言

石油工业的发展史，就是一部科技创新史。"十一五"以来尤其是"十二五"期间，中国石油进一步加大理论创新和各类新技术、新材料的研发与应用，科技贡献率进一步提高，引领和推动了可持续跨越发展。

十余年来，中国石油以国家科技发展规划为统领，坚持国家"自主创新、重点跨越、支撑发展、引领未来"的科技工作指导方针，贯彻公司"主营业务战略驱动、发展目标导向、顶层设计"的科技工作思路，实施"优势领域持续保持领先、赶超领域跨越式提升、储备领域占领技术制高点"科技创新三大工程；以国家重大专项为龙头，以公司重大科技专项为核心，以重大现场试验为抓手，按照"超前储备、技术攻关、试验配套与推广"三个层次，紧紧围绕建设世界一流综合性国际能源公司目标，组织开展了50个重大科技项目，取得一批重大成果和重要突破。

形成40项标志性成果。（1）勘探开发领域：创新发展了深层古老碳酸盐岩、冲断带深层天然气、高原咸化湖盆等地质理论与勘探配套技术，特高含水油田提高采收率技术，低渗透/特低渗透油气田勘探开发理论与配套技术，稠油/超稠油蒸汽驱开采等核心技术，全球资源评价、被动裂谷盆地石油地质理论及勘探、大型碳酸盐岩油气田开发等核心技术。（2）炼油化工领域：创新发展了清洁汽柴油生产、劣质重油加工和环烷基稠油深加工、炼化主体系列催化剂、高附加值聚烯烃和橡胶新产品等技术，千万吨级炼厂、百万吨级乙烯、大氮肥等成套技术。（3）油气储运领域：研发了高钢级大口径天然气管道建设和管网集中调控运行技术、大功率电驱和燃驱压缩机组等16大类国产化管道装备，大型天然气液化工艺和20万立方米低温储罐建设技术。（4）工程技术与装备领域：研发了G3i大型地震仪等核心装备，"两宽一高"地震勘探技术，快速与成像测井装备、大型复杂储层测井处理解释一体化软件等，8000米超深井钻机及9000米四单根立柱钻机等重大装备。（5）安全环保与节能节水领域：

研发了 CO_2 驱油与埋存、钻井液不落地、炼化能量系统优化、烟气脱硫脱硝、挥发性有机物综合管控等核心技术。（6）非常规油气与新能源领域：创新发展了致密油气成藏地质理论，致密气田规模效益开发模式，中低煤阶煤层气勘探理论和开采技术，页岩气勘探开发关键工艺与工具等。

取得 15 项重要进展。（1）上游领域：连续型油气聚集理论和含油气盆地全过程模拟技术创新发展，非常规资源评价与有效动用配套技术初步成型，纳米智能驱油二氧化硅载体制备方法研发形成，稠油火驱技术攻关和试验获得重大突破，井下油水分离同井注采技术系统可靠性、稳定性进一步提高；（2）下游领域：自主研发的新一代炼化催化材料及绿色制备技术、苯甲醇烷基化和甲醇制烯烃芳烃等碳一化工新技术等。

这些创新成果，有力支撑了中国石油的生产经营和各项业务快速发展。为了全面系统反映中国石油 2006—2015 年科技发展和创新成果，总结成功经验，提高整体水平，加强科技成果宣传推广、传承和传播，中国石油决定组织编写《中国石油科技进展丛书（2006—2015 年）》（以下简称《丛书》）。

《丛书》编写工作在编委会统一组织下实施。中国石油集团董事长王宜林担任编委会主任。参与编写的单位有 60 多家，参加编写的科技人员 1000 多人，参加审稿的专家学者 200 多人次。《丛书》各分册编写由相关行政单位牵头，集合学术带头人、知名专家和有学术影响的技术人员组成编写团队。《丛书》编写始终坚持：一是突出站位高度，从石油工业战略发展出发，体现中国石油的最新成果；二是突出组织领导，各单位高度重视，每个分册成立编写组，确保组织架构落实有效；三是突出编写水平，集中一大批高水平专家，基本代表各个专业领域的最高水平；四是突出《丛书》质量，各分册完成初稿后，由编写单位和科技管理部共同推荐审稿专家对稿件审查把关，确保书稿质量。

《丛书》全面系统反映中国石油 2006—2015 年取得的标志性重大科技创新成果，重点突出"十二五"，兼顾"十一五"，以科技计划为基础，以重大研究项目和攻关项目为重点内容。丛书各分册既有重点成果，又形成相对完整的知识体系，具有以下显著特点：一是继承性。《丛书》是《中国石油"十五"科技进展丛书》的延续和发展，凸显中国石油一以贯之的科技发展脉络。二是完整性。《丛书》涵盖中国石油所有科技领域进展，全面反映科技创新成果。三是标志性。《丛书》在综合记述各领域科技发展成果基础上，突出中国石油领先、高端、前沿的标志性重大科技成果，是核心竞争力的集中展示。四是创新性。《丛书》全面梳理中国石油自主创新科技成果，总结成功经验，有助于提高科技创新整体水平。五是前瞻性。《丛书》设置专门章节对世界石油科技中长期发展做出基本预测，有助于石油工业管理者和科技工作者全面了解产业前沿、把握发展机遇。

《丛书》将中国石油技术体系按 15 个领域进行成果梳理、凝练提升、系统总结，以领域进展和重点专著两个层次的组合模式组织出版，形成专有技术集成和知识共享体系。其中，领域进展图书，综述各领域的科技进展与展望，对技术领域进行全覆盖，包括石油地质、物探、测井、钻完井、采油、油气藏工程、提高采收率、地面工程、井下作业、油气储运、石油炼制、石油化工、安全环保节能、海外油气勘探开发和非常规油气勘探开发等 15 个领域。31 部重点专著图书反映了各领域的重大标志性成果，突出专业深度和学术水平。

《丛书》的组织编写和出版工作任务量浩大，自 2016 年启动以来，得到了中国石油天然气集团公司党组的高度重视。王宜林董事长对《丛书》出版做了重要批示。在两年多的时间里，编委会组织各分册编写人员，在科研和生产任务十分紧张的情况下，高质量高标准完成了《丛书》的编写工作。在集团公司科技管理部的统一安排下，各分册编写组在完成分册稿件的编写后，进行了多轮次的内部和外部专家审稿，最终达到出版要求。石油工业出版社组织一流的编辑出版力量，将《丛书》打造成精品图书。值此《丛书》出版之际，对所有参与这项工作的院士、专家、科研人员、科技管理人员及出版工作者的辛勤工作表示衷心感谢。

人类总是在不断地创新、总结和进步。这套丛书是对中国石油 2006—2015 年主要科技创新活动的集中总结和凝练。也由于时间、人力和能力等方面原因，还有许多进展和成果不可能充分全面地吸收到《丛书》中来。我们期盼有更多的科技创新成果不断地出版发行，期望《丛书》对石油行业的同行们起到借鉴学习作用，希望广大科技工作者多提宝贵意见，使中国石油今后的科技创新工作得到更好的总结提升。

2018 年 12 月

前　言

连续管技术是一种"能从根本上转变井筒作业方式的前沿技术"，作业过程无需接单根、自动化程度高，可大幅提高作业效率、方便实施带压作业，能更好地适应水平井等复杂井的作业。到20世纪90年代，已广泛用于钻井、完井、试油、采油采气、修井、测井和油气集输等油气田作业领域，其技术装备被誉为"万能作业机"。

"十一五"和"十二五"期间，以2006年国家863项目设立"连续管技术与装备"课题为标志，中国石油牵头承担国家课题，并配套设置一系列攻关、试验与推广项目，持续开展连续管技术的研究、试验与连续管作业技术的应用推广，研发出连续管作业装备、专用管材、工具与工艺等自主技术，产品逐步系列化，应用规模迅速增长，引领国内连续管技术快速发展，使我国成为全球连续管技术发展最快的区域之一。

本书是《中国石油科技进展丛书（2006—2015年）》的一个分册，详细介绍了中国石油2006—2015年期间连续管作业技术的装备研发、管材制造、作业工具研制和技术应用与推广等方面的成果和技术进展，对连续管作业技术与装备持续发展具有推动作用。

全书共九章。第一章绪论，由胡强法、刘寿军等编写；第二章连续管专用管材及其制造技术，由毕宗岳、余晗等编写；第三章连续管作业机关键部件，由杨高、张富强等编写；第四章连续管作业成套装备，由曹和平、宋治国等编写；第五章连续管修井，由朱峰、鲁明春等编写；第六章连续管储层改造，由张友军、盖志亮、费节高等编写；第七章连续管完井管柱，由吕维平、付悦等编写；第八章连续管作业技术在页岩气开发中的应用，由胡强法、卢秀德等编写；第九章连续管技术发展展望，由胡强法、刘寿军等编写。全书由李雪辉、胡强法、刘寿军统稿，由孙宁、马卫国和谢正凯审核。

由于编者水平有限，书中定有不当之处，敬请读者批评指正。

目 录

第一章 绪 论

连续管技术是一种"能从根本上转变井筒作业方式的前沿技术"。与钻杆/油管等常规管柱相比，连续管无需接单根、自动化程度高，可大幅提高作业效率、方便实施带压作业；与钢丝绳/电缆相比，连续管具有循环通道、具有更强的刚性，能更好地适应水平井等复杂井的作业。

按照国际修井与连续管技术协会（ICOTA）的概括[1]，连续管作业技术最突出的优势是能"安全高效地带压修井、快速移运和安装、起下过程能保持循环"，应用连续管作业带来的最显著的效益和效果是能"缩短占井周期并减少非生产时间、减少配套作业和操作人员、显著降低费用"。根据 ICOTA 的划分，连续管常规作业服务主要包括 8 个方面：排液、井筒清理（含冲砂、除垢）、酸化/增产措施、速度管柱、打捞（含切割）、工具传送、测井（实时和存储）、投塞/取塞（含钻塞）；连续管新发展的领域主要包括 5 个方面：连续管钻井、压裂、海上、深井、管道/出油管线。

第一节 连续管技术的发展历程

连续管技术于 1962 年开始在石油工业中应用并快速发展，到 20 世纪 90 年代，已广泛应用于钻井、完井、试油、采油采气、修井、测井和油气集输等油气田作业领域，其技术装备被誉为"万能作业机"。连续管技术在油气井作业领域的应用最早也最多，在哈里伯顿公司、斯伦贝谢公司和贝克休斯公司等石油服务国际大公司，连续管作业技术已成为其修井与增产作业等核心业务的重要手段。自 2000 年以来，随着水平井的规模应用和非常规油气的大规模经济开发，连续管作业技术迎来新一轮发展高潮，已成为页岩气水平井开发等领域必不可少的技术[2-4]。

从 1977 年我国引进第一台连续管作业机开始，国内开展连续管作业已有近 40 年的历史，但前 30 年连续管装备、管材、工具全部依赖进口，发展缓慢。以 2006 年国家 863 项目设立"连续管技术与装备"课题为标志，自主技术的研究推动国内连续管技术开始加速发展。"十一五"和"十二五"期间，中国石油牵头承担国家课题，并配套设置一系列攻关、试验与推广项目，持续开展连续管技术的研究、试验与连续管作业技术的应用推广，研发出连续管作业装备、专用管材、工具与工艺等自主技术，产品逐步系列化，应用规模迅速增长，引领国内连续管技术快速发展，使我国成为全球连续管技术发展最快的区域之一[5, 6]。

一、全球连续管技术的发展历程

全球连续管技术的发展，2000 年之前主要受技术推动和影响，经历了三个大的发展阶段：在初期起步阶段，由于连续管作业具有的新技术优势，发展很快；应用增多后，由于受管材性能和设备可靠性等因素限制，发展遇到瓶颈；20 世纪 80 年代，随着连续管管材和设备技术的改进完善，加上石油价格回落后为新技术发展提供的机遇，连续管技术应用的范围不断扩大，再次得到迅速发展。2000 年之后主要由需求拉动，由于水平井的规模应用，天然气、非常规油气开发的快速发展，连续管技术迎来新一轮发展高潮。

1. 起步与快速发展阶段

1962 年，美国加利福尼亚石油公司（California Oil Co.）和波恩石油工具公司（Bowen Oil Tools Co.）联合研制了第一台连续管轻便修井装置，所用连续管外径为 33.4mm，主要用于墨西哥海湾油气井的冲砂洗井作业。由于连续管作业技术从一开始投入使用便显示了其突出的优点，诸如不需上卸扣、接单根，可节省起下作业时间，并可连续向井下循环修井液，减少对地层的伤害等，连续管作业技术出现后在 20 世纪 60 年代至 70 年代初得到迅速发展，连续管作业设备在油气田生产中的应用不断扩大。

1964 年，美国布朗石油工具公司（Brown Tools Co.）建立了连续管生产线，生产外径为 19.05mm 的连续管，此后不久开始生产外径为 25.4mm 的连续管。波恩石油工具公司于 1967 年建立了连续管生产线，主要生产外径为 12.7mm 和 19.05mm 的连续管，到了 20 世纪 70 年代初，开始生产外径为 25.4mm 的连续管。西南管材公司（Southwesten Pipe Inc.）于 1969 年开始生产连续管，采用屈服强度为 345~379MPa 的钢板，并改进了制造工艺。

在连续管管材快速发展的同时，其应用装备也随着不断发展和完善。继第一台连续管轻便修井装置之后，1964 年，布朗石油工具公司和埃索石油公司（ESSO）共同研制出一种修井用注入头，使用的连续管外径为 19.05mm，用于陆上和海上油井的清砂作业。1967 年，波恩石油工具公司研制出 12 台 5M 型连续管作业机，使用外径为 12.7mm 的连续管，其提升能力为 22.3kN。1968 年，波恩石油工具公司又开发出 8M 型连续管作业机，使用外径为 19.05mm 的连续管，其提升能力为 35.6kN。至 20 世纪 70 年代初，已有 200 多台连续管作业机广泛用于油气井的清砂和注氮作业。1964—1967 年，油气工业中所用连续管外径为 19.05~25.4nm，1967 年至 20 世纪 70 年代初则主要使用外径为 12.7~25.4mm 的连续管。这一期间，连续管主要用于浅井作业。

2. 发展停滞阶段

20 世纪 70 年代初，人们将外径为 25.4mm 的连续管用到深井作业，但由于当时连续管的材料强度（屈服强度为 345~379MPa）及其直焊缝强度较低，不能满足重复循环及深井作业时所产生的高拉伸载荷的要求，连续管在深井中应用并不成功。70 年代是连续管技术发展史上的"灰色岁月"，由于连续管焊缝失效、设备故障及井下作业事故增多等多种综合因素，人们开始对连续管作业技术的可靠性及安全性提出质疑，连续管作业技术的发展受到严重阻碍。

到 20 世纪 70 年代末至 80 年代初，开始有所转变。美国几家连续管作业机制造厂商针对其设备在现场的应用情况，着重在设计和制造上进行技术改进，进而提高了设备的性能，扩大了连续管作业机的适用管径范围，并大大降低了设备的失效率。与此同时，美国几家连续管制造厂商也开始投入力量改进连续管制造技术，并于 1978 年开发出外径 31.8mm 的连续管。

3. 扩大发展阶段

进入 20 世纪 80 年代后，世界石油价格回落，连续管作业技术出现了新的转机。随着钢材材质和管材制造技术的改进以及连续管作业设备性能的不断改善，各连续管制造厂商抓住时机，不断开发出新的连续管，持续拓展应用领域。1980 年，开始采用屈服强度为 48.2MPa 的钢板轧制连续管，明显地改善了连续管的性能；1983 年，在阿拉斯加北坡，连续管开始被用于挤注水泥作业；到了 20 世纪 80 年代中期，连续管已被应用于各类泵送作业、输送井下工具及替换生产管柱。同时，各连续管制造厂商致力于较大直径连续管的开发，到 80 年代后期，外径为 38.1mm 和 44.45mm 的连续管相继问世。

进入 90 年代后，连续管作业技术发展迅速，工艺技术的改进与完善，特别是各种连续管作业井下工具的研制，有力地促进了该技术向更广泛的应用领域扩展，连续管作业已涉及钻井、完井、试油、采油、修井和集输等作业领域。

4. 新一轮发展高潮

从 2000 年开始，国外水平井应用规模增加，天然气、非常规油气的开发进度加快，推动连续管技术迎来又一轮发展高潮。从设备数量来看（图 1-1）[5]，2002—2010 年增长最为迅猛，全球在役连续管作业机年均递增 12%，到 2015 年最高达到 2089 台，应用规模持续加大；从连续管服务的市场规模和单机服务收入来看（图 1-2 和图 1-3）[6]，从 2005 年开始呈逐年上升趋势，2011 年市场规模达到 70.6 亿美元（按汇率 6.3 测算，折合人民币 444.6 亿元），单机服务收入达到 204 万美元（折合人民币 1285 万元），2014 年市场规模达到 92.6 亿美元（按汇率 6.12 测算，折合人民币 566.7 亿元），单机服务收入达到 259 万美元（折合人民币 1585 万元）；从应用分布和作业频次来看[3]，连续管用于常规修井的份额约占 60% 多，用于钻井、压裂的份额迅速增长至接近 30%，用于常规作业单车年均作业超过 100 井次，用于压裂、钻磨作业单车年均作业超过 100 层段。

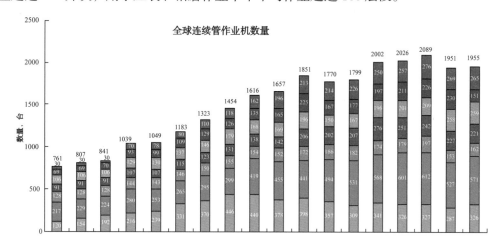

	1999年	2000年	2001年	2002年	2003年	2005年	2006年	2007年	2008年	2009年	2010年	2011年	2012年	2013年	2014年	2015年	2016年	2017年
全球总数量	761	807	841	1039	1049	1183	1323	1454	1616	1657	1851	1770	1799	2002	2026	2089	1951	1955
俄罗斯及独联体	30	30	30	70	78	80	110	118	162	196	213	214	226	250	257	276	269	265
远东地区	69	69	70	93	99	109	129	126	135	165	225	167	177	197	211	226	230	151
中东地区	106	106	106	129	130	137	146	179	168	169	196	150	167	196	201	209	258	259
拉丁美洲	91	91	91	107	107	115	123	131	138	142	206	202	207	276	251	242	227	221
欧洲/非洲	128	128	128	144	143	146	150	155	154	152	172	186	182	174	179	197	153	162
美国	217	229	224	280	253	265	295	299	419	455	441	494	531	568	601	612	527	571
加拿大	120	154	192	216	239	331	370	446	440	378	398	357	309	341	326	327	287	326

图 1-1　1999—2017 年全球在役连续管作业机分年度数据

（资料来源：国际连续管协会（ICoTA）2017 年 3 月修订）

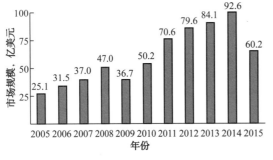

图1-2　2005—2015年全球连续管服务市场
分年度数据

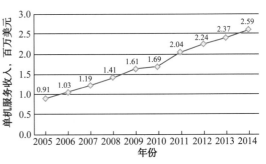

图1-3　2005—2014年全球连续管单机服务
收入变化

在此阶段，业内专家通过大量的应用和统计分析形成了一些共识：连续管作业是页岩气水平井开发的必备手段，5段以上的多级压裂采用连续管压裂具有效率高、综合成本低、增产效果好的优势[2]。

二、中国石油连续管技术的发展历程

中国石油引领国内连续管技术的发展[3]，经历了引进与应用探索、自主研发和应用推广3个阶段[2, 7, 8]。

1. 引进与应用探索阶段

国内从1977年引进第一台连续管作业机开始，一直到2006年国产首台9.5mm（3/8in）连续管橇装作业机（XPCQ-36型小直径管排水采气装置，最大作业深度3600m）出现，近30年时间发展非常缓慢。连续管作业装备、工具完全依赖进口，连续管直径以31.8mm（$1\frac{1}{4}$in）和38.1mm（$1\frac{1}{2}$in）为主，应用主要局限于气举排液、冲砂洗井、冲洗解堵等简单作业，而这些简单作业也被作为"特种作业"，只有当常规措施难以实施时才会选用。这期间的连续管作业很少使用工具，国内对连续管技术的认识和工艺水平与国外差距很大[2]。

为提高认识，改变连续管装备与技术依赖国外的局面，中国石油从20世纪90年代初开始，开展了连续管技术与装备的跟踪研究，先后组织编写了《连续管作业技术文集》《连续管作业机操作与维护》等专著，为后期连续管技术的研究提供了技术储备。

2. 自主研发阶段

从2006年开始，随着国内水平井的规模应用和天然气开发力度加大，以国家设立863项目"连续管技术与装备"专项课题为标志，国内连续管技术开始加速发展。中国石油在牵头承担国家课题的同时，设立了"连续管修井装备与工具研制""复杂结构井连续管作业技术应用基础研究""连续管作业技术与装备现场试验"等项目，组建了连续管作业装备和工具研发设计、生产制造、技术培训、试验与应用支持的技术团队，建立了生产、试验与培训基地，开展了连续管装备、专用管材、工具与工艺、技术工程服务的攻关研究和现场试验。

2006年研制出了国产首台LG30/10Q-4500连续管橇装作业机[9]，2007年研制了首台CT38（LG180/38-3500）连续管车装作业机[10]，2009年研发出国内首盘CT80级连续管[11]，2010年研制了首台LG360/60-4500拖装式连续管作业机，开展了连续管压裂等复杂工具与工艺的研究试验[12, 13]。到 2010 年底，已先后研制生产了车装、橇装、拖装 3 种形式的连续管作业装备和一批连续管作业工具，形成了 CT80 和 CT90 两个系列的连续管产品，并制定了《连续管作业机》（SY/T 6761—2009）行业标准，自主研发的国产连续管装备、工具和管材开始大量用于现场，压裂、钻磨、速度管柱等复杂工艺的现场试验也取得成功。

同时，中国石化及国内部分民营企业也开始开展连续管装备、工具与工艺的自主研究与试验。这期间的设备引进以 50.8mm（2in）以上大管径连续管装备为主，并从单纯地引进装备、工具扩展到引进工艺技术服务，应用也更多地关注压裂、钻磨等复杂工艺。通过攻关试验和有针对性的引进消化，初步形成了连续管作业技术与装备的自主技术，奠定了进一步扩大试验、推广应用的基础。

3. 应用推广阶段

从 2011 年开始，随着国内致密油气和页岩气等非常规油气资源的加速开发，对连续管技术的需求进一步增加，以中国石油设立的"连续管作业技术推广专项"为标志，国内连续管技术进入推广应用阶段[14-17]。在"十二五"期间，针对连续管自主技术"配套性不高、规模效益不明显，技术优势和作用难以发挥"等问题，进一步完善了连续管装备、专用管材、专用工具的自主产品系列，形成了规模应用的作业工艺，使连续管作业机的功能得到充分体现，解决了页岩气水平井作业等生产难题，形成了实现常规作业大幅提速增效的"青海经验"，工程技术服务能力全面提升，初步建立了标准序列和技术服务产业链，形成了能充分发挥行业整体优势的"专项推广模式"。推广应用阶段延续了 2006 年以来的快速发展势头，2007—2015 年，国内连续管装备年均增长 20%，使我国成为全球连续管技术发展最快的区域；自 2012 年起，新增装备中的国产装备占比超过 80%，自主技术开始主导国内技术发展。

"十二五"期间，中国石油研制的连续管作业装备形成了 3 大类 8 种结构的系列产品，开发了适应快速修井的一体化作业机、适应页岩气复杂山地作业的大管径大容量车装作业机等代表机型；研发的连续管作业工具形成了 4 个系列 24 类 90 多种工具产品，涵盖了连接器等基础工具、拉盘等辅助工具、喷头等服务工具和压裂、钻磨等典型工艺的成套工具；研制的连续管管材形成 3 个系列 8 种管径的连续管产品，国内市场份额上升到 80% 多，并应用到中东地区和俄罗斯。开发了快速修井技术、大修与复杂井作业技术、速度管柱等完井技术以及页岩气水平井作业技术和储层改造技术等 5 大类工艺技术，并实现了初步的规模应用。

"十二五"期间，在推广成熟技术的同时开展持续攻关，中国石油还牵头承担了国家重大专项设置的"连续管装备与应用技术"课题和"连续管钻径向水平井技术"研究任务，并设立了"连续管钻井技术与装备"等研究项目，研究复杂条件下的连续管作业与储层改造问题，并开始连续管钻井的研究与试验。

第二节 连续管作业技术应用现状

全球连续管技术服务市场的 50% 多集中在加拿大和美国，市场份额接近 50% 由国际四大石油技术服务公司占有，连续管常规作业服务的技术不断完善，连续管新发展领域的应用发展迅速。中国石油引领国内连续管技术快速发展，主要用于作业领域和常规作业服务，应用规模快速增长，技术系列逐步形成，作业理念持续转变。

一、全球连续管技术应用概况

全球连续管服务市场从2000年开始好转，市场销售收入从2005年开始逐年上升（图1-2），2011年总体市场规模达到70.6亿美元，2014年最高达到92.6亿美元；受市场需求拉动，连续管在役设备数量也随之增加（图1-1），2011年1770台，到2015年最高达到2089台。

1. 加拿大和美国市场占主导地位

从2014年全球连续管服务市场分布来看[6]（图1-4），加拿大和美国占全球连续管技术服务市场的58%，引领全球连续管技术服务市场的发展；纵观2012—2015年的情况（图1-5），加拿大和美国市场一直占全球的一半以上。从全球连续管在役装备分布来看[4]（图1-6），加拿大和美国的连续管在役装备也远远多于其他地区，合计占全球的接近50%，2003—2008年加拿大市场最为活跃，自2008年起美国市场大幅增长。

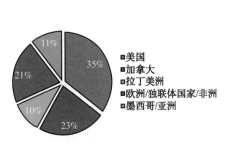

图1-4　2014年全球连续管服务市场分布

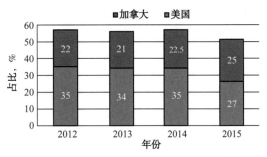

图1-5　2012—2015年美国和加拿大在全球连续管服务市场占比

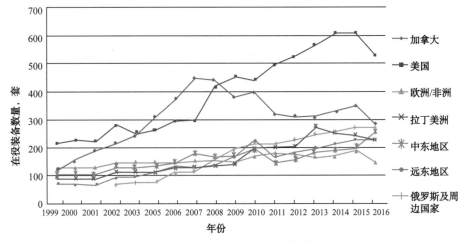

图1-6　1999—2016年全球在役连续管装备分布

加拿大和美国都是小公司高度活跃的地区（图1-7和图1-8），在加拿大，小公司更是连续管技术市场的绝对主力，反映出两地专业工具与工艺技术的迅速发展与成长为小公司在市场竞争中争取到更多的利益。

加拿大是全球最大的连续管钻井市场，主要应用于地质情况清晰简单的浅层气钻井中，加拿大小公司成为主力得益于连续管钻井成为其重要组成部分。在加拿大，大石油技术服务公司没有同小型连续管钻井承包商进行竞争，因为大石油技术服务公司认为浅层气钻井市场有限，不属于传统产品供应，所以更倾向于全球的修井服务和其他工作量大的相关应用。

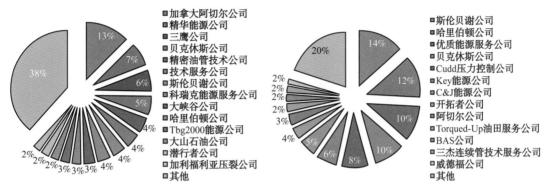

图 1-7　2014 年加拿大连续管服务市场份额　　图 1-8　2014 年美国连续管服务市场份额

自 2008 年起，美国首先在非常规油气市场大幅增长，非常规中水平井压裂应用的增幅居首位；其次是老油田开发和海上应用的增加，完井、油井服务、海上连续管作业的专业人员紧缺。

2. 国际四大石油技术服务公司处于市场统治地位

2014 年全球连续管技术服务销售收入 1 亿美元以上的服务商多达 16 家（图 1-9），排名前 4 的公司分别为斯伦贝谢公司（Schlumberger）、哈里伯顿公司（Halliburton）、贝克休斯公司（Baker Hughes）和优质能源服务公司（Superior Energy Svs），其销售收入分别为13.25 亿美元、9.25 亿美元、7.75 亿美元和 3.75 亿美元。

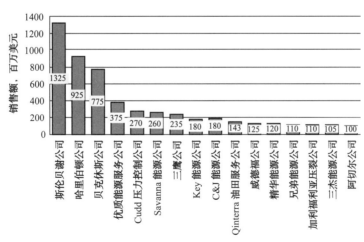

图 1-9　2014 年全球连续管技术服务商排行（市场销售额 1 亿美元以上）

从各服务商的市场份额来看（图 1-10），排名前 4 的斯伦贝谢公司、哈里伯顿公司、贝克休斯公司和优质能源服务公司处于统治地位，2005 年合计占有接近 60% 的市场份额，虽然随着时间推移所占份额逐年下降，但到 2014 年依然合计占有接近 40% 的市场份额。

从分年统计看，大公司的份额呈递减趋势，其他小公司的份额不断增加。这主要得益于小公司的专业化，得益于其各具特色的专业工具与工艺技术。同时，也反映出各地区连续管技术的进步与成长，本土化的优势能在很大程度上弥补技术的不足。

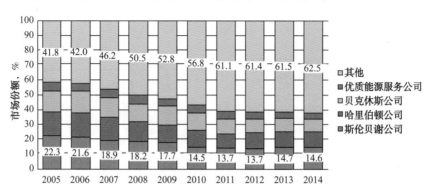

图 1-10   2005—2015 年全球连续管服务市场份额变化

3. 常规作业服务与新领域的应用

按照国际修井与连续管技术协会（ICOTA）的统计[1]，连续管常规作业是最初定位的主要市场，一直占主导地位，2005 年占连续管技术服务收入的 75%，2011 年仍占 64%；随着技术的不断发展，连续管新领域的应用增长很快，1995 年连续管用于钻井、压裂的收入几乎为零，到 2007 年占收入的 15%，2011 年迅速增加到占 27%。

2000 年以来，国际上连续管常规作业 8 个方面的技术不断完善，应用不断拓展：

（1）连续管气举排液。通常使用管径 1.25in 和 1.5in 的连续管，主要用于自喷井的投产或复产，也用于探井和新井的诱喷求产。

（2）连续管井筒清理。是应用最广、最基础的连续管作业技术，不仅用于常规修井提速提效，也是页岩气水平井连续管配套作业的主要技术。按清理的对象可分 3 大类。

①井筒通道清理：冲砂、洗井，清理沉砂、碎屑等填充堵塞物；

②井筒内壁清理：除垢、清蜡，清除滤饼、水泥残留；

③通道疏通：钻磨桥塞、球与球座，钻除水泥塞，清除坍塌堵塞物。

（3）连续管酸化。主要包含水平井均匀酸化、定点酸化。哈里伯顿公司和贝克休斯公司等强调使用射流工具配合酸化，清除污染带、改善布酸与增产效果。

（4）速度管柱。国外主要使用旧连续管，降低成本，也解决旧管后续处理和去向问题。主要用于衰竭气井的排水采气，延长自喷生产时间。

（5）连续管打捞技术。是变数最多的连续管作业技术，包括工具、管柱等落鱼打捞，碎片、卡瓦、钻屑等落物和碎屑打捞。因对象和井况的复杂性、差异性较大，不确定性很大。打捞工具包括打捞筒、打捞矛、强磁、文丘里等通用打捞工具，以及针对不同物件专门设计的专用打捞工具。

（6）连续管传送工具。是内涵最丰富的连续管作业技术，国外已用于传输射孔、开关滑套、跨隔封堵、过油管作业、砾石充填防砂等各种增产措施和复杂修井作业。

（7）连续管测井。包含存储式、电缆直读、光纤直读和无线直读 4 种测井方式，涉及井筒完整性测井、资料录取、生产测井、作业参数测量及井下电视等应用。国外已将连续管、测井、油藏等多学科融合，实现作业过程实时测量，实现精确作业、精准改造，开启智能作业的应用。

（8）连续管投塞／取塞。主要用于压裂酸化分层、试油临时封堵等工艺，投送、坐封桥塞，也可包含挤水泥、打水泥塞等措施。压裂桥塞、挤注的水泥塞，通常采用钻磨方式清除；对于临时封堵的桥塞，国外常用可取式结构，作业后用连续管回收（"取出"）。国外连续管工具的设计强化了可取（可回收）的理念，除了可取式封隔器、可取式桥塞之外，丢手（安全接头）设计使得各类连续管工具组合都是可取（可回收）的。

2000 年以来，国际上连续管新领域 4 个方面的应用发展迅速：

（1）连续管钻井技术。国外连续管钻井始于 20 世纪 90 年代，在北美地区应用并快速发展。连续管钻井包含钻新井和老井重入两大类型。老井重入又可分为加深钻进和侧钻，侧钻包括常规侧钻井、侧钻定向井、侧钻水平井。国外连续管侧钻井具有代表性的是贝克休斯公司，该公司于 1992 年开发形成有缆钻井工具，第一代工具于 1994 年开始应用，2003 年第二代工具全面取代第一代实现规模应用，到 2015 年，在北美、中东和欧洲共完成接近 800 口井的连续管侧钻作业。

（2）连续管压裂。已形成通过连续管泵注的双封跨隔压裂，通过环空泵注的喷射压裂、底封压裂、填砂压裂、套管滑套无限级压裂，通过套管泵注的桥塞压裂、填砂压裂等技术系列，广泛应用于常规油气、致密油气、页岩气、煤层气等领域，强调精确分层、定点压裂，5 级以上分段压裂具有作业成本低、增产效果好的优势。

（3）连续管海上作业。海上油气田经济产量的门槛高，以大位移井、水平井为主，对吊装、作业安全、工期等方面的要求高、费用大，为实现安全高效作业，连续管技术得到广泛使用。国外以斯伦贝谢公司、哈里伯顿公司、贝克休斯公司等三大公司为代表，在墨西哥湾、北海、南海等水域，用连续管替代常规管柱，开展了大量的替液、清洗、钻磨、开关滑套及酸化、压裂等作业，已成为几大公司在这些水域修井与增产作业的主体技术。

（4）连续管深井作业。深井更有利于发挥连续管安全高效的优势，高压深井连续管作业更是世界级的难题。目前，包含斯伦贝谢公司、哈里伯顿公司、贝克休斯公司等三大公司在内，深井、超深井连续管作业都以简单作业作为切入点，规模应用的主要是替液、冲砂、酸化等作业，主要使用射流工具。斯伦贝谢公司和贝克休斯公司作业较深的井，主要在墨西哥湾和委内瑞拉东部，作业深度 5400~6700m，最大作业深度 8000m；贝克休斯公司采用 2in 连续管的 TeleCoil 智能作业，在新西兰最大作业井深达到 7300m。

二、中国石油连续管作业技术应用概况

2006 年之前，国内连续管技术应用水平与国外存在巨大的差距，主要用于排液、清洗等简单作业，还处于很少使用工具的初级阶段。自 2006 年以来，中国石油通过自主研发和应用推广，引领国内连续管技术的应用快速发展。

"十二五"期间，中国石油连续管技术的整体发展和重大进步，主要表现在两个方面：其一，系统组织了装备、管材、工具和工艺技术的自主开发和系列化研究，通过应用与示范推广，使连续管作业机作为"万能作业机"的功能得到充分体现，到 2015 年形成了快速修井、大修与复杂井作业、速度管柱与完井管柱、页岩气水平井作业、储层改造等工艺技术；其二，注重转变观念，从发挥连续管技术的优势、实现作业的提质增效降本出发，形成了 8 个方面的连续管作业理念，推动"井下作业方式的转变"。

1. 应用规模快速增长

根据中国石油连续管作业技术推广专项项目组 2016 年 12 月统计的数据，2011—2016 年，中国石油连续管技术作业量保持了年均 40% 的快速增长势头（图 1-11）。作为推广专项项目的示范油田，青海油田连续管技术的发展迅速（图 1-12），2014 年青海油田连续管年作业 474 井次，相比 2010 年的 37 井次增长 12 倍，单机单队年作业量最高达到 245 井次。

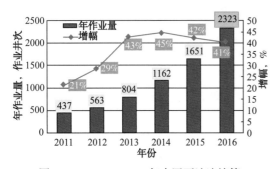

图 1-11　2011—2016 年中国石油连续管
作业量增长情况

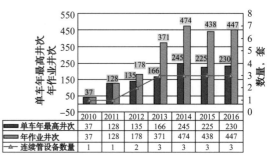

图 1-12　青海油田连续管年作业量统计

2. 形成了适应油气田经济开发的技术系列

1）连续管快速修井技术

连续管快速修井作业主要用于提高修井作业的效率、降低综合成本，其关键是通过设备和工具的专用化配套、工艺和施工参数的优化，结合一体化、工厂化等作业理念，更好地发挥连续管起下速度快和安装等辅助作业时间短的优势。其中最典型的是连续管通洗井一体化作业工艺，可一趟管柱完成替液、清理井壁、冲砂洗井、通井等多个工序，可一次上井完成多口井作业。连续管通洗井一体化作业工艺主要用于新井投产准备和储层改造准备：3000m 内浅层直井通洗井，一天可作业 1~3 井次；4000m 内丛式井通洗井，一个平台一周可完成 5~7 口井；致密油气、页岩气水平井通洗井，可缩短作业周期 3~5 天。

连续管快速修井作业用于油管内除垢、清蜡、冲砂解堵，无须压井、无需起下油管，转变了作业方式，促进了清洁生产，可大幅提高效率、降低综合成本。其关键是针对因油管通径变小、堵塞，影响生产或测配的问题，利用连续管作业快速疏通通道、恢复生产，显著缩短施工周期。主要用于注水井、无杆泵井、自喷井、压裂管柱等油管内作业：3000m 内注水井除垢，一天可作业 1~2 井次；2500m 内无杆泵井清蜡、解堵，8h 内完成 1 口井全过程；用于压裂管柱内作业，可解决压裂砂堵、生产过程出砂等作业难题；用于高压深井解堵可解决深井作业难题，在 ZG16-H1 井最大作业深度已达到 6570m。

2）连续管大修和复杂井作业

连续管用于遇卡管柱大修切割油管，缩短大修周期，解决提不动、倒不开的问题。青海 Y5650 井使用水力割刀切割油管，缩短大修周期 10 天以上。

利用"外径与连续管直径一致"的紧凑型过滑套作业工具，穿过滑套实施作业，是苏里格针对"压裂完井一体化"多级滑套压裂管柱最有效的作业方法。

利用连续管解决钻柱遇卡后事故完井井筒的作业难题。玉门 Dun1 井侧钻后钻柱遇卡事故完井，采用连续管"全工序"作业，成功实施了实施通洗井、校深、射孔投产。

3）连续管储层改造

长庆区域针对致密油气井在 2016 年安排了 22 口井 87 段的连续管底封压裂先导作业，利用连续管多级压裂可持井筒全通径，实现更多段、更高效、分层更可靠的压裂。连续管压裂可避免多级滑套压裂带来的重入难的问题，避免采用桥塞压裂施工规模过大带来的问题，改善多簇射孔带来的层间封隔问题。

为方便施工组织，适应不同井深、不同施工规模和施工条件的要求，国内已开发了 4 类连续管压裂工艺，应用 4 种规格的连续管成功进行了现场施工；为进一步缩短投产周期，避免使用常规管柱完井时压井作业伤害储层、不压井作业成本高等问题，将一体化作业进一步延伸，连续管"通洗井 + 压裂"后使用"连续管完井投产"。

青海油田为更好地认识薄互层等特殊储层、解决老油区稳产问题，率先在国内开展了用常规连续管实施水射流钻径向井技术的先导试验，拓展连续管技术的应用领域，探索实现低成本增产的新方法。

4）连续管速度管柱与完井管柱

利用"连续管悬挂装置 + 可泵出堵塞器"实现带压下入与悬挂，利用"连续管管内堵塞器 + 快速回接工具"实现带压起出。速度管柱主要用于解决积液气井排水采气问题，恢复和提高气产量，已在长庆油田、青海油田、新疆油田应用 400 多口井；完井管柱主要用于解决高压气井压裂排液后的带压作业难题，保障安全生产，已在礁石坝、威远、长宁页岩气水平井应用。

5）连续管水平井配套作业

焦石坝、长宁、威远页岩气开发的主体工艺是水平井泵送桥塞压裂，借鉴国外经验，连续管技术不可或缺，主要用于首段射孔、压裂应急待命、压后钻磨桥塞 3 个环节。到2015 年，页岩气连续管技术的应用进一步拓展，形成了压裂前通洗井、固井质量测井、第一段射孔，压裂中应急处理（解除砂堵、解卡、打捞）、输送桥塞或射孔、连续管压裂，压裂后钻磨桥塞、清理井筒、产液剖面或生产测井、连续管完井等 10 多项配套工艺技术。

3. 形成了促进作业方式转变的作业理念

针对连续管作业的特点，形成 8 个方面的连续管作业理念，推动"井下作业方式的转变"，以利于更好地发挥连续管技术的优势。

（1）强调一体化作业的思维。包括一次上井完成多口井作业、一口井完成多个工序等一体化组织思路，一趟管柱完成多种工艺的一体化工具配套与工艺设计思路，以及通过针对特定应用的专用化设计进行设备的一体化集成配套等思路。

（2）主动丢手的安全作业理念。在井下工具组合中合理配套脱节器、马达头等安全丢手工具，在井下负荷异常时主动丢手，确保在井下工具的位置、状态等因素完全清楚的情况下，主动更换合适的工具、管柱乃至设备，用标准结构的工具回接后处理异常情况，避免井下复杂。

（3）不动管柱、带压作业的理念。改变常规修井起出原井管柱进行作业的传统思路，用连续管在原井管柱内直接作业、带压施工。

（4）过油管作业的理念。在不动管柱、带压作业的基础上，利用专用的过滑套、过油管作业工具，对下部井筒和对象实施作业。

（5）起下过程保持连续循环的理念。改变常规修井将管柱下至目标深度再循环的传统思路，起下过程保持循环，实现全井筒清理和不间断作业，缩短井底停留时间。

（6）重视喷射工具的使用。强调水射流技术与连续管技术的结合。

（7）重视液动工具的使用。强调通过压力、流量和井下增压、井下加力来控制井底工具的动作，转变过于依赖机械作用的传统思路。

（8）作业液循环利用的清洁作业理念。利用连续管能实现带压密闭作业和连续循环的特点，通过配套能在线处理作业液的专用处理装置，实现作业液循环利用，减少作业液用量和外排、外输废液的数量，降低成本、清洁生产。

第三节　连续管作业装备构成与发展现状

连续管作业机是连续管作业的主要装备，它是一种液压驱动的连续管起下、运输设备。其基本功能是在作业时将连续管下入、起出油井，并将起出的连续管卷绕在滚筒上以便运输。

一、连续管作业装备构成

连续管作业装备由主要部件和辅助部件组成。主要部件包括：注入头、导向器、滚筒、连续管、防喷系统、动力系统、控制系统等；辅助部件包括：运载装置（底盘车、半挂车、自走车、橇体）、软管滚筒、支撑系统（随车吊、塔架或长短支腿）、防喷系统附件（防喷管、液压连接器）、数据采集与处理系统、视频监控系统等；还有一些配套件，包括：连续管在线检测装置、起出报警装置、现场焊接装置、倒管器、穿管装置、柔性连接器等。

注入头和导向器（图1–13）是连续管作业装备的关键部件之一，是连续管下入和起出井筒的关键设备，主要作用是提供足够的提升力、注入力以起下连续管；同时，控制连续管的下入速度、承受连续管的重量。

滚筒（图1–14）是储存和运输连续管，同时在连续管作业过程中提供张力，使连续管有序地下入或者缠绕在滚筒上。

图1–13　注入头和导向器

图1–14　滚筒

连续管是作业装备的核心组成部分之一，具有高强度和高韧性，又要承受较高的内压力以及井筒内各种介质的腐蚀。

井控系统由防喷器（图1-15）和防喷盒（图1-16）组成，是控制井筒压力的重要设备。防喷盒是连续管作业的主要井控屏障，用于在起下连续管时隔离井筒压力，防止井喷事故的发生；并可以在作业过程中，在不起出连续管的情况下更换胶芯。防喷器组在设备安装或紧急情况下，作为油气井控制设备，隔离控制井筒压力。连续管作业机使用的防喷器组为整体组合式结构，一般由4个具有独立功能的防喷器组成。

图1-15 防喷器   图1-16 防喷盒

动力系统为连续管作业设备提供必要的动力，一般取力于底盘车驱动液压泵，为各工作机的液压马达提供动力。

控制系统主要采用液压控制，辅助气控和电控，集中操作于控制室，具有自动化程度高，操作方便的特点。

在辅助部件中，运载装置非常重要，有时影响到能否实现作业，尤其是在深井使用大管径连续管作业机的情况。由于连续管是一整根，缠绕在滚筒上无论是外形尺寸和重量都很大，将这一整根连续管运输有时成为关键的问题，尤其是在山区道路条件下。运输装置一般有特种底盘车（图1-17）、半挂车（图1-18）及橇体（图1-19）等。

图1-17 底盘车   图1-18 半挂车   图1-19 橇体

二、连续管作业装备发展现状

1.连续管作业装备的基本类型

连续管作业机的基本类型分为车装式、拖装式和橇装式。

车装式连续管作业机（图1-20）因其道路通过性好应用最为广泛，主要应用于山地、丘陵地区，如国内的川渝地区、陕甘宁地区等。采用常规下沉式底盘，其滚筒容量可达 $\phi 50.8mm$（2in）连续管6600m；采用发动机后置、后桥驱动底盘，其滚筒容量可达 $\phi 50.8mm$（2in）连续管7000m。

图1-20　典型的车装式连续管作业机

拖装式连续管作业机（图1-21）主要用于道路条件较好的地区，如北美、我国东北和新疆等。其滚筒容量可以达到 $\phi 66.7mm$（2$^5/_8$in）连续管7100m，能够使用 $\phi 88.9mm$（3$^1/_2$in）连续管钻井3000m。

图1-21　典型的拖挂式连续管作业机

橇装连续管作业机（图1-22）主要用于海洋平台或者滩海地区，一般分为动力橇、控制橇、滚筒橇和运输橇4个橇。

图1-22　典型的橇装连续管作业机

2. 注入头的发展

注入头作为连续管作业机的关键部件之一，国外技术水平较为成熟和先进，最大提升能力达到900kN。最具代表性的是Hydra Rig公司，近几年该公司注入头从200系列经过400系列、500系列更新，现已发展成最先进的600系列注入头。同时，Hydra Rig公司在连续管设备的技术开发中拥有多项专利，是世界上几个最大的石油技术服务公司（如斯伦贝谢公司、哈里伯顿公司等）的指定连续管设备供应商。目前，最新的注入头有HR660，HR680，HR6100和HR6140等型号，如图1-23所示，其参数见表1-1。

(a)HR660　　　　　　　　　　(b)HR680

(c)HR6100　　　　　　　　　　(d)HR6140

图 1-23　600 系列注入头

表 1-1　600 系列注入头参数

型号	最大提升力，kN	最大注入力，kN	最高起下速度，m/min	连续管适应范围，mm
HR660	270	135	76	19.05~60.3
HR680	360	180	60	25.4~88.9
HR6100	450	225	48	31.8~88.9
HR6140	630	315	42	50.8~114.3

　　国内自主研发了 ZR 系列注入头，最大提升力达 580kN，最大适应管径 88.9mm，最高起下速度 35m/min。尽管已经实现了连续管作业机的国产化，但是缺乏大规模的应用。目前，我国连续管注入头整体技术方面与国外先进的连续管作业机存在一定的差距，尤其是在成熟度和可靠性以及人机工程学方面。

　　3. 连续管的发展

　　连续管管材经过 50 多年的发展，从最初的短管对焊发展到能直接生产几千米长的单根连续管，材料已从普通碳素钢发展成高强度低合金钢，钢级已从最初的 CT55 发展到 CT140，对应屈服强度为 483~965MPa；直径从最初的 19.05mm 发展到 101.6mm，最大可达 168.27mm；目前投入商业化应用的单滚筒缠绕的连续管总长度可达 9000m。同时，根据酸性介质和特殊作业需要还开发出了 16Cr、钛合金等抗腐蚀性连续管以及玻璃纤维和碳纤复合连续管。复合连续管具有疲劳寿命长、质量轻等特点，但其存在制造成本高、维护保养难等问题，难以投入常规作业。目前使用最频繁的是高强度低合金钢质连续管。另外，为适应超深井对管体强度的要求，开发了变壁厚连续管产品。目前，变壁厚有两种方法：一种是将不同壁厚的板材对接起来实现断续变壁厚；另一种是采用壁厚变化的板材直接生成变壁厚连续管。国外连续管制造商主要有 3 个：Quality 公司、Tenaris 公司和 Global 公司。

为了提高国内连续管作业技术水平，填补连续管制造的空白，从 2006 年起由中国石油宝鸡石油钢管有限责任公司组织力量，通过连续管用材料、成型焊接工艺、检测方法及装备、生产线工艺布置等研究，开发具有自主知识产权的连续管产品和制造技术。经过技术攻关，2009 年 6 月，宝鸡石油钢管有限责任公司成功开发出了国产首盘 CT80 连续管产品，并陆续实现了品种系列化（连续速度管柱、连续管线管、变壁厚连续管等）、钢级的系列化（CT70—CT110 钢级）。

参 考 文 献

[1] An Introduction to Coiled Tubing-History, Applications, and Benefits[OL]. www.icota.com, 2012.

[2] 赵明, 石林, 刘广华, 李雪辉, 等. 连续管作业技术专项推广回顾与展望[J]. 石油科技论坛, 2017, 36（5）: 2-6.

[3] 刘寿军, 李根生. 我国连续管技术面临的挑战与发展建议[J]. 石油机械, 2013, 41（11）: 1-5.

[4] 贺会群, 王金宏, 常敏, 等. 全球连续管装置的分布与增长[J]. 石油机械, 2011, 39（4）: 77-79.

[5] Worldwide Coiled Tubing Unit Count[OL]. www.icota.com, 2017.

[6] Global Oilfield Equipment & Service Market 2015[OL]. www.spearsresearch.com, 2015.

[7] 胡强法, 付悦, 盖志亮, 等. 连续管作业技术与装备研究及应用推广[J]. 石油科技论坛, 2017, 36（5）: 7-10.

[8] 李雪辉, 谭多鸿, 刘广华, 等. 连续管作业技术推广组织运行及管理经验[J]. 石油科技论坛, 2017, 36（5）: 27-32.

[9] 陈立华, 曹和平, 马卫国, 等. 井下注剂用小直径管起下装置的研制[J]. 石油机械, 2006, 34（10）: 62-64.

[10] 贺会群, 李相方, 熊革, 等. CT38 连续管作业车研制与应用[J]. 石油机械, 2008, 36（3）: 1-4.

[11] 张晓峰, 薛其伟, 张鹏, 等. 我国连续管研制生产与推广[J]. 石油科技论坛, 2017, 36（5）: 12-15.

[12] 胡强法, 朱峰, 李宪文等. 水力喷砂射孔与起裂大型物理模拟试验[J]. 中国石油大学学报：自然科学版, 2011, 35（6）: 81-87.

[13] 胡强法, 朱峰, 张友军. 零半径水射流径向钻井技术的研究与应用[J]. 石油机械, 2009, 37（12）: 12-14.

[14] 赵明, 石林, 谭多鸿, 等. 青海油田连续管作业技术推广应用的启示[J]. 石油科技论坛, 2014, 33（2）: 18-22.

[15] 鲁明春, 赵明, 路彦森, 等. 青海油田连续管作业技术推广示范[J]. 石油科技论坛, 2017, 36（5）: 22-26.

[16] 孙虎, 任斌, 费节高, 等. 连续管作业队伍专业化建设实践[J]. 石油科技论坛, 2017, 36（5）: 16-21.

[17] 邹先雄, 卢秀德, 黎宗琪, 等. 国产连续管设备在川渝油气田的推广应用与展望[J]. 石油科技论坛, 2017, 36（5）: 44-48.

第二章　连续管专用管材及其制造技术

连续管（Coiled Tubing，CT）相对于螺纹连接的常规油管而言，是一种高强度、高塑性并具有一定抗腐蚀性能的单根长度可达万米的新型油气管材，是连续管作业的关键部件之一，也是连续管作业得以开展的核心部件[1-3]。

连续管作业服役环境比较苛刻。一是下入深度深，承受载荷大。连续管常规作业井深在 3000~6000m，最高可达近万米，管柱自身重量可达 10~40tf，井口管段需要承受的轴向载荷最大；二是作业过程中管材会发生塑性变形。由于连续管在作业过程中会发生多次塑性变形，其中每下井作业一次至少需要塑性变形 6 次，变形量一般在 1%~3%，每盘管柱在其寿命范围内可以多次下井作业，反复使用，因此，管柱将承受大应变低周疲劳；三是管柱需要承受多种复合载荷。作业过程中管内需要承受 10~90MPa 的高压，同时还要承受拉、压、扭、弯、挤、磨等复合载荷；四是服役环境恶劣。管柱在井下要经受 100~200℃高温，并有可能含有 H_2S 和 CO_2 等腐蚀介质，如果开展酸化作业，还要经受鲜酸和残酸的腐蚀。以上服役工况，对管材的强度、塑性和抗蚀性提出了较高的要求。而连续管单根长度达万米，要求制造过程具有极高的稳定性和可靠性，不能出现任何质量缺陷。由于管材制造过程涉及冶金、材料加工、机械制造等多学科，技术含量高，工程化难度大，在此之前，全球只有美国掌握工业化制造技术。

中国石油宝鸡钢管有限责任公司（以下简称宝鸡钢管）科研人员经过多年科技攻关，实现了连续管材料技术、管材高精度成型技术、无缺陷焊接技术以及检测评价技术的突破，开发出了我国自主知识产权的连续管产品和制造技术。2009 年 6 月，首盘国产 CT80 连续管产品在宝鸡钢管成功下线。目前，已经实现了品种系列化（连续管速度管柱、连续管线管、变壁厚连续管等）、钢级的系列化（CT70—CT130 钢级），产品已在国内油田得到广泛应用，并远销到中东和俄罗斯等多个国家和地区。

第一节　连续管制造与性能评价技术

连续管的制造技术包含原材料设计与制造技术、焊接与成型及检测技术、制造工艺控制技术，目前国产连续管已形成产品标准。

一、连续管专用原材料制造技术

连续管苛刻的作业环境，要求管材具有高强度、高塑性、低屈强比以及较好的耐蚀性，其原材料的设计与制造也成为关键技术之一。

按照连续管对材料性能的要求，可采用低碳微合金钢。化学成分一般应符合 ASTM A606《提高大气腐蚀抗力的高强度低合金热轧和冷轧钢、钢板、钢带标准规范》或 ASTM A607《铬、钒高强度低合金热轧和冷轧钢、钢板、钢带标准规范》。由于连续管用原料具有高强度、高塑性、低屈强比的要求，同时对抗腐蚀、抗低周疲劳性能要求较高，所以，合理的化学成分设计与洁净化炼钢、控轧控冷技术是原料设计与制造的关键。

1. 原材料成分设计

采用合适的 C 和 Mn 含量，并添加适量的合金与微合金元素进行强化，可以提高钢的强度和塑性，保证良好的抗腐蚀性能。C 在钢中主要以固溶的方式存在，以提高奥氏体的淬透性，得到贝氏体组织并保证热处理后得到一定量的 M-A 岛，但 C 含量不宜过多，否则会产生严重的带状组织并影响焊接性能。Si 元素主要以固溶方式存在于钢中，抑制贝氏体转变期间渗碳体的形成，使 C 进一步积聚于未转变的奥氏体中，形成富碳的 M-A 组元，并且能够促进多边形铁素体生成。但是，Si 加入量过多会降低钢的塑性和韧性，并且引起焊接性能恶化。Mn 既能以固溶状态存在，起到固溶强化作用，也可以进入渗碳体中取代一部分铁原子。Mn 元素在奥氏体中聚集，可提高奥氏体稳定性。Al 是强铁素体形成元素，Al 的加入会使奥氏体单相区缩小并右移。与 Si 对钢的影响类似，Al 能抑制渗碳体的生成，并且炼钢时加入少量的 Al 来脱氧。然而，Al 含量过高时，钢中 Al 的氧化产物增加，杂质含量增加，会降低钢的洁净度和表面性能，对连续管抗疲劳性能和抗腐蚀性能产生不利影响。P 在钢中也可以抑制渗碳体的析出，对铁素体有显著的固溶强化作用。但是，P 含量过高，会影响钢的使用性能，如在低温下钢会产生冷脆效应。S 在钢中与 Mn 结合形成 MnS，会降低 Mn 的有效含量，同时降低连续管的抗氢致开裂（HIC）能力，因此，S 在钢中的含量控制得越低越好。Mo 在钢中能明显提高奥氏体的稳定性，抑制多边形铁素体生成，形成单一的针状铁素体组织，所以需要加入一定量的 Mo。Cu，Cr 和 Ni 有很强的固溶强化作用，并且都是奥氏体稳定元素，提高淬透性，促进贝氏体生成，同时还能提高连续管的抗腐蚀能力，因此可适量加入。Nb 能显著提高奥氏体再结晶温度，增加未再结晶区变形量，析出的碳氮化铌颗粒能增加铁素体形核点，并阻止先共析铁素体晶粒长大，使得到的铁素体晶粒细小，因此，可适当加入 Nb 元素。连续管原材料化学成分设计要求见表 2-1。

表 2-1　连续管原材料化学成分

序号	钢级	质量分数，%				
		C	Mn	P	S	Si
1	CT55[①]	≤ 0.16	≤ 1.20	≤ 0.025	≤ 0.005	≤ 0.50
2	CT60[①]	≤ 0.16	≤ 1.20	≤ 0.025	≤ 0.005	≤ 0.50
3	CT70[②]	≤ 0.16	≤ 1.20	≤ 0.025	≤ 0.005	≤ 0.50
4	CT80[②]	≤ 0.16	≤ 1.20	≤ 0.020	≤ 0.005	≤ 0.50
5	CT90[②]	≤ 0.16	≤ 1.20	≤ 0.020	≤ 0.005	≤ 0.50
6	CT100[③]	≤ 0.16	≤ 1.65	≤ 0.020	≤ 0.005	≤ 0.50
7	CT110[③]	≤ 0.16	≤ 1.65	≤ 0.020	≤ 0.005	≤ 0.50

① Cr+Mo+Ni+Cu 合金元素含量宜为 0.30%~1.50%。
② Cr+Mo+Ni+Cu 合金元素含量宜为 0.50%~1.80%。
③ Cr+Mo+Ni+Cu 合金元素含量宜为 0.70%~2.00%。

2. 洁净化炼钢与控轧控冷技术

为了控制原材料在冶炼过程中的纯净度，提高连续管的疲劳性能和抗腐蚀性能，需要采用高洁净钢冶炼技术。如炼钢用原料纯净度控制、夹杂物变性处理、炼钢过程中的脱硫脱氧、电磁搅拌、合理的浇注工艺控制等。通过采取上述一系列的措施，提高化学成分的命中率，尽量减少钢中有害元素 N，H，O，P 和 S 的含量，保证夹杂物充分球化，减少铸坯中心偏析等。

采用控轧控冷技术（TMCP），以进一步细化奥氏体晶粒，实现原材料最终组织的控制。在原材料热轧过程中，显微组织会发生大的变化，包括坯料加热过程中晶粒的长大、热轧塑性变形过程中的加工硬化、动态再结晶、静态再结晶、再结晶后的晶粒长大、细小碳氮化物的析出以及热轧后控制冷却时的相变。研究建立适应于连续管用薄钢带的轧制模型和工艺，就可以得到最终需要的组织类型。同时，随着连续管原料强度提高，厚度减薄，轧机负荷增加，板带的板形和尺寸控制精度下降，造成轧钢的生产工艺控制难度加大。因此，还需要根据连续管用原材料的特点，不断调整和优化控轧控冷工艺，实现成品板带良好的外形、表面质量和综合机械性能。连续管原材料力学基本性能要求见表 2-2。

表 2-2　连续管原材料力学基本性能

序号	钢级	屈服强度 $R_{t0.5}$（不小于）MPa	抗拉强度 R_m（不小于）MPa	硬度（不大于）HRC
1	CT55	379	483	22.0
2	CT60	414	517	22.0
3	CT70	483	552	22.0
4	CT80	552	607	22.0
5	CT90	620	669	22.0
6	CT100	689	758	28.0
7	CT110	758	793	30.0

2008 年，宝鸡钢管与钢铁冶金企业、科研院所合作，采用低碳微合金成分设计，应用全流程超洁净度冶炼工艺和均质化技术将 C 控制在 0.12% 以下，使其具有更为优良的焊接性，并有效控制了带状组织。使用合理的 TMCP 技术，使原料最终获得了较为优异的综合机械性能，突破了材料的高强高塑匹配技术，开发出了具有软、硬组织相匹配的复相组织的连续管原料，晶粒度为 ASTM8 级以上，并具有优异的焊接性能、抗折弯性能和疲劳性能。使我国成为继法国和日本之后，第三个掌握连续管专用材料制造技术的国家。国产连续管专用卷板如图 2-1 所示。

图 2-1　连续管专用卷板

一、连续管制造技术

连续管制造技术主要包括钢带对接技术、专用焊接材料、高稳定高精密管材连续成型技术、无缺陷高频焊（HFW）技术、管材热处理技术等。

1. 连续管钢带对接技术

连续管长达万米，首先需要将几百米长的单根钢带通过焊接方法对接起来。为了减小和分散连续管钢带对接焊缝在使用中的应力应变，解决焊缝与母材组织性能的差异性难题，需要采用特殊的焊缝热处理技术。对接焊缝通过特殊设计，使焊缝在制管后呈螺旋线分布在管体上，分散了应力集中敏感区域，提高了安全可靠性[4]。采用发明的特殊的焊缝热处理装置可以改变对接焊缝组织形态，细化晶粒，使焊缝晶粒度提高到12级左右，并消除了焊缝残余应力，使焊接缺陷焊合，大幅度提高焊缝塑性和韧性，获得与母材基本一致的组织和力学性能，如图2-2所示。

(a)热处理前焊缝组织　　　　(b)热处理后焊缝组织　　　　(c)母材组织

图2-2　热处理前后焊缝与母材组织对比

2. 连续管专用焊接材料

连续管不同于一般油气输送管和普通油管，其作业环境和应用要求非常苛刻。焊缝是最薄弱的部位，因此对焊缝和焊接材料要求也非常严格，普通焊材难以满足要求。依据API 5C7标准的要求，连续管焊接接头应同时满足以下要求：

（1）焊缝高强度。由于连续管要求反复塑性变形，并在井下承受拉、压、扭等复合载荷作用，因此，焊缝必须具备高强度要求。

（2）焊缝低硬度。即焊缝的硬度应小于248HV（对应22HRC，针对CT90及以下钢级）。主要是为了防止焊缝在含有腐蚀性的介质（如H_2S）中过早失效，因为随着焊缝硬度的增高，焊缝抗氢致开裂（HIC）能力会大幅下降。

（3）焊接接头高的塑性。由于连续管要承受反复塑性变形，因此管体和焊接接头既要有高的强度，又要有高的塑性。

为保证焊缝与母材性能尽可能一致，在考虑了焊接工艺影响的前提下，焊缝化学成分应该与母材相近。连续管原材料中合金元素的种类比较多，属于微合金结构钢，在焊接材料成分设计中也要采用相同的合金系。即在适当的 C 和 Mn 含量的基础上，添加 Cu，Mo，Cr 和 Ni 等合金元素。在 Cr—Mn 钢中加入少量的 Mo 可进一步细化晶粒，增加铁素体数量，得到细晶粒组织与无回火脆性的钢，使其韧性大大提高。Mn 可以增加焊缝中针状铁素体数量，减少先共析铁素体和层状组分的数量，每增加0.1%Mn，强度可提高约10MPa。但对于连续管焊接，为降低焊缝区硬度，Mn 含量应控制在较低的范围以内。Si，Ni 和 Cu 不与 C 形成碳化物，但可固溶于 Fe 中形成固溶体，适量地加入可以调节焊缝的性能，特别是调节焊缝的热处理性能[5-8]。

采用上述技术设计的 CT80 钢级连续管专用焊丝，如图 2-3 所示。性能达到 GB/T

8110—2008《气体保护电弧焊用碳钢、低合金钢焊丝》标准要求，与 CT80 级连续管用卷板匹配，焊缝性能满足 API RP 5C7《油气田用连续管推荐做法》和 API Spec 5ST《连续管规范》标准要求，填补了国内连续管专用焊丝的空白，达到了国际先进水平，其焊缝性能见表 2-3。

表 2-3　CT80 钢级连续管焊缝性能

试样编号	焊接方法	屈服强度，MPa	抗拉强度，MPa	伸长率，%
M4	MAG	555	705	28.0

3. 管材高稳定高精度管材连续成型技术

连续管需要通过注入头下入井内，下入过程对管材尺寸精度有较高要求。同时，管径小、长度长，管材变形曲率大，成型稳定性较差，生产过程中由于钢带受力不均，容易跑偏，特别对于近万米长度管材连续成型，控制难度更大。对此，需要采用稳定的高精度成型技术。如在排辊成型技术基础上，采用特殊的钢带边缘沿预弯和圆周变形的复合成型法，成型压力控制系统和参数记忆模型，四辊定径技术等，可实现

图 2-3　连续管专用焊丝

管材的稳定、精确成型，使连续管外径尺寸偏差小于 0.13mm（ϕ31.8mm），尺寸精度比普通管材高出 2 倍以上。

4. 管材无缺陷高频焊（HFW）技术

为了实现小口径管材的 HFW 稳定、无缺陷焊接：一是需要对钢带平整度、宽度、边部毛刺和形状等进行精确控制，可采用钢带铣边工艺技术，准确控制边部形状；二是要精确控制开口角；三是可采用芯棒回流冷却技术；四是要建立焊接功率、频率、速度自动控制；五是对焊缝进行在线热处理。通过以上工艺技术可使焊接速度精度达 ±0.1m/min，比普通高频焊接速度控制精度大幅提高，保证了连续管长达 8h 以上不间断连续稳定的焊接，并消除了焊接应力，解决了焊缝硬度偏高的难题。

5. 管材热处理技术

连续管作业过程中每下井一次，至少经历 6 次"直—弯""弯—直"交替的塑性变形，变形量 1%~3%。这种大应变塑性循环弯曲变形引起的疲劳损伤是导致连续管失效的主要原因。因此，对管材的塑性提出了较高的要求。为了进一步优化连续管高强度与高塑性，需要对管材进行热处理。通过控制加热温度和冷却速度，解决了连续管组织调控和残余应力控制等技术难题，实现了连续管的强塑性匹配，具备了反复弯曲的性能，实现了连续管良好的综合性能匹配。

三、连续管生产工艺与特点

1. 连续管生产工艺

2009 年，国内首条连续管生产线在中国石油宝鸡钢管有限责任公司建成投产。该生产线首创了管材缠绕与横向移动同步定位装置、锁紧装置、防反弹装置、卷取与制管速度同步控制技术；发明了连续管卷取机、引熄弧板立铣机、焊缝修磨机、钢带盘卷取机等关

键核心设备；创新了连续管生产线工艺设计，首次系统完整地设计了连续管钢带纵剪、钢带接长卷取、钢管成型焊接、在线热处理、连续管卷取、重绕、无损检测、水压等生产线工艺和装备，是一条具有自主知识产权的生产线。其生产工艺流程如下：卷板—纵剪—带钢对接—焊缝处理—无损检测—钢带缠绕—析卷—矫平—刨边—成型—高频焊—去除内、外毛刺—热处理—空冷—定径整形—无损检验—连续管卷取—水压—贮存—称重标志—上管端接头—除水充气防锈—入库。

2. 技术特点

在国内首条连续管生产线，成功生产出了 ϕ 31.8mm × 3.18mm、7600m 长的 CT80 钢级连续管产品，经检测和使用，各项性能均达到国外同类产品水平，特别是疲劳性能超过国外同类产品。产品和工艺具有以下技术特点：

设计了可以提高管材对接接头承载能力的钢带对接工艺，采用研发的连续管专用焊丝和特殊焊接工艺，使钢带对接接头焊缝组织与母材组织基本一致，如图 2-4 所示，焊接接头应力分布更加均匀合理，硬度和力学性能得到了进一步优化。

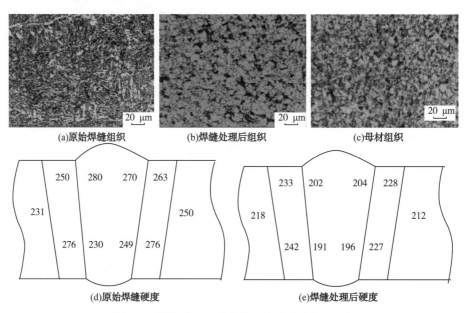

图 2-4　焊缝处理前后组织与性能（单位：HV）

创新设计了连续管热处理工艺，将连续管加热到一定温度，消除在成型、焊接过程中形成的残余应力，并对管体组织进行调控，实现了连续管的高强度、高韧性、连续屈服和高疲劳性能的合理组合，满足了服役工况对连续管的苛刻要求。图 2-5 为国产连续管与进口的同规格、同钢级连续管疲劳性能检测结果。可以看出，对于 CT80 钢级 ϕ 31.8mm × 3.18mm 连续管，在内压为 34.47MPa，弯曲半径为 1219mm 下，国产连续管平均弯曲疲劳 634 次后失效，进口连续管平均弯曲疲劳

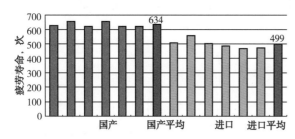

图 2-5　国产连续管与进口连续管疲劳寿命对比

499 次后失效，国产连续管疲劳性能明显优于进口产品。

采用了 HFW 无缺陷焊接技术和焊缝的热处理工艺，通过对焊缝的正火处理，使其组织性能得以优化，并且使焊接残余应力降至较低的水平，使连续管 HFW 焊接接头组织性能与管体母材达到最佳匹配。

四、连续管规格与性能

按照 GB/T 34204—2017《连续管》和 API Spec 5ST《连续管规范》标准，连续管的产品规格为：$\phi 25.4mm \sim \phi 88.9mm$（$1 \sim 3^1/_2 in$），壁厚 2.21~5.16mm；产品强度级别为 CT55—CT110。目前，宝鸡钢管已经开发出了强度级别更高的非标产品 CT120 和 CT130。

1. 产品性能

CT55—CT110 钢级连续管的屈服强度、抗拉强度、硬度等力学性能指标见表 2-4。由于包辛格效应，卷取后的连续管与未经卷取的连续管的屈服强度比较，会下降 5%~10%。

表 2-4 连续管性能

序号	钢级	规定总延伸强度或规定残余延伸强度 $R_{t0.5}$ 或 $R_{t0.2}$		抗拉强度 R_m		管体和焊缝硬度（不大于）
		MPa	psi	MPa	psi	HRC
1	CT55	379~448	55000~65000	≥483	≥70000	22.0
2	CT60	414~483	60000~70000	≥517	≥75000	22.0
3	CT70	483~552	70000~80000	≥552	≥80000	22.0
4	CT80	552~620	80000~90000	≥607	≥88000	22.0
5	CT90	620~689	90000~100000	≥669	≥97000	22.0
6	CT100	≥689	≥100000	≥758	≥110000	28.0
7	CT110	≥758	≥110000	≥793	≥115000	30.0

2. 连续管规格

连续管尺寸、单位长度质量和静水压试验压力（SI 单位制）应符合表 2-5 的规定。

表 2-5 连续管尺寸、单位长度质量和静水压试验压力

规格代号		外径 D mm	壁厚，mm		单位长度质量 W_{pe} kg/m	计算内径 ID mm	最小静水压试验压力，MPa						
尺寸	壁厚		规定 t	最小 t_{min}			CT55	CT60	CT70	CT80	CT90	CT100	CT110
$^3/_4$	2.0	19.1	2.0	1.9	0.85	15.0	60.7	66.2	77.2	88.3	99.3	103.4	103.4
	2.1	19.1	2.1	2.0	0.88	14.8	63.1	68.8	80.3	91.8	103.3	103.4	103.4
	2.2	19.1	2.2	2.1	0.92	14.6	66.6	72.4	84.4	96.5	103.4	103.4	103.4
	2.4	19.1	2.4	2.3	0.99	14.2	72.8	79.4	92.7	103.4	103.4	103.4	103.4
	2.6	19.1	2.6	2.5	1.05	13.9	78.5	85.6	99.9	103.4	103.4	103.4	103.4
1	1.9	25.4	1.9	1.8	1.10	21.6	42.5	46.3	54.1	61.8	69.5	77.2	84.9
	2.0	25.4	2.0	1.9	1.17	21.3	45.5	49.6	57.9	66.2	74.5	82.7	91.0
	2.1	25.4	2.1	2.0	1.21	21.2	47.3	51.6	60.2	68.8	77.4	86.0	94.7
	2.2	25.4	2.2	2.1	1.26	21.0	49.8	54.3	63.3	72.4	81.4	90.5	99.5

| 规格代号 | | 外径 D mm | 壁厚, mm | | 单位长度质量 W_{pe} kg/m | 计算内径 ID mm | 最小静水压试验压力，MPa | | | | | | |
尺寸	壁厚		规定 t	最小 t_{min}			CT55	CT60	CT70	CT80	CT90	CT100	CT110
1	2.4	25.4	2.4	2.3	1.37	20.6	54.6	59.6	69.5	79.4	89.4	99.3	103.4
	2.6	25.4	2.6	2.5	1.46	20.2	58.9	64.2	74.9	85.6	96.3	103.4	103.4
	2.8	25.4	2.8	2.6	1.55	19.9	63.1	68.8	80.3	91.8	103.3	103.4	103.4
	3.0	25.4	3.0	2.8	1.66	19.4	66.7	72.8	84.9	97.1	103.4	103.4	103.4
	3.2	25.4	3.2	3.0	1.74	19.1	71.0	77.4	90.3	103.3	103.4	103.4	103.4
	3.4	25.4	3.4	3.2	1.85	18.6	76.4	83.4	97.3	103.4	103.4	103.4	103.4
$1\frac{1}{4}$	1.9	31.8	1.9	1.8	1.40	27.9	34.0	37.1	43.2	49.4	55.6	61.8	68.0
	2.0	31.8	2.0	1.9	1.49	27.7	36.4	39.7	46.3	53.0	59.6	66.2	72.8
	2.2	31.8	2.2	2.1	1.61	27.3	39.8	43.4	50.7	57.9	65.1	72.4	79.6
	2.4	31.8	2.4	2.3	1.75	26.9	43.7	47.7	55.6	63.5	71.5	79.4	87.4
	2.6	31.8	2.6	2.5	1.86	26.6	47.1	51.4	59.9	68.5	77.0	85.6	94.2
	2.8	31.8	2.8	2.6	1.98	26.2	50.5	55.1	64.2	73.4	82.6	91.8	101.0
	3.0	31.8	3.0	2.8	2.13	25.8	53.4	58.2	68.0	77.7	87.4	97.1	103.4
	3.2	31.8	3.2	3.0	2.24	25.4	56.8	62.0	72.3	82.6	92.9	103.4	103.4
	3.4	31.8	3.4	3.2	2.38	24.9	61.2	66.7	77.8	89.0	100.1	103.4	103.4
	3.7	31.8	3.7	3.5	2.55	24.4	66.5	72.5	84.6	96.7	103.4	103.4	103.4
	4.0	31.8	4.0	3.8	2.72	23.8	71.8	78.4	91.4	103.4	103.4	103.4	103.4
	4.4	31.8	4.4	4.2	2.99	22.9	81.1	88.4	103.2	103.4	103.4	103.4	103.4
$1\frac{1}{2}$	2.2	38.1	2.2	2.1	1.96	33.7	33.2	36.2	42.2	48.2	54.3	60.3	66.3
	2.4	38.1	2.4	2.3	2.12	33.3	36.4	39.7	46.3	53.0	59.6	66.2	72.8
	2.6	38.1	2.6	2.5	2.27	32.9	39.2	42.8	49.9	57.1	64.2	71.3	78.5
	2.8	38.1	2.8	2.6	2.41	32.6	42.1	45.9	53.5	61.2	68.8	76.5	84.1
	3.0	38.1	3.0	2.8	2.59	32.1	44.5	48.5	56.6	64.7	72.8	80.9	89.0
	3.2	38.1	3.2	3.0	2.73	31.8	47.3	51.6	60.2	68.8	77.4	86.0	94.7
	3.4	38.1	3.4	3.2	2.91	31.3	51.0	55.6	64.9	74.1	83.4	92.7	101.9
	3.7	38.1	3.7	3.5	3.13	30.7	55.4	60.5	70.5	80.6	90.7	100.8	103.4
	4.0	38.1	4.0	3.8	3.34	30.2	59.9	65.3	76.2	87.1	98.0	103.4	103.4
	4.4	38.1	4.4	4.2	3.69	29.2	67.6	73.7	86.0	98.3	103.4	103.4	103.4
	4.8	38.1	4.8	4.6	3.92	28.5	72.8	79.4	92.7	103.4	103.4	103.4	103.4
	5.2	38.1	5.2	5.0	4.21	27.7	79.3	86.5	100.9	103.4	103.4	103.4	103.4
$1\frac{3}{4}$	2.4	44.5	2.4	2.3	2.50	39.6	31.2	34.0	39.7	45.4	51.1	56.7	62.4
	2.6	44.5	2.6	2.5	2.67	39.3	33.6	36.7	42.8	48.9	55.0	61.1	67.3
	2.8	44.5	2.8	2.6	2.85	38.9	36.1	39.3	45.9	52.4	59.0	65.6	72.1
	3.0	44.5	3.0	2.8	3.06	38.5	38.1	41.6	48.5	55.5	62.4	69.3	76.3

规格代号		外径 D mm	壁厚，mm		单位长度质量 W_{pe} kg/m	计算内径 ID mm	最小静水压试验压力，MPa						
尺寸	壁厚		规定 t	最小 t_{min}			CT55	CT60	CT70	CT80	CT90	CT100	CT110
$1\frac{3}{4}$	3.2	44.5	3.2	3.0	3.23	38.1	40.6	44.3	51.6	59.0	66.4	73.8	81.1
	3.4	44.5	3.4	3.2	3.45	37.6	43.7	47.7	55.6	63.5	71.5	79.4	87.4
	3.7	44.5	3.7	3.5	3.7	37.1	47.5	51.8	60.5	69.1	77.7	86.4	95.0
	4.0	44.5	4.0	3.8	3.96	36.5	51.3	56.0	65.3	74.6	84.0	93.3	102.6
	4.4	44.5	4.4	4.2	4.39	35.6	57.9	63.2	73.7	84.2	94.7	103.4	103.4
	4.8	44.5	4.8	4.6	4.67	34.9	62.4	68.1	79.4	90.8	102.1	103.4	103.4
	5.2	44.5	5.2	5.0	5.02	34.1	68.0	74.1	86.5	98.8	103.4	103.4	103.4
	5.7	44.5	5.7	5.5	5.44	33.1	74.9	81.7	95.3	103.4	103.4	103.4	103.4
	6.4	44.5	6.4	6.1	5.97	31.8	83.9	91.5	103.4	103.4	103.4	103.4	103.4
2	2.8	50.8	2.8	2.6	3.28	45.3	31.6	34.4	40.2	45.9	51.6	57.4	63.1
	3.0	50.8	3.0	2.8	3.53	44.8	33.4	36.4	42.5	48.5	54.6	60.7	66.7
	3.2	50.8	3.2	3.0	3.73	44.5	35.5	38.7	45.2	51.6	58.1	64.5	71.0
	3.4	50.8	3.4	3.2	3.98	44.0	38.2	41.7	48.6	55.6	62.5	69.5	76.4
	3.7	50.8	3.7	3.5	4.28	43.4	41.6	45.3	52.9	60.5	68.0	75.6	83.1
	4.0	50.8	4.0	3.8	4.58	42.9	44.9	49.0	57.1	65.3	73.5	81.6	89.8
	4.4	50.8	4.4	4.2	5.08	41.9	50.7	55.3	64.5	73.7	82.9	92.1	101.3
	4.8	50.8	4.8	4.5	5.42	41.2	53.4	58.2	68.0	77.7	87.4	97.1	103.4
	5.2	50.8	5.2	4.9	5.83	40.4	58.2	63.5	74.1	84.7	95.3	103.4	103.4
	5.7	50.8	5.7	5.4	6.33	39.4	64.3	70.2	81.9	93.5	103.4	103.4	103.4
	6.4	50.8	6.4	6.0	6.96	38.1	72.2	78.8	91.9	103.4	103.4	103.4	103.4
	7.0	50.8	7.0	6.6	7.57	36.8	79.2	86.4	100.8	103.4	103.4	103.4	103.4
	7.1	50.8	7.1	6.8	7.69	36.5	80.7	88.0	102.7	103.4	103.4	103.4	103.4
$2\frac{3}{8}$	2.8	60.3	2.8	2.6	3.93	54.8	26.6	29.0	33.8	38.6	43.5	48.3	53.1
	3.0	60.3	3.0	2.8	4.24	54.3	28.1	30.7	35.8	40.9	46.0	51.1	56.2
	3.2	60.3	3.2	3.0	4.47	54.0	29.9	32.6	38.0	43.5	48.9	54.3	59.8
	3.4	60.3	3.4	3.2	4.78	53.5	32.2	35.1	41.0	46.8	52.7	58.5	64.4
	3.7	60.3	3.7	3.5	5.14	53.0	35.0	38.2	44.5	50.9	57.3	63.6	70.0
	4.0	60.3	4.0	3.8	5.51	52.4	37.8	41.2	48.1	55.0	61.9	68.7	75.6
	4.4	60.3	4.4	4.2	6.13	51.4	42.7	46.5	54.3	62.1	69.8	77.6	85.3
	4.8	60.3	4.8	4.5	6.54	50.8	45.0	49.0	57.2	65.4	73.6	81.8	89.9
	5.2	60.3	5.2	4.9	7.05	50.0	49.0	53.5	62.4	71.3	80.3	89.2	98.1
	5.7	60.3	5.7	5.4	7.67	48.9	54.2	59.1	68.9	78.8	88.6	98.5	103.4
	6.4	60.3	6.4	6.0	8.45	47.6	60.8	66.3	77.4	88.4	99.5	103.4	103.4
	7.0	60.3	7.0	6.6	9.22	46.3	66.7	72.7	84.9	97.0	103.4	103.4	103.4
	7.1	60.3	7.1	6.8	9.36	46.1	68.0	74.1	86.5	98.8	103.4	103.4	103.4
	7.6	60.3	7.6	7.2	9.90	45.1	72.8	79.4	92.7	103.4	103.4	103.4	103.4

续表

规格代号		外径 D mm	壁厚, mm		单位长度 质量 W_{pe} kg/m	计算内 径 ID mm	最小静水压试验压力, MPa						
尺寸	壁厚		规定 t	最小 t_{min}			CT55	CT60	CT70	CT80	CT90	CT100	CT110
$2\frac{5}{8}$	3.7	66.7	3.7	3.5	5.72	59.3	31.7	34.5	40.3	46.1	51.8	57.6	63.3
	4.0	66.7	4.0	3.8	6.13	58.8	34.2	37.3	43.5	49.8	56.0	62.2	68.4
	4.4	66.7	4.4	4.2	6.82	57.8	38.6	42.1	49.1	56.1	63.2	70.2	77.2
	4.8	66.7	4.8	4.5	7.29	57.1	40.7	44.4	51.8	59.2	66.6	74.0	81.4
	5.2	66.7	5.2	4.9	7.86	56.3	44.4	48.4	56.5	64.6	72.6	80.7	88.8
	5.7	66.7	5.7	5.4	8.56	55.3	49.0	53.5	62.4	71.3	80.2	89.1	98.0
	6.4	66.7	6.4	6.0	9.45	54.0	55.0	60.0	70.0	80.0	90.0	100.0	103.4
	7.0	66.7	7.0	6.6	10.32	52.7	60.3	65.8	76.8	87.7	98.7	103.4	103.4
	7.1	66.7	7.1	6.8	10.48	52.4	61.5	67.1	78.3	89.4	100.6	103.4	103.4
	7.6	66.7	7.6	7.2	11.10	51.4	65.9	71.9	83.8	95.8	103.4	103.4	103.4
$2\frac{7}{8}$	3.4	73.0	3.4	3.2	5.84	66.2	26.6	29.0	33.8	38.7	43.5	48.3	53.2
	3.7	73.0	3.7	3.5	6.30	65.7	28.9	31.5	36.8	42.1	47.3	52.6	57.8
	4.0	73.0	4.0	3.8	6.75	65.1	31.2	34.1	39.8	45.4	51.1	56.8	62.5
	4.4	73.0	4.4	4.2	7.52	64.1	35.2	38.4	44.9	51.3	57.7	64.1	70.5
	4.8	73.0	4.8	4.5	8.04	63.5	37.1	40.5	47.3	54.0	60.8	67.5	74.3
	5.2	73.0	5.2	4.9	8.67	62.7	40.5	44.2	51.6	58.9	66.3	73.7	81.0
	5.7	73.0	5.7	5.4	9.45	61.6	44.7	48.8	56.9	65.1	73.2	81.3	89.5
	6.4	73.0	6.4	6.0	10.44	60.3	50.2	54.8	63.9	73.1	82.2	91.3	100.5
	7.0	73.0	7.0	6.6	11.41	59.0	55.1	60.1	70.1	80.1	90.1	100.1	103.4
	7.1	73.0	7.1	6.8	11.6	58.8	56.1	61.2	71.4	81.7	91.9	102.1	103.4
	7.6	73.0	7.6	7.2	12.29	57.8	60.1	65.6	76.5	87.5	98.4	103.4	103.4
$3\frac{1}{4}$	3.7	82.6	3.7	3.5	7.16	75.2	25.6	27.9	32.6	37.2	41.9	46.5	51.2
	4.0	82.6	4.0	3.8	7.68	74.6	27.6	30.1	35.2	40.2	45.2	50.2	55.3
	4.4	82.6	4.4	4.2	8.56	73.7	31.2	34.0	39.7	45.3	51.0	56.7	62.4
	4.8	82.6	4.8	4.5	9.16	73.0	32.9	35.8	41.8	47.8	53.8	59.7	65.7
	5.2	82.6	5.2	4.9	9.89	72.2	35.8	39.1	45.6	52.1	58.7	65.2	71.7
	5.7	82.6	5.7	5.4	10.78	71.2	39.6	43.2	50.4	57.6	64.8	72.0	79.2
	6.4	82.6	6.4	6.0	11.93	69.9	44.4	48.5	56.5	64.6	72.7	80.8	88.9
	7.0	82.6	7.0	6.6	13.06	68.5	48.7	53.2	62.0	70.9	79.7	88.6	97.5
	7.1	82.6	7.1	6.8	13.27	68.3	49.7	54.2	63.2	72.2	81.3	90.3	99.3
	7.6	82.6	7.6	7.2	14.08	67.3	53.2	58.0	67.7	77.4	87.1	96.7	103.4
$3\frac{1}{2}$	4.0	88.9	4.0	3.8	8.3	81.0	25.7	28.0	32.7	37.3	42.0	46.6	51.3
	4.4	88.9	4.4	4.2	9.26	80.0	29.0	31.6	36.8	42.1	47.4	52.6	57.9
	4.8	88.9	4.8	4.5	9.91	79.3	30.5	33.3	38.8	44.4	49.9	55.5	61.0
	5.2	88.9	5.2	4.9	10.7	78.5	33.3	36.3	42.4	48.4	54.5	60.5	66.6

规格代号		外径 D mm	壁厚，mm		单位长度质量 W_{pe} kg/m	计算内径 ID mm	最小静水压试验压力，MPa						
尺寸	壁厚		规定 t	最小 t_{min}			CT55	CT60	CT70	CT80	CT90	CT100	CT110
3$^1/_2$	5.7	88.9	5.7	5.4	11.68	77.5	36.8	40.1	46.8	53.5	60.1	66.8	73.5
	6.4	88.9	6.4	6.0	12.93	76.2	41.3	45.0	52.5	60.0	67.5	75.0	82.5
	7.0	88.9	7.0	6.6	14.16	74.9	45.2	49.4	57.6	65.8	74.0	82.3	90.5
	7.1	88.9	7.1	6.8	14.39	74.6	46.1	50.3	58.7	67.1	75.5	83.8	92.2
	7.6	88.9	7.6	7.2	15.27	73.7	49.4	53.9	62.9	71.9	80.8	89.8	98.8

五、连续管性能评价技术

连续管产品标准主要有 API Spec 5ST（2012）《连续管规范》、API RP 5C7《油气田用连续管推荐做法》、GB/T 34204—2017《连续管》。

连续管使用环境苛刻，为避免出现产品质量纠纷，制造方应严格按照相关标准进行制造和检测。连续管出厂前，必须全面进行产品性能检测与评价，并为用户提供真实可靠的产品质量证书。用户也可按相关标准对产品进行复检。为了准确表征连续管性能，一般需要对连续管化学成分、力学性能等指标进行逐项检测。

1. 化学分析

连续管化学成分分析取样应按 GB/T 20066—2006《钢和铁 化学成分测定用试样的取样和制样方法》进行，一般可采用直读光谱仪进行快速分析。对于精度要求较高的元素可采用湿法分析。仪器分析按 GB/T 4336—2016《碳素钢和中低合金钢 多元素含量的测定 火花放电原子发射光谱法（常规法）》、GB/T 20123—2006《钢铁 总碳硫含量的测定 高频感应炉燃烧后红外吸收法（常规方法）》和 GB/T 20125—2006《低合金钢 多元素含量的测定 电感耦合等离子体原子发射光谱法》标准进行，湿法分析按 GB/T 223.11—2008《钢铁及合金 铬含量的测定 可视滴定或电位滴定法》等标准进行。仲裁时应按湿法分析进行。连续管化学成分分析结果应符合表 2-1 的规定。

2. 拉伸试验

拉伸试验主要检测连续管的屈服强度、抗拉强度和伸长率等指标，对连续管应用是一项最重要的指标。拉升试验结果应符合表 2-4 规定。应特别注意的是，由于包辛格效应和形变硬化的共同作用，连续管在重绕或多次弯曲后，其强度会出现一定的下降。

连续管拉伸试验最小断后伸长率按式（2-1）计算：

$$A_{50mm}=KS_0^{0.2}/R_m^{0.9} \qquad (2-1)$$

式中 A_{50mm}——原始标距为 50mm 试样的最小断后伸长率；

　　　K——伸长率计算系数，取 1900（SI 单位制）或 625000（USC 单位制）；

　　　S_0——拉伸试样原始截面积，mm^2（in^2）；

　　　R_m——规定最小抗拉强度，MPa（psi）。

3. 硬度试验

硬度高低对连续管在硫化氢环境中的氢致开裂（HIC）和硫化物应力腐蚀开裂（SSCC）有较大影响。因此，对连续管硬度有严格规定。硬度试验的打点位置如图 2-6 所

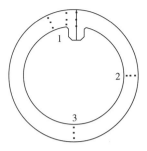

图 2-6　连续管硬度测试位置图

示，硬度值应符合表 2-4 的规定。

4. 压扁与扩口试验

压扁和扩口试验主要用来检测连续管的塑性或变形能力，是生产过程中的控制性检验。如果管材硬度过高，或者焊接不良，或者有表面缺陷等，很容易出现压扁和扩口开裂。连续管压扁试验时两平板间的距离按表 2-6 给出的公式计算。当试样压至表 2-6 公式计算的两平板间距离时，焊缝和母材外表面的任何方向不应出现超过 3.2mm 的裂纹或裂缝。但是对于起始于试样边缘且长度小于 6.4mm 的裂纹是允许的。

扩口试验是采用带有一定角度的顶芯锥头，从钢管试样的端部垂直压下，观察试样边部有无开裂。试样长度一般为 101.6mm，顶芯锥度应为 60°，试验前要除去钢管内毛刺。扩口试验时，应根据不同钢级确定扩口后的内径（ID_f）。对于 CT55—CT90 钢级，扩口后的内径（ID_f）按式（2-2）计算；对于超高强度 CT100 和 CT110 钢级，扩口后的内径（ID_f）按式（2-3）计算。

$$ID_f = 1.25ID \qquad (2-2)$$
$$ID_f = 1.21ID \qquad (2-3)$$

式中　ID_f——扩口后要求的最小内径，mm；

　　　ID——连续管计算内径，mm。

表 2-6　压扁试验要求

序号	钢级	D/t	两平板间的距离，mm
1	CT55	7~23	$D(1.068-0.021D/t)$
2	CT60	7~23	$D(1.068-0.021D/t)$
3	CT70	7~23	$D(1.074-0.0194D/t)$
4	CT80[①]	7~23	$D(1.074-0.0194D/t)$
5	CT90[①]	7~23	$D(1.080-0.0178D/t)$
6	CT100[①]	7~23	$D(1.080-0.0178D/t)$
7	CT110[②]	所有	$D(1.086-0.0163D/t)$

①压扁试验过程中，如果试样在 0° 或 180° 位置失效，应继续该压扁试验，直至该试样在 90° 或 270° 位置失效。在 0° 或 180° 位置的过早失效不应作为拒收依据（见复验 13.3）。

②两平板间距离至少为 0.85D。

5. 冲击试验

冲击试验主要用来检测连续管的韧性，由于连续管壁厚较薄，尺寸小，冲击试验只能采用半尺寸或更小试样。但这样，测量的结果离散性和偏差较大。所以，一般不进行冲击试验，但在产品性能研究、新产品开发，或用户有特殊要求时还是需要做韧性试验。冲击试验可采用夏比 V 形缺口试样，试验温度应在 0℃（32°F）进行，试验方法应符合 GB/T 229—2007《金属材料 复比摆锤冲击试验方法》的规定。冲击试验测到的吸收能量应符合表 2-7 的要求。

表 2-7　冲击吸收能量

取样方向	试样尺寸（高度 × 宽度）mm × mm	冲击吸收能量，J	
		平均最小值	单个试样最小值
纵向试样	10 × 5	23	15

6. 水压试验

为了评价连续管承受内压能力，需要对每盘连续管进行静水压试验。通过静水压试验，主要检查管柱有无泄漏、变形等缺陷。静水压试验要采用清洁的水质，试验压力 P 可根据管材的钢级和规格确定，由式（2-4）确定。稳压时间应不少于 15min。在稳压时间内，压力下降应不大于 1.4MPa。一般最高试验压力上限为 103.4MPa。应该注意的是，工厂进行的静水压试验压力是产品检验试验压力，不能作为设计压力或工作压力。

$$p=1.60R_{t0.5}（或\ R_{r0.2}）t_{min}/D \qquad （2-4）$$

式中　p——静水压试验压力，MPa 或 psi；

　　　t_{min}——标准规定的最小壁厚，mm 或 in；

　　　D——连续管公称外径，mm 或 in。

7. 几何尺寸检测

连续管的管径、壁厚和不圆度等几何尺寸偏差较大时会对下井作业造成影响。应采用标准所规定的相关工具对其进行测量。一般外径偏差应在 ±0.25mm 以内；壁厚偏差应符合表 2-8 规定，修磨后剩余壁厚应不小于规定壁厚的 90%；不圆度可按式（2-5）计算，D_{max} 和 D_{min} 分别为在规定位置测量的最大外径和最小外径。

$$不圆度 =2（D_{max}-D_{min}）/（D_{max}+D_{min}） \qquad （2-5）$$

式中　D_{max}——规定位置测定的最大外径，mm 或 in；

　　　D_{min}——规定位置测定的最小外径，mm 或 in。

表 2-8　连续管壁厚允许偏差

规定壁厚 t, mm	允许偏差，mm	规定壁厚 t, mm	允许偏差，mm
< 2.8	+0.2 −0.1	4.5~6.4	± 0.3
2.8~4.4	+0.3 −0.2	≥ 6.5	± 0.4

8. 无损检测

无损检测主要是连续管在制造过程中的在线检测。通过超声、涡流等检测方法检测连续管母材及焊缝有无缺陷，特别是内在的夹渣、分层、裂纹等缺陷，确保产品符合标准要求。连续管无损检测的种类及执行标准主要有：

（1）电磁（漏磁）检测，GB/T 12606—2016《无缝和焊接（埋弧焊除外）铁磁性钢管纵向和 / 或横向缺欠的全圆周自动漏磁检测》；

（2）电磁（涡流）检测，GB/T 7735—2016《无缝和焊接（埋弧焊除外）钢管缺欠的自动涡流检测》；

（3）超声检测，NB/T 47013.3—2015《承压设备无损检测　第 3 部分：超声检测》或 SY/T 6423.8—2017《石油天然气工业　钢管无损检测方法　第 8 部分：无缝和焊接（埋弧焊除外）钢管纵向和／或横向缺欠的全周自动超声检测》；

（4）射线检测，NB/T 47013.2—2015《承压设备无损检测 第 2 部分：射线检测》或 NB/T 47013.11—2015《承压设备无损检测 第 11 部分：X 射线数字成像检测》。

9. 连续管疲劳性能

连续管在作业中需要反复弯曲，并属于大应变塑性循环弯曲，这种低周疲劳过程会导致连续管失效。因此，连续管疲劳性能如何，对管柱安全服役具有重要影响。疲劳性能是与管材的强度、塑性、韧性以及几何尺寸等指标密切相关，是连续管综合性能的体现。当然，连续管疲劳性能也与其使用工况有直接关系。管柱承压大小、作业时有无腐蚀介质等都会影响疲劳性能或使用寿命。

为了研究考察连续管疲劳性能，可采用连续管全尺寸疲劳试验机进行模拟实验，如图 2-7 所示。该装置可在管材试样承受不同内压的情况下进行低周弯曲疲劳试验。采用该装置系统研究了连续管外径、壁厚、强度、内压、弯曲半径等因素对疲劳寿命的影响规律[9-11]。结果表明，在管体强度级别相同的情况下，如果壁厚相同，管体外径越大，疲劳寿命越短，如果外径相同，壁厚减少，疲劳寿命减少。也就是说，疲劳寿命随外径增大而减少，随壁厚增大而增大。随着内压增加，疲劳寿命减少，在不带内压下，疲劳寿命是带压时（34.47MPa）的 4~5 倍。随着弯曲半径的减少，疲劳寿命也随之减少，这主要是由于弯曲半径减少后连续管变形量增大所致。

(a)主体部分　　　　　　　　　　　　　(b)操作系统

图 2-7　连续管疲劳试验机

当然，如果管材表面出现划伤，疲劳寿命也会减少，并且随划伤凹坑的深度增加和面积增大，疲劳寿命会出现急剧下降。对于带有环焊接头的试样，疲劳寿命只有管体的 30%~40%。表明连续管管—管对接接头位置是一个薄弱点。

基于疲劳损伤理论，在大量试验数据和现场使用数据的基础上，建立了连续管疲劳寿命预测模型，以此模型开展连续管寿命预测。

第二节　国产连续管系列化产品与应用

2009 年，中国石油在宝鸡钢管建成了我国第一条连续管生产线。经过多年的科研攻关，目前已经实现了连续管产品钢级系列化和规格系列化，连续管产品已经全面替代进口，完全实现了国产化。连续管产品的国产化极大地促进了我国连续管作业技术的快速发展，从 2009 年以来，连续管需求量已经增长了 25 倍，作业车数量也达到了 200 台左右，作业类型除常规的修井、测井外，开始用于钻井以及采油中的无杆举升、地面集输等。

连续管按用途划分，主要分为连续管和连续管线管。连续管主要用于井下作业，连续管线管主要用于地面或海洋油气集输。连续管按作业类型划分，可以分为工作管柱和速度管柱；按结构可分为等壁厚连续管、变壁厚连续管以及多通道连续管（指连续管内还含有一个以上的小口径连续管）；按材料类型划分，分为金属连续管和非金属连续管，金属连续管有普通碳钢系列连续管、抗硫连续管、高合金连续管等。目前，市场应用量最大的为普通碳钢系列连续管，也就是 GB/T 34204—2017《连续管》和 API Spec 5ST《连续管规范》中钢级 CT55—CT110，非标产品超高强度 CT120 和 CT130 也已经开始应用。下面对几种典型的连续管性能及应用情况作简要介绍。

一、连续管工作管柱

工作管柱，主要指用于修井、测井、钻井等作业用的连续管。其性能要求兼顾强度、塑性和耐蚀性，且具有优异的抗低周疲劳性能，是目前最常见、应用最广泛的连续管产品。目前，国内连续管修井工艺已经发展到十多种以上，包括洗井、冲砂、替钻井液、气举、酸化、压裂、射孔、打捞、钻磨等；连续管测井技术也已经广泛应用；在连续管钻井方面，中国石油已经组织开展了多口井的工业化试验。

中国石油宝鸡钢管连续管产品钢级从 CT55—CT130、外径 25.4~88.9mm、壁厚 1.91~6.35mm 的系列化连续管产品，按照 GB/T 34204—2017《连续管》和 API Spec 5ST《连续管规范》等标准生产，主要性能指标均达到或超过相关标准要求。

1. 国产 CT80 钢级连续管

1）CT80 钢级连续管性能

CT80 钢级连续管是目前应用最为广泛的连续管产品。特别是用于 3000~5000m 井深的修井作业。目前，宝鸡钢管生产的 CT80 钢级连续管产品覆盖了标准中的全部规格，即直径 25.4~88.9mm，壁厚 2.77~7.5mm。性能指标均达到标准要求，并达到或超过国外同类产品水平[12, 13]。

（1）力学性能。CT80 钢级连续管主要力学性能指标见表 2-9。

表 2-9　CT80 钢级连续管主要力学性能指标

项目	屈服强度 MPa	抗拉强度 MPa	延伸率 %	最大硬度	晶粒度级
产品性能	≥ 560	≥ 640	≥ 27.5	≤ 22HRC（248HV$_{10}$）	≥ 10
标准要求	≥ 552	≥ 621	≥ 27.5[(1)]	≤ 22HRC（248HV$_{10}$）	≥ 8

注：连续管延伸率与管径、壁厚密切相关，此处采纳的是标准对延伸率的最高要求。

（2）抗内压性能。连续管在作业过程中有时需要较高的抗内压能力，特别是用于压裂作业时管内压力要求更高。对国产 CT80 钢级 ϕ31.8mm × 3.18mm 连续管进行静水压试验测试，在标准规定的试验压力 68.9MPa 下保压 15min，未出现泄漏和变形，压降小于标准规定的 1.4MPa。为了进一步检验抗内压能力，继续升压至 89.36MPa，稳压 15min，仍然未出现泄漏和变形，压降也小于 1.4MPa。然后持续升压至设备最大能力 135.9 MPa，由

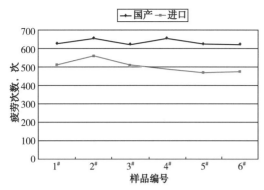

图 2-8　国产与进口 CT80 钢级 ϕ 31.8mm × 3.18mm
连续管疲劳寿命测试结果

于已达设备极限，无法稳压，随后降至 126.2MPa，稳压 15min。整个试验过程，管柱未发生明显变形，保压时压力平稳。可见，国产连续管具有优异的抗压性能。

（3）疲劳性能。对国产 CT80 钢级 ϕ 31.8mm × 3.18mm 连续管和同钢级同规格进口连续管进行了疲劳寿命试验研究。在同等试验条件下（内压 34.47MPa，弯曲半径 1219.2mm），试验结果如图 2-8 所示。国产连续管平均寿命 634 次，进口连续管平均寿命 499 次。可见，国产连续管疲劳寿命明显优于国外同类产品。

2）国产 CT80 连续管应用

2009 年 11 月 18 日，中国石油集团川庆钻探工程有限公司井下作业公司采用宝鸡钢管 CT80 钢级 ϕ 38.1mm × 3.18mm 连续管在西南油气田龙岗 20 井进行了首次起下作业。并获得圆满成功，国产连续管现场使用性能良好，各项作业指标均达到施工设计要求。下井试验的成功不仅一举打破了国外对连续管产品的长期垄断，也标志着连续管国产化时期的到来[14, 15]。

随后又在龙 002-1 井、安 002-X79 井和蓬莱 1 井等油气井进行了冲砂、替钻井液、替喷、酸化排液作业，特别是在龙会 5 井进行的注氮排液时连续服役 240h 无故障，超过国外某公司同钢级同规格产品的 101h（因断裂而中断使用）。通过本次试验，充分证明了国产连续管的耐蚀性能和疲劳性能。

2009 年 12 月，辽河油田沈阳工程处生产准备公司，使用 CT80 钢级 ϕ 31.8mm × 2.77mm 连续管在沈阳油田沈 84 块静 65-129 井首次成功进行了通井作业，后续在安 16-20 井和静 64-020 井等油气井多次进行了清蜡解堵、测井、循环洗井等 80 余次，获得了用户高度评价。

2010 年 5 月 12 日，宝鸡钢管 CT80 钢级连续管通过中国石油天然气集团公司（简称集团公司）科技管理部鉴定。

CT80 钢级连续管问世以来，凭借其优良的品质，迅速占领了国内市场，并出口中东、俄罗斯等国家和地区，实现了我国高端油气管材出口零的突破。目前，已累计销售 150 余万米，且销量呈逐年递增态势。油田用户使用国产 CT80 钢级连续管进行了酸化、压裂、气举排液、气举诱喷、开窗侧钻、清蜡解堵、测井、冲砂、排液等多种作业，取得了良好的生产效益，并在不断探索和扩展新的用途，有力地推动了连续管技术在我国的发展与应用。

迄今，CT80 钢级连续管以其强度高、塑性好，寿命长等优点，已成为国产连续管应用量最大的钢级品种。

2. 国产 CT110 钢级连续管

随着连续管作业技术在国内的快速发展，深井、超深井以及非常规油气开采需要强度更高的国产连续管。2015 年，宝鸡钢管科研人员成功开发出了国产超高强度 CT110 钢级连续管产品，并很快进入市场得到广泛应用。超高强度 CT110 钢级连续管屈服强度达到 110ksi（≥ 758MPa）、抗拉强度大于 115ksi（≥ 793MPa）、硬度小于 30HRC（301HV），主要用于深井、超深井及页岩气大位移水平井中高压射孔、多段压裂、钻磨桥塞等作业[16]。

1）国产 CT110 钢级连续管性能

（1）力学性能。国产 CT110 钢级连续管力学性能见表 2-10。由表 2-10 可知，CT110 钢级连续管平均屈服强度 790MPa，平均抗拉强度 825MPa，延伸率大于 21%。各项性能均超过 GB/T 34204—2017《连续管》和 API Spec 5ST《连续管规范》等标准要求。与 CT90 钢级相比，CT110 钢级连续管相同条件下下入深度可提高 22.2%。

表 2-10　CT110 钢级连续管的力学性能（ϕ50.8mm × 4.44mm）

项目	屈服强度 MPa	抗拉强度 MPa	延伸率 %	最大硬度	晶粒度 级
产品性能	≥ 790	≥ 825	≥ 21	≤ 30HRC（302HV$_{10}$）	≥ 12
标准要求	≥ 758	≥ 793	≥ 17.5	≤ 30HRC（302HV$_{10}$）	≥ 8

图 2-9 为 CT110 钢级连续管拉伸曲线。由图可知，CT110 钢级连续管均匀延伸率达到 8%，表明管材在高强度下仍然具有很高的塑性，能满足作业过程中大应变塑性变形的要求。整管拉伸试验结果表明，CT110 钢级连续管的平均延伸率为 21%，高于标准要求的 17.5%。同时，依据 GB/T 34204—2017《连续管》和 API Spec 5ST《连续管规范》等标准，对国产 CT110 钢级连续管进行扩口试验，母材及焊缝均未出现裂纹。进行压扁试验，所有试样焊缝、母材均未出现可见

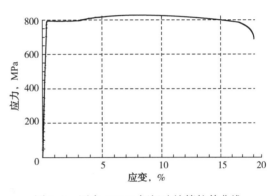

图 2-9　国产 CT110 钢级连续管拉伸曲线

裂纹，所有测试结果表明，CT110 钢级连续管具有良好的塑性。

（2）抗外压挤毁性能。依据 API 5C5 标准对国产 CT110 钢级 ϕ50.8mm × 4.44mm 连续管进行外压挤毁试验。试验曲线和挤毁后的 CT110 连续管试样形貌如图 2-10 所示。结果表明，国产 CT110 级连续管的挤毁强度为 148.1MPa，较标准计算值 115MPa 提高了 27.7%，表明 CT110 连续管抗外压挤毁性能优异。

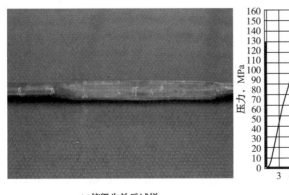

(a)挤毁失效后试样

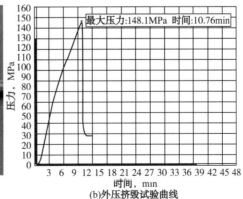

(b)外压挤毁试验曲线

图 2-10　CT110 连续管挤毁试验曲线

（3）抗内压性能。按照 GB/T 34204—2017《连续管》和 API Spec 5ST《连续管规范》等标准对国产 CT110 钢级 ϕ50.8mm×4.44mm 连续管在 102.7MPa 内压条件下进行静水压试验，保压 15min，无泄漏，无压降（标准规定压降不超过 0.34MPa），静水压试验曲线如图 2-11 所示。试验后对管柱外径检测，外径尺寸未发生变化，表明 CT110 钢级连续管强度高、性能均匀一致，具备承受较高内压的能力。

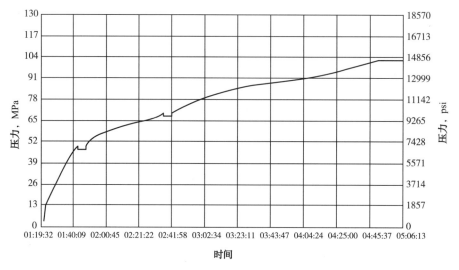

图 2-11　CT110 连续管静水压试验曲线

为了进一步验证国产 CT110 钢级连续管抗内压能力，对规格为 ϕ50.8mm×4.44mm 的 CT110 钢级连续管进行了爆破试验。图 2-12 为爆破试验曲线和爆破后实物形貌。试验结果表明，CT110 钢级连续管的爆破压力为 170.6MPa，较标准计算值 138.6MPa 提高 23.3%。

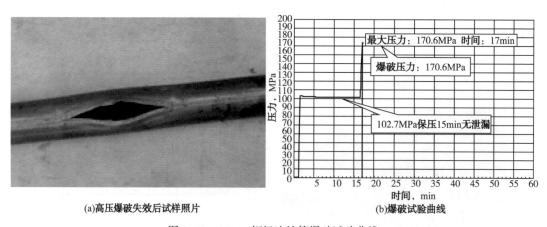

(a)高压爆破失效后试样照片　　　　(b)爆破试验曲线

图 2-12　CT110 钢级连续管爆破试验曲线

（4）疲劳性能。对国产 CT110 钢级、规格为 ϕ50.8mm×4.44mm 的连续管进行了疲劳寿命试验。在内压为 34.47MPa、弯曲半径为 1828mm 条件下进行实物弯曲疲劳试验。结果表明，CT110 平均疲劳寿命为 139 次，相比相同规格、相同压力、相同弯曲半径下的 CT90 钢级连续管，疲劳寿命提高了 54.4%。

（5）抗腐蚀性能。按照 NACE 0248《管道和压力容器用钢抗氢致开裂能力的评定》和 NACE 0177《H$_2$S 环境中抗特殊形式的环境开裂材料的实验室试验方法》进行实验。结果表明，CT110 钢级连续管焊缝和母材试样在饱和硫化氢 +0.5% 醋酸 +5%NaCl 混合溶液中浸泡 96h 后，试样的纵向、横向表面及截面均无裂纹产生，即裂纹长度率（CLR）、裂纹厚度率（CTR）和裂纹敏感率（CSR）均为 0，表明 CT110 钢级连续管对 HIC 不敏感。进行抗 SSC 试验，焊缝和母材试样的加载应力分别为材料名义屈服强度的 72%，经过 720h，试验后试样未出现裂纹和断裂，如图 2-13 所示，表明 CT110 钢级连续管具有良好的抗硫化氢应力腐蚀能力。

图 2-13　CT110 钢级连续管 SSC 试验后的试样

2）国产 CT110 钢级连续管应用

2016 年 4 月 15 日至 4 月 25 日，中国石油川庆钻探工程有限公司井下作业公司使用宝鸡钢管生产的 CT110 钢级 ϕ50.8mm×4.44mm 连续管在四川省宜宾市珙县长宁区块长宁 H4 平台 5# 井、6# 井进行了打捞、射孔、通井作业。作业过程顺利、正常，管柱整体状况良好，达到了作业目标，取得了良好的作业效果。表明国产 CT110 钢级连续管产品完全符合施工设计和作业要求，整体水平达到国外同类产品水平。

（1）案例 1：射孔、钻磨桥塞、强磁清井。

宝鸡钢管生产 CT110 钢级 ϕ50.8mm×4.8mm 超高强度连续管，2016 年 10 月底在重庆市涪陵区天台辣子村 2 组焦页 52-3HF 井进行了射孔、钻磨桥塞、强磁清井等作业。射孔时，连续管最高打压 43.1MPa，实射 60 孔；钻磨作业时起下井 19 次，钻除复合桥塞 16 支，最大循环压力 45.1MPa，捞获金属碎屑 10.96kg。

（2）案例 2：喷砂射孔环空压裂。

国产连续管在昭通地区一口页岩气井进行射孔压裂作业，该井设计分 13 段进行储层改造，实际完成 13 段施工，每段 3 簇射孔，每簇平均射时 9min，每段排量为 700~800L/min，除了第一段泵压为 42~44MPa，其余各段泵压集中在 60~65MPa。施工共挤入地层液量 254m^3，20 目 /40 目石英砂砂量 24.64t。整个施工过程喷砂射孔及环空加砂顺利，石英砂经过喷枪射穿套管时连续管压力出现明显降低，射开储层响应显著。

（3）案例 3：钻磨桥塞、打捞钻屑。

卷号为 1607-014 的国产超高强度 CT110 钢级连续管，在西南油气田 Z203 井开展了钻磨桥塞、打捞钻屑作业。Z203 井为水平井，人工井底 4588.35m，水平段上翘、段长 1532m，最大井斜 94.58°/3716.08m，井底温度 120.3℃ /4682m，套管外径 139.7mm、内径 114.3mm。复合桥塞分 21 段压裂后，连续管钻磨桥塞、打捞钻屑。累计入井 79.5h，起下 9 井次，钻磨复合桥塞 20 个，最高泵注压力 52MPa，最高井口压力 41MPa。作业过程正常，无锁定及阻卡，未使用金属降阻剂，顺利下至目标深度，完成施工任务，未出现连续管螺旋锁定现象。

二、连续管速度管柱

连续管速度管柱（Coiled Velocity String）又称虹吸管柱、增速管柱，一种由专用悬挂器固定于生产管柱内部（Hang-Off Application），从而减少流体通道面积，提高流速，使井底积水在高流速下被带出地面，实现排水采气、增产稳产。速度管柱是解决气田老井积液问题的有效措施之一。速度管柱不同于作业管柱，由于不需要反复弯曲变形，因此对其疲劳性能要求低于作业管柱，但对抗腐蚀性能要求更高一些。

1. 力学性能

宝鸡钢管生产的速度管柱，产品的化学成分经过优化设计，在具备更加优异的耐蚀性能的同时，具有稳定的力学性能。不同钢级速度管柱产品的屈服强度、抗拉强度及硬度指标见表2-11。

表 2-11　速度管柱主要性能指标

钢级型号	屈服强度				抗拉强度（最小）		硬度 HRC
	最小		最大				
	psi	MPa	psi	MPa	psi	MPa	
HO70	70,000	483	80,000	552	80,000	552	≤ 22
HO80	80,000	551	90,000	620	88,000	607	≤ 22

图 2-14　HO70 速度管柱 HIC 试验后试样

2. 速度管柱耐腐蚀性能

1）抗 HIC 和 SSC 性能

按照 NACE 0248《管道和压力容器用钢抗氢致开裂能力的评定》和 NACE 0177《H_2S 环境中抗特殊形式的环境开裂材料的实验室试验方法》标准进行制样并开展实验。结果表明，HO70 速度管柱焊缝和母材试样在饱和硫化氢 +0.5% 醋酸 +5%NaCl 混合溶液中浸泡 96h 后，试样的纵向、横向表面及截面均无裂纹产生，如图 2-14 所示，即裂纹长度率（CLR）、裂纹厚度率（CTR）和裂纹敏感率（CSR）均为 0，表明 HO70 速度管柱对 HIC 不敏感。

抗 SSC 试验中，焊缝和母材试样的加载应力分别为材料名义屈服强度（σ_s）的 72%，80% 和 90%，经过 720h，试验后试样未出现裂纹和断裂，结果见表 2-12，表明 HO70 速度管柱具有较好的抗硫化物应力腐蚀（SSC）性能。

表 2-12　HO70 速度管柱硫化氢环境应力腐蚀开裂（SSCC）实验结果

加载方式	取样部位 / 应力方向	施加的拉应力水平	试样宏观开裂情况	微观开裂情况
四点弯曲加载法	焊缝 / 轴向	72%σ_s	未开裂	无裂纹
	焊缝 / 轴向	80%σ_s	未开裂	无裂纹
	焊缝 / 轴向	90%σ_s	未开裂	无裂纹
	母材 / 轴向	72%σ_s	未开裂	无裂纹
	母材 / 轴向	80%σ_s	未开裂	无裂纹
	母材 / 轴向	90%σ_s	未开裂	无裂纹

2）模拟井况的腐蚀试验

针对速度管柱服役工况，采用高温高压釜模拟井下工况，试验研究了在含有少量二氧化碳、碳酸根离子和较高的氯离子介质下，HO70速度管柱的腐蚀速率。模拟试验腐蚀介质见表2-13，试验条件见表2-14，试验结果见表2-15。结果表明，国产HO70速度管柱在这种井况下具有优异的耐腐蚀性，特别是在气体介质下，腐蚀速率更低。

表2-13 腐蚀介质

浓度，mg/L							
Na^++K^+	Ca^{2+}	Mg^{2+}	HCO_3^-	SO_4^{2-}	Cl^-	Fe^{2+}	总矿化度，mg/L
5391	6553	239	225	719	19794	0	32921

表2-14 试验条件（每一个试验条件进行气相和液相两种试验）

试验条件	总压 MPa	CO_2分压 MPa	流速 r/min	温度 ℃	试验时间 h	水型	pH值
条件一	4	0.033	700	28	168	$CaCl_2$	6.27
条件二	10	0.082	500	57	168	$CaCl_2$	6.27
条件三	20	0.164	300	105	168	$CaCl_2$	6.27

表2-15 HO70速度管柱腐蚀试验结果

试验条件		腐蚀速率，mm/a			
		母材		焊缝	
		国产管（1#）	进口管（2#）	国产管（1#）	进口管（2#）
液相	条件一	0.2515	0.31	0.2617	0.4212
	条件二	0.5335	0.6244	0.7682a	0.721
	条件三	1.405	1.4106	1.7172a	1.8484
气相	条件一	0.0606	0.0516	0.0584	0.0625
	条件二	0.0539	0.0587	0.064	0.0663
	条件三	0.085	0.0797	0.1057	0.1022

3）服役3年后的速度管柱性能

为了更好地了解国产速度管柱性能，对连续服役3年的速度管柱，分别截取井口位置及井底位置管柱，进行外观、壁厚、力学等性能等检测评价。

（1）外观形貌。

井口和井底处管柱外表面腐蚀形貌如图2-15所示。井口3000m以上管样表面外壁光滑，无明显腐蚀产物、无划伤、凹坑、点蚀现象；井底管样内、外表面有一定的腐蚀产物，管体内有锈迹生成，较管体外壁腐蚀轻微，为均匀腐蚀，管体焊缝处腐蚀状况与管体无明显差异，焊缝处无沟腐蚀及选择性腐蚀。

（2）力学性能

图2-16为井口和井底连续管的强度检测结果。由图可知，井口管样的纵向屈服强度均值为488MPa，抗拉强度均值为603MPa，伸长率均值为31%；井底管样的纵向屈服强度均值为492MPa，抗拉强度均值为583MPa，伸长率均值为33%。

图 2-15　服役 3 年后 HO70 速度管柱不同部位形貌

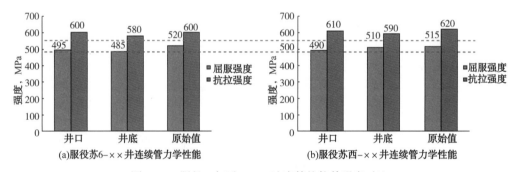

图 2-16　服役 3 年后 HO70 速度管柱拉伸强度对比

　　由检测结果可知，服役三年后的速度管柱拉伸性能仍满足 API Spec 5ST 标准要求，可见在该井况条件下，该速度管柱腐蚀较轻微，未有因腐蚀缺陷而造成的强度明显减弱。井口管样及井底管样的屈服强度低于出厂检测值，是由于速度管柱在运输过程中卷曲在卷筒上，以及速度管柱在单次下入井内的过程中要经过 3 次弯曲变形，由于包申格效应等原因使得服役管柱屈服强度有所降低。

　　（3）壁厚检测。

　　用机械法清洗管样，采用 PX-7 超声波测厚仪对管样进行壁厚检测，壁厚测量结果如图 2-17 所示。由图 2-17 可知，管体实际测量壁厚均大于标准规定的管体壁厚。也就是说，服役 3 年后 HO70 速度管柱壁厚仍然满足 API Spec 5ST《连续管规范》要求。

　　（4）静水压试验。

　　对井口及井底管样进行了静水压试验及爆破试验。静水压试验是根据 API Spec 5ST《连续管规范》，试验压力为 61.1MPa，保压时间为 15 min。在静水压试验过程中压力降未超过 1.4MPa，满足标准要求。同时，对管样进行水压爆破试验，试验结果如图 2-18 所示，爆破压力均达到 110MPa 以上。

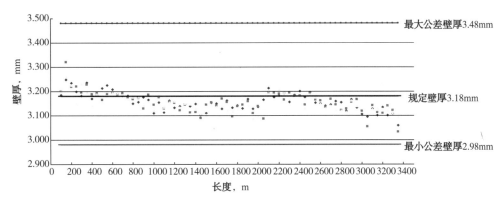

图 2-17　服役 3 年后 HO70 速度管柱不同长度处壁厚分布图

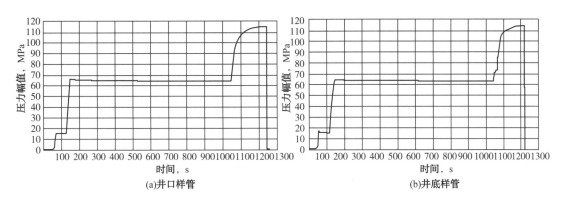

图 2-18　服役 3 年后 HO70 速度管柱水压爆破试验压力曲线

3. 连续管速度管柱应用

2010 年，国产 HO70 速度管柱研制成功后，已在国内油田大规模推广应用 800 余口气井，极大地提高了采收率，延长了气井生产期，为油田稳产增产发挥了重要作用。作业现场如图 2-19 所示，应用效果如图 2-20 所示。可以看出，对于日产气量在 $0.5 \times 10^4 m^3$ 左右的气井，应用速度管柱后增产效果非常明显。

(a)连续管悬挂现场施工　　　　　　　　　　(b)施工结束后的井口

图 2-19　连续管速度管柱应用现场

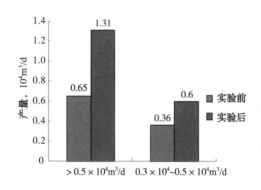

图 2-20　HO70 速度管柱应用前后产气量对比

三、变壁厚连续管

变壁厚连续管是指外径不变，壁厚沿长度方向按一定规律变化的连续管产品。使用时，根据壁厚的不同，将变壁厚连续管薄壁管段用于井下、厚壁管段用于井口，可有效降低管柱悬挂重量，使其作业深度大幅提高。例如，对于钢级为 CT110、规格为 50.8mm×3.4~5.16mm 的变壁厚连续管与普通的 CT110 钢级、规格 50.8mm×5.16mm 的单一壁厚连续管相比，下井深度可由 6109m 提高到 8423m，有效增加下入深度 37%。通过设计，变壁厚连续管最大下入井深可提高 74%。

变壁厚连续管有渐变壁厚连续管和直接变壁厚连续管两种。渐变壁厚连续管是指壁厚变化管段壁厚是连续渐变的，如图 2-21 所示。而直接变壁厚是指壁厚变化段是突变的，是由两种不同壁厚的钢带对接后形成。由于直接变壁厚连续管壁厚变化部位（即不同钢带对接部位）壁厚不同，对接后易于产生应力集中和焊接缺陷，所以对接接头性能相对较差，导致直接变壁厚连续管疲劳寿命较低。所以，在实际应用中，以渐变壁厚连续管最为广泛。变壁厚连续管产品主要应用于深井、超深井作业以及管重受运输限制或作业机能力限制的油气井作业场合。

1. 产品性能

变壁厚连续管任意一处的性能与对应的同钢级、同规格等壁厚连续管性能是一致的。当然，由于壁厚变化，虽然变壁厚连续管不同厚度处的强度、韧性、塑性等相同，但是，不同厚度处的承载力会有较大变化。因此，在作业前需要根据井深、排量、负荷大小等对整盘管柱进行设计。

目前，国产变壁厚连续管主要以渐变壁厚为主，钢级有 CT70，CT80，CT90，CT100，CT110，CT120 和 CT130 等；规格范围为：外径 25.4~88.9mm，壁厚变化梯度如图 2-22 所示，壁厚最大变化范围可从 2.77mm 变到 5.2mm。

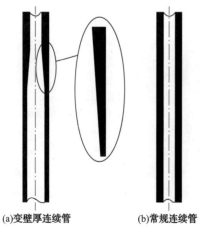

(a)变壁厚连续管　(b)常规连续管

图 2-21　变壁厚连续管与常规连续管

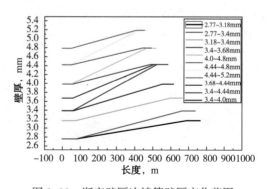

图 2-22　渐变壁厚连续管壁厚变化范围

2. 产品应用

2013 年 8 月 6 日，宝鸡钢管生产的首盘国产 CT90 钢级、$\phi 31.8mm \times 2.77\~3.4mm$ 规格、长度 5200m 变壁厚连续管在西南油气田磨溪 203 井成功进行了替酸和气举排液作业，验证了产品的可靠性，达到了施工设计的要求，得了施工方的高度评价。

2016 年 10 月，宝鸡钢管生产的超高强度 CT110 变壁厚连续管在重庆涪陵天台辣子村 2 组焦页 52-3HF 井进行了钻磨桥塞、强磁清井等作业。随后，该盘 CT110 连续管又陆续在焦页 52-3HF 水平井下井 7 次，钻除复合桥塞 12 支，捞获金属碎屑 10.96kg。整个作业过程顺畅，管材性能良好，很好地完成了施工任务，取得了良好效果。

四、抗硫连续管

抗硫连续管是相对于普通连续管，在硫化氢环境中具有更好的抗 HIC 和 SSC 能力。该产品通过进一步优化成分设计、洁净化炼钢工艺、轧制工艺以及制管工艺等，使得产品的抗硫化氢腐蚀能力进一步增强，可用于含有少量 H_2S 的油气井作业，有效延长连续管在该环境下的使用寿命，提高连续管作业的安全可靠性。

抗硫连续管钢级主要为 CT60S/SS，CT70S/SS，CT80S/SS 和 CT90S 等，管径为 25.4\~88.9mm，壁厚为 2.77\~7.5mm。对于 CT100 及以上钢级的连续管，由于强度和硬度的增加，对 H_2S 腐蚀的敏感性增加，不适合于在含有 H_2S 介质的环境下作业。

1. 力学性能

不同钢级的速度管柱主要力学性能指标见表 2-16。

表 2-16 连续管产品的主要性能指标

钢级	最小屈服强度		最大屈服强度		最小抗拉强度		硬度 HRC
	MPa	psi	MPa	psi	MPa	psi	
CT60S/SS	414	60000	483	70000	483	70000	≤ 20
CT70S/SS	483	70000	552	80000	552	80000	≤ 21
CT80S/SS	551	80000	620	90000	607	88000	≤ 22
CT90S	620	90000	689	100000	669	97000	≤ 22

2. 抗硫化氢腐蚀性能

连续管的作业井筒中有的含有硫化氢，管材在含硫化氢的水溶液环境中，由于电化学腐蚀作用使钢内吸收氢，氢原子在钢内夹杂物或其他微观组织结构等不连续区域聚集并形成分子氢，产生很高压力，从而形成阶梯型裂纹和（或）氢鼓泡，此即硫化物环境氢致开裂（HIC）。其中阶梯型裂纹是氢促进裂纹沿钢材轧制方向扩展，相邻裂纹彼此连接，从而形成垂直于厚度方向的裂纹群。阶梯开裂和氢鼓泡使管壁有效厚度减薄，当其受到外应力作用时，易于破坏或失效。

材料的抗硫化物 HIC 性能与材料的成分、冷热加工工艺、组织结构、焊接工艺等因素有密切的关系。由于抗硫连续管制造工艺的复杂性，在目前 GB/T 34204—2017《连续管》和 API Spec 5ST《连续管规范》中没有抗硫化氢腐蚀连续管，因此，该产品属于非标产品。为确保硫化物环境中服役的连续管的安全性和可靠性，对国产非 API 标准的抗硫连续管进行了抗硫化氢腐蚀试验。

1）抗氢致开裂（HIC）性能

依据 NACE TM0284—2003，对 CT60S/SS—CT90S/SS 抗硫连续管母材和焊缝进行了抗 HIC 性能试验。腐蚀溶液为硫化氢饱和的 0.5% 醋酸 + 5% NaCl 混合溶液，试验时间规定为 96h，溶液温度保持在 25℃ ±3℃。测试结果如图 2-23 所示和见表 2-17，浸泡后的母材和焊缝试样未见裂纹和氢鼓泡。可见，抗硫系列连续管对 HIC 腐蚀不敏感，具有较好的抗氢致开裂能力。

(a)母材HIC试样　　　　　　　　　　(b)带焊缝HIC试样

图 2-23　CT90S 连续管 HIC 试验后试样形貌

表 2-17　抗硫连续管 HIC 试验结果

钢级	试样类型	宏观检查	开裂情况（放大 100 倍）	裂纹敏感率 CSR %	裂纹长度率 CLR %	裂纹厚度率 CTR %
CT60S/SS CT70S/SS CT80S/SS CT90S	母材	无氢鼓泡	无裂纹	单个试样最大数值		
				0	0	0
				3 个平行试样的平均值		
				0	0	0
	焊缝	无氢鼓泡	无裂纹	单个试样最大数值		
				0	0	0
				3 个平行试样的平均值		
				0	0	0

2）抗硫化氢应力腐蚀（SSC）性能

依据 NACE TM0177-2005，对 CT60S/SS—CT90S 抗硫连续管焊缝和母材进行硫化氢应力腐蚀试验。腐蚀溶液为 A 溶液，温度保持在 24℃ ±3℃，试样施加应力载荷为：CT60S/SS—CT80SS 均为 $90\%\sigma_s$，CT90S 为 $80\%\sigma_s$，经过 720h 腐蚀试验后，CT80SS 试样如图 2-24 所示，未见裂纹和断裂。表明国产抗硫连续管具有较好的抗硫化氢应力腐蚀（SSC）能力。

五、连续管线管

连续管线管是一种用作油气集输的连续管产品。其外表可以包覆防腐层，具有良好的保温及耐蚀性能。可用于井场地面集输、海底油气输送等。连续管线管特别适合于在海洋、沙漠、沼泽、高原无人区等环境中用于油气集输、液压控制等，具有安全可靠、铺设快捷等特点。

(a)焊缝试样　　　　　　　　　　　(b)母材试样

图 2-24　CT80SS 抗硫连续管 SSC 试验后试样形貌

与常规油气集输用焊接管相比，连续管线管具有下列优点：

（1）安装施工简单、快捷、经济。单根连续管线管长达数千米，在铺设过程中大大节省施工时间和铺设费用，提高施工效率，综合成本节省 40%~50% 的费用。

（2）对接接头少，安全可靠。和常规集输管线动辄成百上千个接头相比，连续管线管对接接头仅为其接头数量的 1% 左右，极大地减少了对接接头带来的安全隐患。

由于连续管线管的服役环境、用途、作业特点等不同于连续管，因此，在成分设计、制造工艺、性能检测等方面有异于连续管。其标准采用 API Spec 5LCP《连续管线管规范》。宝鸡钢管生产的国产连续管线管主要性能如下。

1. 连续管线管性能

1）化学成分

连续管线管基本化学成分要求见表 2-18。为了提高管材的强韧性，一般需要加入少量的合金元素 Cr，Ni，Mo 和 Cu 等，必要时也可加入微合金元素 Nb，V 和 Ti 等。

表 2-18　连续管线管化学成分　　　　　单位：%（质量分数）

钢级	C（最大）	Mn（最大）	P（最大）	S（最大）
X52C	0.22	1.35	0.025	0.015
X56C	0.22	1.35	0.025	0.015
X60C	0.22	1.35	0.025	0.015
X65C	0.22	1.40	0.025	0.015
X70C	0.22	1.60	0.025	0.015
X80C	0.22	1.80	0.025	0.015

一般情况下，最大 C 含量每减少 0.01%，Mn 含量则允许比表中最大 Mn 含量提高 0.05%。但对于 X52C 钢级，最大 Mn 含量不得超过 1.45%；对于高于 X52C 且低于 X70C 的钢级，最大 Mn 含量不得超过 1.60%；对高于或等于 X70C 的钢级，最大 Mn 含量不超过 2.00%。

2）力学性能

连续管线管用于高压油气输送，除要求强度指标外，对韧性也有一定的要求，这与普通连续管有一定差异。连续管线管拉伸强度和韧性要求见表2-19。

对国产CT系列连续管线管实物韧性测试结果表明，在0℃下夏比冲击值，折算成全尺寸横向试样，冲击功平均值均大于100J；对于全尺寸纵向试样，冲击功平均值均大于150J，因此，具有较好的强韧性匹配。

表2-19 连续管线管的拉伸性能

钢级	最小屈服强度 MPa	最小抗拉强度 MPa	最大抗拉强度 MPa	冲击韧性均值（0℃），J	
				横向	纵向
X52C	359	455	758	27	41
X56C	386	490	758	27	41
X60C	414	517	758	27	41
X65C	448	530	758	27	41
X70C	483	551	758	27	41
X80C	551	607	827	27	41

2. 连续管线管应用

2010年9月，国产连续管线管在青海油田进行了首次铺设作业。采用宝鸡钢管X52C钢级、$\phi 50.8mm \times 4.44mm$连续管线管成功进行了铺设，完成了涩北2号气田8号集气站的涩R39#-1和涩R40#-1井口与集气站的连接[17]。两条管线总长840m。连续管线管现场铺设施工作业过程如下：作业带平整、放线—布管—水压试验—防腐层修复—管沟开挖—管道下沟—沟下连头—焊接接头检验—管沟回填—管道通气。连续管线管铺设现场如图2-25所示。

图2-25 连续管线管铺设现场

采用连续管线管铺设，与以前所用20#无缝钢管施工相比：一是缩短了施工周期。连续管线管铺设过程中只有在穿越地带、拐弯处、集气站及井口处需要进行焊接连接，减少管线中间的对接数量92%，从而缩短了焊缝对接和检测时间，使焊接对接时间由16h缩短到1h；二是施工人员减少60%；三是节约了焊接材料和焊缝的检测费用，降低焊接成本；四是连续管线管可焊性好，采用目前油田现场施工焊接方法和焊接材料就能保证现场环焊缝性能。现场施焊接操作与普通管线钢管焊接操作相同，不需要增加特殊的操作工序。其良好的焊接性得到了青海油田施工现场人员的认可。

参 考 文 献

［1］毕宗岳，金时麟.连续管［J］.四川兵工学报，2010，31（2）：100-102.

［2］毕宗岳，井晓天，金时磷，等.连续油管性能研究与产品开发［J］.石油矿场机械2010，39（6）：16-20.

［3］毕宗岳.连续管及其应用技术进展［J］.焊管，2012（9）：5-12.

［4］毕宗岳，井晓天，张万鹏，等.国产CT80钢级连续油管的组织与力学性能［J］.机械工程材料2010，34（11）：58-60，64.

［5］毕宗岳，张锦刚.连续管焊丝的试验研究［J］.焊管，2008（1）：26-28，98.

［6］毕宗岳.形变热处理对低碳微合金钢焊接接头组织与性能的影响［J］.热加工工艺，2008，37（19）：101-104.

［7］毕宗岳，井晓天，鲜林云，等.热处理对连续油管焊缝沟槽腐蚀行为的影响［J］.热加工工艺，2011，40（8）：150-153.

［8］Bi Zongyue, Jing Xiaotian.Grooving Corrosion of Oil Coiled Tubes Manufactured by Electrical Resistance Welding［J］.Corrosion Science，2012，57：67-73.

［9］毕宗岳，井晓天，何石磊等.基于大应变下CT80连续管疲劳寿命研究［J］.热加工工艺2010，39（22）：19-22.

［10］Bi Zongyue, Xian Linyun, Jing Xiaotian.Study on the Variation of the Properties with Increasing of Bending Cycle of Coiled Tubing［J］.Advanced Materials Research Vols.，2011（146-147）：1369-1374.

［11］毕宗岳，张晓峰，张万鹏.连续管疲劳寿命试验研究［J］.焊管，2012（6）：5-8.

［12］李建军，毕宗岳.CT80连续油管抗HIC性能试验研究［J］.焊管，2012（4）：10-14.

［13］毕宗岳，鲜林云，张晓峰，等.国产CT90连续管组织与性能［J］.焊管，2013，36（5）：14-18.

［14］毕宗岳，张昆，雷阿利，等.B101连续管应力腐蚀开裂行为分析［J］.焊接学报，2011，32（4）：29-32.

［15］毕宗岳，张鹏，井晓天，等.连续管在川东气田的腐蚀行为研究［J］.焊管，2011，34（4）：26-28.

［16］毕宗岳，鲜林云，汪海涛，等，国产超高强度CT110连续管组织与性能［J］.焊管，2017（3）：24-27.

［17］毕宗岳，李博峰，李鸿斌.国产X52C连续管线管性能及应用［J］.管道技术与设备，2013（5）：10-13.

第三章 连续管作业机关键部件

典型的连续管作业机由关键部件和辅助部件组成。关键部件是连续管作业机必不可少的部件，主要由注入头和导向器、滚筒、连续管（见第二章）、动力和控制系统、防喷系统、数据采集与检测系统组成，如图 3-1 所示。辅助部件根据不同的使用环境、作业要求等选择性地配置，一般有运载车（橇）、软管滚筒、注入头支撑系统（长短支腿、塔架、底座、随车吊等）、倒管器、连续管焊接装置等。关键部件和辅助部件的作用有时相互影响，合适的辅助部件配置可以增加连续管作业机移运的方便性、操作的安全性以及影响施工作业的效率。

图 3-1　连续管作业关键部件

第一节　注入头及导向器

注入头是将连续管下入和起出井筒的关键设备。自 20 世纪 60 年代问世以来，经过几十年的发展，国外注入头最大规格已经从最初的 136kN 提升到了如今的 900kN，型式日趋完善，技术相对成熟，最大适应管径提升到了 5 $\frac{1}{2}$in。

我国自 2006 年成功研制第一台国产连续管作业机以来，经过 10 余年的发展，连续管注入头和导向器研制技术取得了重大的突破，注入头形成了 ZR90，ZR180，ZR270，ZR360，ZR450，ZR580 和 ZR680 共 7 种规格，导向器形成了 60in，72in，90in，100in 和 120in 共 5 种规格。注入头和导向器的技术参数和性能指标已基本达到国际先进水平。

一、注入头及导向器的作用和工作原理

注入头（图 3-2）的主要功能是驱动连续管克服自身重力、井筒对连续管的摩擦力和井下压力对连续管的上顶力，并根据作业需要控制连续管的速度，把连续管下入井内，或从井筒内起出，或悬停在井筒内，或在作业遇阻时上提解卡。

注入头的起/下管功能主要通过两个部分实现：一是在夹紧液缸的作用下，连续管两侧的夹紧梁、推板以及与推板接触的滚轮轴承、托架和夹持块向靠近连续管的方向运动，并最终使夹持块夹紧连续管；二是在液压马达的驱动下，链轮带动链条及链条上的夹持块上/下运动，并最终通过夹持块与连续管之间的摩擦力带动连续管在井筒内起/下。在这个过程中，可以通过液压马达控制注入头起下连续管的速度和上提力。注入头张紧系统上配备有速度和深度测试装置，

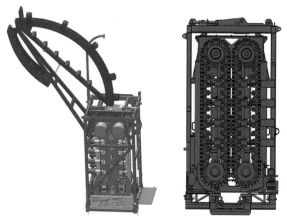

图3-2 注入头和导向器

以实现注入头速度、深度和运行里程的监控和记录。

导向器是连续管作业机注入头总成部件的重要组成部分，其作用是起下连续管作业时，将连续管从滚筒上导入注入头内或者从注入头内导向滚筒。导向器安装在注入头的框架上，用调节螺栓控制其导入的连续管与注入头的相对位置。在导入/导出连续管过程中，连续管产生弯曲而发生塑性变形，严重影响连续管的寿命，尤其在连续管内充满高压流体的情况下。一次连续管起下井过程中，包含6次弯曲，通过导向器产生4次弯曲，通过滚筒产生2次弯曲。因此，连续管的疲劳寿命与导向器的曲率半径密切相关。

二、注入头及导向器的结构和组成

1. 注入头

注入头结构主要由驱动系统、链条系统、夹紧系统、张紧系统、箱体、底座和框架、润滑系统、仪器仪表及测量系统等组成。

（1）驱动系统。驱动系统主要由液压马达、减速器、制动器、中心传动轴和链轮轴（含链轮）组成，如图3-3所示。液压马达排量可在一定范围内无级调节，在驱动压力和流量恒定的情况下，液压马达输出扭矩随其排量增大而增大，输出转速随排量增大而减小。在最大排量时，液压马达可输出最大扭矩，注入头产生最大提升力；在最小排量时，液压马达可输出最大转速，注入头提供最大起下速度，通过调节液压马达排量，满足不同作业对注入头提升力和速度的要求。减速器主要作用在于将高速液压马达所输出的高速、小扭矩旋转运动经减速增扭后传递给驱动链轮轴（含链轮）。制动器通常位于液压马达和减速器之间，当压力释放时，制动器处于制动状态，注入头实现制动。

（2）链条系统。链条系统包含有两副对称布置的链条总成，每副链条总成均由夹持块、托架、轴承、销轴、弹簧片、弹性垫和专用链条组成，如图3-4所示。托架安装在链条销轴上，随链条同步运动；夹持块安装在托架上，可在不拆卸链条的情况下快速拆装更换，以匹配不同外径的连续管。链条系统的主要作用是将液压马达产生的圆周运动通过链轮和链条转化为夹持连续管的一段夹持块产生直线运动，从而实现连续管的垂直连续起下。

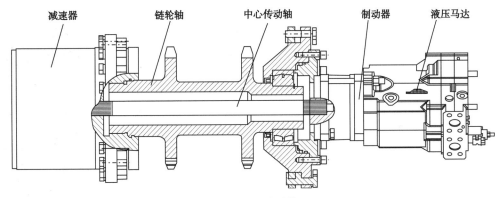

图 3-3　驱动系统

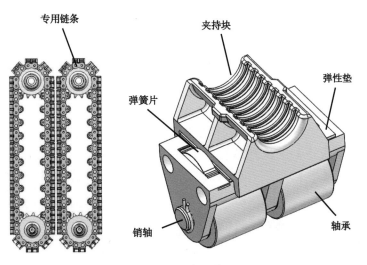

图 3-4　链条系统

（3）夹紧系统。注入头夹紧系统的作用是为夹持块提供正压力，使夹持块夹住连续管。夹紧系统主要由夹紧液缸、夹紧梁和推板组成，如图 3-5 所示。夹紧系统安装在箱体上，可整体在箱体上水平移动，以适应导向器、防喷盒的位置和连续管的弯曲情况自动调整水平位置。注入头夹持块与连续管之间的最大摩擦力与所施加的夹紧力成正比，其比值取决于多项因素，包括夹持块状况、连续管表面情况、连续管壁厚、运行速度和连续管的椭圆度等。

（4）张紧系统。张紧系统主要由张紧液缸、轴承总成、张紧链轮和导向装置等组成，如图 3-6 所示。其主要作用是控制链条输送过程中的张紧力，满足功率的传递，避免链条堆积而损坏连续管。

（5）箱体、底座和框架。箱体的作用是支撑和安装驱动系统、夹紧系统、链条系统和张紧系统并将载荷传递至下部的底座，并作为上部支点将载荷传递至载荷传感器。底

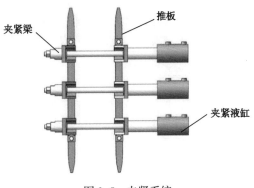

图 3-5　夹紧系统

座作用是作为箱体和框架下部支撑，承受主体载荷，连接井口装置。框架主要用于导向器的安装及连接，框架上方配置有与吊索连接的起吊环，作为注入头的起吊装置；同时，可以使注入头内部结构在装卸运输过程中免受冲击。框架上配置有防坠落装置、飘台和护栏等。

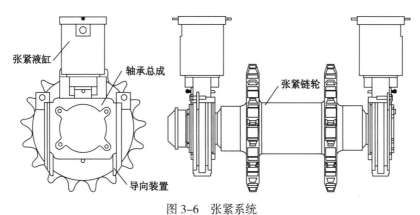

图 3-6　张紧系统

（6）润滑系统。注入头润滑系统主要由润滑油箱、气动增压泵和喷嘴等组成。在注入头运行过程中，通过润滑系统对注入头链条、轴承和推板进行润滑，减少链条、推板的磨损，提高链条轴承使用寿命。

（7）仪器仪表与测量系统。注入头上测试系统主要包含速度编码器、里程计和载荷传感器。

速度编码器和里程计分别安装在两根张紧链轮轴端部，其中编码器用于记录注入头起下连续管的长度和速度，里程计则用于记录注入头累计运行里程，并将测量的注入头运行速度、连续管入井深度传递给控制室的显示仪器仪表上，便于操作人员观察和控制。

载荷传感器安装于注入头底座和箱体之间，用以实时采集注入头作用在连续管上的提升力或注入力的大小，并将信号传递给控制室的载荷表上，便于操作人员观察下入井内的连续管重量及反映连续管在井下的遇阻情况。

2. 导向器

导向器位于注入头上方，其作用是利用弯曲的弧状结构引导连续管进出注入头，该结构主要由弧形主架、支撑架及导向滚轮组成，如图 3-7 所示。根据作业的需要，可以更换滚轮以适应不同管径的连续管。导向器下端通过销轴和注入头框架相连。

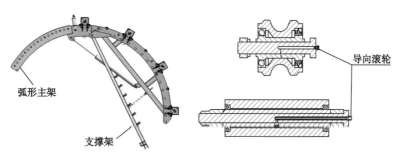

图 3-7　导向器

三、注入头关键技术

1. 驱动技术

注入头作为连续管装备的核心部件，主要功能是起下连续管，并根据不同的作业要求控制连续管的速度和提升力及注入力大小。注入头的驱动性能是否优越，直接影响到整机的性能，是决定连续管作业成败的主要因素之一。

由于连续管作业的工艺种类繁多，井况各式各样，作业环境复杂多变，因此，连续管注入头的操作不但需要满足不同作业工艺要求，还经常需要面对和处理各种突发情况。

首先，不同的作业工艺对注入头操作提出了不同的要求。均匀酸化作业，要求注入头在拖动连续管的过程中保持恒定速度；钻磨、测试作业要求注入头能以 0.1m/min 甚至更低的稳定速度移动连续管；起下连续管时为了节省时间，要求连续管快速运动等。

其次，为了保证连续管起下的安全性，需要根据不同的井筒情况、不同的入井深度进行相应的速度调节。当连续管入井深度较浅、井下连续管重量较轻或井下压力较高时，为避免连续管遇阻屈曲，通常采用较低的下入速度；当连续管下入深度达到一定值，且井况较好时，为提高作业效率，通常采用较高的下入速度；当接近作业深度时，为避免连续管触底，提高作业安全性，通常采用较低的下入速度。

此外，随着我国油气井开发深井、超深井数量的不断增加，对连续管作业机的能力提出了更高的要求，其中注入头的最大提升力要求更大，作业用注入头的最大拉力已经增大至 680kN，钻井用注入头的最大拉力增大至 900kN。

综上所述，在整个作业过程中，注入头起下速度调节范围大（0.1~75m/min），此外，随着作业深度不断增加，注入头提升能力不断增大，对注入头驱动系统的性能提出了更高的要求。

早期注入头通常采用低速大扭矩马达直接驱动，马达为两挡变排量，大排量满足注入头最大提升力的要求，小排量满足注入头最大速度的要求。该结构型式存在以下问题：（1）当需要在低速和高速之间进行转换时，需要停机进行，操作不方便；（2）低速大扭矩马达低速稳定性不好，难以满足大范围变速的需要；（3）低速大扭矩马达驱动型式结构尺寸大、井口吊装偏重、制动难度高。此种类型的驱动应用于最大拉力较小的注入头尚可，用于最大拉力较大的注入头不能满足要求。

为了解决低速大扭矩马达驱动结构形式存在的不足，研制发明了高速马达＋减速器的驱动结构，整个驱动系统主要由高速液压马达、制动器、中心传动轴、减速器和驱动链轮等部件组成。该驱动型式具有体积小、传动效率高、调速范围广、精度高等诸多优点，可实现"低速、大扭矩"和"高速、小扭矩"之间的无级调节，能更好地满足注入头起下连续管过程中的扭矩和速度要求。

该驱动系统减速器采用了特殊结构设计，因为常规行走机械行星齿轮减速器安装方式为壳体输出动力，无法满足注入头驱动系统的安装和使用需求，为解决这一难题，注入头驱动系统通过创新设计，采用壳体固定结构，简化了结构。

同低速大扭矩马达直接驱动相比，高速马达＋减速器的驱动形式具有结构对称、平衡、紧凑以及驱动效率高和低速稳定性能好等优点，注入头最高运行速度由 45m/min 提高到 75m/min，注入头最低稳定速度达到了 0.04m/min。高速马达＋减速器的驱动技术获得了国家发明专利"一种连续管用注入头驱动装置"。

2. 夹持技术

1）浮动对中

在注入头作业过程中，连续管先后经导向器、注入头、防喷盒进入井筒，在这个过程中，导向器、注入头和防喷盒的对中情况对注入头平稳性具有至关重要的影响。如果导向器、注入头夹紧系统和防喷盒对中情况差，可能导致：

（1）夹紧系统两边夹持块和链条轴承受力不均，影响链条轴承使用寿命；

（2）链条不能在注入头中心运行，运转过程中产生振动、噪声、异响等现象；

（3）连续管经导向器或防喷盒进出夹紧系统时，被夹持块夹伤；

（4）防喷盒胶芯和铜套严重偏磨；

（5）注入头载荷显示异常；

（6）在"管轻"状态下，注入头向井下注入连续管时，注入头夹紧系统与防喷盒之间的连续管出现轴向失稳，引起连续管发生屈曲甚至折断。

为提高导向器与注入头的对中程度，注入头与导向器之间采用滑座连接，在连续管作业准备过程中，可以通过调节注入头框架顶部滑座的调节螺杆调整导向器的横向位置，确保连续管沿注入头两副链条的中心进入夹紧系统，如图3-8所示。

注入头夹紧系统采用浮动结构（图3-9），整个夹紧装置通过夹紧液缸悬挂在注入头箱体上，在注入头起下管过程中，夹紧系统可以根据导向器、防喷盒的位置进行横向调整，确保连续管经导向器、防喷盒进出夹紧系统时，不会产生附加的横向力。

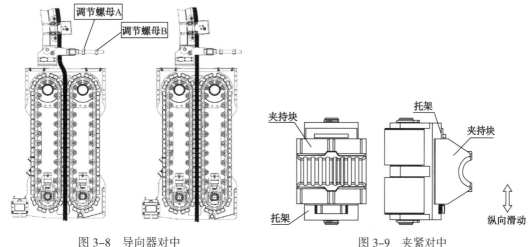

图 3-8　导向器对中　　　　　　　　　图 3-9　夹紧对中

注入头链条上的夹持块与托架为快速更换的活动连接，在作业状态下，夹持块可以在托架上纵向滑动，这种滑动结构使得各夹持块可以根据连续管位置自由细微调整，确保了夹持块圆弧夹持面与连续管的同心度，有效避免夹持块夹伤连续管。

这种导向器可调、夹紧系统浮动、夹持块活动连接的对中技术很好地解决了因导向器、注入头和防喷盒对中误差所产生的各种问题，大大提高了注入头的可靠性。

2）免维护轴承

在注入头起下连续管过程中，链条带着夹持块上下运动，而夹紧液缸是固定在箱体上，如何将静止的液压缸夹紧力传递给运动的夹持块上是一个技术难题。夹持块背面的轴承主要作用在于传递夹紧力，并在链条直线运动过程中，作为滚动体，在推板上滚动。由于夹持块主要通过摩擦力带动连续管起/下井，为避免夹持块与连续管滑动，夹持块夹紧力与摩擦力的比值需要达到5以上，这就导致滚轮轴承受力较大，且工作环境恶劣，维护难度大，常规轴承无法满足使用要求。

为解决上述问题，开发了免维护、自润滑双排圆柱滚子轴承，从安装到失效过程中无需维护，同传统标准轴承相比，其具有以下优势：

（1）自润滑，采用特殊的密封技术，出厂时加注满润滑脂之后在工作过程中无需加注润滑脂；

（2）免维护，解决轴承维护难度大的问题，降低作业人员劳动强度；

（3）高额定动载，单个轴承的额定动载荷达到156kN以上；

（4）长寿命，单套注入头滚轮轴承使用寿命达到1000km以上；

（5）低成本、高可靠性，尽管采购初期比标准轴承成本高，但其寿命长，整体成本大幅度下降，且能提高注入头整体可靠性。

3）推板结构及表面处理

推板是注入头夹紧系统中的重要零部件，在注入头起下连续管过程中，推板作为链条轴承的滚道，受力情况较为复杂：一方面，由于滚动轴承与推板表面为线接触，接触面积小，接触应力大；另一方面，由于链条的不断运动，连续管的对中位置细微变化、推板与轴承接触的位置、接触力的大小都处于不断变化的状态，再者链条系统中间部分是直线运动，运动到链轮处变成了圆周运动，因此推板的长度、推板两端的形状、推板表面硬度、平面度等参数对推板上方滚动轴承的受力和寿命以及夹持块的运动轨迹具有至关重要的影响。如果推板的长度和端头形状不合适则容易造成夹持块损伤连续管，表面硬度过低或硬化层厚度不够，可能导致推板与轴承之间的滚动摩擦力大，推板表面容易出现接触疲劳失效。推板表面出现疲劳失效后，表面光滑度降低，轴承滚动时的阻力增大，推板上方各轴承载荷分布均匀性降低，接触应力更为集中，影响轴承的使用寿命。

在"十二五"前期，注入头推板采用单面滚道结构，表面采用氮化工艺进行处理。随着注入头规格不断增大，注入头起下连续管所需的夹紧力不断增大，推板上单个轴承所承受的压力也随之增大，早期的氮化工艺由于硬化层深度相对较浅，不能承受太大的接触应力和冲击载荷，难以满足大规格注入头的使用要求。为提高推板和轴承的使用寿命，新型注入头对推板结构和表面处理工艺进行了优化，如图3-10所示。一方面，推板采用正反两面均可作为滚道的双面结构，单面磨损后，可以更换另一面继续使用，单个推板的使用寿命在原基础上增大了一倍；另一方面，推板的表面工艺由氮化改为高频淬火，表层硬度和硬化层深度、表面平面度、冲击韧性都有了大幅度提高，耐磨性和使用寿命大大延长；再者对推板的长度和端头结构进行了优化，不会出现损坏连续管的情况。

3. 夹持块表面处理技术

注入头夹持块的夹持性能直接关系着注入头的提升力和整体可靠性。合理的表面结构和处理工艺能够使夹持块更好地满足注入头作业要求，减小对连续管的伤害。

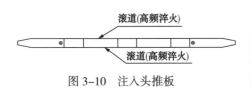

图3-10　注入头推板

通常情况下，对于夹持块的使用要求有以下几点：（1）摩擦力大；（2）夹持时对连续管挤压损伤小；（3）能适用于油田复杂作业环境下（如石蜡、稠油等环境），夹持性能稳定不打滑。

1）表面结构

在早期的夹持块结构设计中，夹持块的夹持面主要为半圆光面形式。在稠油或者石蜡井况下，稠油和石蜡介质会黏附在夹持块夹持表面上，并形成一层介质膜层，从而导致夹持块摩擦系数急剧下降，导致夹持力不够甚至打滑溜管等危险事件的发生，严重影响着夹持块的夹持性能稳定性和连续管作业的安全性。另外，在链条带动夹持块进/出夹持区域时，经常会发生夹持块损伤连续管的情况。针对上述问题，"十二五"期间，主要从夹持块制造工艺、表面硬度、接触面沟槽、圆弧尺寸和切入倒角等方面对夹持块进行了优化和改进。

在夹持块的夹持面上设计沟槽。沟槽部位用来接收储存黏附在连续管外表面的油泥、石蜡等介质，从而减少介质对夹持性能的影响，提高介质状态下夹持块的夹持性能稳定性，具体原理如图3-11所示。在相同的正压夹紧力下，通过表面沟槽或锯齿形设计减小了接触面积，提高了接触面上的单位比压，将环境介质挤出夹持面进入沟槽内，从而破坏介质膜层达到尽可能的真实接触，提高介质状态下的夹持块的夹持性能和作业安全可靠性。

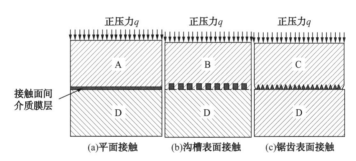

图 3-11 介质环境下不同表面形式夹持接触示意图

夹持块圆弧直径进行了优化。其圆弧直径略大于连续管直径，增大其对连续管截面椭圆度的适应范围，并在不影响摩擦力的情况下，有效避免夹持块夹伤连续管。

在夹持块的切入部位及每个齿侧的圆弧倒角过渡设计，使夹持块在夹持连续管过程中切入更加平滑，有效避免夹持块对连续管夹持损伤问题的发生，如图3-12所示。

2）表面增摩涂层技术

该技术将提高夹持块夹持性能的需求与热喷涂技术相结合，通过优选与连续管之间静摩擦系数高、摩擦系数稳定、结合强度高和耐摩擦磨损性能好的材料作为增摩涂层材料，采用热喷涂设备在夹持块的半圆弧凹面上制备增摩涂层，从而提高夹持块的夹持性能，延长使用寿命。该项技术获得国家发明专利"有增摩涂层的连续管注入头夹持块制备方法"。

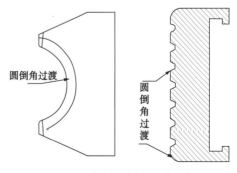

图 3-12 夹持块圆倒角过渡示意图

夹持块增摩涂层技术是利用热喷涂技术特别是爆炸喷涂或超音速火焰喷涂技术的高温火焰熔化增摩涂层材料，使粉末粒子形成液固两相状态并高速将其喷射在夹持块夹持表面制备增摩涂层。这种增摩涂层中的硬质材料颗粒均匀弥散分布在涂层中形成弥散强化复合材料，再由硬质颗粒阻止滑移运动而显示出摩阻涂层的高摩擦系数和耐磨性。采用增摩涂层技术的夹持块夹持摩擦系数能够达到 0.5 以上。

为了解决夹持块内凹圆弧面上涂层分布均匀性问题，开展了增摩涂层的均匀性控制研究，并取得了显著成果。主要思路为将夹持块圆弧面转化为近似平面喷涂的方式进行喷涂，使喷涂焰流始终与待喷涂位置保证基本垂直，从而保证涂层的均匀性。如图 3-13 所示，借助相应的辅助装置，采用喷枪上下偏移与夹持块旋转角度相配合的方式对夹持块进行喷涂，明显提高了夹持块圆弧槽内的涂层厚度分布均匀性，改善了夹持块对连续管的夹持包覆应力分布，提高了夹持块的夹持性能。

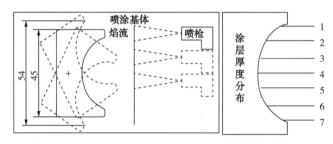

图 3-13　夹持块圆弧槽喷涂均匀性控制示意图及工艺参数方案示意图

3）表面渗碳技术

渗碳处理也是一种重要的夹持块表面处理技术，是保障夹持块具有表面耐磨，芯部强韧的关键工艺之一。由于夹持块要求夹持摩擦力大、耐磨损、芯部韧性好等特性，在渗碳过程中，需要进行局部防渗碳处理。

在"十二五"前期，夹持块通常采用的是表面渗氮技术，这种表面硬化处理方式的渗层层深一般小于 0.3mm，存在硬化层浅、使用寿命短的问题。而在夹持块表面采用渗碳技术，可显著提高夹持块的使用寿命。针对夹持块的表面渗碳技术开发方面，主要取得了以下几项成果：（1）控制碳势渗碳技术。为了保证夹持块表面的耐磨性和夹持连续管的适应性，夹持表面的硬度不宜过高或过低，渗碳工艺的要点是控制渗碳气氛的碳势保证工件表面的含碳量不致太高，表层硬度梯度变化平缓，对连续管的夹持适应性好。（2）防渗碳处理技术。针对夹持块圆弧槽工作部位进行渗碳硬化处理，而对其背平面及以下区域需要进行防渗碳处理，以提高薄壁区域的强韧性，避免脆断问题的发生。（3）防渗碳变形技术。由于夹持块产品不宜在渗碳后再进行加工，通过特殊工艺手段控制夹持块在渗碳过程中变形量，提高产品的尺寸合格率。

第二节　滚　　筒

滚筒是连续管作业机的重要组成部件，其工作性能的优劣直接影响整套作业设备的正常作业，其容量大小决定了作业设备的作业深度。通过"十二五"的发展，滚筒驱动技术由低速大扭矩马达驱动发展到高速马达 + 减速器驱动、高速马达 + 直角减速器 + 链条驱动、高速马达＋齿轮驱动，滚筒形式由常规形式（轮毂外径最低处高于底座）发展到下沉形式，滚筒管汇承压由 70MPa 发展到 103.4MPa，滚筒由普通作业滚筒发展到测井专用滚筒、钻井专用滚筒、扩容滚筒、快速更换滚筒等，丰富了连续管作业，拓展了连续管作业范围。

一、滚筒的作用和工作原理

滚筒是连续管作业机的关键部件之一，用于缠绕和运输连续管，它决定了连续管作业机的运输尺寸和连续管的长度。如图3-14 所示。其主要功能是配合注入头，将钢制的连续管下入井内，并通过管汇向井筒注入必要的介质。作业完后，滚筒将连续管缠绕在其筒体上，进行运输[1]。具体来说，其主要作用：

（1）存放和运输连续管；

（2）整齐紧密缠绕工作中连续管，配合注入头起下连续管；

（3）提供介质通道。

图 3-14　连续管滚筒

滚筒依靠液压动力驱动滚筒筒体转动，进行缠绕连续管。当释放连续管，即连续管下井时，调整滚筒控制阀件，使滚筒液路压力略低于滚筒的转动压力，注入头拉拽连续管，通过连续管的张力拖动滚筒运动，滚筒与注入头间的连续管处于适当的张紧状况。当连续管从井内起出时，液压动力驱动滚筒筒体，将连续管缠绕在滚筒上。同时，滚筒转动带动轴上链轮转动，经过链条传动，带动排管器上链轮转动，即菱形轴转动，使排管器自动排列连续管。当连续管排列不整齐时，使用动力强制排管。滚筒通过外部管汇的接口，连接外部设备。外部设备将作业介质泵入管汇，并进入连续管内，配合井下工具作业。

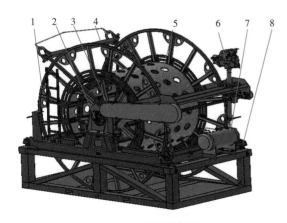

图 3-15　滚筒结构图

1—滚筒体；2—驱动系统；3—排管系统；4—起吊装置；
5—管汇系统；6—计数系统；7—润滑系统；8—底座

二、滚筒的结构和组成

滚筒主要由滚筒体、驱动系统、排管系统、起吊装置、管汇系统、计数系统、润滑系统、底座等组成，具体结构如图3-15所示。

1. 滚筒体

滚筒体的主要作用是缠绕并存放连续管，其大小决定了滚筒的缠管容量。滚筒体主要由筒体、轴和辐圈组成。筒体由钢板卷制而成，通过轴承支撑在底座上，筒体的直径与连续管的外径有关，其大小影响连续管的使用寿命。筒体内部采用方钢连接成框架的结构，使得筒体的结构更加牢固。轴采用整体式焊接结构，滚筒轴径向方向开孔使旋转接头穿过轴，外部液体通过旋转接头直接流入内部管汇。辐圈由外圈与若干根方管连接而成，其外侧焊有耳板，便于在运输过程中通过紧固器拉紧耳板与底座上的耳板，固定滚筒，使其不发生转动。

2. 排管系统

排管系统控制连续管整齐紧密地缠绕在滚筒上，主要由排管器、链轮组、滑动小车等组成。排管系统有两种排管方式：一种是自动排管，另一种是强制排管。自动排管是通过滚筒轴上的链轮与滚筒旋转保持同步，采用两组链传动来带动排管器上的菱形轴一端的链轮转动，菱形轴转动驱动滑动小车水平移动，进行自动排管。当连续管缠绕不整齐时，操作人员在控制室操作强制排管手柄进行强制排管，改变滑动小车的水平位置，即连续管缠绕的水平位置，让其在滚筒上缠绕整齐。

3. 驱动系统

驱动系统的主要作用是为滚筒体转动提供动力，带动滚筒体转动。其动力来源于作业机的液压泵组。

4. 计数系统

计数系统主要作用是记录连续管下井深度，其包含可调计深器、机械计数器、编码器。计数系统如图3-16所示。可调计深器布置在排管器的滑动小车上，可随滑动小车移动，实现排管过程中记录连续管长度。当连续管穿过可调计深器时，两对导轮将弯曲的连续管扶直，由于弹簧对压盒的拉紧，摩擦盘紧紧地挤压在连续管上。连续管的移动带动摩擦盘转动，将连续管直线长度转换为摩擦轮的转动圈数，从而实现计数。可调计深器下部导轮可以调节，适用 $1 \sim 2\frac{7}{8}$in 连续管计数。机械计数器与可调计深器的输出轴相连，采用数字显示连续管深度。编码器记录连续管下井长度，并将电信号传输至控制室显示，便于操作人员观察。

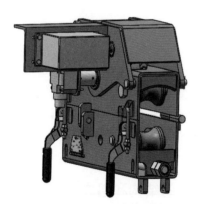

图 3-16　计数系统

5. 润滑系统

润滑系统主要包含润滑油罐、润滑盒，通过气压控制润滑油罐的润滑油，加入润滑盒中，对连续管进行抹油润滑[3,4]。润滑油罐可承压一定气体压力，用于储存润滑油，并通过气压（约0.3MPa）将润滑油压入润滑盒中。润滑盒位于可调计深器的后部，润滑盒内部装有吸油海绵，吸油海绵需要根据使用情况进行更换。当滚筒起连续管时，润滑盒对缠绕在滚筒上的连续管涂敷一层薄的油脂，进行防腐，保养连续管。

6. 管汇系统

管汇系统的作用是为外部介质进入连续管提供高压通道，包含外部管汇和内部管汇。管汇系统如图3-17所示。外部管汇是滚筒轴端的旋转接头与外部设备连接之间的高压管汇，其末端通过两个接口与外部设备连接，接口型号一般为FIG1502，同时可安装转换接头，即可将外接接口转换为通用的公制接口。另外，外部管汇中安装压力传感器，采用活接头连接，压力传感器测得的压力信号通过传递到控制室内，因而控制室内可随时监控循环压力。内部管汇是旋转接头与连续管连接之间的高压管汇。内部管汇留有投球口，可进行投球作业。其末端通过活接头方式与连续管连接，内部连续管进入滚筒部分采用U形卡将其固定，防止在缠绕连续管时连续管对内部管汇的拉力过大，同时防止连续管受拉滑动。

图 3-17　管汇系统

7. 底座

底座主要用于支撑滚筒体，使滚筒体转动自如。并且底座上配有固定装置，与底盘车或半挂车连接、固定，防止滚筒在运输过程中移动或侧翻。

8. 吊装装置

吊装装置主要用于更换滚筒时，吊装作业机上缠绕连续管的滚筒或空滚筒。该吊装装置采用门型结构，方便滚筒整体吊装，避免钢丝绳挤压滚筒部件。

三、滚筒关键技术

1. 滚筒的驱动技术

由于连续管是一根空心钢管，外径大小不同，等级不同，其缠绕在滚筒需要的扭矩也不同。另外，连续管作业种类不同，其要求注入头与滚筒匹配的速度也不同，因此滚筒转动的速度范围和驱动机构扭矩的变化范围都很大。合理的匹配滚筒的驱动，有效地配合注入头起下连续管至关重要。经过"十二五"的研究，根据不同连续管规格和缠绕容量要求，滚筒形成了以下三种驱动技术。

1）滚筒减速器内置传动技术

滚筒减速器内置传动采用减速器预置在滚筒体轴内，通过法兰连接，一端与滚筒支座连接，保持静止不动；另一端与滚筒体轴连接，随滚筒体一起转动。因此，可以由高速液压马达和减速器直接驱动，从而带动筒体转动收放连续管。马达＋减速器直接驱动形式滚筒如图 3-18 所示。

采用静液压卷扬减速机，其结构紧凑，节省空间，易于安装。表面硬化齿轮和氮化内齿圈的采用，使之具有低噪声运转的特点。减速器外端配有润滑油加注和排出口，方便更换液压油。

图 3-18　马达＋减速器直接驱动

直接驱动形式的减速器预置在滚筒轴内，有效节省滚筒宽度空间，可缠绕更多连续管。另外，采用多级减速齿轮组，有效提高减速比，为滚筒提供满足要求的驱动扭矩。

2）滚筒链传动技术

滚筒体驱动由高速马达＋减速器＋链传动组成，大链轮固定在滚筒体内支撑杆上，小链轮与直角减速器输出轴连接，两个链轮通过一组双排链条连接，传递扭矩。如图

3-19 所示。

这种结构的直角减速器、制动器、马达集成为一体，可水平或竖直安装，扭矩反作用力臂整合在箱体内，通用性强。

马达 + 减速器 + 链条传动技术，可有效地增加一组减速比，提高滚筒的输出扭矩。直角结构减速器，在一定程度上节省空间，减少减速器占用滚筒宽度尺寸，提高滚筒的容量。另外，滚筒链传动形式，可空出驱动端轴头，方便安装电滑环，进行井下测试或钻井等作业，拓宽连续管作业的应用范围。

3）齿轮传动技术

齿轮传动技术主要应用在快速更换的滚筒上，其液压马达安装在滚筒支座上，由液压马达带动齿轮驱动回转支承旋转，从而带动滚筒体转动。齿轮采用两级减速，提高传动系统的减速比。如图 3-20 所示。

图 3-19　马达 + 减速器 + 链条传动　　　　图 3-20　马达 + 齿轮传动

液压马达的数量可根据滚筒所需的扭矩进行成倍增加（例如配备 1 个马达、2 个马达、4 个马达），最多 4 个液压马达同步驱动滚筒两侧两组齿轮传动机构。该种齿轮传动有效解决驱动装置与筒体分离问题，方便快速更换缠绕连续管的滚筒体。马达与齿轮传动安装在滚筒底座上，维修方便快捷。

2. 排管技术

连续管为一根空心圆钢管，无接箍，硬度高，运输时需要缠绕在滚筒上整根运输，如何将其整齐紧密的缠绕在滚筒体上，又不伤管，十分重要。滚筒配有专用的排管系统，可在缠绕过程中将连续管整齐地排列。

1）常规排管技术

常规排管技术主要包含自动排管技术和强制排管技术。自动排管技术是通过链轮传动系统，实现滚筒转一圈，排管的滑动小车水平移动一个连续管管径，自动、有序地整齐排列连续管。自动排管部件如图 3-21 所示。工作时，滚筒体轴上链轮带动中间轴总成上链轮转动，通过链传动带动排管器上的菱形轴转动。菱形轴为双向螺旋槽形式，滑舌行走在菱形轴两端并

图 3-21　自动排管部件

实现自动换向。

另外，可以更换自动排管部分的链轮，改变两组链轮的传动比，从而调整滚筒运行一圈滑动小车水平移动的距离。因而在适用不同管径的连续管时，只需更换配套的自动排管链轮，就可以满足不同直径连续管的自动排管功能。

当连续管缠绕不整齐时，操作人员在控制室操作强制排管手柄进行强制排管，让连续管在滚筒上缠绕整齐，滚筒强制排管部件如图

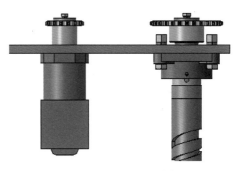

图 3-22　强制排管部件

3-22 所示。强制排管是通过排管器支臂上一个小液压马达驱动一对链轮转动，从而强制带动菱形轴转动。通过滚筒液路控制液压马达正反转动，从而带动滑动小车在菱形轴上左右移动，调整缠绕连续管的水平位置。

连续管排管技术，有效地配合滚筒转动，将连续管整齐、有效地缠绕在滚筒体上，控制连续管占用空间。防止连续管损坏，提高其使用寿命。

2）液压离合传动技术

常规排管系统中，自动排管与强制排管的切换是通过菱形轴端的机械离合器实现。当采用强排时，强排马达输出扭矩大于自动排管上摩擦盘提供的扭矩，摩擦盘打滑，脱开自动排管的链轮传动系统。但随着长期使用，导致摩擦盘磨损或蝶形弹簧（压紧摩擦盘）松动，需要经常调节压紧力。压得过紧，将无强制排管，压得过松，将无自动排管。因此，现场需要经常调节，增加了操作人员的工作量，降低了作业效率。

在排管系统中，配备了液压离合装置，只需要连续管作业机操作人员在操作室内控制手动换向阀来改变液压控制系统的液压控制方向，即可实现对液压离合装置的离合状态控制，同时也可控制强制排管马达的正、反运转和停止。在手动强制排管情况下，主动摩擦片和从动摩擦片在液压动力作用下互相脱离，从而实现主动轴和从动轴互相分离，强制排管马达不需要克服排管转换装置的摩擦力矩进行额外做功，延长了排管转换装置中离合部分和强制排管马达的使用寿命。滚筒液压离合装置如图 3-23 所示。

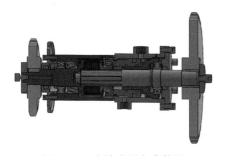

图 3-23　滚筒液压离合装置

液压离合技术有效地解决了原机械离合器时摩擦盘磨损和压紧螺母松动问题。实现自动排管与强制排管器快速切换，避免操作人员频繁调整压紧螺母，修正机械离合器，减轻劳动强度。

3.滚筒容量提升技术

因为连续管为一根钢制管子，连续管的长度决定了连续管作业的深度，滚筒的容量决定了连续管的长度。因此，滚筒的容量决定了整套连续管作业机的作业井深能力，滚筒容量至关重要。

由图 3-24 可知，滚筒所能缠绕连续管的长度与滚筒的轮缘外径、滚筒体内宽、滚筒体底径、连续管外径有关，如何提升滚筒容量，是解决深井连续管作业的一个重要技术难题。

1）下沉式滚筒技术

我国通过"十一五"的发展，连续管设备实现国产化，滚筒容量为 $1\frac{1}{2}$in—3500m，如图 3-25 所示。

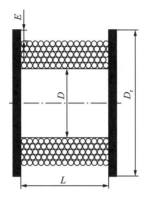

图 3-24　连续管滚筒参数

图 3-25　第一代连续管滚筒

随着连续管技术的发展，连续管使用的管径越来越大，连续管作业深度也越来越深，滚筒上需要缠绕的连续管也要求越来越长。常规的滚筒形式无法满足连续管作业技术的要求。

"十二五"期间，随着我国页岩气的逐步开发，连续管作业广泛应用于页岩气，尤其是川渝地区、焦石坝页岩气的开发井深达到4500~5000m，威远地区其至达到6000m[1, 4]，连续管作业的工艺钻磨桥塞和传输射孔等，需要连续管的直径达2in；并且川渝地区页岩气井位于山区，需要车装连续管作业机。

在连续管直径一定的情况下，滚筒体的最小直径基本确定；在道路运输条件限制下，滚筒的宽度也基本确定，大容量滚筒只有滚筒轮毂外径加大才能提高滚筒的容量，并且滚筒在底盘车上运输，高度不能超过中国道路运输要求的4.5m，宽度不能超过3m，需合理结合底盘车结构，增加滚筒轮毂外径。

采用滚筒体下沉式结构，左右幅圈最下部低于滚筒底座（即底盘车副车架上平面），降低滚筒转动中心高度，增大滚筒体轮缘外径，提高滚筒体容量。下沉式滚筒如图 3-26 所示。下沉式滚筒体能够在车架内无障碍的转动，底盘车的主梁必须采用框架式结构。积极与德国 MAN 公司沟通，合作开发了世界上第一台框架式大梁连续管底盘车，滚筒体轮缘外径可低于底盘车车架，有效地增大了滚筒体轮毂外径尺寸。滚筒底座采用集装箱连接形式与底盘车连接，提高了连接强度。底盘车与滚筒连接座如图 3-27 所示。并且底盘车与滚筒连接的四周边焊有挡板，防止滚筒前后、左右窜动。

另外，由于连续管的管径与长度增加，质量由10t增至30t，滚筒体承载也需要增加。通过优化轴的结构，将减速器与旋转接头预置在轴内，提高了轴的强度，减小了减速器与旋转接头占用的宽度空间，增加了滚筒体内宽，提高了滚筒容量。

下沉式滚筒技术与框架式底盘车的结合使用，有效地增加了滚筒轮毂外径，提高了滚筒的缠管容量，满足了中国道路运输条件，实现了中国连续管技术跨越。

采用下沉式滚筒，有效提供滚筒容量。目前滚筒容量由 $1\frac{1}{2}$in 连续管 3800m 提升到 2in 连续管 6600m。若采用半挂车形式，滚筒下沉结构，并满足中国道路运输条件，滚筒容量可达到 $2\frac{7}{8}$in 连续管 3500m 或 $3\frac{1}{2}$in 连续管 2200m。

图 3-26　下沉式滚筒

图 3-27　底盘车与滚筒连接座

2）可扩容式滚筒技术

对于有些地区，大部分井深要求连续管作业机的缠管容量是可以满足标准的道路运输要求，但是有少量的井的深度较大，需要重新配置一个较大容量的滚筒。为了降本增效，提高滚筒的利用率和降低成本，研制了可扩容式滚筒。

采用多瓣式轮缘、可拆卸结构，达到扩容的目的，如图 3-28 所示。多瓣式扩容环扩容后，扩容环底部与原滚筒体轮毂外径采用螺栓进行连接，防止扩容辐圈受连续管挤压，向外侧变形，造成辐圈与滚筒底座干涉。另外，多瓣式扩容环之间也通过螺栓连接，形成一个完整圆环，即扩容后滚筒体的新轮毂外径，起到增加滚筒体轮毂外径，提高滚筒体容量的目的。常规作业时可将多瓣式扩容环拆卸，实现滚筒容量 2in—4500m，运输高度不超过 4.2m；特需作业时，安装多瓣式扩容环，增大滚筒容量，扩容后，新滚筒容量 2′—6000m，运输高度不超过 4.5m。

为保证多瓣式扩容环与原滚筒轮毂外径实现快速连接，不易变形，将两者之间连接采用 V 形配合，起到安装时自动对中，螺栓紧固，实现快速更换，不易变形的目的。如图 3-29 所示。

图 3-28　可扩容式滚筒

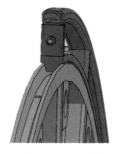
图 3-29　连接结构

可扩容式滚筒技术，实现一个滚筒多种容量变化，有效解决不同地区，不同运输高度限制问题，如图 3-30 所示，满足用户不同作业需要。

4. 筒体快速更换技术

海洋平台一般空间有限，部分平台作业空间很小，并且吊机能力有限，对设备的重量有限制。因此，连续管在海上平台作业，设备一般采用橇装结构，方便海洋平台布置，如图 3-31 所示。

连续管滚筒采用分体式橇装滚筒，可以实现滚筒体与滚筒其他部件的分离，方便海洋平台吊机的吊装，提高连续管作业机在海洋平台上的机动性和适用性。连续管快速更换筒体，方便不同管径连续管作业的快速转换。

图 3-30　可扩容式滚筒

图 3-31　海洋连续管作业

图 3-32　可更换滚筒体

该橇装滚筒采用筒体与橇体能够快速分离，快速连接，轴采用三段式结构，两侧支撑筒体，筒体能够自由转动；另外，滚筒驱动部分必须与筒体分离，筒体只用于缠绕连续管。

该滚筒体由筒体、辐圈及悬挂板Ⅰ组成，筒体由钢板卷制而成，内部有加强筋。如图 3-32 所示。辐圈由内外圈与若干根方管焊接而成，悬挂板Ⅰ焊接在筒体两侧。筒体通过悬挂板Ⅰ固定在滚筒支座悬挂板Ⅱ上，辐圈上有吊耳，可单独起吊滚筒体，实现滚筒体快速拆卸。滚筒外圈上焊接有耳板，运输过程中紧固器拉紧耳板，保障橇体在移运过程中的安全性。

驱动系统安装在滚筒支座上，由液压马达带动齿轮驱动回转支承旋转，从而带动滚筒体转动。主要由液压马达、一级小齿轮、二级大齿轮、二级小齿轮、回转支承、悬挂板Ⅱ及排管器齿轮组成。其中排管器齿轮由回转支承驱动，带动排管器链轮转动。齿轮传动如图 3-33 所示。

筒体快速更换技术有效解决了滚筒体带连续管整体更换问题，实现滚筒体快捷更换。该种机构滚筒已在中国海油公司的海洋平台上使用，快速筒体更换和分离，满足海洋平台作业与吊装需求。如图 3-34 所示。

图 3-33　齿轮传动

图 3-34　筒体快速更换式橇装滚筒

第三节　井口压力控制系统

常规修井作业井眼裸露于地表，井控主要屏障是平衡底层压力的修井液，而当这些屏障失效时才使用防喷器。连续管作业是以当前地面压力为工作压力，作业的主要屏障就是防喷系统。典型的连续管井口压力控制系统由防喷器（BOP）和防喷盒组成，其作业时安装于井口和注入头之间。

一、防喷器

1. 防喷器的作用和工作原理

1）防喷器的作用

防喷器是连续管作业过程中的重要安全设备，能有效预防井喷事故的发生，确保安全施工。主要作用如下：

当井内没有连续管，需要封井时，可用全封闸板封井；当连续管在井中作业时，配上与连续管相匹配的半封闸板能封闭连续管与井筒间的环空压力；当需要悬挂连续管时，可用防喷器悬挂闸板悬挂井内的连续管；在作业过程中当出现井压异常等特殊情况需要剪断连续管时，可用剪切闸板剪断连续管，同时关闭全封闸板，达到封井的目的；在封井的情况下，可通过壳体旁侧出口和四通连接管汇，进行压井等特殊作业。

2）防喷器的工作原理

防喷器的各个闸板均能通过左右两侧的液压油缸推动达到开关各组闸板的目的，闸板的开和关由液压控制系统中的换向阀控制。

全封闸板：在需要封堵井内压力时，闸板内的液压缸推动全封闸板前密封向井口中间移动，全封前密封会彼此压紧，实现全封闭式密封，前密封压紧的程度取决于全封闸板的液压控制压力。全封时连续管或其他物件不得穿过全封前密封。

剪切闸板：在需要剪断时，闸板内的液压缸推动剪切闸板上的剪切刀片向防喷器内的连续管移动，剪切刀片靠近并接触连续管后使连续管受到剪切力而断开。针对不同型号的连续管，剪断时的控制压力不同。

悬挂闸板：悬挂闸板的卡瓦上由单向齿（如三角形）结构，当需要悬挂连续管时，闸板内的液压缸推动悬挂闸板上的卡瓦向防喷器内的连续管移动，卡瓦接触连续管后逐渐卡紧并能支撑管柱重量。对于不同外径的连续管需要配备不同规格的悬挂卡瓦。

半封闸板：与全封闸板密封原理相似，需要封堵环空压力时，其密封闸板内的液压缸推动半封闸板前密封向井口中间移动，前密封会逐渐抱紧连续管，实现封堵环空压力的目的。不同的连续管对应不同的半封闸板前密封。

在闸板关闭时，闸板体与闸板座会挤压顶密封胶芯使橡胶被挤向上突出使胶芯与壳体上密封凸台间过盈压缩，形成顶部密封，从而形成初始密封。当井内有压力时，井压从闸板背部推动闸板进一步挤压前部胶芯挤向密封部位；同时，井压从闸板下部推动闸板上浮贴紧壳体上密封凸台面，从而形成可靠的密封。

2. 防喷器的分类和结构组成

连续管用防喷器有单闸板、双闸板、三闸板、四闸板和复合双闸板多种结构形式，如

图 3-35 所示。

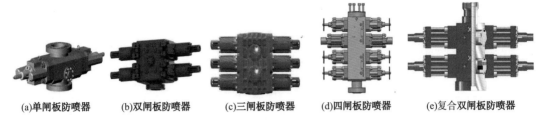

(a)单闸板防喷器　(b)双闸板防喷器　(c)三闸板防喷器　(d)四闸板防喷器　(e)复合双闸板防喷器

图 3-35　连续管用防喷器

在实际使用中，最常用的防喷器为四闸板防喷器和复合双闸板防喷器，其中四闸板防喷器主要由全封闸板、剪切闸板、悬挂闸板和半封闸板组成。

四闸板防喷器上下采用法兰或活接头连接。每组闸板设有行程指示，全封闸板、悬挂闸板和半封闸板配有手动锁死装置，全封闸板和半封闸板设有平衡阀，本体中间设有侧孔。其总体结构和闸板结构如图 3-36 至图 3-43 所示。

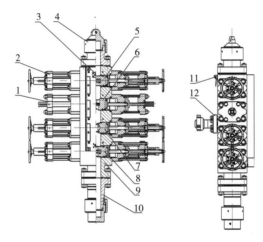

图 3-36　四闸板防喷器

1—剪切液缸总成；2—闸板液缸总成；3—平衡阀总成；4—上堵头；5—全封闸板总成；6—剪切闸板总成；
7—悬挂闸板总成；8—半封闸板总成；9—壳体；10—下堵头；11—吊环；12—活接头法兰

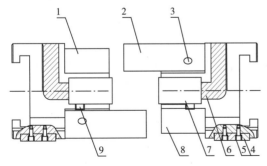

图 3-37　全封、半封闸板总成

1—左闸板体；2—导向板；3—连接螺栓Ⅰ；4—导向键；
5—连接螺栓Ⅱ；6—外密封；7—前密封；8—右闸板体；
9—前密封固定杆

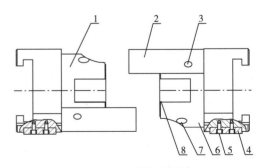

图 3-38　悬挂闸板总成

1—左闸板体；2—导向板；3—连接螺栓Ⅰ；4—导向键；
5—连接螺栓Ⅱ；6—右闸板体；7—连接螺栓Ⅲ；8—悬挂
卡瓦

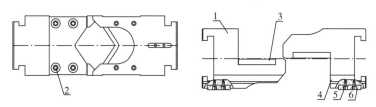

图 3-39 剪切闸板总成

1—左闸板体；2—连接螺栓Ⅰ；3—剪切刀片；4—右闸板体；5—连接螺栓Ⅱ；6—导向键

图 3-40 上转换接头　　图 3-41 下转换接头　　图 3-42 上堵头　　图 3-43 下堵头

　　复合双闸板防喷器具有四闸板的功能，从上到下依次为全封/剪切闸板、悬挂/半封闸板，上下采用法兰或活接头连接。每组闸板设有行程指示和手动锁死装置并设有平衡阀，本体中间设有侧孔。其总体结构和闸板结构如图 3-44 至图 3-46 所示。

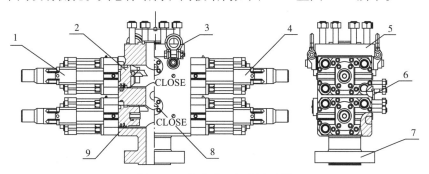

图 3-44 复合式双闸板防喷器

1—右侧液缸总成；2—全封/剪切闸板总成；3—起吊装置；4—左侧液缸总成；5—上部法兰；
6—侧法兰；7—下部法兰；8—平衡阀；9—悬挂/半封闸板总成

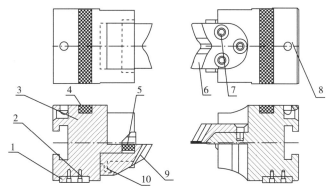

图 3-45 全封/剪切闸板总成

1—导向键；2—连接螺栓Ⅰ；3—左闸板体；4—外密封；5—左闸板前密封；6—右剪切刀片；

7—连接螺栓Ⅱ；8—右闸板体；9—左剪切刀片；10—连接螺栓Ⅲ

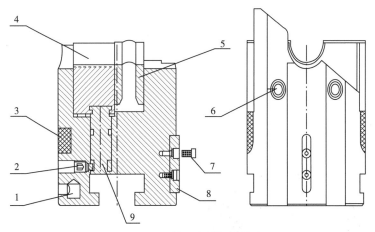

图 3-46　悬挂/半封闸板总成

1—闸板体；2—连接螺栓Ⅰ；3—外密封；4—悬挂卡瓦；5—前密封；6—连接螺栓Ⅱ；
7—连接螺栓Ⅲ；8—导向键；9—悬挂卡瓦轴

3. 防喷器的关键技术

1）自动对中技术

防喷器通径要确保连续管作业工具能通过防喷器，因此一般选用的防喷器通径远大于连续管直径，连续管为柔性可弯曲的管柱，为确保在关闭防喷器时不对连续管造成额外的伤害，防喷器各闸板必须具有连续管自动对中功能。

在防喷器的悬挂、半封和剪切闸板的前端有突出的导向板，闸板在向中间运动时，导向板可插入对面闸板体的凹槽内。该动作能迫使连续管在闸板关闭的过程中逐渐移向井眼中心，实现连续管的自动对中功能，使防喷器的剪切、悬挂或半封功能更加安全可靠。导向板如图 3-47 和图 3-48 所示。

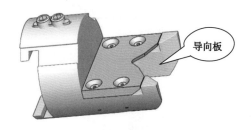

图 3-47　剪切闸板

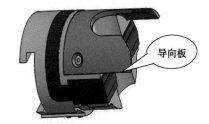

图 3-48　全封/半封闸板

2）连续管剪切技术

常规修井使用的防喷器剪切闸板的剪切刀片截面基本上是 V 形的，如图 3-49 所示，当出现危险工况需要将管柱剪断时，首先是钻杆或油管受挤压力失稳被闸板压扁，随后两侧最先被剪断，并逐渐向内扩展直至完全剪切。剪切管柱切口如图 3-50 所示。

采用常规的剪切闸板来剪断连续管，连续管的断面长度均大于防喷器的通径，连续管无法从防喷器拔出，导致全封闸板无法关闭，或引起通径刮伤等一系列损伤设备的情况，从而引起密封失效；同时，当切口过"瘪"或切面不平整时，不利于连续管剪断后的压井作业。

图 3-49　钻修井用防喷器的剪切刀片

图 3-50　管柱剪切切口

在引进 FORUM 公司防喷器双 V 字形刀刃剪切刀片的基础上，与国内厂家进行合作，不断对连续管作业用的防喷器剪切闸板进行结构改进，优化刀刃参数，提高刀刃强度。经大量试验，最终实现国产化，能够满足现场使用要求，如图 3-51 所示。

防喷器剪切闸板的两个剪切刀片上下布置，在进行剪切作业时，剪切刀刃的双 V 形结构能够让连续管在通径的中心处被剪断，保证连续管良好的对中性能；同时，剪断后的连续管切口成"口"字形，有利于连续管顺利地拔出和后续的压井作业。连续管剪断后的断面如图 3-52 所示。

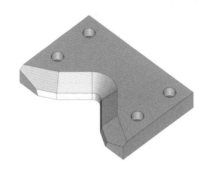

图 3-51　剪切刀片

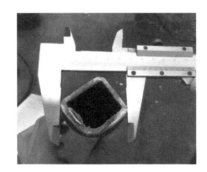

图 3-52　剪断连续管断面

3）自拆卸技术

早期连续管作业使用的防喷器的尺寸和重量小，各闸板液控总成与防喷器本体连接采用机械的方式，在进行各闸板检修或者更换易损件时，需将液控总成和闸板一起从防喷器上人工拆下来后进行检查和维修，这种方式效率低、劳动强度大而且容易对防喷器造成损伤。随着所使用的防喷器尺寸越来越大，该问题越来越突出。为解决该问题，在防喷器设计时，增加了液压辅助系统，可在不拆下液压缸的情况下更换闸板，快捷简单。

液压辅助系统如图 3-53 所示，闸板检修或者更换易损件时，卸下缸盖上的连接螺栓，液压油从闸板体的关闭口进入壳体，使得卸装闸板用油缸的活塞杆动作，液控总成远离壳体；同时，液压油进入闸板开关用油缸内，驱动活塞杆动作，闸板远离液控总成。检修或更换完易损件后，从开启口打压，闸板和液控总成反方向移动，到位后上紧缸盖螺栓。

液压辅助系统由液控系统换向阀控制。在短时间内即可完成开、关动作。

4）行程指示技术

闸板在开启或关闭时，操作人员可以通过观察行程指示杆来判断闸板液缸活塞的位置。如图 3-54 所示。行程指示杆的一段的法兰面置于闸板液压缸活塞的沟槽内，通过该沟槽突出的定位环体将行程指示杆这一端的法兰面卡住，使行程指示杆随着闸板液压缸活塞沿着轴线方向随动。

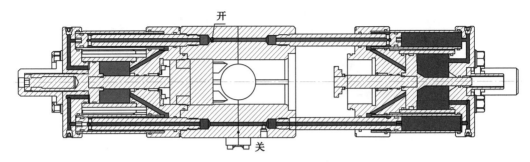

图 3-53　自拆卸和安装液路图

为方便操作人员在远程判断防喷器闸板位置状态，在行程指示杆的两端安装非接触式位置传感器来监测闸板位置，并将信号传输到远程操作台，结构如图 3-55 所示。

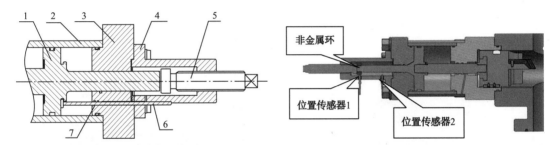

图 3-54　行程指示杆工作原理示意图　　　　图 3-55　防喷器行程指示传感器

1—活塞；2—缸体；3—缸盖；4—锁紧螺钉座；5—锁紧螺钉；

6—行程指示杆；7—密封圈

二、防喷盒

1. 防喷盒的作用和工作原理

1）防喷盒的作用

防喷盒是连续管作业过程中重要的安全设备，位于注入头和防喷器之间，通常连接在注入头底座上。连续管在起下作业时，能有效密封连续管外环空压力，防止油、气、水等溢出，实现安全带压作业，避免环境污染。

2）防喷盒工作原理

在起下连续管时，防喷盒内部胶芯在外部压力的作用下产生变形，与连续管紧密接触形成密封，从而有效隔离油气井内部与大气之间的压力，实现动密封。胶芯的压紧和松开通过液压控制系统来实现。密封效果取决于防喷盒的液压控制压力、胶芯尺寸、连续管尺寸及表面情况。

2. 防喷盒的分类和结构组成

连续管作业中最常用的防喷盒是侧门防喷盒。侧门防喷盒又分为侧门单联防喷盒、侧门双联防喷盒和侧门串联防喷盒。侧门串联防喷盒可以与侧门防喷盒组合使用，用于油气田中对密封要求比较高的油气井作业。侧门双联防喷盒拥有两套胶芯，在起下连续管作业时增加了设备的安全性和可靠性。

侧门单联防喷盒主要结构如图 3-56 所示。

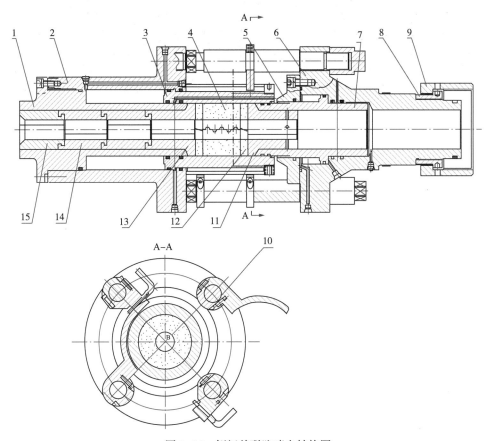

图 3-56 侧门单联防喷盒结构图

1—上支撑套；2—上连接法兰；3-开窗活塞；4—胶芯；5—定位法兰；6—下部法兰；7—挤压活塞；8—压帽；
9—螺套；10—窗锁总成；11—下铜套窗锁总成；12—抗挤压环；13—上铜套；14—间隔铜套；15—顶部铜套

3. 防喷盒的关键技术

1）易损件在线更换技术

早期的防喷盒为普通顶入式结构，需要更换防喷盒胶芯、抗击压环等易损件式，需要将防喷盒从顶部拆解，在连续管作业过程中易损件无法更换，安装和拆卸烦琐，胶筒使用寿命短，连续管作业也存在一定的风险。

为解决上述问题，研制了侧开门结构防喷盒，胶筒、抗击压环、铜套等采用两半是结构，方便在连续管作业过程中更换易损件；同时防喷盒的控制由一个液缸改为上下两个液缸，有效实现动密封。

防喷盒的两个液缸其中上液缸用于控制防喷盒侧开门，需要在作业过程中更换胶芯等易损件时，给防喷盒上液缸的"打开侧开门"油口打压，液压油推动活塞上移而露出易损件，将易损件取出进行更换。更换完后，给防喷盒上液缸的"关闭侧开门"油口打压，液压油就会推动活塞下移封闭胶芯。此时关闭侧门，再用锁杆将侧门锁死在关闭位置。

侧门双联防喷盒结构如图 3-57 所示。

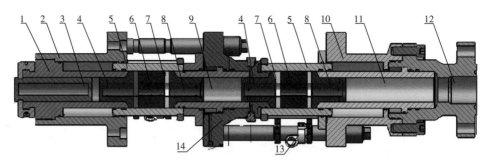

图 3-57　侧门双联防喷盒结构图

1—上支撑套；2—上连接法兰；3—间隔铜套；4—上铜套；5—窗口；6—胶芯；7—抗挤压环；8—下铜套；

9—上挤压活塞；10—下连接法兰；11—下挤压活塞；12—底部法兰；13—窗锁总成；14—定位法兰

2）自密封技术

最初的防喷盒为单液缸结构，液压密封方式的原理如图 3-58 所示。密封井口时，需要向防喷盒内增加防喷盒控制压力，推动活塞向下运动，将液压力通过铜套传递给防喷盒胶芯。当井底压力越大时，所需要的防喷盒控制压力越大。

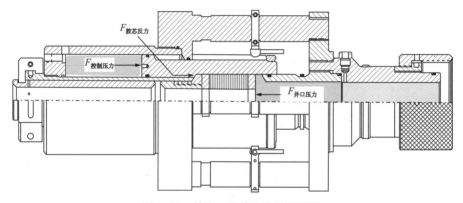

图 3-58　单液缸防喷盒密封原理图

为降低防喷盒的操作控制压力，防喷盒改为上下两个液缸，上液缸控制防喷盒侧开门的开关，下液缸控制防喷盒的密封和解封，采用向上增压的密封方式，原理如图 3-59 所示。可借助井口压力压缩胶芯变形密封井口，减小防喷盒的密封操作压力。

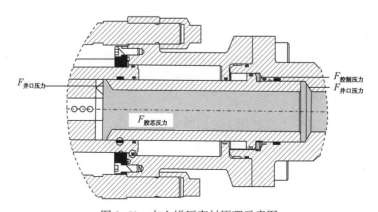

图 3-59　向上增压密封原理示意图

三、井口压力控制系统的主要技术参数

"十二五"期间，防喷器和防喷盒形成了系列化、标准化的产品，并广泛应用于现场。

常用防喷器的通径为 3.06in，4.06in 和 5.12in，压力等级为 5000psi，10000psi 和 15000psi，工作温度有 T_0，T_{20} 和 T_{75} 三个等级。防喷器的主要规格见表 3-1。

表 3-1　防喷器主要规格表

通径，in	工作压力，psi	适用管径，in	结构型式	连接形式
3.06	10000	1~1.75	单闸板	活接头或法兰
3.06	10000	1~1.75	复合双闸板	活接头或法兰
3.06	10000	1~1.75	四闸板	活接头或法兰
3.06	15000	1~1.75	四闸板	活接头或法兰
4.06	10000	1~2.375	复合双闸板	活接头或法兰
4.06	10000	1~2.375	四闸板	活接头或法兰
4.06	15000	1~2.375	复合双闸板	活接头或法兰
4.06	15000	1~2.375	四闸板	活接头或法兰
5.12	10000	1~3.5	复合双闸板	活接头或法兰
5.12	10000	1~3.5	四闸板	活接头或法兰
5.12	15000	1~3.5	复合双闸板	活接头或法兰
5.12	15000	1~3.5	四闸板	活接头或法兰

常用的防喷盒通径有 3.06in，4.06in 和 5.12in，压力等级为 10000psi 和 15000psi，工作温度有 T_0，T_{20} 和 T_{75} 三个等级，防喷盒的主要规格见表 3-2。

表 3-2　防喷盒主要规格表

通径，in	工作压力，psi	适应管径，in	结构型式	连接形式
3.06	10000	1~2	侧门单联	活接头或法兰
4.06	10000	1~2.875	侧门单联	活接头或法兰
4.06	15000	1~2.875	侧门单联	活接头或法兰
5.12	10000	1~3.5	侧门单联	活接头或法兰
5.12	15000	1~3.5	侧门单联	活接头或法兰
4.06	10000	1~2.875	侧门双联	活接头或法兰
4.06	15000	1~2.875	侧门双联	活接头或法兰
5.12	10000	1~3.5	侧门双联	活接头或法兰

第四节　动力与控制系统

动力与控制系统是连续管作业机的重要组成部分，犹如"心脏"和"大脑"。随着连续管技术的发展，动力配置日趋多样化，液压泵组更加高效合理；对控制系统的要求也越

来越高，需要符合人机工程、舒适性、容错能力强、自动化程度高。控制系统已经逐步从液压控制向电液一体化、自动控制发展，系统稳定性和操控便利性得到极大地提升。

一、动力与控制系统的作用和工作原理

连续管作业机主要采用柴油发动机作为原动力，驱动注入头泵、滚筒泵及系统泵等为注入头、滚筒、井口压力控制系统等提供液压动力，以控制各部件完成特定的动作。

连续管作业机除了具备常规装备所需的液压控制系统之外，还有为其特殊工况而配置的独有控制系统，如注入头超压反馈遇阻停机控制系统、滚筒随动控制系统及其他安全控制系统等。液压系统分为液压控制系统和液压传动系统，任何一个完整的液压系统都是由5个部分组成的，即动力元件、控制元件、执行元件、辅助元件和液压油。液压系统工作流程如图3-60所示，动力元件提供液压动力，输送给控制元件进行压力、流量或方向的控制，然后将受控的动力供给马达、油缸等执行元件，完成既定的动作。动力元件的作用是将原动机（柴油发动机）的机械能转换成液体（液压油）的压力能，连续管作业机中的动力元件就是分动箱所附接的几台液压泵（注入头泵、滚筒泵、系统泵等），它们向整个液压系统提供液压力。液压泵的结构形式一般有齿轮泵、叶片泵和柱塞泵，齿轮泵和叶片泵为定量泵，柱塞泵一般为变量泵。

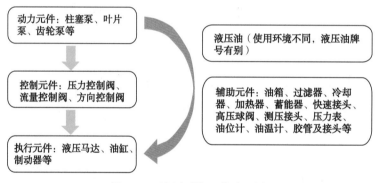

图3-60　液压系统工作流程图

控制元件（即各种液压阀）在液压系统中控制和调节液体的压力、流量和方向。根据控制功能的不同，液压阀可分为压力控制阀、流量控制阀和方向控制阀。

执行元件的作用是将液体的压力能转换为机械能，驱动负载作直线往复运动或回转运动，如液压缸、制动器和液压马达等。

辅助元件包括油箱、过滤器、胶管及管接头、密封圈、压力表、油温油位计等。

液压油是液压系统中传递能量的工作介质，有各种矿物油、乳化液和合成型液压油等几大类。各区域、各季节的环境温度差异较大，推荐使用宽温带液压油，对四季温差较大的区域，不同季节推荐更换相适应牌号的液压油，寒冷气温下启动设备之前需要对液压油进行预热，当液压油温度过高时需要对回油进行冷却，所有这些措施为保持液压油的黏度在液压元件最佳工作性能范围内，提高液压系统稳定性和元件寿命。

二、动力与控制系统的结构和组成

动力与控制系统包括动力与传动系统、液压系统、控制室等部分，是向连续管作业机

各执行机构提供动力和控制指令的核心部分。

1. 动力与传动系统

动力配置根据连续管作业机的类型不同分底盘发动机取力和独立柴油发动机取力两种模式，底盘车取力采用传动轴连接发动机的全功率取力器口和分动箱，对取力器进行离合控制；独立柴油发动机取力是将分动箱通过飞轮盘连接于发动机的主轴上，不带传动轴。为了降低泵组联机或脱开瞬间的液压和机械冲击，对高压大排量泵均设置有泵控阀，在泵启停前操作泵控阀进行卸荷控制，使泵组在低压微排量下运行，降低液压与机械冲击。

动力传动形式根据上装空间及泵的安装方式开发有全系分动箱，如两侧一分四、两侧一分二、单侧一通轴、单侧一分四及单侧一分二等几种形式，如图 3-61 所示。

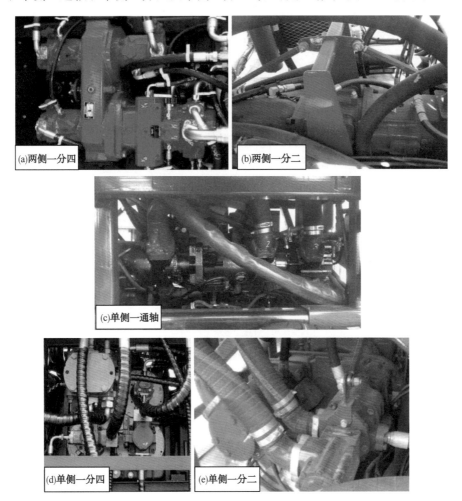

图 3-61　动力传动形式

其中单侧一分四和单侧一分二传动形式通常适用于独立柴油发动机取力模式，其他几种传动形式适用于底盘发动机取力模式。液压泵可实现通轴安装和驱动，该安装方式可减少分动箱的安装接口，但需考虑串泵后的整体安装长度。

2. 液压系统

分动箱连接的几台液压泵从液压油箱吸油，经过滤器过滤后向后端的动力及控制回路输出压力油，通过控制室相关控制阀件、手柄调节后送往执行机构，执行机构做功后的热态油经过冷却和过滤后回到液压油箱，动力模块及控制模块结构如图 3-62 所示。

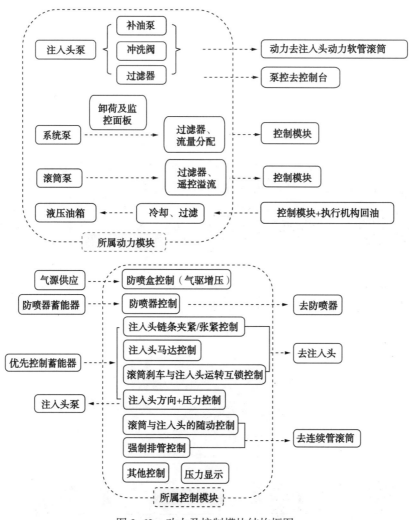

图 3-62　动力及控制模块结构框图

3. 控制室

控制室集成有液控阀件、仪表、数据采集与分析模块及视频监控等，是对连续管作业机进行动作控制和状态监测的地方。控制室一般采用升降式，如图 3-63 所示，安装在底盘车或运输橇上，可以液压升起后机械锁定在工作高度，改善视野。根据升降方式，有整体升降式和壳体升降式两种结构，整体升降式为控制室房体、内部装置及控制台一起进行升降；壳体升降式仅对控制室房体（四周墙体及天花板）进行升降，内部的地板及控制台等部件高度固定。控制室四面设置钢化玻璃窗及纱窗，前窗为正面观察窗，带有安全防护网，便于操作人员对滚筒、注入头及井口进行观察；控制室内部安装有足够亮度的照明设备，一般还安装有笔记本用翻转台板、座椅、喇叭、雨刮器、冷暖空调等装置，改善操作环境。

控制室内安装有操作台，操作台一般为琴台式结构，便于操作人员台前就坐和操作。操作台内部安装有连续管作业机所需的各种阀件，一般设置有上面板和下面板，如图 3-64

所示。上面板安装有监测所需的各种压力表、发动机参数仪、作业参数仪等仪表，用于监测连续管作业机的工况参数及运行状态；下面板安装控制所需的各种控制手柄及旋/按钮，用于控制连续管作业机的发动机、防喷器、防喷盒、滚筒及注入头的各种动作。

图 3-63 控制室

图 3-64 控制室内的操作台

三、动力与控制系统的关键技术

1. 注入头控制[5]

绝大部分注入头采用的是闭式驱动系统，标配冲洗和补油功能，以达到闭式系统热平衡。也有少量采用开式驱动系统的注入头，由于注入头流量需求较大，开式系统一般会在泵的吸油口设置背压回油（加压补油），防止注入头开式泵在大流量吸油时吸空，大流量工况也决定了开式系统所需配置的液压油箱容积会更大。

连续管在井内运行过程中的受力有液压马达施加的驱动力、连续管运动过程中的摩擦力、自重以及井内高压对连续管的上顶力，除了自重力方向朝下、井内高压上顶力方向朝上外，摩擦力与运动方向相反，液压马达驱动力视管柱重或管柱轻状态而定，平衡阀在管柱重、管柱轻及这两种状态转换时所起的作用是不同的，井口采用注入头悬挂连续管时，平衡阀对井内连续管承载起主要作用。

连续管入井后的综合受力状态是复杂和多变的，因此，注入头的安全性、稳定性及可靠性直接决定着连续管装备整机的性能，围绕注入头的驱动及控制进行了大量技术革新。

1）无级调速控制

早期注入头选用低速大扭矩马达驱动，马达为两挡变速，其高低速切换必须在停下注入头后才能进行，连续管入井较深后如果载荷较大，停下后切换高速挡如果时机不合适，驱动压力会很高，一旦运转起来速度非常快，而且由于该驱动方式直接采用低速大扭矩马达驱动，受限于马达的最低稳定转速，注入头的最低稳定速度难以保证，对某些需要低速或超低速的工况就不太适合了。

随着作业井越来越深，连续管直径越来越大，注入头逐渐向高速、重载的需求转变，作业工艺的多样化对注入头速度的高/低速切换要求日益频繁。基于作业工艺对注入头的需求，开发了高速马达+减速器的驱动方式。该驱动方式有如下优点：（1）马达无级变量，可直接在运转过程中进行切换，加减速过程更平顺；（2）高速马达经过减速器对扭矩进行放大，减小了注入头体积和重量，能适应重载注入头的上装要求；（3）改善了马达最低稳定转速的局限性，可保障注入头的低速稳定性。

2）注入头低速稳定控制技术

注入头的发展历程中，其驱动方式先后经历过单马达＋齿轮传动系统、双马达＋同步齿轮并联驱动系统、双马达＋减速机并联驱动系统等几个发展阶段。早期的单马达＋齿轮传动系统由于采用单马达提供的扭矩有限，不适用重载注入头的上装需求；双马达＋同步齿轮并联驱动系统由于采用齿轮进行机械强制同步，对齿轮的磨损较为严重，维护不便。

采用闭式变量泵驱动变量马达＋减速器的并联驱动系统，通过马达、减速器的合理选配，闭式变量泵与变量马达的排量均无级可调，通过上述三级调速系统的优化配置，联合研发的外部微调模块，注入头的驱动力进行限定的同时对注入头速度进行粗调，形成了注入头低速稳定控制技术，最低速度可稳定在 0.04m/min 以内，能很好地满足了钻磨等作业工艺对低速稳定性的要求。

3）负载反馈控制技术

连续管井下运行过程中，难免会遇到不可预见性的卡、阻，早期的注入头闭式驱动系统压力是由注入头泵 A、B 口设置的高压溢流阀限定最高压力，正常起下过程中的速度由注入头方向控制手柄的推拉幅度进行控制，注入头马达压力由负载决定。下管过程中遇阻，连续管的运动停止是以连续管在井筒内堆积、挤弯为代价的，直至注入头马达压力达到泵 A、B 口设置的高压溢流阀限定最高压力，连续管堆积挤弯到最大程度。由于泵 A、B 口高压溢流阀的溢流压力是基于拉载时的最大扭矩来设定的，因此，遇阻后如果不及时反应，马达下注力就会达到该溢流压力，对连续管的堆积挤弯损伤将最大化，有时会将连续管折断；起管过程中遇卡后压力上涨与此类似，有时会将连续管拉断，这种控制方式存在很大的安全隐患。

负载反馈控制技术是基于保障连续管入井后的安全来考虑的，研发了一套外部限压调速模块，远程对注入头马达压力进行调节，采用压力补偿及反馈的原理，使外部限压模块的超压溢流油对泵的变量机构进行超越控制，从而实现注入头在限定驱动力下的速度可调，且当连续管遇卡、阻后，注入头的马达驱动力不再上涨，此时，泵的排量被超越控制信号强制减小，直至注入头停止，避免压力持续上涨而拉断或挤瘪连续管。

4）注入头张紧控制技术

早期注入头的张紧回路设置有蓄能器，旨在保压和平抑注入头运转过程中的张紧压力波动，但蓄能器设置后，当下管因遇阻出现严重管柱轻状态时，连续管上顶注入头会造成蓄能器胶囊被压缩，张紧油缸就会回缩，进而可能发生链条弯曲、夹持块堆积而挤瘪或夹断连续管的事故。

通过研究发现张紧蓄能器的设置存在隐患后，取消了张紧回路蓄能器，同时将传统的活塞式油缸改进为抗冲击性能更好的柱塞式油缸，控制回路采用液控单向阀及张紧力降压引导阀封闭张紧油缸的冲击压力，杜绝遇阻时可能出现的链条弯曲、夹持块堆积等现象，如图 3-65 所示。

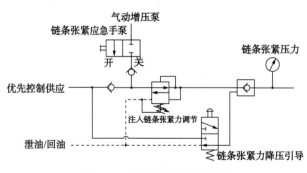

图 3-65 张紧系统控制液压图

2. 滚筒与注入头协同控制技术[6-13]

注入头起下运行过程中，滚筒和注入头两大运转部件之间有连续管作为载体，如果各自单独进行控制，运转步调不一致将造成连续管松弛或拖拽，松弛可能会造成滚筒上缠绕的连续管浮管，拖拽可能会造成注入头导向器或滚筒排管臂过载而损伤，因此，为保持两者运转步调的一致性，两者必须进行协同控制，即一个主动，另一个从动。由于注入头驱动入井后连续管负载的能力大，且起下管状态切换及速度变化比较频繁，而滚筒只起收放连续管的作用，这就决定了滚筒需随动于注入头，即滚筒依据注入头的运转状态（方向、速度）以及两者之间张紧的连续管张力进行协同控制；为实现起管过程中滚筒能及时缠绕并收紧连续管，下管过程中滚筒上的连续管能被平稳拖出而不浮管，研发了滚筒与注入头协同控制系统。

研发的滚筒随动控制系统有多种方式：（1）单定量泵供油、补油控制系统；（2）恒压变量泵供油、定量泵补油控制系统；（3）恒压变量泵双回路供油、补油控制系统；（4）滚筒闭式驱动及控制系统。这些控制系统均为实现滚筒随动运转来考虑的，即滚筒永远有收管方向运转的趋势。起管时，滚筒马达随时处于高速待转状态，以适应注入头在任意起管速度时都能及时紧密缠管；下管时，滚筒马达被反拖而变成泵工况，通过反向补油防止马达吸空、干磨损坏。

3. 刹车互锁控制技术

由于滚筒随动于注入头运转，且注入头驱动扭矩大，如果滚筒刹车未解除而单方面启动注入头，注入头产生的巨大拉力可能损毁注入头导向器或滚筒排管臂，甚至拉翻注入头。为保障滚筒与注入头两大运转部件的运行安全，研发刹车互锁控制技术，控制流程如图3-66所示。滚筒刹车对注入头泵的方向控制进行互锁，滚筒刹车处于优先级别，只有当滚筒刹车解除后，注入头方向控制手柄才可获得压力信号，注入头的驱动力才可能建立。否则，注入头将因为驱动力无法建立而运转不了，这种互锁设置可避免启动注入头前忘记解除滚筒刹车而损坏注入头或滚筒部件的误操作。

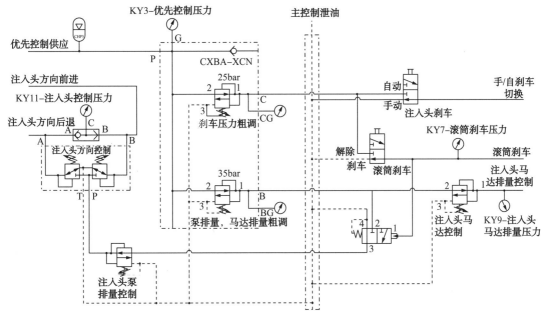

图 3-66　刹车互锁控制系统图

同时注入头刹车采用手/自刹车切换模式，停机后，切换至手动刹车模式，使注入头处于绝对刹车状态，保证注入头刹车安全。

4. 井口压力控制系统安全控制技术

1）防喷器防误操作设置

防喷器是油气井口进行井控安全操作的关键部件，因此对防喷器的安全操作尤其重要，防喷器控制回路设置有蓄能器，蓄能器的容积和数量是基于API标准对井控安全操作来设置的，蓄能器所积蓄的液压能需确保在停机状态下能驱动防喷器全封闸板、剪切闸板、卡瓦闸板、半封闸板做出相应的动作，直至安全关井。

防喷器控制回路除设置有蓄能器积蓄液压能外，一般都还设置有气动增压泵作为备用应急动力源，当动力系统出现故障但需要保持防喷器闸板的关闭压力时，通过气动增压泵进行补压，控制系统如图3-67所示。

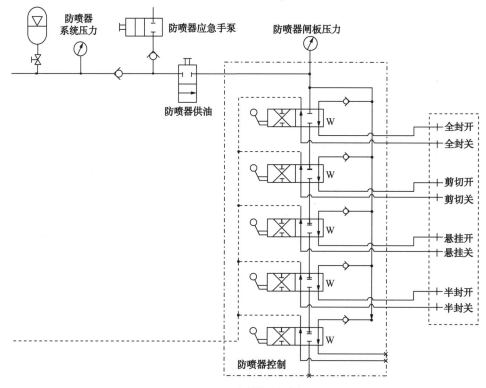

图3-67　防喷器控制系统图

防喷器闸板动作由控制室的防喷器控制多路阀进行控制，为避免误操作，防喷器控制回路为两级防误操设置，即设置有防喷器供应阀作为防喷器控制多路阀的总开关，且防喷器多路阀操作手柄带弹簧套筒及机械卡位板，防止误碰闸板控制手柄造成施工事故。

正常起下管作业时，防喷器供应阀应该处于关位（切断闸板动力供应，防止误操作），全封/剪切/卡瓦/半封闸板控制手柄均处于开位；当需要关闭全封/剪切/卡瓦/半封中一联或多联闸板时，先将防喷器供应阀切换至开位，再将需要关闭的闸板控制手柄扳至关位；只要有一个闸板处于关位，防喷器供应阀必须保持在开位，维持防喷器已关闭闸板的关闭力。

2）防喷盒动力优化配置

由于气动增压泵具备采用低气压获得高/超高液压的功能，而且出于安全考虑，其可提供独立的备用动力源，因此，将连续管作业机上原本采用系统压力提供防喷盒压力改进为采用气动增压泵来提供动力；同时，该气动增压泵还作为防喷器、注入头链条夹紧甚至张紧的备用应急油源。

防喷盒为连续管进出井时提供动密封来隔绝井口压力与外界空气，由于防喷盒胶芯抱紧连续管后，连续管的运动直接对胶芯产生摩擦并不断损耗，因此需要对动密封进行补压，气动增压泵的选用，一方面是出于其具备单向动态补压功能，另一方面由于其巨大的增压比可以通过较小的气压得到较高的动态密封压力。同时，双联防喷盒的控制增加了一个防喷盒选择开关和防喷盒快速压紧功能，当井口发生泄漏可直接切换防喷盒快速压紧阀至需要用于快速密封井压的防喷盒，采用系统压力进行快速压紧，以最快的速度阻止泄漏，保证井控安全。

5. 机电液一体化控制技术

1）集成化控制[7, 8]

为适应煤层气开采的技术需要，集成远程自动控制、集束式连续管、举升解卡装置、复合式闸板防喷器以及动力系统合理配置与优化等关键技术，研制成功了集成式气化采煤连续管装备。

控制系统由就近控制、远程控制和网络通信3个主要部分组成。就近控制用于井内全过程连续管起下和解卡等作业，远程控制部分用于注剂过程中连续管的起下和监控。

就近控制的动作指令需由就地控制柜的PLC通过MODBUS传输到本地控制柜的PLC，本地控制柜的PLC根据指令完成相应动作。

远程控制主要为自动控制，用于在注剂工况下，根据井底温度自动回拖连续管。在自动控制状态下，所有的动作和参数设置都由后台自动完成，无需人工进行任何操作。如果出现紧急工况，进行人工干预控制，且人工干预处于优先级别。远程控制过程中设备运行的参数、运行状态和井底喷嘴温度等在远程控制台上通过监控软件监控，并由显示屏显示，动作指令需由远程控制柜的PLC通过MODBUS传输到本地控制柜的PLC，本地控制柜的PLC根据指令完成相应动作。

2）自动冷却技术

采用温度开关+恒温阀+电磁阀的自动控制理念实现液压系统的热平衡，系统总回油块上设置有一个温度开关用于监测系统回油温度，当回油温度达到54℃（130°F）时，温度开关发讯，冷却器驱动回路的电磁阀失电通路，冷却器风扇旋转，同时散热器内部集成的恒温阀自动温感切换（液压油冷态 < 49℃时，几乎所有的回油都走恒温阀的旁通，不经过冷却器散热板而直接回油箱，随着油温的升高，恒温阀上的出口就开始切换位置，部分液压油流走冷却器的散热板回油箱，而且随着油温升高，流经换热器的回油量会持续增加，直到大约54℃时这个阀去往冷却器的出口会全部打开，所有回油都经冷却后回到油箱），回油进行冷却；当温度开关监测到回油温度下降到低于54℃时，温度开关发讯，冷却器驱动回路的电磁阀得电断路，冷却器风扇停止旋转。冷却器间歇性启动，为保护液压马达，散热器马达进出油口间安装一个单向阀，用于停机时的惯性旋转缓冲。

该自动冷却方案的实施可很好地保持冷态回油和热态回油的压力平稳性，节省液压动力，延长冷却器的寿命。

第五节　数据采集系统

早期作业机配置的 CT 参数仪实现了深度、速度和载荷 3 个参数的显示，数据的存储采用 SD 卡实时存储，作业后可以使用专用的查看软件回放历史数据。

随着连续管作业机配套技术的发展，为了适应连续管疲劳寿命评估的需求，研制了新一代的连续管作业机数据采集系统，经过多年现场实践和改进，数据采集系统的功能日趋完善、稳定。在实现常规数据采集系统的功能的同时，实现了与多个连续管疲劳分析软件接口以及根据接箍定位需求实现的较高速载荷显示功能。

一、作用和工作原理

连续管作业机的数据采集系统，是基于计算机的测量软硬件产品，根据作业机工作实际需求，以获取、观测、记录作业相关数据为目的，用户可定制的实时测量系统。

连续管作业机的数据采集系统测量的数据一般至少包含以下参数：

（1）注入头载荷；

（2）井口压力；

（3）循环压力；

（4）连续管入井深度、速度；

（5）流体瞬时流速及累积流量。

连续管作业机的数据采集系统具有以下功能特点：

（1）通过数值、仪表、波形曲线等形式显示实时数据；

（2）实时数据存储；

（3）在指定通道设置报警；

（4）查看历史数据；

（5）与其他分析软件接口。

连续管作业机数据采集系统（图 3-68）的基本原理与通用数据采集系统一样，将非电量信号经过传感器转换为模拟或者数字信号，然后经过信号变换和模数、数数转换，将参数转换为相应的数字量，并送入目标计算机，之后由目标计算机进行必要的计算处理，目标计算机将计算处理的结果进行数据存储、屏幕显示等操作。

二、结构和组成

连续管作业机数据采集系统通常由传感器、数据采集硬件和数据采集软件三个部分组成如图 3-69 所示。

1. 传感器

传感器部分包含了连续管作业机作业过程所需的多种类型传感器：载荷/力传感器、压力传感器、旋转编码器、流量传感器等。根据连续管作业机传感器选型不同，数据采集系统设计了两类基本结构形式：液压式、电子式。

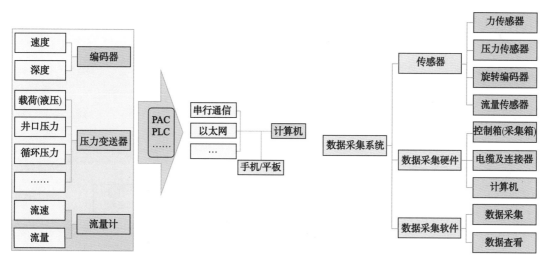

图 3-68　连续管作业机数据采集系统　　　　图 3-69　连续作业机数据采集系统组成

液压式数据采集系统布局如图 3-70 所示。

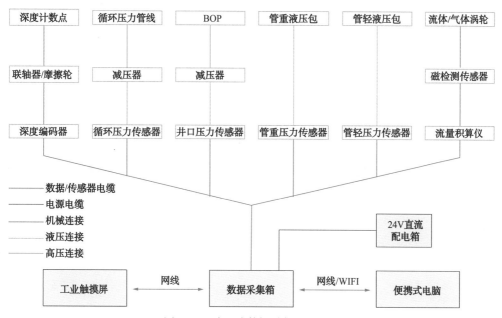

图 3-70　液压式数据采集系统布局

电子式数据采集系统布局如图 3-71 所示。

以上两种结构形式的数据采集系统的主要区别在于：

（1）液压式数据采集系统中，载荷采用 2 个传压包分别用于测量管重、管轻 2 个参数，然后通过压力传感器将压力信号转换为电信号进入数据采集系统（图 3-71）；电子式数据采集系统中，则一般使用双向电子载荷传感器直接测量载荷参数。

（2）液压式数据采集系统中，井口压力、循环压力两个参数使用减压包作为测量元件，然后通过压力传感器将减压后的压力信号转换为电信号进入数据采集系统；电子式数据采集系统中，则直接使用电子压力感器直接测量压力参数。

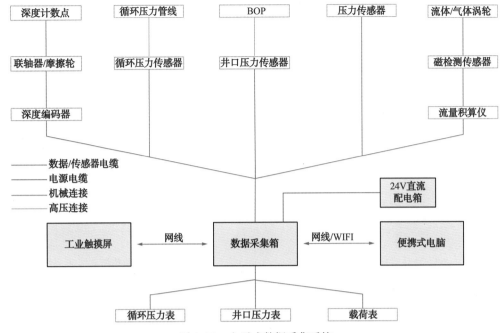

图 3-71　电子式数据采集系统

1）载荷传感器

（1）液压式。

针对液压式重量监测系统，一般通过在液压油路上加装电子压力传感器（位置一般在靠近压力表附近，见图 3-72 和图 3-73），将压力信号转换为电信号后接入数据采集系统。

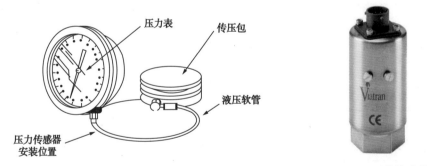

图 3-72　传压包及指示系统　　　　　　　图 3-73　压力传感器

（2）电子式。

电子载荷传感器（图 3-74）一般为轮辐式结构，可同时测量拉、压两个方向的作用力，因此可以同时测量管重、管轻。根据注入头位置使用环境特殊性，电子载荷传感器一般有以下特点：宽温使用、本安防爆认证、蠕变小、稳定性好。

2）井口压力、循环压力传感器

（1）液压式。

针对液压式重量监测系统，一般通过在液压油路上加装压力变送器（位置一般在靠近压力表附近），将压力信号转换为电信号进入数据采集系统（图 3-75）。

图 3-74　电子载荷传感器

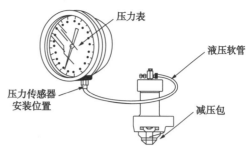

图 3-75　减压包及指示系统

（2）电子式。

电子压力传感器一般为活接头式结构（图 3-76），可以直接替换液压式减压包。根据压力传感器使用环境，电子压力传感器一般有以下特点：宽温使用、本安防爆认证、耐冲击、稳定性好。

3）旋转编码器

数据采集系统测量速度、深度采用如图 3-77 所示的重载旋转编码器。

图 3-76　活接头式压力传感器

图 3-77　重载旋转编码器

该旋转编码器主要功能是将角位移转换为电子脉冲信号，具有以下特点：

（1）具有防爆认证，适用于石油和天然气工业危险应用场合；

（2）重载设计，抗扭矩、冲击能力强；

（3）专为苛刻环境设计，可靠的性能为用户的设备更长久正常运行提供保障。

4）流量传感器

流量传感器结构如图 3-78 所示，采用涡轮流量计，当流体通过涡轮流量计时，腔体涡轮扇叶随之旋转，扇叶划过磁检测传感器会产生电子脉冲信号。因此，流体的流速与涡轮的转速成正比，流体瞬时流量与脉冲数产生速率成正比；流过涡轮流量计流体的体积与涡轮的角位移成正比，流体累计流量与脉冲数成正比。

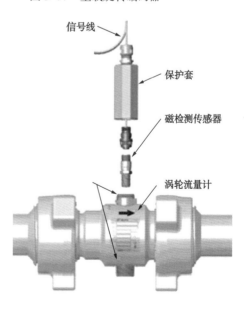

图 3-78　流量传感器结构

2. 数据采集硬件

1）数据采集箱

连续管作业数据采集系统以 NI CompactRIO 为核心，该系统的基本结构（图 3-79）。

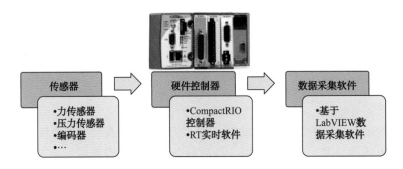

图 3-79　数据采集系统结构

NI CompactRIO 是一种小巧而坚固的工业化控制与采集系统，利用可重新配置 I/O（RIO）FPGA 技术实现超高性能和可自定义功能。NI CompactRIO 包含一个实时处理器与可重新配置的 FPGA 芯片，适用于可靠的独立嵌入式或分布式应用系统；还包含热插拔工业 I/O 模块，内置可与传感器/调节器直接连接的信号调理。CompactRIO 展示了一种支持开放访问低层硬件资源的低成本架构。CompactRIO 嵌入式系统可以使用高效的 LabVIEW 图形化编程工具进行快速开发。利用 NI CompactRIO，可以快速建立嵌入式控制与采集系统，而且该系统的工作性能和优化特性可与专门定制设计的硬件电路相媲美。

通过 10Mbit/s/100Mbit/s 以太网端口，可实现网络、内置式 Web（HTTP）和文件（FTP）服务器上的编程通信。附加存储方面，全速 USB 主机端口可同基于 USB 的外部存储介质（闪存驱动和硬盘）相连，用于需要附加存储的嵌入式记录。

连续管作业机数据采集系统主要特点：

（1）高实时性。为了应对连续管作业复杂多变的现场情况，要求数据采集系统具有高实时性，此采集系统更新数据频率为 1~1000 次/s，完全满足准确、快速地获取现场数据的要求。

（2）高适应性。连续管作业机数据采集系统拥有液压式、电子两种基本结构形式，采集参数模拟量、数字量数量可调整，硬件安装位置可调节，极大适应了连续管作业机复杂要求。

（3）安全性。设计安全预警设计及时提醒用户现场异常状况，注入头部分设计满足 0 区、1 区防爆要求，控制室数据采集箱可以根据现场安全需求满足 2 区防爆要求。

（4）可靠性。数据采集系统采用超坚固、高可靠性元器件，主控制组件可在 -40~70℃的温度范围内工作。部分位置采用冗余设计，保证系统长时间可靠运行。

（5）可拓展性。连续管作业机数据采集系统预留了多个备用接口，随着连续管作业技术的推广应用，可以根据要求拓展其功能。

2）电缆及连接器

数据采集系统核心系统和传感器定型后，系统运行的可靠性在很大程度上要取决于信号连接的可靠性和稳定性，因此对信号电缆和连接器有较高的要求。

由于作业机使用环境比较恶劣，电缆采用防水、耐油、耐低温的柔性电缆。连接器采用国际连续管行业内通用的美军标 MIL-C-26482 系列的圆形连接器（图 3-80）。

为了进一步增强连接器可靠性，对连接器接头进行了注塑成型加工。

成型电缆具有连接器防水、防油性能好，电气连接可靠等优点（图 3-81）。

图 3-80　MIL-C-26482 系列的连接器

图 3-81　成型电缆

3）计算机

数据采集系统计算机（图 3-82）基于 Intel Atom 处理器的设计，能够将人机对话界面（HMI）应用程序部署到温度范围扩展至 -20~60℃的严酷工业环境。通过采用强大而高效的 Intel Atom 处理器，可借助 Windows 嵌入式操作系统的灵活性、可靠性和扩展支持来创建复杂的多媒体界面。

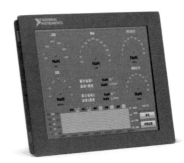

图 3-82　计算机

3. 数据采集软件

根据操作需求开发了 2 套数据采集软件，分别适用于面板触摸操作和笔记本使用的数据采集软件。

1）面板触摸操作的数据采集软件

该数据采集软件运行在操作台面板上的计算机上，主要作用是对系统参数进行必要的设置，实时显示采集系统所采集的各个参量，提供系统与操作人员的人机交互接口（图 3-83）。

该数据采集软件支持仪表、数值、波形三种显示方式，可实时显示连续管速度、深度、载荷压力、循环压力、井口压力、瞬时流量和累积流量的数值，反映其变化趋势；用户可以根据自身特点设置各参数曲线波形显示特性、各个参数的系数、数据存储路径，在高级设置栏中完成软件升级等功能。

2）笔记本使用的数据采集软件

该数据采集软件运行在笔记本上，主要作用实时存储、显示数据，查看历史曲线，生成数据报告，提供与疲劳分析软件的数据接口。软件包含两部分：数据采集和数据查看（图 3-84）。

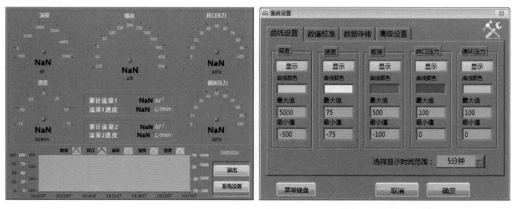

图 3-83　数据采集软件界面

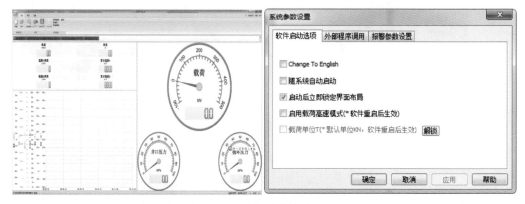

图 3-84　数据采集软件界面

数据采集主要作用是实时数据存储,提供实时与疲劳分析软件接口,数据采集,数值、仪表、波形三种显示方式,窗口布局可调节,支持高速采集模式,支持中英双语。

数据查看主要作用是历史数据波形查看、历史数据数值查看、生成数据报告、导出数据文件等,数据查看与用户交互界面,根据提示可以简单快速地利用数据采集报告窗口完成数据报告。

三、关键技术

1. 编码器信号倍频技术

为了适应连续管作业机超低速运转时速度的稳定测量,就必须要旋转编码器输出足够多的脉冲。在不改变硬件的情况,创新地使用 FPGA 倍频技术,实现编码器脉冲 4 倍频。在倍频技术使用前最低稳定显示速度约 0.12m/min,使用倍频技术后,可以稳定显示 0.03m/min 的速度。

2. 硬件可配置技术

根据作业机对数据采集系统输入、输出要求的不同,数据采集系统硬件核心硬件模块存在一定差异。NI CompactRIO 中的实时系统软件随着系统的不断完善,就需要适应各种硬件配置,为此在 NI CompactRIO 中的实时系统软件开发过程中,采用硬件识别技术,不同的配置运行不同的子程序,从而实现全系列产品的兼容。

3.数字式指针、数值双显示仪表

电子式的载荷表、压力表通常为模拟信号输入，在作业机已经配套数据采集的情况下存在2套不同的显示系统，而且仪表也经常需要调节以保证与数据采集系统一致。使用数字式指针、数值双显示仪表后，仪表通过数字通信方式通过数据采集系统实时获取参数数值，不需要按键调节，数值显示结果与数据采集系统结果保持一致。

第六节　连续管作业机关键部件成果

一、滚筒技术成果

通过"十二五"期间的攻关，研制的滚筒形成了以下特色：

（1）开发了下沉式滚筒，结合底盘车的框架式大梁结构，提高了滚筒容量。在满足中国道路运输条件的情况下，滚筒容量到达2in—4500m。

（2）开发了页岩气开采专用滚筒，高载荷，容量达到2in—6600m。

（3）开发了扩容式滚筒，滚筒体轮毂外径可调，满足不同的运输高度与容量要求，提升了滚筒的适用性。

（4）开发了专用的测井滚筒，滚筒配有电缆密封头及滑环，可将连续管中电缆从内部管汇处引出，并实现高压密封。另外，通过多通道滑环将电缆中的信号传出到测试设备中，实现连续管带电缆进行井下测试。

（5）开发了筒体快速更换的橇装滚筒，实现筒体与橇装底座的快速脱离，提高了作业机连续管更换速度。

（6）形成了系列化滚筒，滚筒参数见表3-3。

表3-3　滚筒系列化参数

代　号	GT3830	GT5045	GT5066	GT6045	GT6640	GT7335	GT8922
轮毂外径 mm	2450	3600	3760	3760	4050	4200	4200
滚筒体底径 mm	1660	2030	2200	2290	2290	2600	2900
滚筒体内宽 mm	1780	1780	1780	2450	2290	2450	2450
滚筒容量 m	$1\frac{1}{2}$in— 3000m	2in—4500m	2in—6600m	$2\frac{3}{8}$in— 4500m	$2\frac{5}{8}$in— 4000m	$2\frac{7}{8}$in— 3500m	$3\frac{1}{2}$in— 2200m
工作压力 MPa	70/103.4	70/103.4	70/103.4	70/103.4	70/103.4	70/103.4	70

另外，经过"十二五"的推广应用，滚筒已形成系列，并经受了现场各种恶劣工况、各种复杂工艺的考验，其结构先进，性能稳定。主要特点如下：

（1）滚筒下沉式安装在底盘车上，有效提高缠管容量，降低运输高度；

（2）驱动装置选用大减速比减速器、配套刹车制动装置，满足钻修井等需求；

（3）滚筒体采用网状结构，筒体上开孔，提高承载能力，减轻重量；

（4）排管链轮传动系统，可实现滚筒自动排管；

（5）排管器配备强制排管马达，实现手动强制控制排管；

（6）独特设计的液压离合器，可实现自动排管与强制排管，菱形轴驱动自动、无阻力切换；

（7）排管器升降液缸控制，适应不同井口高度和滚筒上不同层数连续管的缠管；

（8）可调计深器中下部导轮可调整，适用 $1\frac{1}{4}$in~$2\frac{7}{8}$in 外径的连续管；

（9）配备 5 位数机械计数器，方便观察连续管下入深度；

（10）配置连续管润滑系统，涂抹式润滑，实现全方位充分润滑连续管；

（11）内外管汇连接连续管，工作压力可达 103.4MPa，提供高压介质通道；

（12）配备高压涡轮流量计，用于测量泵入介质的流速与累计流量；

（13）配备循环压力传感器，观察泵入压力值；

（14）滚筒与底盘车采用集装箱锁座（或立柱）固定方式，固定牢靠，满足油田复杂道路运输条件；

（15）配备重载荷的吊装装置，用于满载滚筒吊装；

（16）配备高强度紧固器，固定滚筒体，有效防止运输中滚筒体转动；

（17）滚筒液路连接集成化，可快速拆卸。

二、注入头技术成果

经过"十二五"的发展，注入头已经由第一代升级发展到第五代，提升力已由最初的180kN增大到了680kN，最新一代注入头实现了6个系列化产品（图3-85和表3-4），并从驱动系统、夹紧系统、测试系统等各方面均进行了逐级优化。导向器的规格也由60in和90in发展成系列化产品，有60in，72in，90in，100in，120in。注入头和导向器整体结构先进，性能稳定，经受了现场各种恶劣工况、各种复杂工艺的考验，目前已达到国际先进产品同等性能。

图3-85 系列化注入头

表3-4 最新一代注入头产品规格参数表

注入头型号	ZR905	ZR2705	ZR3605	ZR4505	ZR5805	ZR6805
连续提升力，kN	90	270	360	450	580	680
连续注入力，kN	45	135	180	225	270	270
最高速度，m/min	15	60	75	60	45	35
适用连续管外径，in	1~$2\frac{3}{8}$	1~$2\frac{3}{8}$	$1\frac{1}{4}$~$3\frac{1}{2}$	$1\frac{1}{4}$~$3\frac{1}{2}$	$1\frac{1}{2}$~$3\frac{1}{2}$	$1\frac{1}{2}$~$3\frac{1}{2}$
最低稳定速度，m/min	0.04	0.04	0.04	0.04	0.04	0.04

新一代注入头和导向器具有如下特点：

（1）注入头系列化，最大适应管径由 $2\frac{3}{8}$in 增加到了 $3\frac{1}{2}$in；

（2）双弹簧、压力释放制动器，制动稳定可靠；

（3）超低速控制，最低稳定速度降低至 0.04m/min，满足钻修井等超高精度复合作业速度需求；

（4）高速变排量马达 + 减速器的驱动形式，拓展了注入头变速范围和提升力；

（5）夹紧装置浮动对中结构，实现现场自动对中；

（6）独特推板设计，使链条轴承更加平稳进入夹持区域；

（7）可快速拆卸夹持块设计；

（8）带沟槽、表面经过硬化处理的夹持块，提高夹持块使用寿命；

（9）免润滑链条轴承，减少维护保养工作量，轴承寿命大幅度提高；

（10）被动轴上安装里程表，控制设备维修点；

（11）防坠落保护装置，保障高空作业安全；

（12）可提供电子式 / 液压式多种指重传感系统方案，可以互换，满足不同环境使用要求；

（13）配置链条润滑系统，喷雾式润滑，实现全方位充分润滑；

（14）配置链轮编码器，更加精确测量连续管下入速度和深度；

（15）配置防爆摄像头，用于注入头和防喷盒的实时监测；

（16）导向器由单一机械式到液压折叠及压盒液压控制等，降低了高空作业的安全风险。

三、数据采集系统技术成果

"十一五"期间，作业机配置的 CT 参数仪（图 3-86）实现了深度、速度、载荷 3 个参数的显示，数据的存储采用 SD 卡实时存储，作业后可以使用专用的查看软件回放历史数据。

图 3-86　CT 参数仪

随着连续管作业机配套技术的发展，为了适应连续管疲劳寿命评估的需求，研制了新一代的连续管作业机数据采集系统和软件，经过多年现场实践和改进，数据采集系统的功能日趋完善、稳定。

1. 自主研发新一代数据采集系统软硬件

根据作业机配置不同，在核心部件一致的前提下，设计了多种形式的数据采集系统，并自主开发了 2 套数据采集软件，分别适用于面板触摸操作和笔记本使用的数据采集软件。

2. 实现与多个连续管疲劳分析软件接口

在实现常规数据采集系统功能的同时，实现了与多个连续管疲劳分析软件接口。可以在数据采集的同时进行实时疲劳分析，或者将作业后将记录的数据文件导入分析软件中（图 3-87）。

除了提供实时文件格式定制，还提供了文件格式转换功能，方便将数据文件导入到不同的疲劳分析软件中（图 3-88）。

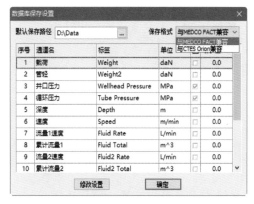

图 3-87　文件保存格式　　　　　　图 3-88　数据库格式转换工具

3. 实现较高速载荷显示功能

数据采集系统常规的更新频率为 1~5 次 /s，不能满足接箍定位需求，为此数据采集软件中针对载荷专门提供了高速更新模式（图 3-89），采样频率最高可达 500 次 /s。

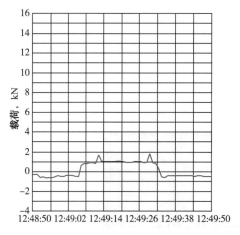
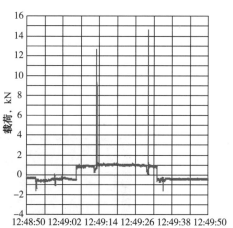

图 3-89　载荷高速显示前后对比

参 考 文 献

［1］贺会群.连续油管技术与装备发展综述［J］.石油机械，2006，34（1）：1-6.

［2］刘寿军，李根生.我国连续管技术面临的挑战和发展建议［J］.石油机械，2013，41（11）：1-5.

［3］瓦伦丁.接触力学与摩擦学的原理及其应用［M］.北京：清华大学出版社，2011.

［4］赵章明.连续管工程技术手册［M］.北京：石油工业出版社，2011.

［5］董贤勇.连续管基础理论及应用技术［M］.东营：中国石油大学出版社，2003：3-9.

［6］李宗田.连续管技术手册［M］.北京：石油工业出版社，2003：153-160.

［7］赵章明．连续管工程技术手册［M］．北京：石油工业出版社，2011：1601-166.

［8］庞德新．超深井连续管测试技术［M］．北京：石油工业出版社，2015：85-90.

［9］杨高，张士斌，刘寿军，等．连续管注入头驱动液路系统设计及优化［J］．石油机械，2013，41（11）：96-99.

［10］杨高．一种连续管滚筒控制液路系统研究［J］．机床与液压，2014，42（22）：259-263.

［11］刘平国，段文益，周忠城，等．连续管作业机滚筒液压传动系统方案设计［J］．石油矿场机械，2017，46（1）：22-25.

［12］张富强，刘寿军，邵崇权，等．集成控制气化采煤连续管装备的研制［J］．石油机械，2016，44（9）：75-79.

［13］段文益，马青，孟繁强，等．连续管作业机自动控制系统研究［J］．石油机械，2017，45（9）：42-47.

第四章　连续管作业成套装备

连续管作业机是使用连续管完成石油工程作业的专用设备。其主要作用是将连续管下入和起出井筒，并完成所需的各种井下作业。

典型的连续管作业机主要由注入头和导向器、滚筒、连续管、动力与控制系统、井口压力控制系统、数据采集与监测系统、运输装置等组成。作业时，注入头安装在井口，通过夹持块夹持连续管；同时，注入头液压马达以及链条传递动力，使夹持块上下移动，实现连续管在井筒内的下入或起出；滚筒是连续管的装载工具，从井筒内起出的连续管紧紧缠绕在滚筒上，实现连续管运输；作业机的动力取自于底盘车或单独的发动机，主要采用液压控制，操作人员在控制室内对作业机起下连续管进行操作；防喷器是井筒作业的安全工具，也可用于悬挂连续管；防喷盒通过液缸挤压胶筒，密封连续管与井筒之间的环空，实现带压作业。

自世界上第一台连续管作业机问世至今，连续管作业技术与装备已经过了50多年的发展历程，以其诸多不可比拟的优势，得到迅速发展，并广泛应用于钻井、完井、试油、采油、修井和集输等各个作业领域。实践表明，连续管作业技术与装备是一项具有巨大潜力和生命力的实用性技术[1]。我国于2007年成功研制第一套拥有自主知识产权的连续管作业机，至今，已累计形成了3大类、8种结构、28个型号的连续管成套装备，满足国内外不同地区、油气井和作业工艺的需求。

第一节　连续管作业机分类、型号和技术参数

一、连续管作业机的分类

连续管作业机根据滚筒运输形式的不同，可分为车装式、拖装式和橇装式三种，其中车装式连续管作业机的滚筒由Ⅱ类底盘车进行运输；拖装式连续管作业机的滚筒由半挂车进行运输，牵引车拖拽半挂车实现运移；橇装式连续管作业机的各模块采用运输橇装载。

根据连续管作业机的功能，连续管作业机可分为作业用连续管作业机和钻井用连续管作业机（连续管钻机）。

根据连续管作业机的使用环境，连续管作业机可分为陆地连续管作业机、海洋连续管作业机和极地连续管作业机等。

以下内容均按滚筒运输形式分类进行介绍。

二、连续管作业机的主要型号和技术参数

根据 SY/T 6761—2014 规定，连续管作业机型号表示方法如下：

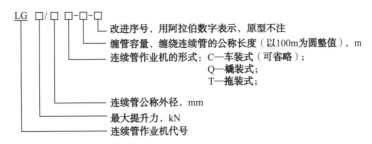

连续管作业机基本型号与参数见表4-1。

表4-1 连续管作业机基本型号与参数

连续管公称外径，mm（in）		32（1 1/4）	38（1 1/2）	45（1 3/4）	50（2）	60（2 3/8）	73（2 7/8）	76（3）	89（3 1/2）
推荐滚筒容量，m									
连续管作业机型式	车装式	7500 8000 10000	4500 5500 8000	4000 6400	3100 5000	3000	1600	1600	—
	橇装式	10000	5500 7300	4200 5400	3500 4000	2000 2400	1100 1300	1100 1250	
	拖装式	8000 10000	5500 10000	4200 7800	6000 6600	4300 5100	3000	3000	1800
机型代号									
主流机型代号		LG180/32	LG270/38	LG270/45	LG360/50	LG450/60	LG580/73	LG680/76	LG900/89
其他常用机型代号		LG270/32	LG180/38	LG360/45	LG270/50	LG360/60	LG450/73	LG580/76	LG680/89

注：（1）表中滚筒容量根据滚筒不同结构形式得来。
（2）"—"表示不推荐机型。

第二节 车装式连续管作业机

车装式连续管作业机主要指连续管滚筒的运输方式采用汽车底盘运输，滚筒通过螺栓、销轴或锁座等形式安装在汽车底盘上的连续管作业机。

"十一五"期间，国内成功研制一套LG180/38-3500车装连续管作业机，装载1 1/2 in—3500m连续管，由于受到底盘车结构、承载能力的限制，无法向更大管径、更大长度连续管进行扩展。"十二五"期间，国内连续管作业机在结构和机型上进行拓展，开发了下沉式副车架的LG360/50-3000车装连续管作业机，装载2in—3000m连续管，满足中深井作业需求；同时，通过项目科技攻关，研制开发了大梁下沉式、框架式等结构的车装底盘，车辆装载能力大幅提升，研制了2in—4500m的深井车装连续管作业机；2014年，为满足川渝地区页岩气开发需要，开发了加强型框架式结构底盘，实现了2in—6000~6600m超深井车装式连续管作业机。

一、车装连续管作业机的特点

车装式连续管作业机主要指采用Ⅱ类底盘进行滚筒运输的连续管作业机，根据滚筒在底盘车上的装载形式，车装式连续管作业机可分为常规车装和下沉式车装两种。常规车装指滚筒轮缘底部高于汽车大梁上平面，而下沉式车装指滚筒轮缘底部低于汽车大梁上平面。车装式连续管作业机的主要特点是连续管专用设备集中布置紧凑、安装拆卸工作量小、运移方便快捷，适用于陆地作业，尤其是山区作业。如图4-1和图4-2所示。

图4-1　常规车装连续管作业机　　　　图4-2　下沉式车装连续管作业机

车装式连续管作业机由于采用汽车底盘进行运输，运移性好，具有较强的道路适应能力，可在平原、沙漠、丘陵、山区等大部分道路环境进行运输，但是由于汽车底部传动轴的存在和底盘车自身承载能力等限制，滚筒的容量受到一定的限制，制约了作业机的连续管装载能力。

二、车装连续管专用底盘车的研制

车装式连续管作业机专用底盘车主要采用Ⅱ类底盘改装而成，承载能力大，配置较大发动机功率，底盘车动力既满足高速公路等运输条件和井场道路运输条件，同时，在连续管作业时为连续管上装设备提供动力。

图4-3　常规重载底盘车改造后结构图

1. 常规重载底盘车的改造

常规连续管作业机底盘车架为平面结构，滚筒架设于底盘车上部，受底盘结构和道路运输条件的限制，只能缠绕小管径、小长度的连续管，满足3500m以内浅井和中深井简单施工工艺的要求。底盘采用四轴底盘，总质量不大于40000kg，驱动形式为8×6或8×8。副车架与上装设备一体化设计，上装设备和底盘共用一台发动机，通过全功率取力器取力。常规重载底盘车改造后的结构如图4-3所示。

2. 下沉式副车架的改造

常规重载底盘车由于受底盘车结构、承载能力的限制，无法向更大管径、更大长度连续管进行扩展。为满足中深井压裂等对2in连续管3000m容量的需求，在底盘结构不变的情况下，对副车架进行结构改造。

在保证副车架强度和刚度的情况下，副车架在滚筒安装位置采用下凹式结构，使滚筒安装时有一定的下沉量，满足外径3m的滚筒安装后整车高度不大于4.5m。

3. 下沉式底盘车

为进一步增大车装连续管作业机的滚筒容量，满足深井连续管压裂、钻磨等高端作业工艺的需要，在整车运输高度不超过 4.5m 的情况下，常规重载底盘难以满足需求。需开发下沉式底盘，满足 2in 连续管容量达 4500~5000m，同时，满足长期重载工作和适应恶劣道路运输条件的要求。

1）U 形车架下沉底盘

在常规重载底盘的基础上，将二桥和三桥之间将主车架改为 U 形下沉结构，如图 4-4 所示，使用该结构滚筒可下沉安装，可使滚筒外径增大至 3570mm，大幅度增加了滚筒容量，满足 2in—4500m 连续管容量要求。

U 形车架下沉底盘驱动型式为 8×8，采用 9t 前桥、16t 后桥，最大总质量达 50t。

2）框架式底盘

框架式底盘主要采用的是整体框架式车架，如图 4-5 所示，是在原有重载底盘的基础上，将主车架截断在二桥和三桥之间分离，前后两部分通过整体框架式车架连接，框架的尺寸根据滚筒特殊的安装要求专门设计。框架式结构底盘可满足滚筒最大外径达 3650mm，2in 连续管容量达 5000m。

图 4-4　U 形车架下沉底盘

图 4-5　框架式结构底盘

车架采用高强度材料，焊接成箱型梁结构，不仅可以确保车架在恶劣路况下拥有足够的强度，还可以有效降低底盘自重，通梁结构的车架纵梁确保整个结构的连续性，使整个车架没有应力突变点，集装箱锁扣的快速连接方式使滚筒的拆装更加快速、可靠。

框架式结构底盘驱动型式 8×8（或 8×6），10t 前桥、17.5t 后桥，最大总质量达 55t。

4. 加强型框架结构底盘

为满足超深井连续管高端作业工艺的需求，在框架式结构车装底盘的基础上进行加强、扩展，最大限度地增加车装式连续管作业机的滚筒容量，研制了加强型框架结构底盘，结构如图 4-6 所示。在加强车架的同时也增加了车桥的承载能力。

加强型框架式结构底盘驱动型式 8×8（或 8×6），13t 前桥、17.5t 后桥，总质量可达 61t；可满足内宽 2200mm、外径

图 4-6　加强型框架式结构底盘

3760mm 的连续管滚筒运输要求，最大容量达 2in 连续管 6600m。

三、典型连续管作业机

1. 中深井车装连续管作业机

中深井车装连续管作业机主要指作业机的连续管装载能力在 2in—3000m 的车装作业机，可满足 3000m 左右中深井的各种作业需求。

"十二五"之前，国内车装连续管作业机主要以 1.5in—3500m 为主，只能进行冲砂洗井、注氮排液等常规修井作业。由于车装连续管作业机管径较小，而拖装连续管作业机在陕北地区无法顺利运输，2011 年，为满足煤层气 3000m 酸化、压裂等作业需求，通过采取副车架下沉的方式，优化结构设计，实现了 2in—3000m 连续管的装载要求，开发了 LG360/50-3000 中深井车装连续管作业机，拓展了车装连续管作业机的规格。

1）中深井车装连续管作业机主要结构

中深井车装连续管作业机（图 4-7）主要为两车装，分为主车和辅车，其中主车主要包括控制室、动力与控制系统、数据采集和检测系统、滚筒、连续管、软管滚筒等，辅车主要包括注入头、导向器、随车吊、防喷器、防喷盒等。整机动力由主车底盘提供，底盘车发动机传动箱提供一个全功率取力接口，通过传动轴与分动箱给液压泵提供驱动力，进而实现上装部件的液压动力。

(a)主车 (b)辅车

图 4-7　中深井车装连续管作业机

中深车装连续管作业机采用常规 II 类车装底盘，滚筒安装在底盘大梁上方，滚筒处的副车架采用下沉结构。由于车辆高度的限制，该结构车装连续管作业机连续管装载能力一般在 2in—3000m 以内。

2）中深井车装连续管作业机技术特点

中深井车装连续管作业机采用副车架下沉式结构，提高了滚筒的装载能力，具有 2in—3000m 或 1.5in—4000m 连续管的装载能力。

（1）主车底盘要求低，常规重载底盘经过少量改造即可作为连续管作业机的底盘；

（2）采用异形结构的副车架，满足外径 3000mm、容量 2in—3000m 滚筒的车装要求。

（3）注入头及防喷系统使用单独底盘进行运输，减低了主车的重量；

（4）常配置有连续管导入装置，直接缩短 2in 以上大管径连续管 50% 的现场安装时间，同时大大提高了导管作业的安全性；

（5）配套有软管滚筒，用于缠绕主车与注入头之间的液压管线，实现 16 路液压管线集中缠绕，有效解决了集成液压控制流体输送的难题，减轻安装注入头时的劳动强度；

（6）常配套有随车起重机，方便作业、维护保养时对注入头、防喷系统等部件的吊装。

3）中深井车装连续管作业机关键技术

（1）全功率底盘取力。

与普通工程机械相比，连续管作业机作业所需的扭矩大、功率高，因此对作业机动力源和动力输出要求较高，但作业机的汽车底盘上安装部件多，无多余位置安装单独动力。对底盘车的动力进行全功率取力，将底盘车动力作为连续管作业机的动力，可充分利用现有资源，有效减轻作业机的整机重量。

在底盘车传动箱安装一个全功率取力器，将底盘车发动机的动力通过传动轴传递到分动箱，液压泵安装在分动箱上的输出轴上，带动液压泵为注入头、滚筒以及各个控制单元供液，实现底盘车发动机的动力输出为作业机动力，如图4-8所示。由于车装连续管作业机空间狭小，传动轴位于控制室底部，液压油箱、液压泵等部件阻挡了传动轴维护空间。通过对传动轴结构和维护方式进行优化，实现了传动轴免维护功能。另外，

图4-8　底盘取力传动系统

根据底盘车要求，发动机传动箱上的输出传动轴与法兰轴线角度不应超过3°，而某些底盘传动箱输出法兰向下倾斜，大幅增加了连续管作业机分动箱的安装难度。采用分动箱侧面固定，底部加强的方式，将分动箱下沉于底盘大梁，减小传动轴角度，满足底盘车输出角度要求，确保了输出效率和功率。

（2）整机桥荷控制。

合理、有效分配底盘车前后桥的载荷可有效提高作业机底盘车的运载能力和使用寿命。常规车装连续管作业机上装部件多、重量大，尤其是滚筒和连续管，占整机重量的30%~35%，若布局不合理，容易造成底盘车前桥超载。中深井连续管作业机滚筒、连续管重量均较大，通过合理布局、有效减轻控制室重量等方式，可有效控制整机桥荷。①选择合理桥荷的底盘车作为连续管作业机底盘，采用9tf+9tf+13tf+13tf桥荷，整机承载能力44tf，满足整机载荷要求。②根据底盘上需安装的部件种类和重量，减小或增大二桥与三桥轴距，后悬长度，合理分配。③由于底盘车前桥承载能力均较小，而控制室直接安装在前桥上方，减轻控制室重量可有效减小前桥重量。控制室采用铝合金墙板、中间填充隔音、阻燃材料，减轻控制室的重量。

4）中深井车装连续管作业机主要成就

2011年，成功研制一套LG360/50-3000连续管作业机，该作业机采用两车装结构，装载2in—3000m连续管，主要用于陕西煤层气地区，进行套管冲砂洗井、酸化、压裂等作业。

2. 深井车装连续管作业机

深井车装连续管作业机主要指装载能力在2in—4500~5000m的车装连续管作业机，满足4500~5000m井深油气井的连续管作业需求。

"十二五"期间，页岩气、致密油等非常规油气资源快速发展，深井、高压气井数量大幅增长，其中四川盆地的涪陵、长宁、威远地区的页岩气已实现了规模化开发。2011年，根据中国石油天然气集团公司项目"连续管作业技术与装备现场试验"，结合川渝地区运输条件以及页岩气深井作业要求和川庆钻探工程有限公司生产需要，研制了LG360/50-4500深井车装连续管作业机。

1）深井车装连续管作业机主要结构

深井车装连续管作业机（图4-9）采用特殊设计的异形大梁（车架）装载下沉式结构的滚筒，实现大容量滚筒的车装运输。主要由一台主车和一台辅车组成，其中主车由底盘车、控制室、滚筒、连续管、软管滚筒、动力系统、液压与控制系统等组成；辅车主要由底盘车、注入头、导向器、防喷盒、防喷器、防喷管、随车起重机等组成。将注入头安装在辅车进行运输，确保了主车车尾部有足够的空间安装液压油箱、蓄能器和软管滚筒等部件，增加了作业机的可维护性。

(a)主车　　　　　　　　　　　　　　　(b)辅车

图4-9　深井车装连续管作业机

2）深井车装连续管作业机技术特点

深井车装作业机采用U形车架下沉底盘或框架式结构车装底盘，大幅提高了滚筒的装载能力，将车装式连续管作业机的最大能力扩大至2in—4900m，使作业机的作业能力大幅提高。

（1）结构紧凑，布局合理，作业机的安装、拆卸时间短；

（2）装载下沉式连续管滚筒，最大配套2in—4900m连续管，可应用于酸化、压裂、射孔、测井、钻磨等高端作业；

（3）配套注入头提升力360kN以上，大幅提高了连续管作业机的提升力和解卡能力；

（4）采用两车装结构，辅车配置有随车起重机等部件，方便现场作业。

3）深井车装连续管作业机关键技术

（1）下沉式滚筒。

深井连续管作业机底盘使用U形车架或框架式底盘车特殊结构，可满足滚筒轮缘的下沉，实现部分筒体下沉于底盘台面下，大幅扩大滚筒轮缘直径，提高连续管装载能力。为此，开发了下沉式连续管滚筒（图4-10），该滚筒主要采用滚

图4-10　下沉式滚筒

筒体下沉式结构，左右辐圈最下部低于滚筒底座，降低滚筒转动中心高度，增大滚筒体轮毂外径，提高滚筒体容量。下沉式滚筒有效解决了滚筒容量不够，运输高度超高的问题。

（2）整体设计技术。

深井连续管作业机设计过程中，主要存在：①滚筒外径加大，车台上空间较小，而作业机的设计既要满足滚筒容量和底盘车承载能力要求，又要考虑不同油气田现场作业工艺的特点和特殊需求；②由于长时间使用较大发动机功率，造成发动机噪声较大，严重影响操作室内人员的操作和身体健康；③深井连续管作业机发热量大，在整机设计工程中，需要采用大功率散热器，大幅增加了设计难度。

在深井连续管作业机设计制造过程中，采取关键部件标准化、辅助部件个性化的整体设计模式，既满足作业机的结构统一、方便售后管理，又满足用户特殊需求。其中滚筒、注入头、动力传动系统等关键部件均采取标准化、系列化，根据机型进行标准配置；梯子、护栏等辅助部件和作业机的局部布置采取个性化设计，根据用户的要求进行设计；根据降噪需求，采用分动箱减振、控制室全封闭、中层填充隔音棉、中空玻璃等措施，将操作室内噪声控制在 85dB 以内，有效解决了噪声问题；散热器采用架高安装在发电机上方的方式，有效节约了布置空间。

4）深井车装连续管作业机主要成果

"十二五"期间，累计开发了 LG360/50–4500、LG360/50–4900 和 LG450/50–4900 等规格型号的深井车装连续管作业机，满足陕甘致密油、川渝页岩气等复杂道路运输条件，最大装载 2in—4900m 连续管。

深井车装连续管作业机研制成功，获得了国内外用户的广泛关注。2014 年，LG360/50 型系列连续管作业机在第十四届中国国际石油石化技术装备展览会上获得"展品创新金奖"。

5）深井车装连续管作业机的应用

深井车装连续管作业机具有优越的运输能力，可满足国内所有油田的道路条件，尤其适应山区、丘陵等复杂道路条件，在川渝地区页岩气开发中，主要应用于 4500m 以下中深井连续管通洗井、测井、首段射孔、钻磨桥塞、酸化、压裂等作业。

2014 年 8 月，向江汉石油工程公司页岩气开采技术服务公司连续管分公司交付一套 LG360/50–4900 车装连续管作业机（图 4–11）。该套作业机在交付后立即投入到涪陵页岩气井的生产作业中，主要开展的作业工艺为通井、传输射孔、打捞和钻磨桥塞，投产 8 个月，累计完成 25 井次作业，最大作业深度 4805m，最大井口压力 30MPa。该作业机在礁石坝的作业中，经受了高强度使用的考验，期间，曾单井连续作业 400 多小时，另有不间断连续施工 3 口井

图 4–11　下沉式两车装连续管作业机现场应用

的记录（2口井钻磨 + 1口井的射孔）。尤其是拥有良好的低速稳定性，为钻磨施工提供了可靠保障。其平均钻塞时间 50~55min/个，其他连续管作业机平均速度约为 65min/个。

3. 超深井车装连续管作业机

超深井车装连续管作业机指装载能力达到 2in—6000 及以上的车装连续管作业机，可满足 6000m 以上深井油气井的作业需求。

2014 年，为配合川渝地区页岩开发，保障我国能源安全，中国石油天然气集团公司钻井工程技术研究院依托自主技术，合理布局，开发了满足川渝地区道路运输条件的两车一橇结构的 LG450/50-6000 连续管作业机。至今，通过技术改进、结合现场需求等方式，开发了两车装、注入头单独运输的两车一橇结构 LG450/50-6600 连续管作业机，最大容量达 2in—6600m。

1）超深井车装连续管作业机主要结构

（1）两车一橇（控制橇）连续管作业机。

2014 年，中国石油长城钻探工程有限公司在威远地区开始进行页岩气开发，其新钻页岩气井的井深均超过 5000m，选择连续管作业机进行作业时，出现具有足够长的连续管的拖装作业机由于受山区多陡坡、急弯等道路条件限制无法顺利达到井场的现象，而可顺利到达井场的车载式作业机无法提供足够的连续管长度的矛盾。针对这种情况，开发了一套两车一橇结构的车载式连续管作业机，既实现 2in—6000m 连续管装载需求，又满足川渝地区山区道路运输条件[2]。

两车一橇（控制橇）（图 4-12）：主要由一台滚筒车、一台辅车和一个操作控制橇组成。其中滚筒车由底盘车、滚筒、连续管、动力软管滚筒、动力系统、润滑油罐、工具箱、梯子等组成；辅车主要由底盘车、注入头、导向器、防喷器、防喷盒、注入头支腿、随车起重机、备胎、工具箱等组成，控制橇由控制橇体、控制室和控制软管滚筒、发电机组成。

图 4-12 两车一橇（控制橇）连续管作业机

其中，操作橇为可升降式操作橇，作业时使用液压支腿起升到一定的高度后，安装于主车驾驶室和滚筒之间，使操作员在进行连续管操作时，位于滚筒后方，实时监控滚筒、注入头和连续管，有效防止用眼疲劳，减轻操作员操作强度。

（2）滚筒单独运输两车装和两车一橇（注入头橇）连续管作业机。

两车一橇（控制橇）连续管作业机成功解决了页岩气开发过程中对连续管的基本需求，但是存在管线连接较多、安装复杂的难题。2015年，在两车一橇（控制橇）的基础上，将控制室和动力传动系统安装在控制车上，研制成功了滚筒单独运输两车装和两车一橇（注入头橇）连续管作业机。滚筒单独运输两车装和两车一橇（注入头橇）连续管作业机滚筒仅拉载滚筒和连续管，减轻了滚筒车基础重量，使该作业机满足2in—6600m连续管装载。

滚筒单独运输两车装（图4-13）主要由滚筒车和控制车组成。其中滚筒车由下沉式底盘车、滚筒、连续管、监控系统、滚筒维护平台、工具箱等组成；控制车由底盘车、液压传动与控制系统、控制室、软管滚筒、注入头、导向器、防喷器、防喷盒和附件等组成。

(a)滚筒车　　　　　　　　　　　　　　　　(b)控制车

图4-13　滚筒单独运输两车装连续管作业机

两车一橇（注入头橇）（图4-14）连续管作业机主要由滚筒车、控制车和一个注入头运输橇组成。其中滚筒车由下沉式底盘车、滚筒、连续管等组成；控制车由底盘车、液压传动与控制系统、控制室、软管滚筒和附件等组成；运输橇由注入头、导向器、防喷器、防喷盒等组成。该作业机将注入头、导向器、防喷盒、防喷器和防喷管单独安装在一个注入头橇上进行运输。

滚筒单独运输两车装和两车一橇（注入头橇）连续管作业机与两车一橇（控制橇）作业机相比，将控制室和动力传动系统安装在控制车上，控制车采用底盘全功率取力，对整机进行控制。该机型作业时，由于控制室、滚筒和井口不在同一直线上，操作人员需要依靠摄像头对滚筒进行操作。

2）超深井车装连续管作业机技术特点

（1）作业机滚筒车底盘在安装连续管滚筒处采用框架式结构，可实现滚筒下沉1050mm以上，确保滚筒具有2in—6000m和2in—6600m连续管的缠绕能力。

（2）作业机滚筒车底盘采用8×8的驱动形式，使作业机具有强劲的动力，满足复杂山区的运输动力要求。另外，主车底盘Ⅰ桥和Ⅱ桥为整体式转向驱动桥，单桥允许载荷13000kgf，Ⅲ桥和Ⅳ桥为整体式驱动桥，单桥允许载荷16000kgf，整车实际装载能力达58tf，最大限度保证了装载连续管后底盘车的承载能力。

（3）滚筒单独运输两车装和两车一橇（注入头橇）连续管作业机配套高性能视频监控系统，满足作业时滚筒排管监控。

图 4-14　两车一橇（注入头橇）连续管作业机

（4）导向器喇叭口采用液压升降结构；导向器顶部压盒液压控制；注入头翻转支架液压控制等。提高人性化操作，减低劳动强度。

3）超深井车装连续管作业机关键技术

（1）底盘车选型。

由于川渝地区油气井井深普遍达到5000m以上，需求的连续管作业机底盘既要满足6000m连续管缠绕要求，又要满足该地区丘陵、山区等复杂道路条件。为满足川渝地区2in—6600m连续管运输要求，与德国MAN底盘制造商联合，共同开发了一种框架式结构、内宽2400mm、最大允许装载质量达61t的连续管作业机专用车载底盘，由TGS41.480 8×6越野型标准汽车底盘进行改进设计，采用8×6的结构和驱动形式，其中前桥承载能力1.3tf×2，后桥承载能力1.7tf×2，允许总重量61tf，可满足2in—6600m连续管的装载和运输要求；底盘车设计有特殊设计的独立悬挂系统和转向机构，保证了车长不超过12.5m条件下最优化的转弯半径，以适应川渝地区急转弯、连续转弯等复杂的道路运输条件。

（2）注入头和导向器技术。

超深井车装连续管作业机采用10000lbf（45tf）注入头，最大提升能力为450kN，最大注入力225kN，由框架、底座、夹紧系统、驱动系统等部件组成，设置有载荷传感器、里程计、编码器等数据采集元器件，可实时采集连续管起下时的载荷、速度和深度等数据，在控制室内操作面板上进行显示和存储。

注入头上配置有90in导向器，将滚筒上引出的连续管折弯穿过注入头后下入井筒内，导向器喇叭口和顶端两个压盒采用液压缸控制，在地面即可完成导向器喇叭口的升降和压盒的开关。

（3）超深井车装连续管作业机的应用。

LG450/50-6000和LG450/50-6600等规格型号的超深井车装连续管作业机，已应用于礁石坝、长宁、威远等页岩气作业和新疆深井作业。

页岩气超深井连续管作业机均采用车装底盘进行运输，满足川渝地区各页岩气平台复杂道路条件运输条件；最大装载 2in—6600m 连续管，满足页岩气 4500~6500m 深井、超深井作业需求。

LG450/50-6600 连续管作业机在川渝地区页岩气应用，如图 4-15 所示，主要作业工艺有通洗井、测井、首段射孔、钻磨桥塞等。

4. 一体化车装连续管作业机

2010 年之前，国内连续管作业机单机年作业量仅为 31 井次左右，远低于国外 100~120 井次的平均水平，为解决连续管作业机安装和拆卸耗时较长的问题；同时，针对青海油田特殊作业环境和作业需求，研制了一种一体化结构的连续管作业机。一体化连续管作业机安装时间只需 0.5h，相对普通连续管作业机，大幅提高了作业效率。

1）一体化连续管作业机主要结构

一体化连续管作业机（图 4-16）主要由 II 类底盘车、控制室、动力与传动系统、滚筒、软管滚筒、注入头、导向器、防喷盒等部件组成。与典型车装连续管作业机相比，注入头、导向器和防喷盒不拆卸且倾斜放置在车尾部，运输时连续管不从注入头中拔出，作业时采用液缸支起到垂直位置再吊装到井口，大幅缩短安装时间[3]。由于底盘车承载能力和空间限制，作业机滚筒最大容量为 1.5in—4000m。

图 4-15　页岩气超深井连续管作业机现场应用

图 4-16　一体化连续管作业机

一体化连续管作业机安装简便，一天可完成 2 口井，主要应用于青海、大庆等油气田注氮排液、冲砂洗井、速度管柱等作业。

2）一体化连续管作业机技术特点

一体化连续管作业机在约 10m 长的车台上布置控制室、滚筒（含连续管）、软管滚筒、注入头、导向器、液压系统等部件，且注入头和导向器倾斜放置，结构紧凑。

（1）控制室采用壳体升降结构，液压油箱、散热器、分动箱和液压泵布置在控制室下方，大幅减少了作业机的安装空间。

（2）运输时连续管始终插入注入头，不拔出，减少了连续管插入注入头的安装时间。

（3）注入头和导向器倾斜放置，均采用液缸升降，可直接使用作业机的动力对注入头进行竖直，对导向器进行折叠，减少了注入头和导向器拆装时间。

3） 体化车装连续管作业机的应用

一体化连续管作业机拆装简单，用时短，且采用车装式底盘，可应用于全国陆地环境的所有油气田，尤其在山区、丘陵、高原等复杂道路条件的环境中，具有较强的适应性。可

图4-17 一体式车装连续管作业机现场应用

满足4000m以下的井，尤其适应作业工艺相对简单但是量较大的简单修井作业。

LG180/38-2600一体化连续管作业机（图4-17）为结合青海油田作业环境和作业工况针对性开发一套一体化连续管作业机，于2013年6月26日正式投入青海油田现场应用。2013年合计4个月累计施工113井次，其中1天完成2井次的有16次，1天完成3井次的有3次。2014年，该作业机创造了单机8个月作业245井次的世界纪录。在青海油田，连续管作业机与常规修井机作业相比，一体化连续管作业机已实现"1"连续管作业机="4"常规修井机。

第三节 拖装式连续管作业机

2010年，在科技攻关项目"连续管技术与装备研制"的支撑下，成功研制LG360/60T大管径拖装式连续管作业机，该作业机可适应2in及以上连续管的大管径连续管作业机。LG360/60T连续管作业机研制成功以来，受到了各大钻探公司和油田服务企业的青睐，至今在LG360/60T连续管作业机的基础上，进行结构改进和拓展，先后开发了LG450/50T-5000一拖挂和LG450/67T-4000一拖一车等拖装连续管作业机。

一、拖装连续管作业机的特点

拖装式连续管作业机主要采用牵引车+半挂车进行运输，将半挂车引入连续管作业机中来，正是由于油田对大管径、大容量连续管作业机的需求，行走式底盘车难以满足连续管的容量要求。由于半挂车无动力，相对于行走式底盘车来说没有传动轴，同样的离地间隙，半挂车的有效承载空间要大于行走式底盘车。可以说，由于结构上的优势，连续管作业机半挂车可以涵盖几乎所有与连续管作业机上装结构相同的产品。但由于连续管作业机半挂车的质量及转弯半径较大，对道路要求较高，并不是所有区域都适用，因此对一些尺寸和质量较大的连续管作业机拖装式连续管作业机，仅能适用于对通行条件要求不高（如西北等荒漠）地区。

二、拖装连续管专用底盘车的研制

拖装式连续管作业机运载系统一般采用两轴或多轴半挂车，要求半挂车承载能力强、稳定性好、制动性能好，支撑装置操作简单、省力。为满足大管径、大容量的要求，半挂车车架设计成框架式结构，因此，拖装连续管专用底盘主要有常规半挂车和框架式结构半挂车两类。

1.常规半挂车

常规半挂车一般采用前高后低的结构，滚筒安装在半挂车鹅颈后面的位置，可尽量降低滚筒的高度。半挂车本身无动力，依靠牵引车牵引，与牵引车共同承载上装重物，与Ⅱ类底盘车相比，半挂车在承运较大、较长、较重货物时具有独特的优势。在连续管作业机的应用中，半挂车更易于实现个性化设计，更容易满足上装对车辆的要求，并且制造成本低。用于连续管作业机的常规半挂车结构如图 4-18 所示。

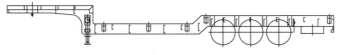

图 4-18　常规半挂车结构图

2. 框架式结构半挂车

半挂车自身无驱动，车架下部没有传动轴，在整车高度限制的情况下，为增大滚筒容量，可将半挂车车架设计成框架式结构，滚筒下沉安装，满足大管径、大容量的要求，滚筒容量可达 2in 连续管 7000m。框架式结构半挂车如图 4-19 所示。

半挂车中部固定滚筒处能方便地安装集油盘，减少现场污染；边梁内侧配备有管卡，方便液压管线和电缆线的布置；半挂车上安装下沉式滚筒，整车重心低，运输时具有良好的稳定性和安全性。

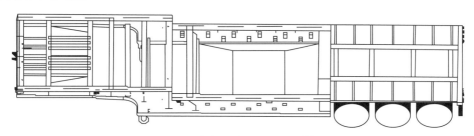

图 4-19　框架式结构半挂车结构图

三、典型拖装连续管作业机

拖装连续管作业机主要由牵引车和半挂车组成，根据注入头的安装方式，拖装连续管作业机可分为一拖一车（橇）和一拖装两种结构。

1. 一拖一车连续管作业机

结合辽河油田用户的需求，进行 2.375in—4500m 连续管作业机的研究，由于油田现场道路运输条件和油田井场的安装空间限制了车辆的外形尺寸和转弯半径，因此对于该连续管作业机的设计，提出了整套设备采用一拖一车方案。同时，为满足滚筒容量的要求，半挂车采用框架式结构，滚筒下沉式设计。

LG360/60T 拖装式连续管作业机为典型一拖一车连续管作业机，可广泛适应于东部油田及路况较好的区域的道路条件，该机型无传动轴、框架式结构等特殊结构形式使其可装载大管径、大容量的连续管而不超限，可较好适应该区域的深井作业，为东部油田及路况较好的深井区域提供可靠的连续管作业、修井服务，可大大节约深井作业成本。

1）一拖一车（橇）连续管作业机主要结构

一拖一车（橇）连续管作业机由一主车和一辅车（橇）组成，其中主车包括牵引车、半挂车、动力与控制系统、滚筒、软管滚筒等；辅车（橇）包括运输底盘（橇）、注入头、导向器、防喷系统等，其中车装辅车一般安装有随车起重机。一拖一车连续管作业机如图4-20所示。

(a)主车

(b)辅车

图4-20 一拖一车连续管作业机

一拖一车（橇）连续管作业机将注入头、导向器和防喷系统等部件安装于辅车进行运输，减少主车的尺寸和重量，大幅提高运输能力，最大可满足2in—7000m连续管装载要求。

2）一拖一车（橇）连续管作业机技术特点

一拖一车连续管作业机采用滚筒和注入头分开运输的结构，使主车在满足桥荷情况下，可装载更大规格和长度的连续管。

（1）注入头安装在辅车上，半挂车后桥只有两个桥，大幅减少了主车的长度和重量，使作业机可适应性得到大幅提升，可应用于我国中、东部油气田。

（2）下沉、无传动轴、容量大。

（3）辅车上安装有随车吊，简单作业和日常维护时，减少了常规吊车的使用，大幅节约使用单位的成本支出。

3）一拖一车（橇）连续管作业机关键技术

（1）超重载荷超跨距半挂车。

拖装连续管作业机由于半挂车底部无传动轴，可大幅增大滚筒外径以提高滚筒容量，但是由于滚筒外径和连续管重量的增加，对半挂车的强度提出了更高的要求。LG360/60T拖装式连续管作业机的半挂车采用框架式结构，分离式大梁、中空矩形截面，保证了超重载荷、超跨度半挂车的强度和刚度。

（2）独立动力系统。

为满足作业时牵引车和半挂车分离的要求，拖装式连续管作业机一般采用独立动力，通过独立的发动机为液压泵提供动力，进而为整套连续管作业机提供液压驱动力。独立动力系统主要由底座、防护架、发动机总成、高弹联轴器、分动箱、液压泵、液压油箱、散热器、燃油箱、储气罐、发动机进气系统、发动机排气系统、发动机冷却系统、蓄电池、空调冷凝器等组成，如图4-21所示。

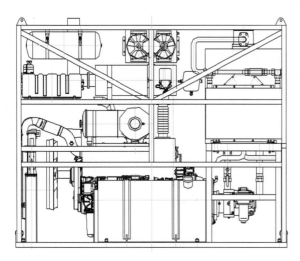

图4-21 独立动力系统示意图

4）一拖一车连续管作业机的应用

一拖一车连续管作业机由于注入头单独运输，半挂车可以装载更大管径和长度的连续管，具有装载能力强的特点；同时，相对一拖挂结构半挂车，一拖一车连续管作业机的半挂车长度较短，转弯半径较小，可应用于除山区环境的一般油田道路，具有较强的适应能力。

2010 年，成功研制的大管径拖装连续管作业机，型号为 LG360/60T–4500，装载2.375in—4500m 连续管，采用一拖一车结构形式。其中，2010—2013 年底，LG360/60T 连续管作业机累计进行 31 井次现场试验，试验内容即包括水平井排液、冲砂、解堵、测试等常规作业，也包括钻磨、分段压裂等高端作业。

2. 一拖挂连续管作业机

2012 年，为解决吐哈、新疆等油田大管径、大容量且快速安装需求，研制开发了单独动力的 LG450/60T–4200 一拖挂连续管作业机。2014 年，在该机型基础上，研制成功了动力从牵引车获取的车头取力 LG450/50T–5000 一拖挂连续管作业机。

1）一拖挂连续管作业机主要结构

一拖挂连续管作业机指动力与传动系统、注入头、导向器、滚筒等作业机的所有上装均安装在一个半挂车或牵引车上，牵引车或半挂车和上装部件形成一个完整的整体。一拖挂连续管作业机主要由牵引车、半挂车、动力及控制系统、控制室、滚筒、软管滚筒、发电机、导向器、注入头和防喷盒等部件组成，上装部件基本包含作业机所有部件。其中动力的获取方式有两种，分别为独立动力（图 4–22）和车头取力（图 4–23）。

图 4–22 独立动力一拖挂连续管作业机　　　图 4–23 车头取力一拖挂连续管作业机

受我国道路条件和半挂车承载能力的限制，一拖挂连续管作业机最大满足 2in—7000m 连续管装载要求。

2）一拖挂连续管作业机技术特点

一拖挂连续管作业机将所有上装部件均安装同一车辆上，其中注入头和导向器倾斜放置在车尾部，运输时连续管始终插入注入头中，可大幅减少作业机的安装时间。另外，车头取力连续管作业机由牵引车提供作业机的整体动力，减少了独立发动机的使用，可减少半挂车鹅颈头的载荷。

一拖装结构连续管作业机有效地将设备所需的部件集中在一台半挂车上，结构紧凑、容量大。

（1）采用框架式结构半挂车，底部无传动轴，滚筒容量达到 2in—7000m。

（2）注入头和导向器倾斜放置，运输时可将连续管始终插入注入头，大幅较少作业安装时间。

3）一拖挂连续管作业机关键技术

一拖挂连续管作业机将注入头、导向器、防喷系统等部件安装在半挂车尾部，大幅增加了整机的重量，对半挂车的强度和承载能力提出了新的挑战。

通过研究、数据分析，研制开发了一种后桥承载能力为13t的3轴半挂车，有效解决了底盘车的承载能力。

4）一拖挂连续管作业机的应用

与常规拖装连续管作业机相比，一拖挂连续管作业机将所有部件安装在一台半挂车上，减少了底盘数量，但是由于车辆整体长度和重量较大，在新疆、青海等沙漠环境具有较强的适应性。

2014年，LG450/60T-4200一拖挂连续管作业机应用于吐哈油田三塘湖地区钻磨和压裂，作业速度达三天一口井，每年作业60~70井次。

第四节　橇装式连续管作业机

随着我国海洋石油开采力度的不断加大，连续管作业设备在我国海洋平台上的应用日趋广泛。与常规作业方式相比，连续管作业技术在海洋平台的应用中具有高效率、低成本和可带压作业等诸多优点，但是海洋作业严格的要求和苛刻的工作环境严重制约了连续管设备在我国海洋平台的应用，尤其是平台油气开发产生更多的易燃易爆气体和连续管本身超大的质量等。

加拿大的海德瑞（Hydra rig）公司、美国的双S（Stewart & Stevenson）公司等，都专门针对海洋平台进行了橇装式连续管作业机的研发与制造。中国石油在陆地车装连续管作业机的基础上，针对我国海域的油气深度、压力、含硫量，作业环境和平台大小、吊机能力，开发了橇装式连续管作业机。

一、橇装式连续管作业机主要结构

橇装式连续管作业机（图4-24）采用分体式海洋防爆设计，一般由动力橇、控制橇、连续管滚筒橇、注入头与井控橇4个橇块组成。其中控制橇由橇架、控制室、控制系统及液压控制管滚筒等组成；动力橇由橇架、防爆发动机、分动箱、液压泵组及液压动力管滚筒等组成；连续管滚筒橇由橇架、连续管滚筒、排管系统、连续管及高压管汇等组成；注入头与井控橇由橇架、注入头、导向器、防喷器、防喷盒和防喷管等组成。

二、橇装式连续管作业机关键技术

针对海上气田平台作业面积小、平台普遍吊机小，不能上大型设备的难题，海陆两用模块化橇装式连

图4-24　橇装式连续管作业机

续管作业机除了对液压系统进行优化升级外，按照海洋平台的要求对设备进行了5点技术突破。

模块化设计：使每个橇块的质量小于10000kg，采用橇中橇的结构形式，满足海洋平台的吊装要求。控制橇安装在动力橇上方，既节省平台空间，又满足作业升高扩大视野的要求。

分体式滚筒（DID滚筒）：滚筒整体可以快速从橇体中分离，安装简单，可靠性高，既减轻吊装质量，又满足不同连续管滚筒的快速更换。

整机防爆：整体防爆设计满足ZONE Ⅱ防爆要求。综合运用了本安、隔爆和正压防爆等多种防爆措施，防爆性能优于国外同类产品，提高了设备作业的安全性。

数据采集：自主研发电液控制系统和数据采集系统，能够实现整个橇组的控制、监控、报警、数据采集与处理及故障诊断等功能，使设备作业更加稳定和安全。

吊装船级社取证：橇架按照DNV2.7.1标准进行设计，满足频繁而又严格的海洋吊装要求，可保证平台吊装的安全性。

三、橇装式作业机主要参数

针对我国海洋平台和冀东人工岛屿等特点，研制成功了LG270/38Q-5000，LG360/45Q-5500和LG360/50Q-4200等不同型号的橇装连续管作业机，有效解决了海洋平台和人工岛屿连续管作业机的应用需求，具体型号和参数见表4-2。

表4-2 拖装式作业机主要机型及参数

序号	机型	容量	注入头提升力 kN	整机尺寸 m×m×m	整机载荷 tf	结构形式
1	LG270/38Q-5000	1.5in—5000m	270	动力橇：3.6×2.3×2.9 控制橇：4.8×2.4×2.9 滚筒橇：4.1×2.5×3.1 井口橇：4.2×2.4×2.8	动力橇：5.6 控制橇：6.5 滚筒橇：18 井口橇：8.5	4橇
2	LG360/45Q-5000	1.75in—5000m	360	动力橇：4.3×2.5×2.5 控制橇：4.7×2.5×2.5 滚筒橇：4×2.5×3.2 井口橇：5.2×2.4×3.3	动力橇：9.5 控制橇：8.5 滚筒橇：25 井口橇：15	4橇
3	LG360/45Q-5500	1.75in—5500m	360	动力橇：4.8×2.5×2.8 控制橇：4.8×2.5×2.8 滚筒橇：4.5×2.6×3.6 井口橇：3.8×2.5×3.3	动力橇：9.5 控制橇：7.5 滚筒橇：26 井口橇：15	4橇

四、橇装式连续管作业机的应用

橇装式连续管作业机可适用于海洋和陆地连续管作业机，但是相对于车装和拖装连续管作业机，橇装式连续管作业机安装复杂，因此大部分应用于海洋平台、人工岛屿等车辆无法到达的油气井作业。

2015年1月，交付海油发展工程技术公司一套LG360/45Q-5500连续管作业机，主要应用于海洋平台作业，至2016年8月累计在海洋平台应用9井次。

第五节 辅助部件

连续管作业机在进行作业、维护、保养和倒管等过程中，需要使用不同的辅助部件进行辅助，以完成所需的工作内容。其中随车起重机用于作业和维护过程中，较重物体的吊装；软管滚筒用于缠绕较长的控制管线，如控制室至注入头的控制管线；塔架可用于速度管柱作业时注入头的支撑；倒管器用于更换连续管时，连续管的倒入或倒出；在线检测装置可在作业过程中实时检测连续管的损伤情况；管—管焊接装置可用于现场连续管焊接。

辅助部件是连续管作业和使用过程中必不可少的部件，随着连续管作业机类型、作业工艺、保障体系等不断发展，辅助部件的种类亦将不断增多，全面覆盖连续管技术的各角落。

一、随车起重机

随车起重机作为连续管作业机的重要辅助设备，其发展历程与作业机的上装，特别是注入头的发展紧密相连。在连续管作业机发展之初，注入头的尺寸和重量都较小，配备的随车起重机起吊力矩为20tf·m（最大起吊力为8tf）。随着连续管作业机应用范围的不断推广，作业井深不断加大，配备的注入头的最大提升力不断提高，注入头的尺寸和重量显著加大，随车起重机的起吊力矩也由20tf·m发展到40tf·m（最大起吊力16tf），直至现在的50tf·m。

1. 随车起重机作用和原理

随车起重机主要作用为连续管设备现场的安装和拆卸以及作业过程中吊装、扶正注入头。随车起重机如图4-25所示。

图4-25 随车起重机

随车起重机一般与连续管作业机上装中的注入头及翻转支架、防喷器、防喷管等一起运输，可针对油田现场的布局，轻松地变换上装设备的装卸位置。对于重量较轻的注入头，随车起重机可以取代汽车起重机将注入头起吊至工作位置并维持工作状态。

随车起重机均是通过液压驱动，驱动力来源于底盘车发动机。在作业过程中，随车起重机通过液压缸将随车起重机的前后液压支腿伸出，将作业机整车支撑起来。起吊时，把作用力转移到液压支腿上，防止起吊过程中对底盘车轮胎或车桥等造成损害。

随车起重机的吊臂设计成多节伸缩臂结构，通过控制液缸动作，吊臂能够伸长或缩短，起重机吊臂的起吊角度的调节主要通过变幅油缸来实现。

随车起重机自身的回转机构能实现吊臂的旋转，满足现场对上装设备起吊位置的要求。

2. 随车起重机基本结构

随车起重机有直臂式和折臂式两种结构，较常用的为直臂式随车起重机。为满足吊装稳定性，可选择安装前肢腿和第五支腿。对于带随车起重机的一车装连续管作业机，为满足上装对安装空间的要求，随车起重机需要后置并偏置安装。随车起重机的主要组成部分如图 4-26 所示。

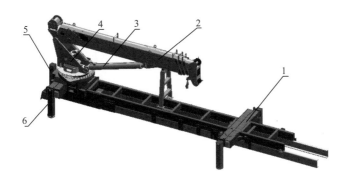

图 4-26 随车起重机结构图

1—前支腿；2—吊臂；3—变幅油缸；4—回转机构；5—第五支腿；6—后支腿

随车起重机的每个液压支腿都包括两个液压缸，能够实现液压支腿在两个方向上的运动（通常是水平方向和垂直方向）。液压支腿一般固定在底盘车主梁或者副车架上，承担起吊上装时的重力，并将作用力转移到地面上。

随车起重机的吊臂作为主要的执行机构，要求能方便准确地起吊作业机上或作业现场的设备。为此，吊臂设计成多节臂的结构，在多级液压缸的作用下，常规的吊臂能伸长到 15m 以上，能满足现场使用要求。

回转结构能够实现吊臂的旋转。变幅油缸提供随车起重机的起吊动力，实现吊臂上下的动作，并配备锁止机构，能保证随车起重机长时间的吊起注入头。

3. 随车起重机关键技术

1）防重物下沉系统

在连续管作业机施工中，起重机需长时间维持注入头的工作状态，因此要求变幅油缸不能有泄漏，针对此工况，在起重机的液压系统中添加了如图 4-27 所示的防下沉系统。

随车起重机在长时间起吊注入头时，变幅油缸不可避免地会出现一定的泄漏，若对此不采取措施，会导致起重机吊臂缓慢的动作，引起注入头与井口相对位置的变化。为此，随车起重机设计了恒压补油回路，在变幅油缸出现内泄时，能持续的进行补油，保证起吊作业过程中安全可靠。

2）前 H 支腿后 A 支腿结构

随车起重机通常布置在车辆前部，其支腿的布置形式为前后 H 腿结构。为了保证上装的安装空间以及现场操作的方便性，连续管专用随车起重机布置在车辆尾部，支腿采用独特的前 H 支腿后 A 支腿形

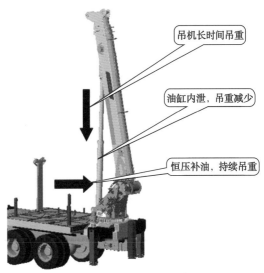

吊机长时间吊重

油缸内泄，吊重减少

恒压补油，持续吊重

图 4-27 防下沉系统

式，如图4-28所示。该结构具有更大的跨距，整机稳定性更强，操作简单，且能更快地进入工作状态。为了进一步增加吊装稳定性，连续管专用的随车起重机还设计了第五支腿结构，如图4-26所示。

二、软管滚筒

通常情况下，软管滚筒是缠绕和释放连续管作业机液压软管的一种装置。我国首台连续管作业机在开发过程中专注于解决注入头和滚筒等关键部件技术和液压控制系统等一系列难题，对液压软管的收放并没有做深入的研究，因此没有配备软管滚筒。随着现场安全和设备施工简洁性的需要，开发了软管滚筒。

1. 软管滚筒作用和原理

软管滚筒是连续管作业机卷绕和释放液压管缆设备，其安装位置一般如图4-29所示。通过缠绕在滚筒体上的液压管路传递高压液，实现对注入头、导向器、防喷器和防喷盒等井口部件的远程操控。

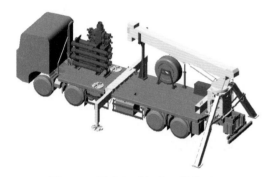

图4-28　随车起重机支腿结构图　　　　图4-29　典型车装连续管作业机软管滚筒位置（车后）

2. 软管滚筒基本结构

软管滚筒的核心部件包括旋转接头和动力传动部分（图4-30），其中旋转接头承担了保障整个装置结构紧凑和多条液压管线动静态转换的效用。旋转接头分为固定和旋转部分动静态两部分，固定的多通道中心管部分可以是一端或两端接口，旋转接头的主要本体部分安装于近似筒体轴心的位置，一般作为软管滚筒筒体旋转的"轴芯"，该"轴芯"上一般具有单个或者多个接口，用于与缠绕在筒体上的多条液压管线分别对应连接。旋转接头的端部则是固定部分，其上有与"轴芯"相同数量的接口，各接口标注序号，分别一一对应。液压管线与旋转接头的端部连接，从而通过旋转接头和筒体上缠绕的多条液压软管，分别将不同的动力或控制液压动力传递到相应的部件。

该装置结构紧凑、拆装简捷，可保证管线的清洁，实现井口装置的液压管线和接头有序收放，有利于各结构形式连续管作业机紧凑布置，包括底盘车上装载荷均衡化设计布置、橇装结构连续管装备的便捷安装。

软管滚筒既可以缠绕液压软管，也可以适当地缠绕电缆线等相关线缆。其安装或放置的位置早期相对固定，一般安装在车装连续管作业机主车或辅车的中后部，或者安装在橇装连续管设备控制室附近。后期随着运载系统和区域设备特点和要求的不同而不受局限。

多通道软管滚筒的通道数量由整机系统集成和控制情况决定。目前，我国使用的连续管作业机多通道软管滚筒历经市场多年的实践应用，其通道数根据系统控制需要研制发展出多种型号，包括 12 通道、14 通道、16 通道、18 通道和 20 通道（图 4-31）。

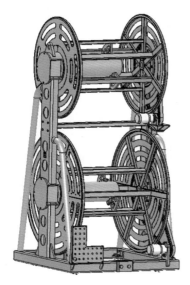

图 4-30　典型软管滚筒结构与组成

图 4-31　多通道软管滚筒

3. 软管滚筒关键技术

作为连续管作业机的辅助部件之一，软管滚筒在连续管作业机整机中的角色非常清晰明确，也就决定了其基本结构形式和关键技术要求。首先，其结构形式取决于液压系统对通道数目和压力等级的需求；其次，由于传输流体的管线粗细和压力等级需求不同，造成了旋转接头的密封结构和形式的要求极其严格。从整体功能上来说，旋转接头是软管滚筒的核心部件，而旋转接头的旋转以及在管线转置情况下的高压密封与流体隔离则是旋转接头的核心技术。

旋转接头是软管滚筒的核心零部件（图 4-32），是实现液压软管（或其他缠绕管线）能够旋转缠绕和驱动液压传送的关键部件。通过与连续管作业机整体设计的结合，为满足整机稳定运行的需要实现了高压旋转接头、多通道旋转接头的创新研制。主要实现：（1）旋转动态密封件的优化组合和紧凑设计，此举为旋转接头的动态密封整体紧凑奠定了基础，也实现了旋转接头整体的紧凑性设计；（2）多个通道结构的优化组合；（3）创新实现长孔精确、精准加工。保障了密封的耐用性和通道的通畅能力；（4）壳体与心轴相对运动和固定的自由度，最大程度地保障了旋转接头的使用寿命。

4. 软管滚筒的成果

为迎合连续管作业机模块化连接和多样性动力传输的需求，满足液压系统不断优化升级的需要，已创新设计多种形式的软管滚筒产品，形成了系列化。包括为注入头马达提供动力液压控制传输的动力软管滚筒，为防喷系统提供闸板开合液压驱动控制的防喷系统控制软管滚筒，为注入头夹紧、张紧、高低速、回油等提供驱动液压输送的注入头控制软管滚筒，以及为液压式载荷仪表和井口液压传输开发了传感器软管滚筒，甚至为橇装模块之间实现快速连接而开发了系列化软管滚筒，如图 4-32 所示。

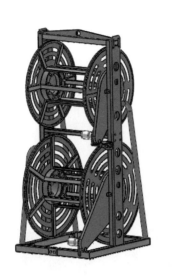
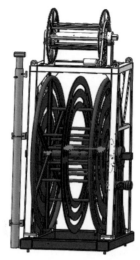

图 4-32　系列化软管滚筒

目前，软管滚筒系列已研制 10 个品类 20 余种型号近 60 台套。广泛地安装在各类连续管作业机、连续管钻机和连续管技术实验室等多种设备和场所，在现场历经 4000 余井次的应用和高压试验条件的考验。在严格的设计、制造和质量检验和模拟试验等诸多环节的把控下，完全地保障了现场使用的顺畅和安全。其工作便捷性和对整机结构紧凑型的贡献使该部件基本成为连续管作业机必备的重要部件产品。

三、塔架

1. 塔架作用与原理

连续管塔架（图 4-33）用于支撑、连接、固定连续管作业机的注入头，其主要功能是：（1）足够的强度和刚度以支撑连续管及注入头自身的重量；（2）高度可调，以适应不同高度的井口和工具串组合；（3）注入头可在其工作面内前后、左右移动，以实现与井口的对中；（4）注入头可沿其中心 360° 旋转以使导向器能对准滚筒。该装置不但能提高施工效率，更能减少施工过程中的作业风险。

图 4-33　连续管塔架

塔架的工作原理：塔形的钢结构体用于支撑注入头，同时最顶端的支架可进行前后、左右移动和旋转等动作，以满足注入头的不同位置、方向需求。

2. 塔架基本结构

塔架采用积木式结构，主要分为底层橇架、防喷管橇架及注入头橇架三部分，如图4-34所示。

（1）底层橇架：该橇架是整个设备的底座，用于支撑和固定整个塔架并保持稳定。在橇架上有扩展支腿可以支撑整个橇架，并能够容纳井场的采油树。

（2）防喷管橇架：该橇架能够为防喷管提供安装空间，可通过变更数量调整注入头平台高度。橇架的内部安装操作平台，便于防喷管和工具的安装。

（3）注入头橇架：该橇架用于安装注入头，可以实现注入头垂直、前后、左右移动；安装在注入头支座下的推力轴承还可以实现注入头的360°旋转。注入头橇架有平台及护栏，平台上空间充足，方便对注入头进行维修。

图4-34　连续管塔架

3. 塔架关键技术

针对苏里格气田速度管柱作业以及新疆油田超深井作业的要求，研制了连续管作业塔架，其关键技术如下。

1）多轴平移技术

高度调节：举升油缸位于顶升套架内部，由液压驱动举升油缸，带动顶升套架（图4-35）升降，进而无级调节注入头工作平台高度。

平移和旋转：有两组相互垂直的液压缸推动注入头工作平台（图4-36），实现前后，左右移动；安装在注入头工作平台的推力轴承还可以实现注入头的360°旋转。

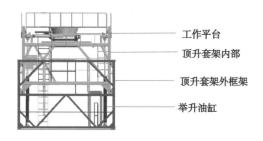

图4-35　顶升套架结构示意图

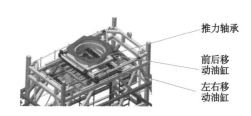

图4-36　工作平台结构示意图

2）整体跨井吊装技术

注入头橇架采用液压锁死机构，橇与橇之间刚性连接，注入头液压管线和防喷器液压管线与塔架集成一体，底层橇架配有快插面板；作业结束后，拔掉快速接头，实现了塔架（带注入头＋防喷系统＋防喷管＋液压管线）整体快速吊装，减少井口安装时间，提高作业效率，如图4-37所示。

4. 塔架的应用

为苏南作业区速度管柱作业专门开发的防爆智能型塔架，攻克了多轴平移和跨井吊

图 4-37　跨井吊装现场照片

装的难题，其具有结构稳定、承载大、远程遥控、整体吊装等特点，极为适合工厂化丛式井作业施工。至 2017 年 6 月，已在苏南作业区完成 200 余口井速度管柱作业（图 4-38），解决了依靠吊车作业稳定性差、单井作业效率低的问题。其主要优势为：（1）消除了作业过程中的吊装风险；（2）依托塔架承受管柱重量，安全稳固；（3）丛式井组一次安装，整体跨井平移吊装，减少了安装拆卸时间；（4）作业效率由原来的 3 天 / 口井缩短到 1 天 / 口井。塔架不仅满足苏南作业区速度管柱作业要求，而且还满足深井、海洋作业、丛式井作业要求，具有广阔的应用前景。

图 4-38　国产塔架在苏南作业区的应用

四、倒管器

倒管器作为连续管作业机的一个重要辅助部件，用于支撑其运输滚筒，配合工作滚筒缠绕或下放连续管，其功能相当于简易滚筒。倒管器如图 4-39 所示。倒管器配备液压动力，可通过液压马达驱动运输滚筒转动，并配有制动器，可断油制动；底座上的一个支座可移动，通过液缸调整位置，适用不同宽度的运输滚筒；排管系统可在缠管过程中，整齐紧密将连续管排列在运输滚筒上。倒管器的应用，有效地解决了装配运输滚筒、倒连续管费时、费力的问题。

1. 倒管器作用和原理

倒管器是连续管作业机的常用辅助部件之一，主要作用是从木制或钢制运输滚筒上倒出连续管，并缠绕在工作滚筒上；或配合工作滚筒，更换连续管，即将连续管从工作滚筒倒在运输滚筒上。倒管器液压动力来源于连续管作业机或液压站，通过马达与减速器驱动链轮，链轮通过一组传动，带动与运输滚筒相连的大链轮转动，从而驱动整个运输滚筒转动，并配合工作滚筒缠绕与下放连续管。排管系统同滚筒上的排管器相同，将连续管整齐缠绕在运输滚筒上。底座上液缸的伸缩可调节支架位置，适用不同宽度的运输滚筒。

图 4-39　倒管器

2. 倒管器基本结构

倒管器主要由底座、连接机构、驱动系统和排管系统组成。结构如图 4-40 所示。

底座分为左右支撑，结构如图 4-41 所示，其支撑的高度为转动中心的高度，从而决定了倒管器的倒管能力。为了定型倒管器，调研运输滚筒外径一般采用 160in 和 185in 两种，确定倒管器轴心离地面高度。右支撑采用滑动形式，可以通过两组液缸的伸缩来带动右支撑在滑杆上滑动，拉近两支撑的距离，倒管器可以适应 90~105in 宽的运输滚筒。底座特点是：（1）支撑牢靠，最大承载可达 32tf；（2）液缸同步伸缩，具有自锁功能。

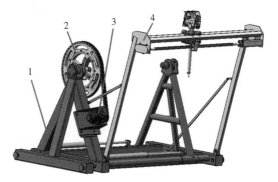

图 4-40　倒管器结构
1—底座；2—连接机构；3—驱动系统；4—排管系统

连接机构包含左轴、右轴、驱动杆，如图 4-42 所示。左轴、右轴起支撑滚筒重量的作用，轴与支撑座采用法兰连接形式，便于轴的更换。链轮与轮毂由法兰连接，轮毂上配有可拆卸的 4 根支杆，支杆插入运输滚筒中，驱动运输滚筒转动。另外，插入的短杆也是可拆卸的，可与运输滚筒上的小孔（2 个或 4 个）配合使用，提供驱动的扭矩。

驱动系统由液压马达和减速器组成，通过链传动来带动运输滚筒转动。小链轮带动大链轮转动，大链轮直接通过其上的短杆传动转矩，驱动运输滚筒转动。大链轮与轴间有铜套，铜套起到滑动轴承的作用。

排管系统采用液压马达驱动一组链轮传动，带动菱形轴转动，菱形轴与滑舌配合，带动排管器上的滑动小车进行水平移动，进而将连续管排列在运输滚筒上。倒管器的排管系统与滚筒的强制排管系统相似，需要通过手动控制排管速度与换向。

图 4-41　底座结构

图 4-42　连接机构

3. 倒管器关键技术

1）宽度可调技术

运输滚筒为圆柱形，中部缠绕连续管，与滚筒的筒体类似，如图 4-43 所示。运输不同管径、不同长度的连续管，运输滚筒的宽度不同，导致倒管器的安装宽度也将不同。因此，需要研制一种倒管器，适用多种运输滚筒的安装宽度，提高其通用性。

图 4-43　运输滚筒

通过研究常用运输滚筒的尺寸，其宽度一般为 72~96in。为此，研发了倒管器右支撑可滑动形式，通过两组液压缸伸缩来带动右支撑在滑杆上滑动，调节两支撑的距离，适用不同的运输滚筒宽度。该项技术提高了倒管器的适用能力。液压缸带有自锁功能，提高安全性。

2）主轴更换技术

运输滚筒根据连续管管径的大小与长度分为两种形式：一种是木制运输滚筒，另一种是钢制运输滚筒。两种运输滚筒的中心孔大小也不一样，如图 4-44 所示，木制运输滚筒中心孔直径为 4.125in（104.78mm），金属运输滚筒中心孔为 6in（152.4mm），中心孔的大小决定了倒管器中轴的粗细，从而决定了倒管器倒管能力。

主轴分左右两根，主要支撑运输滚筒与连续管重量。使用时，主轴插入运输滚筒中心孔内，支起运输滚筒。由于运输滚筒中心孔有两种规格大小，倒管器主轴需设计为可拆卸形式。如图 4-45 所示。另外，主轴为悬臂形式，采用高强度材料，提高其承载强度，减少其变形。并且主轴采用法兰连接形式与底座固定，配有拆装的预留孔。主轴更换技术，有效解决运输滚筒不同中心孔，一套倒管器无法安装的问题，提高了倒管器的通用性。

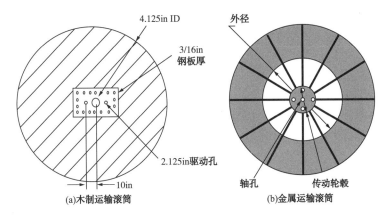

图 4-44　运输滚筒连接形式

4. 倒管器的成果

通过对国内外连续管生产厂家运输滚筒尺寸的研究，研发定型了两种系列的倒管器，其倒管能力能满足国内和国外常用连续管运输滚筒。其中 DG160/96 倒管器（图 4-46）适用运输滚筒最大外径 160in，适用运输滚筒最大宽度 96in；DG185/105 倒管器适用运输滚筒最大外径 185in，适用运输滚筒最大宽度 105in。

图 4-45　轴与底座连接结构

图 4-46　DG160/96 倒管器

五、在线检测装置

连续管作为连续管作业技术的重要部件，其自身的状况和安全显得尤为重要。由连续管失效引起的安全隐患和经济损失已经日益引起人们广泛的关注。统计分析表明，导致连续管失效的主要因素有以下几种：疲劳、局部腐蚀（点腐蚀）、全面腐蚀（均匀大量损伤腐蚀）、硫化物应力致裂与应力腐蚀致裂、张力过载、螺旋变形（扭曲）、机械损伤和焊接。这些因素会造成连续管的壁厚、椭圆度发生变化，管体产生裂纹等缺陷。连续管管体缺陷会导致连续管的使用寿命减少；同时，连续管直径的椭圆变形会大大地降低连续管的抗挤毁能力，同时还会影响到密封性能。

鉴于连续管失效对生产带来的不利影响，如果能提前检测到连续管缺陷及其发生区域，并采取相应的措施，则可以预防作业事故的发生，同时增加连续管的循环使用寿命。因此，对作业中的连续管进行在线无损检测是十分必要的。连续管在线检测装置在生产作业中的配套应用，对作业中的连续管壁厚、局部缺陷和椭圆度进行现场实时检测，检测结果可为连续管的报废与管理提供科学依据。

1. 在线检测装置作用和原理

连续管缺陷检测装置采用漏磁检测法进行检测。漏磁检测法（Magnetic Leakage Field Testing，简称 MLF）是通过测量被测对象本体内的磁场，来测量和评价被测对象内裂纹、孔洞、气孔、腐蚀坑等缺陷及缺陷几何形状、位置等。当对被测体进行磁化时，一旦被测体材料中存在裂纹、孔洞、气孔、腐蚀坑等非连续性缺陷时，将使缺陷区域中的磁导降低、磁阻增加，磁路路径发生改变，磁力线发生聚集或畸变，使磁化磁场中小部分磁场从材料缺陷中泄漏出来，形成可检测的磁场信号（图4-47）。采用磁敏感元件随励磁器运动并对缺陷区域进行扫描，可获得缺陷的电信号，

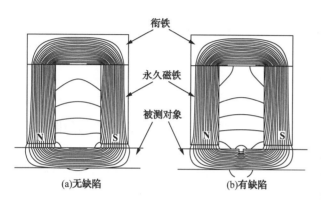

图 4-47　漏磁检测原理示意图

然后对信号进行采样、调理、A/D 转换和分析处理，就可以对缺陷进行定性分析和定量判断（图 4-48）。

连续管椭圆度测量装置采用常规的钢管椭圆度测量方法：根据被测连续管的直径，利用抗干扰的高精度电涡流位移传感器在其周向分别测量 4 个方向的直径，然后根据所测得的直径值计算椭圆度（图 4-49）。

连续管的椭圆度 = 100% ×（最大直径 – 最小直径）/ 标准直径

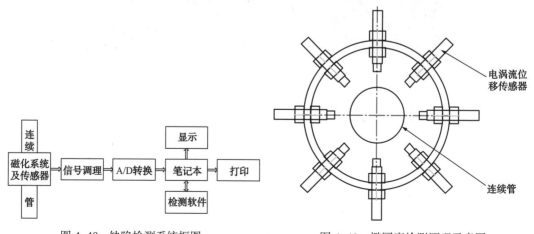

图 4-48　缺陷检测系统框图　　　　　　图 4-49　椭圆度检测原理示意图

2. 在线检测装置基本结构

全套连续管在线检测装置由缺陷检测装置、椭圆度检测装置、信号转换器、加固笔记本 4 个部分组成，如图 4-50 所示。

图 4-50　在线检测装置组成

1）缺陷检测装置

连续管缺陷检测装置可以有效地对连续管局部缺陷和壁厚进行检测。该装置（图 4-51）具有以下特点：（1）检测装置分为上下两个部分，采用铰链连接，便于现场安装；（2）两端分别设置两对辊轮支撑探头，使探头抱合时连续管与探头内腔不发生接触，极大程度延长探头使用寿命；（3）通过辊轮带动旋转编码器，产生的脉冲信号启动数据采集过程，当辊轮停止转动，采集过程暂停，辊轮再次转动采集过程再次启动，直到检测过程结束。

2）连续管椭圆度检测装置

椭圆度检测装置可以有效地对连续管直径、椭圆度进行检测。该装置（图 4-52）具有以下特点：（1）椭圆度检测装置分为上下两个部分，采用铰链连接，便于现场安装；（2）检测装置内腔分两层周向均布共 8 个耐磨探头，使连续管的椭圆度变化能即时地传递给装置内部的位移传感器，进行椭圆度检测；（3）装置两端分别设置 2 对辊轮，上探头采用固定式辊轮，下探头采用弹簧浮动连接；保证连续管直径、椭圆度发生变化时装置仍能正常抱合连续管；（4）通过辊轮带动旋转编码器，产生的脉冲信号启动数据采集过程，当辊轮停止转动，采集过程暂停，辊轮再次转动采集过程再次启动，直到检测过程结束。

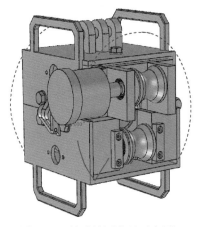

图 4-51　缺陷检测装置示意图

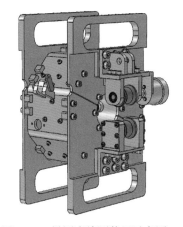

图 4-52　椭圆度检测装置示意图

3）信号转换器

连续管在线检测装置的信号转换器内置了高速 USB 信号采集卡，主要实现以下功能：（1）自动完成缺陷检测和椭圆度检测装置的功能切换，保证两个装置无论独立使用还是同时使用，检测系统都能正常工作；（2）输入信号放大调理，提高信号信噪比；（3）旋转编码器信号处理，保证检测系统在连续管通过时自动对其进行检测；（4）高速 A/D 转换，将数字信号通过 USB 接口传输至计算机。

4）笔记本及软件

笔记本采用加固型，抗振动冲击能力强，温度使用范围宽（自带温控系统，可

在 –25℃工作），电磁兼容性好，适应于车载、恶劣工作条件下工作。

笔记本中安装了自主开发的连续管在线检测系统软件（图 4-53）。软件主要具有以下功能：（1）实时显示检测速度；（2）显示已检测长度；（3）连续管基本信息录入、显示；（4）缺陷波形显示；（5）壁厚波形显示；（6）直径波形显示；（7）椭圆度波形显示；（8）超门限报警位置信息列表显示。

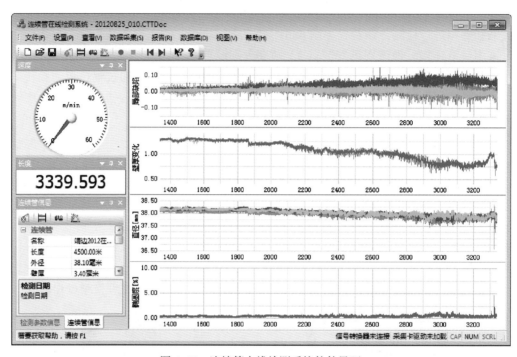

图 4-53　连续管在线检测系统软件界面

3. 在线检测装置关键技术

1）缺陷检测磁路设计

利用漏磁检测原理，使用专业电磁场仿真软件建立连续管缺陷检测仿真模型（图 4-54），使用参数化仿真计算，掌握了连续管局部缺陷和壁厚减薄部位磁感应强度的变化规律，完成了连续管检测磁路设计，确定了永磁体和连铁片的结构尺寸、永磁体与连续管管体间距、霍尔元件摆放位置等核心技术参数，并通过大量的试验、解决了由于受连续管椭圆度、弯曲度影响，导致连续管体内磁化程度变化较大，检测结果基波起伏太大，严重影响有效缺陷信号判断的关键技术难题，最终成功研制出连续管缺陷检测装置，实现连续管局部缺陷（横向裂纹、腐蚀坑及孔洞）和壁厚变化检测一体化检测。

2）椭圆度直径外扩技术

椭圆度的测量至少需要 4 个以上的直径测量值，由于连续管直径小，布置位移传感器困难，创新研制出直径外扩机构（图 4-55），不仅有效解决了在 4 个直径方向布置 8 个位移传感器的技术难题，而且消除了电涡流位移传感器之间的相互影响以及由于连续管偏心引起的直径测量误差的关键技术难题；直径外扩机构利用紧贴在管壁的可伸缩的耐磨头，带动后部测量板的伸缩，将连续管的直径变化传递给位移传感器，同时耐磨头采用高强度硬质合金材料，大幅度提高直径外扩机构使用寿命。

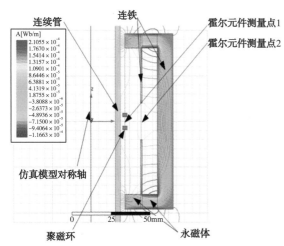

图 4-54　连续管缺陷检测仿真模型

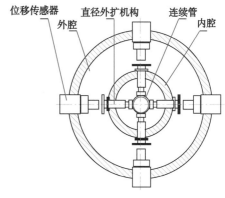

图 4-55　直径外扩机构示意图

3）软件技术

连续管在线检测软件使用 Visual C++ 开发平台，将连续管在线检测软件在逻辑上分为三个层次：第一层为数据服务层，处理软件所涉及的数据结构、数据库、数据交换等；第二层为基础服务层，处理软件所涉及的通用功能如一些网络通信服务模块、各种信号处理模块、图形输出模块、报告输出模块等，这些通用模型以服务形式存在，可以灵活的增加其他服务，这种灵活性是软件平台可扩展的核心；第三层是应用服务层，利用基础服务层的功能组合出满足设备基本功能和用户需求的应用程序模块。

检测软件主体功能包括：实时速度显示、测试长度显示、连续管信息显示、缺陷信息显示、壁厚信息显示、直径信息显示、椭圆度信息显示等。软件辅助功能模块包括：连续管信息管理系统模块、连续管检测报告输出模块。此外，成功实现与疲劳分析软件 FACT 接口功能。

4）多规格一体化技术

由于缺陷检测装置中的励磁装置采用永磁方式磁化，初期的缺陷检测装置都是每种设备只能检测单一规格的连续管；同理，受到位移传感器量程的限制，不同的连续管规格只能用对应的椭圆度检测装置才能检测。实际生产应用中，常用的连续管达到四五种不同规格，单一检测规格给生产带来诸多不便。

新近开发的多规格一体化在线在检测装置，能满足一台设备同时对不同规格连续管的在线检测。经过特殊的结构设计、磁路设计、信号处理优化等，实现利用可更换的检测探头，满足不同管径的缺陷检测；通过采用新开发的大量程传感器，特殊的结构设计，满足常用多规格管径的椭圆度一体化检测，达到一套装置满足多规格一体化的检测要求。

4. 在线检测装置的应用

当连续管现场作业或者生产基地倒管作业时，利用连续管在线检测装置可对连续管进行实时检测（图 4-56）。根据检测曲线结果分析，确定出连续管的危险区域，从而对连续管的寿命进行科学评估与预测，方便生产管理者采取合理措施安排生产。迄今，该设备已经在油田现场应用 10 多套，作业井次 80 余次，现场及用户反映良好，有效地避免了危险事故发生并节约了生产成本。

图 4-56　现场在线缺陷检测图

在线检测装置的现场应用表明该设备主要有以下功能特点：

（1）缺陷检测采用漏磁无损检测，不受油污等影响；

（2）椭圆度检测装置采用高精度传感器，直径测量精准，椭圆度测量误差小；

（3）可以在室内盘管或者现场作业时对连续管进行检测，使用方便；

（4）能检测连续管裂纹、孔洞、腐蚀坑点及壁厚变化，定性、定量分析准确；

（5）定心随动机构保证探头紧贴在连续管外壁，随连续管一起摆动，保证有效信号的拾取；

（6）直观的检测结果曲线显示。

随着连续管技术在我国的不断成熟应用，对在役连续管的无损检测将变得越来越重要。因此，研究和发展更加精准、可靠的连续管无损检测装置，使之配套应用于实际生产需要，是十分必要的。未来连续管无损检测装置将有着缺陷识别准确率高、智能化的特点，检测结果更全面，并且结合相关分析软件，能给连续管寿命做出更加全面、直观的综合评估。

六、管—管焊接装置

国外连续管管—管焊接技术随连续管技术相应同步发展，并应用于新管延长、作业时管体损伤修复、旧管利用，事故处理，以及海洋平台等方面。通常，连续管管—管焊接技术在连续管制造工厂、连续管服务中心和作业现场进行，一般采用轨道焊接和手工焊接两种方式。但国外对于连续管管 – 管焊接应用中的焊接核心技术仍是处于保密和严密封锁的状态。

国内最早于 20 世纪 90 年代开始连续管焊接技术及装置的研究，经历了手工焊和自动焊的连续管焊接技术和装置的发展过程。经过多年的技术积累和发展，研制、开发了HZD–LGHJ–50 型连续管管—管焊接装置，可实现连续管管—管现场自动对焊接。

1. 管—管焊接装置作用和原理

随着我国连续管装备与技术的发展，以及在深井、水平井、压裂、连续管钻井等高端连续管作业工况下，对连续管强度等级要求更高，管径更大、长度也随之增加，易使得盘管滚筒超重、直径超高，造成连续管作业车整车超载，且受限于国内道路、运输规范要求，滚筒一次缠绕的连续管长度将不能满足现场连续管作业所需的管柱长度，且已成为常态。

为此，必须在现场对盘管进行连接延长以解决工程应用中的问题。在海洋连续管作业中由于受平台举升能力以及甲板空间位置和承重的限制，亦必须采用多盘滚筒连续管柱现场连接延长的方法解决。在连续管作业中因腐蚀、机械损伤、断裂、爆裂等各种连续管损坏情况出现时，也必须进行快速应急性修复，以满足现场作业需求。

连续管管—管焊接应用于现场连续管连接延长或因腐蚀、机械损伤、断裂、旧管利用及作业故障处理时的修复和连接，已经成为连续管应用不可或缺的技术。

HZD-LGHJ-50 型管—管焊接装置采用钨极氩弧焊的工艺原理，研发配置有管—管全位置焊接电源、机头、送丝机及连续管校直、对中、冷却等现场焊接专用设备，能够适应现场连续管的焊接，满足现场切管、校直、开坡口、焊前清理、通内保护气、组对、自动焊接、打磨、无损检测等整个焊接过程，其现场施焊工艺原理及流程如图 4-57 所示。

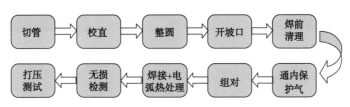

图 4-57　现场管—管焊接施焊工艺流程图

2. 管—管焊接装置基本结构

HZD-LGHJ-50 型管—管焊接装置结构包含"全位置管—管焊接设备"和"连续管现场焊接专用设备"两大部分，具体组成如下（图 4-58）：

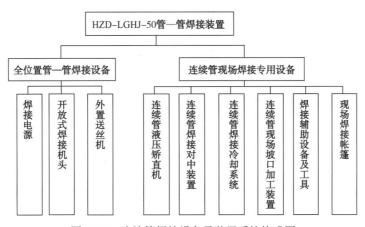

图 4-58　连续管焊接设备及装置系统构成图

（1）全位置管—管自动焊接设备，含有焊接电源、自动焊机头及送丝机；

（2）连续管液压矫直机；

（3）连续管焊接对中装置；

（4）连续管焊接冷却系统；

（5）连续管现场坡口加工装置；

（6）焊接辅助设备及工具；

（7）现场焊接帐篷。

3. 管—管焊接装置关键技术

1）全位置管—管自动焊接

全位置管—管焊接设备由程控焊接电源、开放式自动焊机头和外置送丝机构成（图4-59），具有以下功能及特点：

(a)程控焊接电源

(b)开放式自动焊接机头

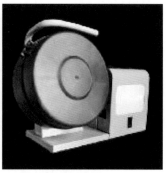
(c)外置送丝机

图4-59　全位置管—管自动焊接设备

（1）自动焊机头［图4-59（b）］采用微处理器控制步进电机驱动的模块化设计，与采用逆变式电源技术的程控焊接电源［图4-59（a）］和四轮驱动外置送丝机［图4-59（c）］配套使用，是专门为管—管轨道自动TIG焊而设计的，通过焊接程序的可编程操作，以实现管—管对接焊的自动化程序控制和旋转、送丝等的精确控制。

（2）具有焊接参数编程分区控制技术，具备钨极自动对中、弧长自动跟踪和焊炬横摆功能，能够满足连续管单面焊双面成型、多层多道小线能量输入等焊接特殊要求。

（3）具有焊接过程模拟及焊接参数实时反馈、监控、记录功能，保证了现场连续管焊接参数的一致性和重复性。

上述功能、特点充分保证了现场焊接过程和焊缝质量的稳定性、一致性和可追溯性。

2）连续管现场焊接专用设备

针对连续管作业管柱长度长、管径小、存在塑性弯曲变形，焊接时管体位置固定、不易焊口对中、现场条件差等现场焊接的特殊性及工艺要求，研制、开发了具有针对性的现场专用设备，这是保证现场焊接过程顺利实施，焊缝质量稳定、可靠的必要专用设备，主要包括以下4个方面。

（1）连续管液压矫直。

连续管液压矫直机是为解决管体弯曲导致装配对中困难的问题，该设备采用液压驱动，利用三点弯曲原理来实现连续管无损伤的校直，通过变化靠模和支点间距可实现对连续管的粗校直和精校直。

从而满足现场焊接连续管的坡口加工、焊接对口的管体尺寸和行为公差的精度要求。

连续管焊接液压校直机作为一个整体，主要由液压系统、电气系统、机械系统三大部分组成，如图4-60所示。

（2）连续管焊接对中装置。

在连续管对接焊过程中，为减少焊接接头错边量，保证焊接操作空间要求，需要将连续管夹持并固定，通过调整管端高低、左右及上下等方向以便能够正确对中，为获得优质接头提供保障。

如图4-61所示，对中装置能够夹持并固定待焊连续管，具有上下、左右、前后、旋转等多自由度调节功能，在焊接时能够精确对中，保证焊接质量。

图4-60 连续管液压矫直机 　　　　　　　图4-61 连续管焊接对中装置

（3）连续管现场坡口加工装置。

坡口形式和尺寸对焊接质量会产生关键性影响，现场连续管开坡口要求两根连续管的管端对接处都进行相同角度的坡口加工，并在现场安装快速，操作便捷、容易，故设计采用电动内胀式管子坡口机。

坡口机主要由电动机、张紧及进给机构、刀盘和张紧盘组成（图4-62），坡口加工采用冷加工方式，坡口为V形或U形，坡口角度范围为60°~90°，钝边厚度0.8~1.0mm，并使用刻度盘进给，以保证加工坡口尺寸精度。

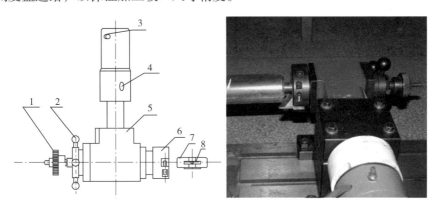

图4-62 电动内涨式管子坡口机

1—张紧螺母；2—进给手轮；3—电动机开关；4—电源线；5—机体；6—刀盘；7—张紧盘；8—张紧块

（4）连续管焊接冷却系统。

连续管是经过热处理而改善其性能的产品，因此焊接过程中温度的严格控制是非常必要的。焊接过程中冷却块可带走部分焊接热量，增大焊接热影响区（HAZ）的冷却速率，可对HAZ的焊接热循环进行控制，尽可能地减少焊接热影响区的宽度、降低高温停留时间，减少细晶粒的继续长大，有效保障和改善连续管和对接环焊缝的组织和性能。

为此，设计和开发了连续管焊接热影响区冷却系统。HAZ冷却系统主要包括机箱、冷却块、水箱、进出水管线、流量计，如图 4-63 所示。

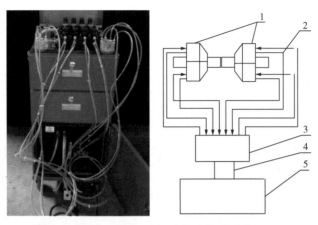

图 4-63　HAZ 冷却系统及其原理图

1—冷却块；2—冷却块与流量计间水管；3—流量计；4—流量计与循环冷却水箱间水管；5—循环冷却水箱

不同规格尺寸的连续管外径须配有不同规格内径尺寸的冷却块，使冷却块内壁与连续管外壁均匀贴合，获得均匀一致的冷却效果，如图 4-64 所示。

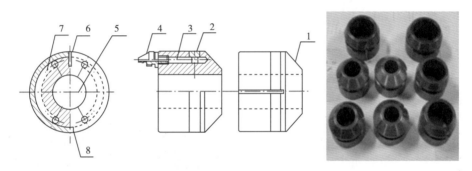

图 4-64　冷却块结构及实物图

1—半圆基体；2—盖板；3—直孔；4—快速接头；5—冷却块内孔；6—合页；7—凹槽；8—定位盖板

4. 使用范围和应用效果

HZD-LGHJ-50 管—管焊接装置包含焊前准备、现场焊接以及焊后处理整个过程所涉及的设备、工装及工具，能够确保顺利完成整个焊接过程。

（1）适合外径 1~2.875in、壁厚 2~5mm 连续管的管—管现场对接焊；

（2）采用焊接工艺参数编程分区控制及实时监控技术，焊接过程自动完成，重复性好、质量稳定；

（3）连续管校直采用电液驱动、可移动三点弯曲式，操作轻便，能够满足现场焊接前的管体校直；

（4）连续管焊接对中机构采用液压机械联控，三维可调，能够实现对接时 5 个对口自由度调整功能，满足现场焊接前焊口的精确对中；

（5）现场焊接焊后回火专用工艺，保证焊后焊接接头的综合性能质量；

（6）焊接接头抗拉强度不低于本体，弯扭强度超标准要求，可耐 80MPa 以上压力，综合疲劳性能达到管体 50% 以上，稳定性大大高于手工焊。

（7）开展现场焊后焊缝无损检测及焊接接头综合质量性能评价，可提供各管径连续管焊接技术研发，设备供应，工艺技术服务，现场作业服务等。

经过 HZD–LGHJ–50 管—管焊接装置及焊接工艺技术开发，在油田开展了多次的现场应用试验，应用于现场管柱延长、旧管损伤修复、应急处理等，连接延长后管柱作用于气举、冲砂、洗井、速度管柱等常规作业及应急打捞作业。

例如，针对油田客户连续管作业故障损伤连续管导致不能继续开展后续作业的现场紧急情况，采用 HZD–LGHJ–50 管—管焊接装置成功完成了现场 QT900 级 2in×0.188in 连续管现场焊接修复服务（图 4–65），修复后下井作业并成功打捞出井下工具，及时解决了客户现场出现的紧急情况（图 4–66）。

图 4–65　QT900 级 2in×0.188in 连续管现场焊接修复

图 4–66　修复后下井带压打捞作业

第六节　连续管作业机试验

连续管作业机出厂前，必须经过严格的厂内试验和模拟试验，各项性能指标均达到合格方可出厂。

一、试验条件

1. 连续管作业机试验基地

中国石油连续管装备试验基地（图4-67）于2010年建成投入使用，是油气钻井技术国家工程实验室。连续管装备试验系统，共8个模块，分别为动力模块、电路模块、液压模块、加载模块、缠放管模块、试压模块、测试采集模块和辅助装置。

图4-67　连续管装备试验基地

在该试验系统研究过程中攻克了多项技术难题，申请发明专利一项。为了解决注入头的动态加载问题，开发了动态模拟加载系统，成功研制了加载注入头；为了解决连续管在受限空间内的缠放问题，开发了最大适应3.5in的超大滚筒；为了解决不同注入头的安装、不同作业机的测试问题，开发了满足不同注入头试验的试验台架，适应不同连续管作业机的测试系统。该试验系统最大试验能力达到150000lbf，最大适应管径3.5in，形成了一套完整的连续管装备试验方法。

1）试验系统

（1）连续管装备加载试验系统。

连续管装备加载试验系统（图4-68），可为连续管装备整机和关键部件注入头、滚筒提供性能试验，也可为相关设备提供液压，进行动作实验。该实验系统可完成恒速变载荷、变速恒载荷运动加载，模拟实际下井实验。

（2）试压系统。

试压系统（图4-69），可为防喷器组、内外管汇和连续管提供压力实验，同时空气压缩机可进行连续管清洗。

2）基本组成

该实验室共由8个模块组成，分别为动力模块、电路模块、液压模块、加载模块、缠放管模块、试压模块、测试采集模块和辅助装置。整体布局如图4-70所示。

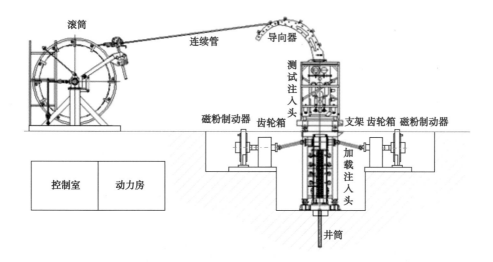

图 4-68　加载试验系统

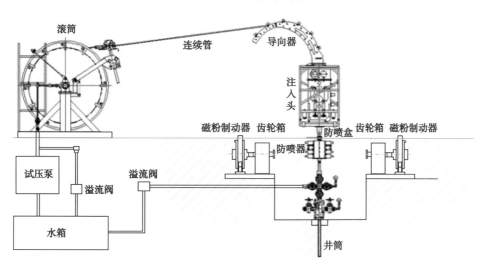

图 4-69　压力实验系统

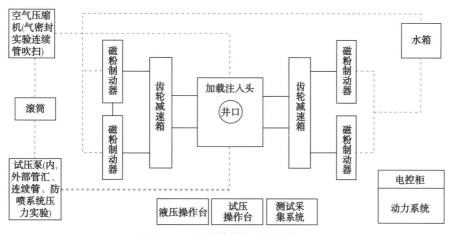

图 4-70　连续管装备试验室布局

（1）动力模块。主要由2台电动机（75kW和250kW）、2台变频柜（80kW和280kW）、3台液压泵（2台柱塞泵和1台齿轮泵）组成，为实验室设备和测试设备操作提供动力，如图4-71所示。

图4-71　变频柜和电动机泵组

（2）电路模块。主要包括电控柜（图4-72）、电控操作台（图4-73）、液压泵手柄电源、电缆、开关、电压表、电流表等。

图4-72　电控柜

图4-73　电控操作台

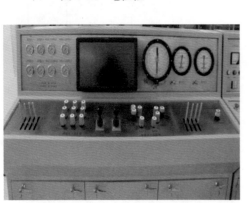

图4-74　液压控制台

（3）液压及控制模块。主要包括油箱、冷却器、液压控制台（图4-74）、过滤器、滚筒马达、加载注入头夹紧和张紧液缸、液压阀件、压力表和管线等，为实验室设备和测试设备提供液压操作。

（4）加载模块。加载模块主要包括磁粉制动器4台（FZ20000）、齿轮减速器2台、万向轴4根、加载注入头1台、试验支架、测试注入头安装台、过渡连接板（根据测试注入头配备）、支腿等，为注入头测试提供载荷，最大加载 150000lbf。其中磁粉制动器和加载注入头是实验室的标志性设备。如图 4-75 和图 4-76 所示。

图 4-75　加载系统

图 4-76　加载注入头

（5）缠放管模块。缠放管模块主要包括滚筒（图 4-77）（记录装置根据管径配备）、连续管（各种规格）、井筒、导向器（根据测试注入头及管径配备），在试验过程中容纳下入和起出的连续管，可适应 $1 \sim 2\frac{7}{8}$in 的连续管。

（6）试压模块。试压模块主要包括试压泵（图 4-78）、空气压缩机（图 4-79）、试压管汇和控制台（图 4-80）等，用于滚筒内外管汇、连续管和防喷器组试压，试压压力达到 160MPa，并可进行连续管清洗。

图 4-77　滚筒

图 4-78　试压泵系统

图 4-79　空气压缩机

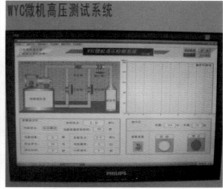

图 4-80　试压控制台

（7）测试采集模块。测试采集模块（图 4-81）主要包括称重传感器、循环压力和井口压力传感器、编码器、液压压力传感器、液压流量传感器、温度仪、噪声仪、工控机、显示器等，主要用于测试装备性能参数，进行数据采集和处理，并出具实验报告。

（8）辅助装置。主要包括桁吊、监控设备、设备安装基座、实验平台、水箱、梯子、栏杆、布线槽、电脑、打印机等。

2. 模拟试验井

模拟试验井（图 4-82），是连续管作业机模拟实际作业过程的专用试验井。模拟试验井占地面积约 1240m²，井深 950m，井斜 0°，井筒内 5 $\frac{1}{2}$in 套管，底部封堵无压力，井口周边空间开阔，是一口典型的试验井，目前主要为连续管作业机出厂时，整机起下作业先导性能试验以及连续管井下工具试验。也可用于修井机、抽油机、抽油杆等科学试验。

图 4-81　测试采集系统

图 4-82　模拟试验井

二、试验内容和方法

连续管作业机在出厂前，必须对作业机的各部件和整机的动作、性能参数等进行严格的检查和试验，检验作业机的参数满足设计要求、暴露加工制造过程中存在的缺陷。

1. 注入头试验

注入头的试验主要包括最高速度试验、低速稳定性试验、夹紧和夹紧保压性能试验、张紧性能试验、最大提升力试验等。

1）注入头最高速度试验

注入头速度试验分为空运转最大速度和带管最大速度，其中空运转速度试验在注入头组装完成后，在实验室内进行，一般使用配套作业机的动力或实验室动力，在注入头不夹持管柱的情况下，进行最大速度的空运转，确定注入头可实现的最大速度；带管最大速度的测试在模拟试验井中完成，测试注入头在实际作业过程中，可实现的最大速度，此速度为作业机最大速度。

2）低速稳定性试验

在模拟试验井的下管试验过程中，将注入头速度调至最低，观察注入头速度的变化情况，确定最低稳定的速度。

3）夹紧和夹紧保压性能试验

夹紧试验为在实验室内，对夹紧缸的动作进行试验。试验时，使用合适尺寸的连续管，插入注入头夹持块中间，操作夹紧动作，对夹紧液缸行程、夹紧力等性能进行试验。

夹紧保压试验分别在实验室和模拟现场进行。试验时，注入头夹持块夹持相应的连续管，在8~10MPa范围内调节夹紧压力，将"上夹紧""中夹紧""下夹紧"三个截止阀旋钮置于"保压"位置进行夹紧保压，停机后12h检查夹紧压力，要求压降不超过2MPa。

4）张紧性能试验

张紧试验主要检查注入头张紧操作后，张紧液缸的动作、液缸伸出量等是否符合要求；张紧松开后，链条是否恢复松弛状态。

5）最大提升力试验

在实验室内，将合适的连续管安装在注入头的夹块间并连接固定在工作平台上，逐渐提高夹紧压力、发动机转速和注入头马达压力，使提升力达到最大载荷值即停止，确定注入头的最大提升力。试验后，需检查夹持块有无明细伤痕，拉载连续管有无明显变形或表面损伤等，以确保最大提升力时注入头性能满足要求。

2. 滚筒试验

滚筒试验主要包括运转试验、排管器试验、内外部管汇压力试验等。

1）滚筒运转试验

滚筒运转试验在滚筒组装完成后进行，主要使用配套作业机的动力或实验室动力，对滚筒进行试运转试验，检查滚筒运转、链条传动等是否平稳、正常。

2）排管器试验

排管器试验包括排管器的升降和移动试验，主要使用配套作业机的动力或实验室动力，对排管器的升降、移动、换向、强制排管等动作进行测试。

3）内外部管汇压力试验

内外部管汇压力试验在试验室进行，关闭滚筒内部管汇与连续管接头之间的旋塞阀，使用实验室的试压模块，从外部管汇泵压，可对内外部管汇进行压力试验，试验压力根据内外部管汇的压力等级逐级进行，稳压1min压降不超过3.45MPa。

3. 井口压力控制系统试验

1）防喷盒试验

防喷盒试验包括防喷盒侧开门动作试验、密封性能试验、液路保压试验等，其中防喷盒保压试验要求保压 12h，压降应不大于 1MPa。

2）防喷器试验

防喷器试验包括防喷器闸板动作、剪切能力、蓄能器保压能力试验等。其中蓄能器保压试验要求保压 24h 后压力不得低于 12MPa。

4. 整机模拟试验

整机模拟试验主要指在模拟井中，作业机模拟现场作业情况，对作业机进行连续管下入、起出、遇阻停机、紧急夹紧、防喷器悬挂、防喷盒摩擦力等试验，检测连续管作业机的各项性能。

1）连续管起下试验

连续管起下试验主要指在模拟井中，进行不同速度、不同深度的下入和起出试验，检测设备的注入头、滚筒、发动机、液压系统、作业机载荷等是否正常。

2）遇阻停机试验

遇阻停机主要检测作业机在下管过程中，能否在遇阻时自动停机。将连续管下入至离井底约 10m，注入头下管速度分别调节至 1m/min，5m/min 和 10m/min，观察连续管到达井底时注入头速度、载荷、压力的变化情况，检测在不同速度条件下，注入头是否自动停机。

3）紧急夹紧试验

紧急夹紧试验主要检测在出现紧急情况时，对夹持块进行紧急夹紧操作，使夹持块夹紧压力瞬间达到最大值，保障作业机安全。

4）防喷器悬挂试验

在模拟试验井中，将防喷器悬挂手柄推置于"关"位，接通悬挂闸板液路，此时悬挂闸板将连续管悬挂，手动锁死。悬挂连续管超过 12h，通过在连续管上做标记的形式，观察连续管是否下降，检测防喷器悬挂的可靠性。完成后，检查连续管上的咬痕是否满足要求。

5）防喷盒摩擦力试验

防喷盒摩擦力试验主要为检测在不同防喷盒压力情况下，防喷盒对连续管产生的摩擦力。试验时，逐步调节"防喷盒调压"控制阀，由零逐步调至 20MPa 间断调节，同时，逐步增大注入头夹紧压力；观察控制面板上给防喷盒提供密封压力前后载荷变化，可看作是此时防喷盒的摩擦力大小。

第七节　连续管作业技术培训

2007 年以来，国产连续管作业机经过 10 年快速发展，初步实现应用专业化和规模化。作业领域和规模也逐年扩大，已覆盖 7 大类 35 种工艺，并形成水平井压裂、钻磨等高端作业技术。设备和队伍走出国门，已应用到中东、俄罗斯市场开展作业；示范引领与降本增效成效显著，对集团公司转变井下作业生产方式做出了突出贡献，显示出良好的前景。

随着勘探力度的逐步加大，国内致密油气和页岩气等非常规油气资源开发力度也不断加大，对连续管技术和设备需求越来越大，对连续管主操作员和连续管队伍的专业化建设和管理有更高要求，连续管技术培训也发挥着越来越重要作用。通过连续管技术培训，提高现场相关人员的理论水平和操作技能，促进连续管队伍的专业化和资质管理，提升队伍作业能力和竞争力，确保安全生产；为完善、规范连续管作业技术，促进连续管作业机应用推广具有重要意义。

一、培训体系和教学内容

连续管技术培训由专门组织机构负责，专职组织人员进行教学和教务管理，制订严谨的教学计划和考核目标，组建理论、实际经验丰富的教师队伍，进行灵活多样的教学和严格的考试。

培训分为理论培训和现场培训两个环节进行。通常在理论培训完成之后，再进入现场培训环节进行实物操作和维护培训，结合学员理论与现场培训两个环节的学习情况和表现，进行考核评估，理论和现场培训均合格才符合规定要求。

教学过程采用多媒体课件理论教学、仿真模拟操作、现场教学相结合的方法进行。根据培训前制定的教学计划，进行理论培训和现场培训。

理论培训教学内容主要包括 5 部分：

第一部分　连续管装备现状及典型应用；

第二部分　连续管应用技术；

第三部分　连续管作业机装备技术；

第四部分　连续管管柱技术；

第五部分　连续管作业机现场故障及应急处理技术。

根据教学内容开设课程包含：连续管作业机综述及典型应用，连续管作业工具工艺技术，连续管作业机装备及注入头、滚筒、防喷系统、液压及控制系统、底盘与动力系统、连续管数据采集及分析软件等主要部件结构原理和使用维护保养，连续管操作规程，连续管管柱技术，连续管作业机故障处理与分析，连续管作业机应急处理技术等专业理论知识。

通过系统的理论培训，使学员充分了解和掌握连续管作业机装备及主要零部件的结构原理、操作和使用方法以及常见故障排查、应急处理，了解和掌握作业工艺技术理论基础知识，提升对连续管作业技术的整体认识水平。

现场培训教学内容主要包括 3 部分：

第一部分　零部件拆装、维护与保养；

第二部分　模拟机操作；

第三部分　连续管作业机操作。

其中：零部件拆装维护教学以连续管作业机关键零部件为主，如注入头、滚筒、防喷系统等。仿真模拟教学进行连续管常规操作训练、工况建模训练、设备故障和操作失误模拟训练等项目，以训练学员排除故障能力为主进行模拟训练。现场连续管作业机操作教学以实物教学机在作业井现场进行实地培训，进行演示和讲解连续管作业机整体设备在井场的布置安装，包括启动发动机、起升控制室、防喷器井口安装、注入头及导向器安装、导入连续管过程，以整机现场作业，包括作业前准备、入井进行起下连续管实际操作训练、主要部件动作操作为重点培训和考核内容。

通过系统的现场教学使学员了解作业机关键零部件结构原理，学习连续管作业机整机及关键部件的使用及维护保养、常见故障的处理。熟练掌握操作规程，正确操作和使用连续管作业机设备，提高设备操作技能、维护保养和应急处理能力，培养合格的连续管作业机操作员。

二、培训条件

1. 理论培训

目前，中国石油建立了整套培训管理制度和规定，形成了完备的教学教务相关程序和流程。在教学上，培养了一支敬业严谨、专业过硬的师资队伍，该队伍均为长期从事连续管技术工作具有丰富现场经验的技术人员组成的教学团队，团队人员分别承担过国家专项、集团公司项目以及油田连续管作业机项目；掌握前沿连续管作业机水平和常规作业机的核心技术。

每期培训精心策划教学结构和教学内容，跟进连续管新技术和新时代要求，对课程设计进行更新完善，重点突出连续管作业机的操作使用；成立有专业的教材编委会和编写组，编制了《连续管作业机及作业技术综述》《连续管作业机》《连续管作业机操作、故障分析及应急处理》等系列教材；有严格丰富的考核试题库，周密构思考试方式及理论与实际成绩权重，确保考试公平公正。

2. 连续管作业机模拟培训系统

连续管作业机模拟培训系统，是将理论教学与模拟实物教学紧密结合，生动有效教学，提高教学质量和效果，加强人员培训与队伍建设的重要手段；是中国石油天然气集团公司用于加强对进入中国石油市场连续管作业队伍资质管理，实行持证上岗，进行连续管作业机操作取证培训的教学设备之一，在连续管作业机操作培训中起着重要作用。

图4-83　连续管作业机模拟培训系统

1）设备组成

连续管作业机模拟培训系统（图4-83）具有与实物机大小一致的全尺寸的连续管控制台面板界面，以及完成其他操作功能配备的其他辅助控制台系统。整套培训设备由模拟机硬件设备和软件设备组成。其中模拟机硬件设备主要由连续管操作控制台、流体泵控制台、氮泵控制台（气体作业）、远程节流控制台（油井控制培训）、图表站（操作员窗口）、教员工作站、学员工作站、音效系统和系统电脑及处理器组成。

2）主要功能

连续管作业机模拟机操作控制台，采用全尺寸、与实际作业操作近乎相同的控制界面，电子音像效果与连续管操作同步，操控性能更接近真实。彩色图表显示器提供给学员一个实时的图表展示，显示油管的移动、注入头设备和其他的连续管操作；并能够对井下操作展示一个实时的反馈，包括连续管、井下工具、储层、井筒里的液体流动。

连续管作业机模拟机包括连续管常规操作培训系统、工况建模培训系统、设备故障和操作失误模拟系、井控模拟等。

（1）常规培训系统。常规操作培训包括基础培训和高级操作培训，其中基础培训主要进行连续管作业机注入头、滚筒、防喷系统等部件单元操作控制；高级操作培训主要进行连续管起下作业、压力测试、工具串选配入井等培训。

（2）工况建模培训系统。工况建模培训主要模拟连续管作业工况，进行不同作业工艺的操作练习，可模拟的工艺包括井筒清洗、冲砂、气举、过油管完井作业、油井测试、压裂酸化、隔离封堵、液体顶替和连续管钻井。

（3）设备故障和操作失误模拟系统。教员在学员仿真训练中，可以引进一系列的故障实例，加入练习的内容当中；也可对由于学员操作失误引起的故障进行模拟演练与处理，这一模拟功能可以提升学员在实际操作中解决意外问题的能力。设备可模拟作业过程中，出现的各种故障和事故，包括：

①设备故障，如发动机；

②井眼问题，缩孔和卡钻；

③连续管故障，屈曲和失效；

④注入头故障：夹紧问题、溜管；

⑤滚筒故障：张力失灵；

⑥液压—机械故障；

⑦仪表故障：压力表故障；

⑧防喷盒故障：泄漏；

⑨防喷器故障：闸板失效和泄漏；

⑩连续管提升故障；

⑪ 工具串故障：如封隔器泄漏；

⑫ 远程节流器故障：节流阀冲蚀、阻塞和卡阻；

⑬ 流体处理系统故障：泵1或泵2发动机故障。

（4）井控模拟系统。井控模拟系统用于模拟多种油井控制的方法。此模拟允许井涌区域设定在井眼里的任何深度。井漏区域可以在油井底部或者在套管靴里被定位。学员可以接触到多种井喷情况，这取决于教员设定的练习内容。

3）应用情况

通过模拟教学，可为油田操作人员提供各种作业和复杂工况下的模拟演练、故障处理，提供了示范效应，降低了新技术和新工艺的应用风险；有力地提高了连续管专业技术人员的业务素质，以及解决连续管应用过程出现的技术难题的水平；大幅提升了连续管作业队伍井下作业技术能力、市场竞争力和影响力。推动了集团公司连续管作业技术专业化、规模化应用，满足油气生产的需要，实现井下作业技术跨越式发展。

通过引进模拟机培训系统，实现科学教学流程：理论教学 ⟹ 模拟机演练 ⟹ 实验室单元动作操作 ⟹ 现场整机联动连续管起下作业全过程操作。

通过模拟演练故障排查，进一步强化连续管作业机在井场的实际操作，让学员们学到更多新知识和平时难以掌握的操作规程和技巧。

3. 关键部件实物装拆

在实际培训过程中，建立有专门的部件拆装和维护季度。系统安排了连续管作业机关键部件注入头、滚筒、防喷系统的拆装维护，根据不同部件划分区域进行部件拆装、保养维护培训、学员可随时参与设备的拆装维护中，大大增强学员动手能力（图4-84）。

图4-84　实物拆装培训

4. 现场试验基地

根据现场教学需求，配备有现场试验基地（图4-85），该试验基地占地面积约1240m²，其中试验井可用井深950m，配备有简易井架、井口采油树、绞车、控制房等。目前主要用于连续管作业机出厂时，整机起下作业先导性能试验以及连续管井下工具试验。

图4-85　现场试验基地

连续管作业机操作现场培训教学井场利用该试验井场，使用连续管作业机实物对学员进行现场操作培训和设备维护培训，进行起下作业操作训练。可根据需要每次可以对5~10人同时进行操作培训。

三、培训效果

1. 用户培训

自2012年正式启动连续管技术培训工作，迄今已为30多家油田现场用户以及相关单位进行了24期专业培训，培训400多人次。人员包括从事连续管作业机管理、技术、操作、使用及维护以及生产制造人员。培养了大批优秀的连续管技术管理和操作人员，提高了现场人员对作业机认识水平和作业技能。

2. 操作许可证培训

2015年和2017年，承办了集团公司5期连续管作业机操作取证培训（图4-86），为来自中国石油的5家钻探公司、20多家油田企业以及10家民营企业的265名学员进行了培训，其中有 233 人获得了"连续管作业机操作资质证书"，为集团公司实行连续管作业市场准入和持证上岗目标管理工作提供了坚实的保障。

图 4-86　作业机操作取证培训

通过连续管技术培训，为中国石油培养了一大批优秀的连续管作业机操作人员，进一步提升了操作人员素质，促进了现场施工作业水平的提高，在中国石油连续管技术和装备培训中发挥着巨大作用。

第八节　连续管作业装备发展成果

一、车装连续管作业机发展和成果

"十二五"期间，国内成功研制了 LG270/38-4000 一体化连续管作业机、LG360/50-3000 两车装连续管作业机等车装式连续管作业机，有效解决了油气田 4500m 以下中深井油气井冲砂、洗井等常规连续管作业[1-3]。成功研制了 LG360/50-4500，LG360/50-4900，LG450/50-6000 和 LG450/50-6600 等型号的车装连续管作业机，有效解决了我国各种道路条件深井、超深井的油气井钻磨、测井、酸化、压裂等连续管作业。具体型号和参数见表 4-3。

表 4-3　车装式作业机主要机型及参数

序号	机型	滚筒容量	注入头提升力 kN	整机尺寸 m×m×m	整机载荷 tf	结构形式
1	LG180/38-3500	1.5in—3500m	180	12.5×2.5×4.2	约 38	常规车装
2	LG180/38-2600	1.5in—2600m	180	12.5×2.5×4.2	约 38	一体化
3	LG270/38-4000	1.5in—4000m	180	13×2.5×4.45	约 44	一体化
4	LG360/50-3000	2in—3000m	270	主车：13×2.5×4.45 辅车：12.5×2.5×4.2	主车：44 辅车：26	常规两车装
5	LG360/50-4500	2in—4500m	360	主车：12.1×2.5×4.4 辅车：12×2.5×4.2	主车：50 辅车：35	下沉式两车装
6	LG360/50-4900	2in—4900m	360	主车：12.1×2.5×4.5 辅车：12×2.5×4.2	主车：53 辅车：35	下沉式两车装
7	LG450/50-4900	2in—4900m	450	主车：12.1×2.5×4.5 辅车：12×2.5×4.35	主车：53 辅车：37	下沉式两车装

序号	机型	滚筒容量	注入头提升力 kN	整机尺寸 m×m×m	整机载荷 tf	结构形式
8	LG450/50–6000	2in—6600m	450	滚筒车：12.5×2.9×4.5 控制车：13×2.5×4.35	滚筒车：55 控制车：38	下沉式两车装
9	LG450/50–6000	2in—6000m	450	滚筒车：12.5×2.9×4.5 辅车：12×2.5×4.35 控制车：5.2×2.3×2.9	滚筒车：55 控制车：39 控制橇：8	两车一橇（控制橇）
10	LG450/50–6000	2in—6600m	450	滚筒车：12.5×2.9×4.5 控制车：13×2.5×4 注入头橇：8×2.3×3.1	滚筒车：55 控制车：31 注入头橇：15	两车一橇（注入头橇）

二、拖装连续管作业机发展和成果

"十二五"期间，在项目的支撑下，国内成功研制了LG360/60T–4500一拖一车连续管作业机，之后在此作业机的基础上，研制成功了LG360/50T–5000，LG450/60T–4200和LG450/67T –4000等拖装式连续管作业机，解决了油气田大管径连续管作业需求，具体型号和参数见表4-4。

表4–4　拖装式作业机主要机型及参数

序号	机型	容量	注入头提升力 kN	整机尺寸 m×m×m	整机载荷 tf	结构形式
1	LG270/32T–7000	1.25in—7000m	270	19×2.75×4.4	60	一拖挂
2	LG360/50T–5000	2in—5000m	360	主车：16×2.5×4.3 辅车：12×2.5×4.2	主车：58 辅车：33	一拖一车
3	LG360/60T–4500	2.375in—4500m	360	主车：15×3.3×4.43 辅车：12×2.5×4.15	主车：63 辅车：33	一拖一车
4	LG450/50T–5000	2in—5000m	450	19.6×2.5×4.4	72	一拖挂
5	LG450/60T–4200	2.375in—4500m	450	19.6×2.8×4.43	74	一拖挂
6	LG450/67T–4000	2.625in—4000m	450	主车：19×3×4.4 辅车：13×2.5×4.4	主车：69 辅车：35	一拖一车
7	LG580/73T–3500	2.875in—3500m	580	主车：18×3×4.5 辅车：12×2.5×4.35	主车：65 辅车：37	一拖一车

参 考 文 献

［1］贺会群.连续管技术与装备发展综述［J］.石油机械，2006，34（1）：1-6.

［2］杨志敏，张富强，张士彬，等.川渝地区页岩气专用连续管作业机开发［J］.石油机械，2015，43（8）：103-106.

［3］谭多鸿，鲁明春，李国现，等.一体化连续管作业机的研制及应用［J］.石油机械，2014，42（7）：86-88.

第五章　连续管修井

连续管修井作业技术是最能体现其安全和高效特点的应用领域，形式与种类也最为丰富，但从我国引进连续管作业机以来在相当长的时期内并不重视工具工艺的引进与研发，使得"万能作业机"的称号徒有其名。但从"十一五"开始，随着观念及认识的提高，国内连续管作业从不带工具的简单气举和替浆作业发展到数十种工艺类型，工具类别也极大地丰富起来，作业水平也快速追近国外先进水平，通洗井、喷射除垢等部分作业工艺已开始规模应用，许多适应自身特点的新工艺也不断涌现，经济效益及影响力都逐渐扩大。"十二五"期间，国内在连续管修井领域出现了不少特色技术，其中多数技术与水射流技术相结合，大都保持了安全高效的特点，并且有些新技术还具备不可替代的技术优势。

第一节　连续管冲砂洗井

连续管冲砂洗井类作业是应用最广泛的连续管作业之一，也是"十二五"期间发展最为迅速的作业技术，其与常规管柱作业的显著区别的特点是利用连续管边下入边循环，提高冲洗效率，并可用带压作业的模式减少洗井时对产层的伤害。由于此类作业的技术门槛相对较低，而且通过各种工具的组合，不但可以进行替钻井液、洗井、常规冲砂等作业，也可以与通井、刮削等工艺相组合，进而拓展到解堵类作业中，且比较容易上规模见效益。因此，到目前国内大多数油田，冲砂洗井类的作业还占总作业量的50%以上[1]。以下几种典型冲砂洗井工艺是"十二五"期间出现的最具代表性的特色工艺，例如通洗井组合作业在有些油田已取代传统的洗井替浆模式、连续管常规冲砂洗井、水平井冲砂洗井、低压气井氮气泡沫冲砂应用规模迅速扩大。各油田根据自身情况还在不断开发冲洗类作业的新工艺模式，使得该类型的细分作业种类愈加丰富，但其核心都是与水射流技术的结合。

一、连续管通洗井组合作业

连续管通洗井组合作业技术思路是参考常规修井作业规程，结合连续管的特点，从入井开始就开泵循环，利用射流喷嘴进行全井筒清洗，喷嘴在下入过程中能彻底清除套管内壁的水泥残留等污物，恢复套管通径；通井规主要用于验证通径，有时也可配合刮削器，达到连续管通、洗、刮一体化的作业目的，避免了常规作业中替钻井液、通井、刮削等多次管柱起下作业，大大提高了井筒准备的时效和降低了作业成本。

连续管通洗井组合作业在"十一五"末期出现的新技术，主要用于新井，目的是缩短新井投产周期。"十二五"期间在青海油田率先取得规模化应用，并获得很好的经济效益。随着工厂化作业理念的出现，该技术开始在长庆油田用于提高丛式井作业，大大提高了作业效率，缩短了投产时间，而且也由直井作业逐步扩展到水平井作业。

1. 工具简介

典型的新井通洗井组合作业工具串：

直井推荐工具组合自上而下为连续管＋连接器＋液压丢手或机械丢手（＋单流阀＋防脱旋转接头）＋专用通井规＋射流清洗喷嘴。

水平井推荐工具组合自上而下为连续管＋连接器＋液压丢手或机械丢手（＋单流阀＋扶正器＋防脱旋转接头＋振荡器）＋专用通井规＋射流清洗喷嘴。

括号中的工具为选配，视具体井况而定。通常在浅井，水平段较短的水平井中无需配置。

其中，连接器、丢手、旋转接头、单流阀、扶正器等为基础工具，专用通井规及射流清洗喷嘴为服务工具。与常规作业的通井规不同的是，连续管作业专用通井规不仅直径和长度要符合通井的规范，还要满足上下连接与承压的要求，并提供液流上返的通道；射流清洗喷嘴要尽量能形成覆盖全井筒截面的高速射流，一般要求射流速度达到 $100 \sim 150\text{m/s}$。

1）两种专用通井规

连续管专用通井规主要有双螺旋槽通井规和双通道通井规两种。其均能提供下部工具的流体通道、环空返排流道以及一定长度的外通径（图5-1）。双螺旋槽通井规其螺旋设计在保证环空流道的同时，保证外圆投影面积达到当量直径圆面积，双螺旋设计使环空流体通过时通井规产生的流体冲击旋转力矩平衡，避免通井规产生转动力矩。双通道通井规利用双层结构的中心进液，环形空间保证足够的返排流道（图5-2）。

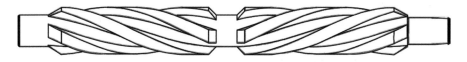

图5-1　连续管专用通井规（双螺旋槽通井规）

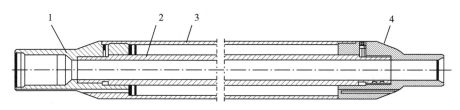

图5-2　连续管专用通井规（双通道通井规）

1—上接头；2—内筒；3—外筒；4—下接头

2）射流清洗喷嘴

射流清洗喷嘴按喷射形式可分为多孔喷洗工具、旋流喷洗工具、旋转喷洗工具（高转速、低转速）（图5-3至图5-6）。其共同特点是利用喷嘴高速射流完成对井筒清洗，决定其清洗效果的关键参数是喷嘴的射流速度，根据不同作业目的，射流速度可有不同的选择，目前尚未形成统一标准，一般而言，在泵注条件允许的情况下，采用高射流速度可取得更好的清洗效果。

多孔喷洗井工具尺寸紧凑，可以通过灵活布置喷嘴的数量和角度达到最佳的清洗效果，但往往由于连续管排量的限制和喷射速度的要求，油管内洗井工具的喷嘴孔径与数量均不宜过大和过多，一般数量以 $4 \sim 9$ 个，孔径以 $2 \sim 4\text{mm}$ 为宜，因此清洗区域存在强弱不均的现象。进行匹配计算时，连续管的长度、井深、泵注设备的参数条件是主要考虑的因素。

图 5-3 连续管多孔喷洗工具

图 5-4 连续管旋流喷洗工具

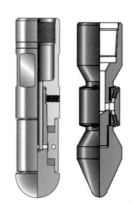

图 5-5 连续管高速旋转喷洗工具

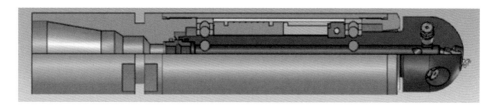

图 5-6 连续管低速旋转喷洗工具

旋流喷洗工具同样尺寸紧凑，虽然仅有一个下出口，但通过锥状旋转流体实现较大面积的均匀清洗，通过加旋元件的参数设计可以对锥状流发散角度进行调整；同样，由于发散角度的限制，旋流喷洗工具不适宜在大井眼中进行除垢类作业。

旋转喷洗工具既能保持高的喷嘴射速，又能通过旋转进行大范围清洗，因而其清洗性能突出，但由于旋转件的存在对工具的扶正有一定要求，因此工具尺寸较大，结构较为复杂，限制了其在小尺寸油管或有缩径结构的井筒中的应用。

2. 施工参数设计原则

连续管通洗井组合作业参数设计时，应结合作业的目的，综合考虑设备（包括泵源和连续管）的工作能力和连续管的摩阻压降，优化喷射工具参数（包括喷嘴的直径、数量、射流速度等参数），给出适合工程作业的施工参数。

一般来说，新井的通洗作业主要目的有替浆、通井、刮削等，对前两个目标，参数关注重点是排量，对射流速度要求不明确；而刮削的目标则可通过高速射流来实现，而不必下入刮削器。因为对于残留在井壁的水泥大多是以壁厚小于 10mm 环形状态存在的，根据国内相关研究，这种状态下的水泥残留，以大于 150m/s 的射流速度完全可以剥离和破碎。因此在后续作业对井壁有清洁要求时，本书推荐在通洗作业的参数设计时选择 150m/s 以上的射流速度。

对于排量设计，除了考虑射流速度外，还应考虑连续管摩阻和环空上返速度。根据连续管计算摩阻压降曲线（图 5-7）和环空流速计算曲线（图 5-8），建议连续管摩阻压降尽量不超过 30MPa。同时，考虑环空流速在直井中应大于 2 倍的沉降末速度，水平井中应大于 6 倍的沉降末速度[1]。综合考虑上述指标，选择适合的排量施工。

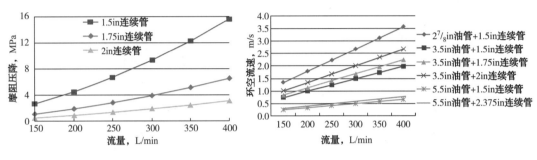

图 5-7　1000m 长连续管计算摩阻压降（清水）　　　　图 5-8　环空流速计算

3. 施工程序

通洗井组合作业的操作规范可参考 Q/SY 1770.1—2014《连续管常规修井作业规程 第 1 部分：通洗井组合作业》。

（1）按要求摆放设备、连接管汇、安装注入头。

（2）试压：按设计压力打压，稳压 15min 不刺不漏，试压合格。

（3）通洗井：连续管带通洗井工具串入井后，按照设计排量泵入，以 3 ~ 5m/min 的速度下入，下过井口 50m 后，观察环空返液情况，可缓慢提高下入速度，但不超过 20m/min。如此时环空返液没有垢渣亦可降低泵压量循环入井，至有垢渣时提到设计排量。通洗井至阻流环位置循环 1.5 倍井筒容积的清水，至进出口液性一致方能起管。

注意：观察悬重变化，如有遇卡现象，应大排量洗井，严禁强行起管。

（4）起出连续管，关闭采油树总闸，按连续管操作规程拆卸注入头。

4. 现场应用

连续管通洗井组合作业自 2012 年开始在青海油田进行规模应用以来，已累计超 500 井次，单井作业时间由常规作业的平均 4.5 天减少到 0.5 天，单井成本也由约 7 万元减少到 2.5 万元左右。此外，该技术在长庆油田井工厂式作业平台上及川渝地区页岩气井作业中也取得良好效果。同时，这种组合式、一体化的作业思路也为连续管工艺和工具的创新提供了良好的示范效应。

二、连续管常规冲砂洗井

连续管在处理油气井、注水井生产过程中最常见地层出砂、结垢等问题，以及在完井、修井及其他作业中出现的砂堵与砂卡等现象时，有得天独厚的优势。因其可带压作业、可连续循环的特点而使冲砂作业变得工序简单高效、对储层伤害小，因此连续管冲砂洗井一直是最广泛和基础的应用类型。

1. 冲洗方式

连续管冲砂洗井有 5 种较典型的冲洗方式，常用的为正冲洗方式。

（1）正冲：冲洗介质由连续管进入，从连续管与生产管柱的环空间返出。

（2）反冲：冲洗介质由油管（或套管）与连续管间的环空注入，从连续管返出。主要用于 3 种情况：用于沉砂管柱管径较细，与连续管间环空截面狭小的情况，可防止砂卡；用于小直径连续管在套管内冲砂，可在排量受限的情况下提高携砂能力；用于漏失井内的冲砂，可在返出流量有限的情况下提高携砂能力。但这种方式对地层的回压大，存在携砂液对滚筒上的盘管和管汇的冲蚀，需谨慎使用。

（3）正正冲：在油套畅通的情况下，同时从连续管和油管注入冲洗介质，从油套环空返出携砂液。这种方法适用于不动管柱的情况下，清除管脚以下的沉砂，它冲刺力较强，能够冲起粒径较大或含有堵球的沉积物。可利用连续管泵注高压射流打碎砂桥或硬垢，解决冲得动的问题；利用双通道注入增大排量、减少摩阻，提高环空流速和携砂能力。

（4）正反冲：同样用于油套连通的情况，同时从连续管和油套环空注入冲洗介质，从连续管和油管的环空返出循环介质，特点是冲刺力、携砂能力都很强，但上返截面较小，对大直径颗粒冲砂时要慎重选用。

（5）综合冲洗：根据现场实际情况，选用以上几种方式组配。一般是先用正冲或反冲使油套连通，再正正冲或正反冲至目的层段。

2. 冲砂洗井基本工具

连续管冲砂工艺在"十一五"之前的应用中较少使用专门的洗井工具，一般将管端锯成斜口或压成扁口状，后来逐渐开始使用焊接喷嘴（图 5-9）。经"十一五"到"十二五"的发展，出现了多种形式的冲砂喷嘴，现在的冲砂工艺会根据工艺目的的要求使用多种不同类型的喷嘴，从大的分类看，一般有多孔喷嘴、旋流喷嘴、旋转喷嘴三种类型。

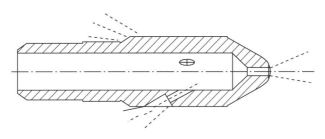

图 5-9 焊接式多孔喷嘴

为保证冲砂时的通过性，工具组合应尽量简洁，通常用内连接器与喷嘴直连是最常见做法，因喷嘴一般较短且外径不超过连续管外径时可不连接安全丢手，但有时为防止井下压力上窜会在工具串中加入单向阀，图 5-10 的带单向阀的多孔喷嘴工具就是这种理念的体现。

需要进行正反冲洗时，为了达到更好的冲洗效果，可使用如图 5-11 所示的正反冲洗工具。正向冲洗时，流体通过环形分布的喷嘴高速射流冲击砂层，反循环时砂粒可通过中心的大流道上返。

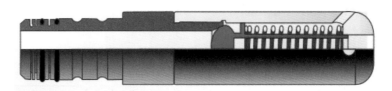

图 5-10 带单流阀直连式多孔喷嘴

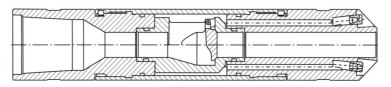

图 5-11 正反循环冲洗工具

3. 施工参数设计

冲砂洗井涉及的参数主要有压力、流量、射流速度、上返速度等。

1）连续管流体压降

流体通过缠绕在滚筒上与下入井中连续管时，由于流体的黏性作用产生阻力，这个阻力随着连续管内径尺寸的减小成倍数增加。流体压降是冲洗作业一个重要参数，涉及地面泵注设备的选型。

基本计算公式：

$$\Delta p_1 = \frac{2fL\rho v^2}{d} \quad (5-1)$$

式中　Δp_1——连续管压降，MPa；

　　　f——摩擦系数；

　　　L——连续管长度，m；

　　　ρ——流体密度，kg/m³；

　　　v——管内平均流速，m/s；

　　　d——连续管内径，mm。

2）喷嘴压降

冲洗作业需要配套井下工具时，流体在喷嘴处有局部压力损失，喷嘴出口形成高速射流。

近似计算公式：

$$\Delta p_2 = \varepsilon \frac{\rho v^2}{2} \quad (5-2)$$

式中　Δp_2——喷嘴压降，MPa；

　　　ε——局部阻力系数；

　　　v——液体的平均流速，m/s；

　　　ρ——流体密度，kg/m³。

冲砂作业射流速度没有标准可依，要根据实际的工况选择合理的射流速度，对于一些松散的积砂可以采用低速冲洗（25～60m/s）；而一些积砂板结严重井，需配套工具在地面泵注设备允许的情况下尽量提高射流速度（120~150m/s）。

3）地面泵压

$$p=\Delta p_1+\Delta p_2+\Delta p_3+\Delta p_4 \tag{5-3}$$

式中　p——地面泵压，MPa；

　　　Δp_3——环空压降，MPa；

　　　Δp_4——其他局部压降，MPa。

4）上返速度

连续管冲洗作业中，沉降末速的计算与确定很重要，确定了冲洗产生的砂子与管壁脱落物能否正常返出井口，确定地面泵注设备型号。

沉降末速的计算方法与公式很多，管锋等[1]给出了沉降末速的计算模型，并指出了沉降末速的影响因素。

$$v_t=\sqrt{\frac{4gd_p(\rho_s-\rho_t)}{3C_D\rho_t}} \tag{5-4}$$

$$Re_s=\frac{\rho_s v_t d_p}{\mu} \tag{5-5}$$

式中　v_t——沉降末速，m/s；

　　　d_p——颗粒直径，m；

　　　ρ_s，ρ_t——砂粒密度和携砂液密度，kg/m³；

　　　Re_s——颗粒雷诺数；

　　　C_D——阻力系数（是Re_s的单值函数，无量纲，层流区$C_D=\dfrac{24}{Re_s}$，过渡区$C_D=\dfrac{10}{\sqrt{Re_s}}$，紊流区$C_D=0.45$）；

　　　μ——冲砂液黏度，Pa·s。

分段给出了直井筒环空上返速度至少为沉降末速的3倍，水平井60°井斜时携砂要求的上返速度至少为沉降末速的6倍。实际作业过程中，直井上返速度取4~6倍的沉降末速，水平井取6~10倍的沉降末速。

砂子在清水中的沉降末速参考值见表5-1[1]。

表5-1　砂子在清水中沉降末速

序号	液体密度 10³kg/m³	固体密度 10³kg/m³	颗粒直径 mm	流体黏度 mPa·s	沉降末速 m/s
1	1	2.65	0.15	1	0.025
2	1	2.65	0.18	1	0.03
3	1	2.65	0.224	1	0.037
4	1	2.65	0.315	1	0.053
5	1	2.65	0.45	1	0.075
6	1	2.65	0.6	1	0.1
7	1	2.65	0.8	1	0.134

综合上述，再根据实际的作业类型及工况计算并选定冲洗作业所需的施工排量。

三、连续管水平井冲砂洗井

水平井冲砂洗井与常规冲砂作业在技术上有许多相似之处，但又有许多不同的要求，这些要求归纳起来就是四句话：下得去、出得来、冲得动、返得出。前两句指的是连续管的下入和起出问题，后两句是指沉砂的松动与上返。

1. 长水平井连续管延伸技术

下入难是长水平井作业中排在首位的问题。在水平井和大斜度井内，连续管下入时管体与井壁摩阻随下入深度增加而加大，最终会导致螺旋屈曲形成锁止。锁止位置即为连续管在此条件下下入的极限深度，出现锁止后，在地面增加注入力无法增加连续管的下入深度。

为了预判连续管是否能正常下入和起出，作业前要使用相关软件进行模拟计算。要增加连续管在水平井内的下入深度，主要有以下几种措施：

（1）增大连续管直径和壁厚，即在作业时尽可能选择直径和壁厚更大的连续管。但长水平井作业要求使用的连续管长度更长，此时增大管径和壁厚要受运输重量和运输高度、宽度的限制。

（2）使用减摩剂降低摩阻系数，但使用特殊的循环介质。

（3）使用连续管减阻工具或连续管爬行器（图5-12和图5-13）。目前主要的工具是水力振荡器，循环排量达到设定要求后，振荡器会产生轴向和径向的往复振动，从而将静摩擦转换为动摩擦，能显著增加下入深度。

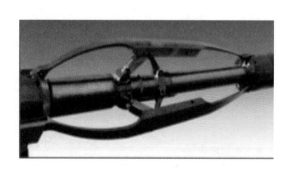

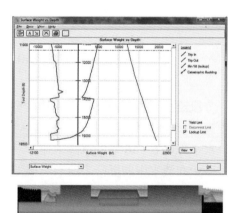

图5-12　爬行器使连续管下入长水平段的　　图5-13　振荡器使连续管下入长水平段的
　　　　　深度增加约1000m　　　　　　　　　　　　阻力下降深度增加

（4）将直径60mm以上的连续管与常规油管组合使用（图5-14），可以克服单纯采用连续管时受到运输条件限制的问题，使连续管直径尽可能增大，从而增加下入深度。同时，由于常规油管具有更大的刚性，不易产生屈曲，能使下入深度进一步增加。此外，由于常规油管每个单根之间还可加装扶正器等工具，能采用连续管无法使用的一些减阻措施，只要连续管强度和注入头能力足够，这种组合管柱能满足目前绝大部分长水平井和大位移井的作业要求。但这种模式仅适合井口无压的情况。

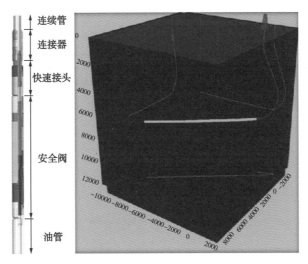

图 5-14　组合管柱的结构和井下作业示意图

"十二五"期间，长水平井延伸技术虽然有了长足的进步，应用井数和水平段下入长度也不断刷新纪录，但总体而言，自主工艺与工具仍处于学习与模仿阶段，远未达到融会贯通的程度。尤其是相关的计算软件仍基本依赖国外，因此在我国水平井钻井技术快速发展，长水平井数量越来越多的背景下，发展我们自己的连续管延伸技术是十分迫切的任务。

2. 水平井滑套完井管柱内冲砂技术

1）连续管 + 扶正器

水平井多级滑套压裂管柱内冲砂时，要解决连续管的下入问题，还需要优化工具和管柱直径，以便顺利通过滑套。

如辽河油田使用 ϕ114mm 的裸眼封隔器多级压裂管柱（图 5-15），但采用 ϕ89mm 的油管压裂，由于油管尺寸限制了投球直径，滑套通径随之缩小，导致滑套在管柱内形成了高度超过 15mm 的台阶。第二级压裂砂堵后使用连续管冲砂，为保证连续管冲砂工具顺利通过滑套，使用扶正器。

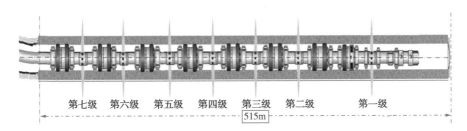

第七级　第六级　第五级　第四级　第三级　第二级　第一级

515m

图 5-15　利用带扶正的冲砂工具通过滑套台阶

2）连续管 + 小直径软管

如长庆油田使用 ϕ73mm 的不动管柱多级滑套水力喷射压裂管柱（图 5-16），第二级压裂砂堵后使用连续管冲砂，但由于上一级滑套通径仅有 29.3mm，连续管无法通过。采用的方案是，在 ϕ32mm 连续管的前端，连接约 400m 长外径小于 20mm 的高压软管，使用自牵引喷嘴冲砂。

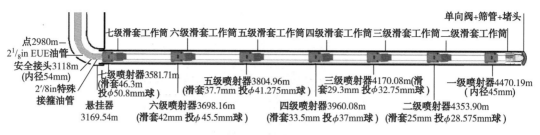

图 5-16　利用高压软管和自牵引冲砂工具通过超小滑套

3. 沉砂上返技术

为解决冲得动的问题：对于压裂砂堵形成的密实砂桥砂塞，要使用喷射工具，利用高速射流冲散堵塞物。一般要求射流速度达到 100～150m/s。水平井冲砂不建议使用光管直接冲砂。

为解决返得出的问题：一般要求提高排量确保环空返出速度达到携砂要求，通常要求水平井冲砂的返出速度大于砂粒沉降末速的 6 倍，但考虑到大颗粒的存在，建议提高到 10 倍。但由于水平井尤其是长水平井使用的连续管长度较大，其摩阻制约了排量的选择范围，这就需要合理选择低摩阻的冲砂液（国内较常见的是添加瓜尔胶或黄原胶），一方面利用摩阻降低提升一定排量，另一方面利用冲砂液更好的携砂性能提高砂粒的返出能力。对于井眼尺寸较大或地层压力系数小于 1.0 的井，也可以应用泡沫洗井液，以求在较低的上返速度下获得更大的携砂能力。下面所述的低压气井氮气泡沫冲砂技术就是这样一类应用。

需要特别说明的是，水平井冲砂是一项似易实难的技术，为高效率、高质量、低成本地完成水平井冲砂，国内外同行们不断进行着新的探索，包括工具组合、工艺优化、洗井液选配甚至管柱的组合，例如前后交替冲洗工具、低黏度洗井液、复合管等，其效果还有待于现场实践的进一步验证。

四、低压气井连续管氮气泡沫冲砂

低压气井由于地层压力低，井漏严重，若采用常规冲砂液体系作业，不仅施工难度大、施工周期长、作业成本高，而且会对储层造成伤害。使用低密度氮气泡沫冲砂液，采用连续管过油管方式，在不压井的情况下完成冲砂作业是目前针对低压气井冲砂的最有效措施。

以青海油田涩北区块为例，该区块地层压力系数低至 0.7 左右，要求配制低密度的泡沫液，防止地层漏失和储层伤害；另外，该区块地层出砂的粒径较小，容易板结，要求冲砂喷嘴提供较高的射流速度，将砂桥冲动、冲散。同时，因为采用过油管作业，要求工具具备较好的通过性。为此，在工具配备时多选择效率较高的高速旋转喷嘴或旋流喷嘴，并在工艺上根据砂桥分布的深度，及时调整泡沫液密度和排量[4]。

主要关键工序如下：

（1）施工前根据地层压力系数优化泡沫密度、施工压力、施工排量。

（2）工具入井一开始就采用低密度泡沫，边下连续管边小排量冲洗，在到达砂桥之前就利用泡沫膨胀降低液柱压力，建立欠平衡循环。

（3）接近砂面后，逐步增加泡沫密度，清洗砂桥，增强泡沫冲砂携砂能力；密切观察放喷口，若返出量降低，及时降低泡沫密度，利用泡沫"贾敏效应"暂堵漏层；暂堵后实施分段冲砂、气举排液实现近平衡作业。

具体工艺操作规范可参考 Q/SY 1770.2—2014《连续管常规修井作业规程　第 2 部分：低压气井氮气泡沫冲砂》。

第二节　连续管解堵

在油田作业与生产中经常会出现各种堵塞问题，最常见的堵塞类型有砂堵、蜡堵、盐堵、球堵、结垢等，处理的方式也多种多样，常用的是射流冲洗、机械磨钻、化学浸洗、穿孔重建循环等。连续管解堵技术是连续管修井作业中一项看似简单但实际上综合性很强的分支，由于其在解决相关堵塞方面费效比高，尤其在过油管作业方面作用独特，所以"十二五"期间该作业类型在总体作业所占比例也越来越重。

一、砂堵

在压裂过程中出现的砂堵及生产中因地层出砂造成的井筒堵塞，通常都可以用冲砂洗井的方式解决，这是最常见的连续管解堵方式，国内已有较多应用。但有时使用常规的冲洗方式无法完全解决砂堵的情况也经常存在，这就需要利用其他的解决方式。

1. 喷砂穿孔解堵技术

在作业与生产中，有部分砂堵难以解决或解决起来代价过大，有时放弃堵塞的层段重新建立通道也不失为一种解决之道。例如在多级滑套压裂作业中，因最下端的一两级因滑套通径较小，压裂程序控制不好的话常会出现砂堵情况，而滑套尺寸可能小于连续管尺寸致使连续管无法冲洗[2]。

1）工具与工艺要点

射孔工具（图 5-17）是一种整体式喷射穿孔工具，最小的一款工具最大外径仅 32mm，与 1.25in 连续管外径相当，连接长度仅 100mm，既充分保证了工具的通过性能，又在保证成孔性能的条件下具有足够寿命。工具使用 2 个 3mm 孔径的喷嘴，可在 $2^7/_8 \sim 3^1/_2$in 油管上连续喷射完成 3 ~ 5 组 8 ~ 10mm 的孔眼，这就足以保证后续作业的井筒泵注排量。

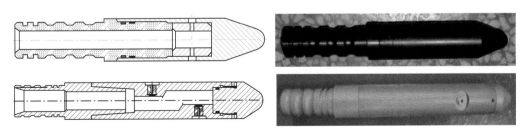

图 5-17　射孔工具示意图

小于 1.5in 的工具一般做成直连式，直接与连续管滚压连接；大于或等于 1.5in 的工具既可以做成直连式，也可以做成螺纹连接方式与内连接器配合使用。喷嘴材质一般选择硬质合金即可满足要求，如果有长寿命的需求，可采用镶装宝石或金刚石的喷嘴以获得更长的喷射寿命。

工艺要点：

（1）工具连接与测试。根据连续管壁厚选择合适的滚压接头，安装前对连续管内壁进行必要的修整。安装后的测试确认连接接头无任何泄漏。

（2）工具下入过程。由于工具喷嘴孔径较小，为避免因堵塞造成施工失败，在下入过程中，应保持低排量的循环。

（3）泵注过程。由于用砂量较小，泵注过程应尽可能采用小型化混砂设备并保持砂比和压力的稳定。

（4）喷嘴的最佳射流速度设定为190m/s左右。对应的泵注排量0.16m³/min左右，可针对设备情况进行优化调整。

（5）喷射用砂应筛分确认，液体应使用低浓度瓜尔胶基液（或其他携砂液，如有地层配伍要求应视情配入添加剂）。

2）设备与作业程序

连续管及配套设备要求：

（1）$1\frac{1}{4}$in 或 $1\frac{1}{2}$in 连续管作业车（盘管长度大于作业深度300m以上）。

（2）混砂橇1台，高压泵1台（最低须满足工作压力不低于45MPa、工作排量160~180L/min配置要求）。

作业基本程序：

（1）连续管设备安装，磨料及液体准备。

（2）连续管通径，喷射工具连接安装（水平井中应使喷射方向呈近似水平）。

（3）地面测试，确认施工参数。

（4）工具入井，首孔定位；入井过程保持低排量循环。

（5）执行喷射泵注程序。

（6）依次上提至后续射孔点，重复执行喷射泵注程序。

（7）连通确认。

（8）射孔段拖动冲砂1个环空容积后，工具出井。

3）应用实例

苏里格苏36–15–21H2井具有典型的多级滑套压裂管柱结构（图5–18），在压裂作业的第二级即发生砂堵，由于四级滑套的通径仅为33.5mm，即使使用1.25in的连续管也很难通过，而第三级滑套的通径29.3mm就更是让常见连续管力所不及了，因此，虽多次进行连续管冲砂仍未能解堵。在此不得已的情况下，施工方决定放弃三级和四级层段，在四级滑套之前进行射孔连通保证可以投球实施后续的层段。

由于该井为首次该类型作业，入井前进行了地面测试。仅加砂80kg即射穿油管。

随后工具按程序入井完成射孔4次，后从油管注入时排量达2m³/min，顺利完成后续压裂任务。在该井成功应用后，该工艺两年内在苏里格陆续应用20多井次，而应用目的也各有不同：有的在压裂完成后的排放阶段发生砂堵，故工艺实施的目的是直接投产；有的在多级压裂的前期发生砂堵，作业目的是建立循环通道实施投球完成后续层段压裂；有的则是对裸眼封隔压裂作业条件下进行补充射孔作业以改善加砂效果。由于处理同类问题的效率极高，使该工具及技术成为多级滑套压裂类型井的必备保障手段。

图 5-18　工具连接状态及地面测试

2. 旋转钻磨解堵技术

旋转钻磨解堵是一种机械钻磨解堵方式。主要应对的是胶结砂堵或硬水泥残留以及其他通过水力喷射工具难以快速清除的堵塞物。其基本工具组合为：连接器 + 马达头 + 螺杆马达 + 磨鞋，如果在长水平段进行此类作业还可增加水力振荡器等辅助工具以保证下入深度。

以长庆储气库靖平 H1 井为例，该井深 5200m、水平段 1500m，井筒结构复杂，需全水平段解堵，选用连续管水力冲洗并配合钻磨工艺组合的解堵方案。按工序利用连续管冲洗工艺冲洗井筒处理至 4000 ~ 4200m 后进尺较缓慢，因使用多孔喷嘴冲洗，冲洗效果较差，于是更换磨鞋用钻磨工艺处理并顺利钻磨至设计井深，后通井顺利。钻磨期间，返出液浑浊，为高密度钻井液，沉淀物为黏稠钻井液及固体颗粒。钻磨成功后再利用连续管冲洗井工艺进行两周循环洗井，返出液入井液一致。该井后续进行连续管拖动布酸、试气求产，求得无阻流量是解堵前增加 4 倍，注气量也是邻井的 2 ~ 3 倍。

二、蜡堵

在一些高含蜡的油田生产中，因为井内温度和压力的变化，采出液中含有的蜡质会在某些区段析出凝结并附着在管壁上，久之会造成生产管柱的堵塞。为解决这个问题，各个油田产生了许多处理方法：有以注入化学溶剂为主的化学方法，有以机械刮蜡、磁或超声防蜡、超滤膜等手段的物理方法，还有以注入热水、热油、蒸汽为主的热力清蜡，甚至还有微生物清蜡法。这些方法都各有特色，对于常规方式而言，它们都有一个共同的要求，就是管道不能完全堵塞，必须留有注入的通道，否则处理剂无法到达蜡堵位置，剩下的就只有起管这一条路了。由于连续管技术长于管内作业的特点，处理蜡堵就有了新的手段。

1. 连续管热力清蜡

用连续管将热水或热油注入结蜡点附近进行循环冲洗解堵的手段。在辽河油田、大庆油田、吐哈油田、塔里木油田等多有应用。其工艺特点是以洗为主，并未突出射流的特点，对含聚合物较多的蜡堵解决起来比较困难。

2. 连续管水力喷射 + 热力清蜡

该工艺将冲洗井高速射流技术与热力洗井相结合，充分发挥二者的优点，可获得更好的解堵效率。以大庆油田为例，因三次采油的推广使得采出液富含聚合物，与蜡结合后难以用一般热洗方式清除，采用旋转喷射和旋流喷射两种喷嘴辅以热水进行高速射流的工艺应用取得显著效益。

1）长关电泵井油管内解堵

A 井为聚合物驱电潜泵井，2010 年电泵烧毁待更换，多次动用热洗泵、水泥车、高温蒸汽车进行洗井，油管内及油套均无法洗通，起管柱 40t 拔不动，待大修作业，累计影响 2035d、影响产油 1.5×10^4t。2015 年进行连续管解堵作业，施工用时 16h，油管内解堵成功，常规检泵作业后初期日产液 206.9t、日产油 6.2t，节省大修费用 40 余万元。

2）泵况正常电泵井油管内解堵

B 井 2015 年欠载停机，多次动用热洗泵、水泥车、高温蒸汽车进行洗井，均无法洗通，油管内及油套堵，起管柱 40t 拔不动，待大修作业。累计影响天数 258d、影响产油 0.15×10^4t。2015 年进行连续管解堵作业，施工用时 9h，冲洗深度 938m，洗井排量 0.2m³/min。当日不动原井管柱直接启泵恢复生产，日产液 126.6t、日产油 7.5t。节省常规作业用电缆、封隔器、管材等材料费 28 万元，且施工周期由常规作业 4.5d 缩减到 1d。

其后，上述工艺在大庆油田累计试验产出井 58 井次，累计恢复产油 7377.4t，按油价 50 美元计算，创造效益 1549.3 万元；水井施工 26 口，日恢复注水 948m³，累计恢复注水 8.4×10^4m³，取得较好应用效果。

三、盐堵

盐堵是一种地质特点显著的堵塞类型，本节以青海油田为例。青海油田英西地区在"十二五"期间勘探开发获得重大成果，连续在深层发现多个高压高产储层，单井高产纪录不断刷新，成为青海油田增储上产的重要地区。英西深层油藏的主要特点是矿化度高，在生产过程中，高矿化度地层水中的无机盐类随着温度、压力等物理和化学环境的变化在井筒内逐渐析出，结成盐垢、沉积形成盐桥，导致生产通道通径变小甚至完全堵塞，致使油井产能降低或失去生产能力，给英西的勘探开发工作带来很大困难。利用连续管实施带压冲盐解堵作业，为英西地区高压高产油井的正常生产提供了有力的保障。该地区的盐堵解决方案也是十分具有代表性。

1. 方案设计原则

安全至上，确保"下得去，出得来，伤害小"。这是由英西区块开采特点决定的，要求能在高压条件和复杂井筒内通过作业尽快恢复生产，并减少对井筒和地层的伤害，同时也要避免二次卡堵的风险。因此，工具与工艺应采用简单实用的设计思路，工具外径应尽量接近连续管，长度也应尽可能短小，工艺步骤求稳不求快。

2. 连续管冲盐解堵基本工艺过程的设计

解堵施工方案应在对井身结构及堵塞情况分析预判的前提下制订。根据英西地区的井身结构特点和常见堵塞形式，制订了以喷射方式为主、机械方式为辅的基本方案，包括如下基本工艺过程：

一探，用洗井工具边洗边探，确认遇阻点；

二冲，高速射流建立通道；

三钻，若单纯依靠射流冲不动，则结合机械冲击或钻磨工具打通通道；

四洗，通道建立后用大排量喷嘴洗井、溶盐，扩大通径。

3. 喷射工具选型

用于喷射溶盐解堵的工具与射流解砂堵类似，但因盐堵与砂堵或蜡堵相比更为致密，喷射工具以使用旋流或旋转为好，且工具应针对结盐的特点进行必要改造，如旋流喷嘴的散射角更小射流更集中，旋转喷嘴的旋转部分尽量不外露（图 5-19）。此外，如射流方式解堵效率较低，需准备螺杆马达钻磨方式进行解堵。

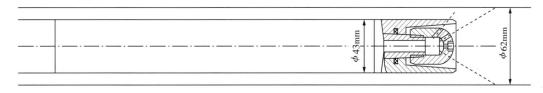

图 5-19　旋转喷嘴示意图

4. 应用实例

S38 井是青海油田在英西地区的一口高压高产井，该井采用上部套管 + 裸眼完井的方式完井，套管下深 3521.70m，人工井底 3804.62m；采用下油管自喷生产，后改为掺水生产方式生产，管脚下深 3327.40m。该井试产高达 500t/d，后 300t/d 稳产也达到一个月以上，为国内多年来少见的高产井。但由于该井出盐量大，盐结晶速度非常快，掺水生产只能缓解管脚以上油套管内盐结晶速度，但管脚以下特别是裸眼段盐结晶速度非常快，所以掉产很快到 100m³ 以下。

为尽快复产，连续管连续进行冲洗作业，在前 4 次施工中，均采用多孔喷嘴单纯洗井方式，效率低下，在生产管柱中洗后很快易再次堵塞，而在裸眼段则下入非常困难；同时，在遇阻点长时间的冲洗存在地层坍塌和冲出"大肚子"。针对 S38 井裸眼段结盐、地层易坍塌的特点及连续管在裸眼段施工的特殊性，提出使用"内连接器 + 加长杆（2.1m）+ 旋流喷射工具"和"内连接器 + 加长杆（2.1m）+ 旋转喷射工具"两套工具串，采用旋流喷射工具冲盐 + 旋转喷射工具扩眼 + 热水溶盐的施工方案，减少工具在裸眼井壁上切边遇阻的可能性。[3]

参数计算见表 5-2。射流参数满足管柱清洗大于 150m/s 的要求，环空上返速度满足直井沉降末速 4~6 倍的要求。地面设备需要满足 330L/min 的排量要求，施工压力 50MPa 以内。

表 5-2　S38 井施工参数计算

喷嘴压降 MPa	流量 L/min	射流速度 m/s	油管长度 m	管内径 cm	地面泵压 MPa	沉降末速倍数
4.44	150	94	4400	3.65	10.6	2
21.48	330	207	4400	3.65	47.5	4.4

施工过程：

工具串入井后，按照设计排量 150L/min 泵入，以 3m/min 的速度下入，下过井口 50m 后，提速度控制在 10m/min 下入速度，井深 1394m 处遇阻，提高排量至 330L/min，泵压 46MPa（计算值相符），通过遇阻点。此后在油管段与裸眼段反复遇阻，提高排量通过遇阻点，经过 8h 反复冲洗到达 3804m 井底，并对裸眼段进行了充分的冲洗，恢复了裸眼段的生产通道。施工后该井恢复了生产，产量达到 100m³ 以上。旋流式冲洗工具在后续的 45 井次应用中也取得了较好的效果，成为英西冲盐解堵的主流工具工艺。

四、球堵

在典型的多级滑套压裂管柱中，返排时未排通，出现空心钢球或复合球堵塞的现象较为常见，例如靖 62-14H1 井就这样一种情况。该井采用 $3\frac{1}{2}$in 外加厚 +$2\frac{7}{8}$in 外加厚 +$2\frac{7}{8}$in 特殊接箍组合油管 + 八级水力喷射工具对盒 8 层水平段进行压裂改造。压后未排通，多次采取连续管 + 制氮车气举、液氮环空气举、邻井套注和油注气举排液（放喷出来钢球两个 47.625mm 和 50.8mm）。后采用 1.5in 连续管 + 43mm 螺杆马达 + 50mm 磨鞋钻磨两次均无效。这是因为球随磨鞋转动无法有效磨削。为解决该问题提出了新的喷砂钻磨解堵方案。

1. 喷射工具及参数设计

喷射工具以旋流工具为基础，较射流冲洗类喷嘴设计更小的出流发散角（26°~28°）。前端护套可控制喷距并将空心球压住，内部材质为磨料射流经特殊处理，以保证较长的喷射时间。射流速度控制在 180m/s，施工参数及泵注程序见表 5-3 和表 5-4。图 5-20 所示为喷砂钻磨除球工具。

表 5-3   施工参数

喷射用砂	70~100 目石英砂 1100kg	砂浓度，kg/m³	80~100
基液	瓜尔胶浓度 0.35%~0.4%，不加添加剂	加砂喷射时间，min	40~60
建议泵车工作排量，L/min	220~240	泵车预测工作压力，MPa	35~41（瓜尔胶）

注：单只喷嘴寿命预期约 1h，如单喷嘴不能完成喷射，则需更换工具。

表 5-4   喷砂射孔泵注程序表

液体类型	油管排量 L/min	射流速度 m/s	喷嘴理论压降 MPa	砂浓度 kg/m³	阶段时间 min	油管注入量 L	砂量 kg
基液	220	187	20		4	480	
基液	220	187	20	100	50	11000	1100
基液	220	187	20		30	6600	
活性水	160	136	11		30	4800	

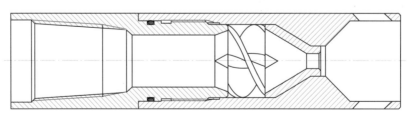

图 5-20   喷砂钻磨除球工具

2. 地面测试

在预制好的靶件内，按照设计要求放入 44.45mm 空心钢球，用吊车将注入头吊起，缓慢移动至靶件上方，下放连续管使喷射器进入靶件内，停止下放连续管，采用吊车缓慢下放探钢球位置，探到后上提 5cm，开泵进行喷射作业（图 5-21 和图 5-22）。排量 190L/min，泵压 44.0～38.5MPa，加砂 25min 后顶替。喷射后，钢球直径由 44.5mm 变为椭圆状，长轴 41.9mm，短轴 39.0mm，滑套本体单向被冲蚀。

图 5-21　试验靶及工具连接

3. 入井应用

下喷射工具至 3855.61m（第四级滑套位置），遇阻（拉力由 62kN 降至 57kN），加压 0.5tf。开泵排量 220L/min，泵压 43.2～44.5MPa，加砂 40min，吨位增加 1tf。继续顶替 30min 停泵。试通钢球，喷射器顺利通过滑套位置 1.3m，从 3855.6m 通至 3856.9m。起出工具，下光油管通井至 4166.56m 遇阻，说明第三级钢球已成功处理。

该工艺的成功应用，为处理类似井下复杂工况提供了一种新的解决方式，对处

图 5-22　喷射过的球及滑套

理裸眼封隔器压裂、不动管柱分层压裂造成复杂状况的井具有良好的应用前景。

五、结垢

油管结垢在注水管柱中尤为突出，由于油田注水或含水水质较差，含大量的离子以及含砂量较高，油管经长时间使用内壁结垢现象严重，注水或生产压力下降、效率降低，并且随着开发时间不断延长，甚至出现堵死的严重后果，如图 5-23 所示为典型垢样。鉴于连续管的过油管作业能力和快速起下、连续循环特点，可以形成不动管柱除垢技术，能较经济地完成油管除垢的要求。

油田除垢方式常用的有化学药剂、磨铣钻头、射流清洗三类方式，其中化学药剂除垢对操作时间和药剂浓度要求严格控制，且有腐蚀油管的风险；而垢样属性的差异使磨铣钻

头的除垢效率较为低下。所以国内外技术人员针对射流清洗除垢方式做了大量的工作，较有代表性的是 Halliburton 公司的喷射技术，喷头固定安装在连续管端，通过前后拖动喷射除垢，喷头自身不做旋转，为了保证油套管内壁的全方位清洗，需要布置很多数量喷嘴，所需流量往往超出连续管的输送能力范围或射流速度较低，对硬质垢层有一定局限性。

图 5-23　渤海××注水井垢样管柱

"十二五"期间，国内采用旋转射流技术对油管进行不起管除垢取得很好的效果。旋转射流工具相比固定喷头减少了喷嘴数量和排量来提高喷嘴的射流速度，主要包括限速旋转接头和喷头两部分。其中限速旋转接头利用喷嘴喷射反力提供的旋转扭矩，使每一个喷嘴都能 360°对井筒内壁进行全方位的喷射清洗；喷头合理分布喷嘴的数量和喷射角度，与轴线夹角 15°的一个喷嘴清除正前方可能遇阻的杂物；与轴线夹角 45°的两个喷嘴破坏垢层与油管的附着性；垂直轴线的两个喷嘴进一步清除残留的硬垢层。如图 5-24 所示。

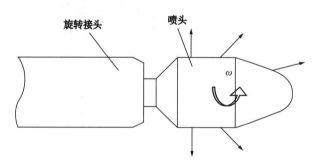

图 5-24　旋转喷射工具作业示意图

高性能的聚能喷嘴也是该工具的一个关键部分，通过优化喷嘴流道和整流射流流体，使喷嘴减少射流发散角度，减少流体喷射过程中的能量衰减，增强流体对清除目标的打击效果。

对于油管除垢的清洗射流速度建议控制在 150m/s 以上，转速 100~300r/min。而根据数值模拟可见（图 5-25），流体射流速度随距离喷嘴的位置增大而呈双曲线规律衰减，但在等速核区域内（约 $7d$，d 是喷嘴直径）喷嘴轴线上流速基本不变；在喷距达到 $10d$ 时流速下降了 25%。所以喷嘴的最佳喷射距离应为 $7d$，最大不应超过 $10d$，根据井筒内径和最佳喷距选择喷头直径规格。

以青海油田××井的施工为例。该井在2012年4月换封作业中，60tf活动解封无效，决定对该井进行连续管切割辅助修井作业。由于油管结垢切割工具串下放遇阻，实施连续管旋转射流除垢和通井一体化作业。该作业工具串从下到上为：旋转喷头、通井规、马达头、连接器，工具串总长约2m。图5-26为连续管除垢施工现场。

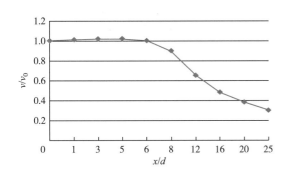

图5-25　喷嘴轴线射流速度变化率与
　　　　喷距和孔径比值关系

图5-26　连续管除垢施工现场

除垢通洗井工具串入井后，按照设计排量180L/min泵入，以3m/min的速度下入，下过井口50m后，观察环空返液垢渣情况，可缓慢提高下入速度，但不超过20m/min。如此时环空返液没有垢渣亦可降低泵压减少入井排量，在遇阻或垢渣增多时提高设计排量。至阻流环位置1017m处循环1.5倍油管容积的清水，进出口液性一致，起管，执行下步作业。作业后后续工具顺利下入，证明除垢达到施工要求。

第三节　连续管切割遇卡管柱

在油水井进入中后期，因砂、蜡、垢、盐、落物或套变等各种原因导致生产或作业过程中油管管柱遇卡时有发生。常规处理解卡方法主要有大力提拉活动法、悬吊法、强力扭转法、倒扣法等。这些手段方法粗暴：一方面，解卡的成功率低；另一方面，管柱在反复提拉、扭转下易造成脱扣、扭断等事故，使事故复杂化，延长总修井作业周期，也增大工人的劳动强度。

将遇卡管柱在卡点之上切割后再进行后续处理，能够有效缩短解卡处理周期，减小工人劳动强度，结合连续管技术的常见切割方式有水力机械切割和磨料射流切割以及化学（或爆炸）切割等几种。

一、连续管水力割刀切割油管

使用螺杆马达驱动水力割刀，利用水力油管锚（和水力扶正器）固定和扶正工具，并承受切割产生的反扭矩。水力割刀利用节流水眼建立压差，驱动活塞推动割刀张开，提供切割所需的正压力。实际使用时，该技术主要用于切割油管，主要用于注水管柱和压裂管柱遇卡后的切割，一般每种规格的油管对应一种割刀。

1.连续管水力切割配套工具

典型工具串结构（图5-27）：连接器＋马达头＋水力油管锚（和水力扶正器）＋螺杆

马达 + 水力割刀。

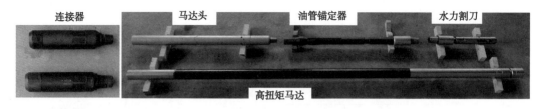

图 5-27　连续管水力割刀切割油管的主要工具

水力割刀：水力割刀从刀数分有两刀式和三刀式，从张刀方式分有活塞下推式和上推式两种（图 5-28），张刀的驱动方式都是以过流压差启动的。下推式通常结构比较简单，但刀头张开时无缓冲，易崩刃；下推式有缓冲复位弹簧，张刀比较柔和不易崩刃。二者都有可更换的过流水嘴以调整启动压力。规格主要有 43mm 和 54mm 两种，可用于 60mm，73mm 和 89mm 油管的切割，施工排量一般为 80~150L/min。

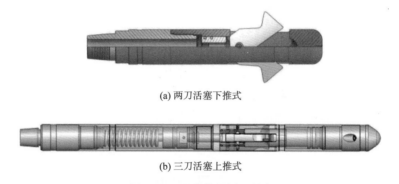

(a) 两刀活塞下推式

(b) 三刀活塞上推式

图 5-28　两种典型割刀形式

水力油管锚：其作用是固定切割工具串，避免刀头随工具窜动损坏，还可以承受切割时的反扭矩。其锚爪启动的时机需要早于水力割刀的启动时间，水力锚定器的匹配往往是一次切割是否成功的关键。图 5-29 所示的水力锚定器也都是压差启动，且都有复位弹簧，但锚爪的形式和打开方式不同，图 5-29（a）为较传统的弹性爪，图 5-29（b）为侧张式异形爪，有更大的锚定范围且可承受一定扭矩。为可靠锚定，都需要施加一定的钻压。

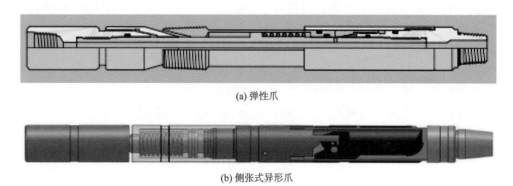

(a) 弹性爪

(b) 侧张式异形爪

图 5-29　典型水力锚定器

螺杆马达：作为切割的动力，马达要求足够的扭矩和转速，通常要在排量 80~150L/min 下，其扭矩达到 120~180N·m，转速达到 250~350r/min。在本工艺早期应用中，多数使用的是进口马达，因国产马达在各项指标上都落后于进口马达，经过近几年的努力，国产马达在扭矩和转速上逐渐接近国外的指标，已能够满足切割的需要，不足的是马达的长度还比较长。图 5-30 所示为典型马达扭矩输出曲线。

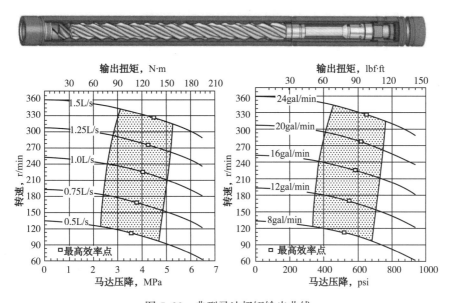

图 5-30　典型马达扭矩输出曲线

扶正器与定位器：扶正器可帮助工具串减少偏心状态，避免单刀切削的情况，通常使用一只固定翼式的扶正器和一只弹性扶正器组合。定位器利用弹性爪通过接箍时拉力增大的原理，识别接箍的位置，避免割刀在接箍处切割。如图 5-31 和图 5-32 所示。

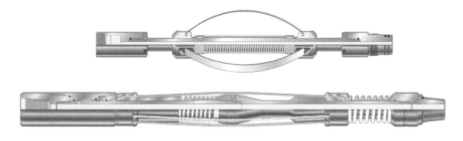

图 5-31　机械式弹性扶正器与液压式弹性扶正器

图 5-32　油管接箍定位器

此外，由于施工排量小、控制要求高，用于连续管水力割刀切割油管作业的配套泵车需专门匹配或选择，并配套流量计和压力监控系统。

2. 现场作业基本要求

（1）需合理匹配水力割刀、螺杆马达和水力油管锚的参数。

（2）切割作业前，先利用连续管通洗井工具对油管柱清洗、通井，并校准深度。

（3）下至切割井深，校核悬重；泵注设备平稳、连续泵注，排量小于螺杆马达的最大排量；切割作业结束后，不应带工具串继续加深通井。图 5-33 为连续管水力割刀切割油管作业现场。

图 5-33　连续管水力割刀切割油管作业现场

3. 施工程序要求

（1）将需要切割的管柱在悬重基础上增加预拉力 2tf 以上，处于张弛状态。

（2）摆放连续管装置，安装井口并执行冲砂洗井作业程序；作业末期注意探底确认连续管深度并做标记，确定切点并减去工具长度后做切点标记。

（3）完成冲砂程序后将连续管提出井口，选择合适管段位置将管头切割（如切割段较长则需记录长度），切前用压痕轮滚压，切后管端校直不短于 2m，安装连接器，抗拉测试至 5tf，滑移不超过 2mm，并试压 25MPa 不漏为合格。

（4）逐段连接机械切割工具串，注意连续管作业装置与吊车的配合，连接完成后在井口进行工具测试，根据此次泵车与工具操作联调结果，确认施工参数（注意：测试时需在水力锚处挂油管短节，入井前取下）。

（5）将工具管柱对中放入井，入井前校准深度计数器数值；入井过程中确保工具管柱内无排量注入，连续管旋塞阀处于关闭状态。

（6）先以 3~5m/min 的低速平稳下入。下入 40~50m 载荷稳定后，可以提高至 15~20m/min 匀速下入，中间若有管柱内径突变位置，应在其前约 20m 处将下入速度降至 5m/min 以下，通过后再正常下入。

注意：下入过程出现异常时，应放慢下入速度，必要时应上提一段后再下放。

（7）下至目标点，对应冲砂作业时切点标记，如安装连接器时切割管段较长则需对切点标记进行调整，工具应下过标记点 2~3m 再回拉至标记处，记录此时深度与载荷。

（8）确认设备与工具状态正常后，开始泵注，根据施工参数判断连续管的充满后计时切割；缓慢提高排量至 150L/min，直到油管上窜，或稳定切割至 15min 停泵。

注意：切割点避开油管接箍位置，泵吸水需 40 目以上滤网过滤。

（9）按泵注程序完成泵注后，起出连续管和工具，拆除注入头和井口装置；如切割 15min 油管未上窜，则试提油管柱，确认是否割断。

（10）后续作业。

4.应用展望

"十二五"期间，连续管水力割刀切割油管的应用逐年增多，因其效率较高，受到现场的欢迎，仅青海油田就有 20 余井的应用，如能完善配套，特别是小排量的高压泵注设备并提高国产马达性能，必将推动应用数量迅速增多。

二、连续管旋转喷砂切割管柱

随着国内各油田勘探开发的深入及大部分井的开采已进入中后期，生产、钻井、压裂等管柱卡钻事故呈上升趋势。由于造成该类型的作业管柱卡钻的原因复杂多变，每一种卡钻管柱处理措施不尽相同，特别处理小通径的注水井管柱，厚管壁的钻井管柱，携带复杂工具的压裂管柱等复杂管柱，给修井作业带来了比较大的困难，而且处理时间长，劳动强度大，费用高。

近年来，国内外研发多种工具解决复杂管柱的解卡，旋转喷砂切割工艺被认为适应范围最广的一种，能够解决复杂管柱解卡作业。

连续管旋转喷砂切割结合了连续管技术与磨料射流的优点，利用连续管输送携砂液，通过旋转喷射工具切割被卡管柱。

喷头的旋转驱动主要有三种方式：利用偏置射流的喷射反力驱动的自旋转喷头，配合可限速旋转的接头成套使用；利用可使用携砂液的特殊螺杆马达驱动，需要时加减速器降低转速；利用棘轮棘爪机构，通过轴向移动实现步进旋转，配合旋转接头和锚定器使用。限速旋转的自旋转喷砂切割工具，由于结构简单、通过性好，更受用户关注。

1.旋转喷砂切割工具

喷砂切割工具结构如图 5-34 所示。

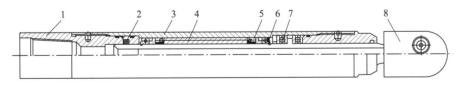

图 5-34　喷砂切割工具结构图

1—上接头；2—O 形密封圈；3—本体；4—限速环；5—Y 形密封；6—轴承；7—轴承；8—喷头

工作原理：地面泵送携砂液，通过连续管输送给旋转喷射工具，喷头上安装喷嘴，流体通过喷嘴时驱动喷头旋转，本体部分设置有限速机构，能够将转速控制在合理的范围内，进行管柱的切割。

特点：结构紧凑、通过性强、工作稳定、喷头可更换适应不同的管径、喷嘴的寿命长。

2.喷砂切割基础参数测试优化

通过调整不同的射流参数及砂比获得最优化的射孔参数；在射穿内层管柱的同时对外层套管的损伤程度。

测试靶件：$2\frac{7}{8}$in 油管（73mm×5.5mm+$4\frac{1}{2}$in 筛管（143mm×14.3mm）+7in 套管（179mm×9mm）；喷头安装 2×ϕ3mm 喷嘴，同心布置。

1）喷射角度对切割的影响

喷射角度的影响：45°，60° 和 90° 倾角喷嘴，在喷嘴压降17MPa不变的条件下，射穿油管与筛管时间分别为130s，100s 和 90s 左右，说明角度越小，射穿筛管所需的时间越长（效率越低），同等时间内套管上的切痕也印证了这一点。如图5-35至图5-37所示。

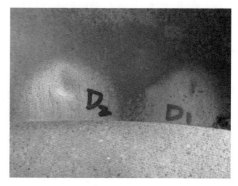

图5-35　测试管柱剖开图及套管切割深度

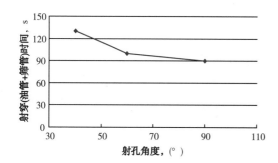

图5-36　喷射角度与穿孔时间关系曲线

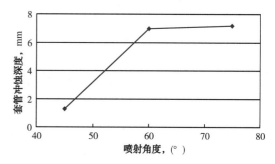

图5-37　喷射角度与套管损伤程度深度关系曲线

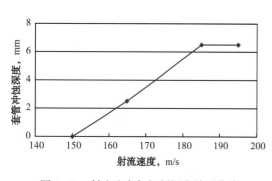

图5-38　射流速度与切割深度关系曲线

2）射流速度对切割的影响

射流速度是切割效率的主要影响因素：在150m/s左右的射流速度下，120s内套管几乎没有受到损伤，仅仅射穿了筛管与套管；而速度升至165m/s，套管开始受到明显的损伤，平均深度2.5mm；当速度升至185m/s和195m/s时，套管切割深度升至6.5mm左右（图5-38）。说明随着射流速度的增加，切割能力增强。

3）喷嘴直径对切割的影响

喷嘴压降相同条件下，ϕ3mm，ϕ3.5mm 和 ϕ4mm 喷嘴对射穿第一层油管和在筛管上形成的孔深主要与时间有关系，受喷嘴直径的影响不大。喷嘴直径越大，喷射形成的孔径越大，会间接影响旋转切割的时间，因此，形成的孔径越大，旋转切割时间会相应缩短。

4）冲蚀时间与切割深度的关系

套管损伤程度除受上述参数外，主要与冲蚀时间有关，精确的控制冲蚀时间能够避免套管损伤。如图 5-39 所示。

5）喷距与切割深度关系

随着喷距的增加，切割深度逐渐减小，磨料射流的切割效率也逐渐降低。这是因为磨料射流形成以后，它会受到周围环境的影响，料射流的速度产生衰减，衰减的快慢与喷距有较大的关系，喷距越大，磨料射流冲击点所具有的能量就越小，切割效率也就越低。如图 5-40 所示。

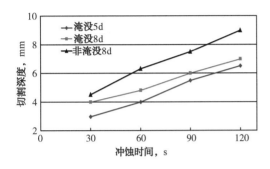

图 5-39　冲蚀时间与切割深度关系曲线

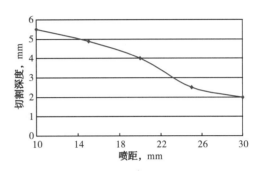

图 5-40　喷距与切割深度关系曲线

通过上述测试得出：在砂比 7%，石英砂 70~100 目，射流速度为 180~190m/s 时效率较高；若射流速度过高，则施工压力大，喷嘴的寿命受到影响。

射流速度低于 160m/s，切割效率很低，几乎没有进尺。

6）几种典型管柱切割测试

在前面测试的基础上，优化旋转喷砂的射流参数，石英砂 70~100 目，砂比 7%，射流速度控制在 185m/s 效率较高，测试的目的是研制旋转喷砂切割工具是否能切割复杂管柱。

测试切割不仅有油管，还有钻杆、钻铤、筛管、双层管等。如图 5-41 所示。

图 5-41　连续管旋转喷砂切割试验

3. 施工作业基本要求

（1）根据管径、结构特征和作业深度，合理选择连续管设备、喷射工具和工作参数（主要是排量和加砂时间）。要在切断遇卡管柱的同时，减少和避免对套管的伤害。

（2）为避免喷嘴堵塞，要求砂斗加装滤网，并在连接工具前充分循环清除连续管内的污物。

利用旋转喷头喷出的高速携砂射流实现切割。不仅可用于切割油管，还可用于切割钻杆、钻铤、筛管、双层管、带控制管线和附生电缆的油管。

（3）由于作业排量小、砂浓度低，不适合使用混砂车作业，且不经济，需要配套专门研制的小型混砂橇或类似功能的混砂装置。

4. 现场应用实例

青海油田 Y4132 井为注水井进行换封作业时在 550kN 范围内活动解卡失败，拟采用连续管喷砂切割方式取出顶封以上管柱。油管组合为 2 封 2 配，管柱总长 1671mm，拟切点 1635mm。

作业采用旋转喷砂切割工具串见表 5-5。

表 5-5　旋转喷砂切割工具构成表

工具串组合	名称	最大外径 mm	最小内径 mm	装配长度 mm	累计长度 mm	下接头型号
	1.5in 连续管	38.1				
	1.5in 外连接器	54	25	215	215	1.5in AM PIN
	液压式脱节器	54	13.5	592	807	1.5in AM PIN
	变扣	54	20	75	882	1.0in AM PIN
	刚性扶正器	56	19	152	1034	1.0in AM PIN
	弹性扶正器	43	15.8	938	1972	1.0in AM PIN
	喷砂切割工具	56		418	2390	2×3mm 喷嘴，75° 倾斜

作业过程：工具到达目标位后，正注入含砂 7%+0.4% 黄原胶 + 清水的基液，排量 170L/min，泵压逐渐上升 31MPa 保持稳定，加砂约 15min，顶替约 20min 后，套管返出排量大增，油管返出量减少，切割成功。图 5-42 所示为作业现场和切割后油管。

三、连续管化学（或爆炸）切割管柱

化学切割是通过起爆器使切割工具内的化学药剂相互接触反应，产生的高温高压化学腐蚀剂从工具下部的一些小孔中高速径向喷出，使管柱腐蚀切割；爆炸切割又称聚能切割，是通过起爆器点燃切割筒内的聚能炸药，镶嵌在切割筒周边的金属粒子在高温高压气体的推动下高速向四周射出从而将管柱割断。化学和爆炸切割是一项有较长历史的传统切割工艺，过去常以电缆形式投放入井并以电起爆的形式启动（详见 SY/T 5247—2008《钻井井下故障处理推荐方法》），但在大斜度井或水平井中，连续管则是更适合的传输工具。此时，切割筒起爆的方式通常为压力起爆。

图 5-42　作业现场和切割后油管

典型聚能切割工具串主要由连接器、马达头总成、减振装置、聚能割刀组成。其中，聚能割刀可调整装药量来用于油管、套管和钻杆的切割。聚能割刀通过液体打压引爆导爆索，进而点燃下面的药饼，使药形罩在炸药的高温高压作用下瞬间生成金属粒子以极高的速度向外喷射，切断钻杆，同时螺塞脱落，形成循环通道。减振装置用来抵抗吸收爆炸后产生的轴向强推力的，避免轴向强推力对油管造成变形或振掉工具串而出现新的事故。

聚能切割时管柱断口易形成喇叭口（图 5-43）。

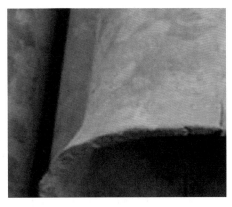

图 5-43　聚能切割管柱断口形状图

第四节　连续管钻磨

使用连续管在水平井内钻磨桥塞和滑套时，对工具串有一些特殊设计，在常规的钻磨工具基础上增加了振荡器和震击器，将减阻工具、解卡工具与钻进工具集成起来（图 5-44）。其目的是，增加在水平井内的下入深度，增加能施加的有效钻压，提高防卡和解卡的能力。

随着水平井完井深度的逐渐增加，利用连续管钻磨复合桥塞的做法变得越来越经济、有效。因此，在单一井眼中有多个复合桥塞需要被钻磨时，通过评估和完善钻磨桥塞过程中的每一个部分，从而减少卡钻和尽可能消除井眼中的钻屑，连续管能够为这些水平井内钻磨复合桥塞的井况提供一种经济的解决方案。该方法基本的优点包括更少的管柱疲劳，更少地往井内泵送流体和化学制剂，以及总体上更有效和经济的钻进。

当井水平段的长度越长，桥塞钻磨的难度就会增加。连续管在井筒中的螺旋屈曲以及磨鞋上的钻压会使钻磨过程恶化，特别是在多桥塞井中，许多因素影响到钻磨桥塞的效率。这些因素包括完井因素（套管尺寸、方位角等等），储层因素（井底压力、井底温度、页岩/常规，酸性等），复合桥塞因素（尺寸和类型），支撑剂类型（砂、其他支撑剂等），马达和磨鞋的选择，井下工具组合，流体（卤水、胶液等）和设备（连续管）。主要是为了使准备钻磨工作更为完整。

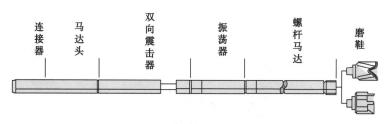

图 5-44　连续管水平井钻磨工具示意图

一、模拟计算

为了提高作业效率进行模拟计算，包括预测循环压力，可达的总深度，以及最优的钻磨深度。总深度是连续管可以到达的绝对深度，在该深度处，连续管已锁定钻压无法施加到磨鞋上。最优钻磨深度一般是比其短 15～30m，此时，钻头施加的钻压依然可以有效地钻磨桥塞。图 5-45 是典型下深与悬重模拟。

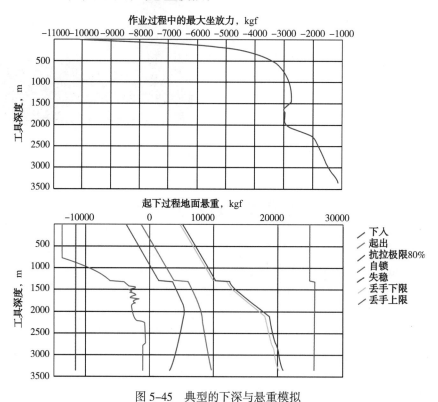

图 5-45　典型的下深与悬重模拟

二、工具串选择

长水平段水平井的桥塞钻磨作业需要格外注意细节、工艺技术、设备以及连续管有把握到达的实际深度，钻磨桥塞时井下工具组合选择变化很大，有很多种，最简单的就是马达头、马达和磨鞋。可选工具是为了提高钻磨效率和处置应急情况，但会增加振荡器、震击器等工具；同时，根据模拟计算结果注意振荡器的选择，多次循环阀的匹配，考虑井下工作组合的尺寸与性能。连续管钻磨桥塞推荐的井下工具组合如图 5-44 所示。

（1）螺杆马达。螺杆马达是一种容积式钻具，泵送工作液通过马达转子与定子的容腔时，在马达进出口形成一定的压差，推动马达的转子旋转，并将扭矩和转速通过万向轴传递给钻头。螺杆马达是一种硬特性的马达，钻具转速不因钻压加大而造成转速明显下降，具有很好的过载性能。同时，其输出扭矩与工作液压降成正比，通过地面泵压的变化可反映井下螺杆马达的扭矩情况，当钻压增大时压降相应变化，导致扭矩增大，有助于增大井底切削力矩；当泵压突然增大时，井下切削力矩突然变大，应适时减小钻压以减小切削力矩，防钻具超载。

（2）振荡器。在水平井中推荐使用振荡器。振荡器的作用是减小因拖拽引起的摩阻。事实证明，振荡器也可以减少钻磨桥塞的时间并且可以增加钻磨的效率和克服由分支井狗腿度引起的问题。振荡器的类型有两种，即径向振动的振荡器和轴向振动的振荡器。径向振荡器是通过振动连续管和连续改变接触力来产生振动，达到减阻的目的。轴向振荡器产生一个类似活塞作业或是水锤作业来减阻。目前有混合振荡器包含了两者的优点，证明在加深井中用连续管钻磨桥塞优势明显。这种混合振荡器双向设计包含双作用阀机制，该机制通过一个弹簧触发，使活塞加速撞击一个内部挡块，在很短的时间内，通过控制压力和排量，产生很高的冲击能，从而上下双向脉冲振动。另外，由带偏心加权计数器的马达组成，振荡器基于压力和流速，马达能够产生很高的转速和径向的频率。

（3）钻磨循环阀。在钻磨操作中，钻磨循环阀能使通过马达和工具组合的流量保持稳定，同时在特定条件下，也可以使环空保持循环。在钻磨操作中，钻磨循环阀与连续管马达是连接在一起的，在工具组合中，它是位于连续管马达 / 磨鞋的上方。

当钻磨循环阀内部的流体压差大于设计阀压，同时上提底部工具串时，旁通阀打开。流体通过旁通阀进入环空。此时可以通过大排量提高环空流体流速。

钻磨循环阀如图 5-46 所示，由一个活塞腔和一个流通通道组成。活塞腔设定了一些调节活塞压力的孔，这些孔的位置决定了密封组件的位置。激活压力为 5～30MPa。活塞通过高载荷压缩弹簧加载。流通通道有一些大的流动孔道，这些孔道的位置是固定的，与心轴是独立的。当阀内部压力达到或者超过设定的激活压力时，心轴会释放同时上提底端的钻具组合，超额的流量就会通过阀的流动孔道流入环空中，当流量减小时，钻磨循环阀又会恢复至初始状态。

图 5-46　钻磨循环阀

三、钻磨过程控制及钻压控制

在现场，许多因地制宜的变化以及当地操作实践是钻磨成功的重要条件，以下介绍一些通常的做法。

（1）连续管下入速度 10~15m/min。

（2）利用悬重下降 800~1500kg 来标记桥塞位置。使用振荡器的话，可以适当减小到 500~1000kg。

（3）地面悬重增加是桥塞被钻掉的信号，缓慢下放连续管，核实该桥塞是否钻完；如果有扭矩产生或悬重减小 1500kg 就停止下放。

（4）核实是否已经钻完，如果确认钻完，则下入速度增加到 5m/min。

（5）标记桥塞并重复上述操作。

（6）如果一个桥塞钻磨时间超过平均作业时间的 2 倍，建议清理井筒。

有条不紊的钻磨远比破纪录的钻磨某个桥塞更有意义。施加过高的钻压极易增加马达憋钻的风险，憋钻也会降低马达的工作寿命，加快连续管的疲劳、增加操作失当以及造成大块的碎屑留在井筒中，大块的碎屑增加了管柱遇卡以及堵塞返排设备的风险。

长水平井段有效地增加钻压的方法是模拟地表对钻压的施加特点。图 5-47 和图 5-48 是某深度处桥塞上施加钻压与悬重变化的模拟计算图和数据回归分析。通过现场计算机模拟、真实的摩擦系数以及指重表读数对照，可以为作业提供更好的参考。同时，需要大量的钻磨经验实时的修正计算模型。

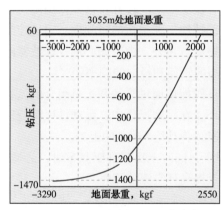

钻压 kgf	地面下降值 kgf
400	
600	
800	
1000	
1200	
1400	

图 5-47　大庆龙 ××-平 ×× 井钻压模拟

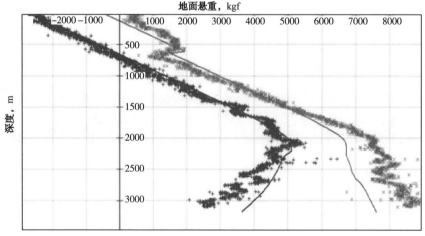

图 5-48　龙 ××-平 ×× 井数据回归分析

四、短起下冲洗的频次和速度

清洗作业一般是短暂停止作业，通常是在 2~5 个桥塞钻磨作业结束后。清洗作业有两重效果，清洗直井段的废渣和降阻以提高钻磨效率。

现场作业表明：当钻磨效率下降很快，以及连续管（CT）和底部钻具组合（BHA）开始遇卡，说明已经钻了太多的桥塞，就需要井筒清洗作业。

典型的清洗速度是 1 ~ 1.5m/min，现场通过 BHA 流体流态变化有可能会有助于固体颗粒的运移。鉴于桥塞碎屑的不同尺寸，以及碎屑不同相对密度和不同井次，很难模型预测。然而，当预测有大量的砂出现时，最好降低下入冲洗速度。当马达上无载荷显示时，可以考虑增加冲洗流量获得快速冲洗下入速度。

五、地面流程

为了使钻桥塞更加经济合理的关键在于钻磨桥塞的工艺技术，钻磨的一个问题是桥塞的碎屑大小变化很大，碎屑堆积在井底使得很难清理，因此，地面流程就很有必要，它能减少钻屑二次入井的可能性。井下钻屑积累产生的阻力也可能使连续管在未下到指定深度就被卡住。采用保守的用最小下放力钻磨桥塞的方式能够使钻屑更小，钻屑越小越容易被循环液携带出井筒。

合理的地面流程能够减少停工的可能性，也可避免因为堵塞而产生意料之外的情况。要充分意识到在整个作业的过程中，控制流量和排液是至关重要的。为了使地面部分可控和提高作业效率，连续管钻磨桥塞推荐地面流程如图 5-49 所示。

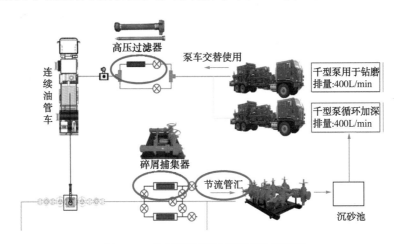

图 5-49　连续管钻磨桥塞推荐地面流程

结合现场使用情况，在钻磨流体性能较好携砂性能时，钻磨返出液通过钻屑捕捉器、旋流除砂器、多级沉降池后返回液罐的流体中仍含有压裂砂，从泵车进入连续管井下工具串中，含砂量较大时对井下螺杆马达造成较大伤害，严重影响螺杆马达的寿命，所有国内钻磨施工过程中均在连续管入口管汇前安装双通道高压过滤器，实现对井下螺杆马达的保护。

钻屑捕捉器如图 5-50 所示，主要用来捕捉大的碎屑，主要由橇、连接法兰、手动闸阀、三通、快速活接头、拆卸帽以及滤筒等零部件组成。滤筒是主要部件，内部设计可更换滤芯，实现能够捕捉比滤芯过流缝网大的钻屑、固体颗粒。

流体由进口端方向流动，经过滤筒时，滤筒中安装有管式滤芯，流体在此经过过滤，较大颗粒的固体、钻屑被截留下来，过滤后的液体继续按图 5-50 中箭头指示方向流动直至出口位置。如一侧通道由于捕获大量钻屑和固体颗粒造成堵塞，则可以打开另一侧阀门，并对该侧滤网进行清理，不影响正常的作业。

旋流除砂器如图 5-51 所示，用于对钻磨返出液的净化再利用，有助于清除通过节流阀管汇的砂粒，防止砂粒冲蚀节流管。根据离心沉降和密度差的原理，当水流在一定的压力从除砂器进口以切向进入设备后，产生旋流运动，由于砂水密度不同，在离心力、向心浮力、流体拽力的作用下，因受力不同，从而使密度低的清水上升，由溢流口排出，密度大的砂由底部排砂口排出，从而达到除砂的目的。在一定范围和条件下，除砂器水压越大，除砂率越高，并可多台并联使用。

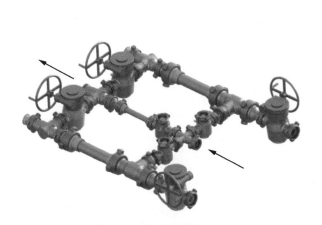

图 5-50　钻屑捕捉器

图 5-51　旋流除砂器

第五节　连续管气举

连续管气举作为连续管简单常规作业工艺技术之一，"十二五"期间集团公司连续管气举年作业量均保持在 250 井次以上，主要应用于气井压裂或积液后的气举排液作业，并形成了多种方式的气举方式和技术。通过近些年的技术积累和经验总结，SY/T 7305—2016《连续管冲砂及气举排液作业技术规范》实施，有效地规范了连续管气举作业操作，控制作业风险，保证作业效果，为该工艺在油田规模化规范推广应用提供了依据。

一、生产问题及解决方案

注氮气举是利用人工举升方式，对完井中油套不连通等情况，通过管柱下入过程或下到预定深度后注入氮气，利用气液混合卸压原理，将井筒中遗留的较重液体携带出井筒。同时，注入的氮气在井筒上升过程中，体积逐渐增大，氮气的膨胀对液体也产生携带作用[5]。

以连续管代替普通作业管柱携氮气进行气举排液或诱喷，其管柱起下方便，不受井型限制，注气点及注气速度灵活可控，作业周期短而效率高，最能体现连续管技术能全程带压作业、连续循环的优势与快速作业的特点，多用于诱喷油流、压裂酸化井、注水井的排液、含水气井排水排液作业，对于深层及复杂结构油气井排液复产有重要的推广应用价值[6]。

针对不同的井况和作业环境，连续管气举方式存在一定差别。

1. 液氮气举与氮气气举

目前，连续管气举按气举流体类型可分为氮气气举和液氮气举两种方式，其均具有施工安全、工艺简单、排液速度快、可控制排液深度等特点，特别适用于气井井筒排液。液氮气举具有排量大、施工压力高、掏空深度强、排液速度快等特点，但其液氮罐运输、更换、冷却设备配套保障受诸多限制，影响施工的连续性。对于海上作业优选制氮设备氮气气举方式，以保证作业连续性，减少等停时间。

2. 连续注入与间歇注入

按照气举流体注入井筒方式，连续管气举可分为连续气举和间歇气举两种方式。

1）连续注入方式

作业措施是将连续管下至液面处开始以低排量注入氮气，逐步下到预定深度进行氮气举升，直到井筒卸载地层恢复正常生产为止。其主要适用于制氮设备排量不高或设备限压、井筒液面高等情况。

2）间歇注入方式

其操作为，先将连续管下至液面以下预定深度，逐步增加氮气泵注压力超过静水压力，氮气进入环空开始进行气举。该方式一般应用在洗井作业或增产作业后，其操作相对简单，是国内目前主要的气举方式。其不足之处：一是气举启动前，氮气注入会显著增加井底压力，可能导致井筒液漏失进入地层；二是气举启动后，随着静水压力减小，气体加速膨胀，产生不确定的附加压降，井底压力波动大。

3. 环空注入与连续管注入

连续管气举按注入通道可分为环空注气连续管排液和连续管注气环空排液，其各自的工艺特点如下。

1）环空注气连续管排液

虽然注气点以上的液柱压力随气液混合物密度的降低而不断减小，但由于排液通道尺寸（连续管直径）的限制，气体的膨胀能受到一定约束，并且随着注气量的增加，油管内的摩阻也在相应增大；当注气量达到一定值后，产液量反而减少，而产生"梯度逆转"现象。

2）连续管注气环空排液

环空排液相应增大了排液通道截面。随着环空液体中氮气继续向井口上升，其膨胀速度越来越大，易克服流动阻力，带动液体克服摩擦阻力和静液柱压力快速上升到井口后，氮气从流体中释放出来，完成排液过程。

总体上，连续管注气环空排液对于非自喷井的排液应用效果较好。

二、主要工具与工艺基本要求

1. 气举作业主要工具

由于连续管气举工艺主要目的是依靠泵注的高压气体与井筒液体混合后卸压，同时携带液体上返，因此连续管气举作业时通常不需要配套其他的下井工具。

一般情况下，连续管气举作业需对连续管管端作"笔尖"处理，以提高连续管管端在井筒内的通过性，也可在连续管管端安装带有多孔喷嘴的导引头工具，既可以提高管端的通过性，必要时一趟管柱还可以进行冲洗井作业。实践表明，气举喷嘴采用后向布置方式有更好的举升效果（图5-52）。

此外，连续管气举在气井内作业时，由于气井作业风险较油井大，为防止井筒举通后，井内气体倒灌进入连续管内上返地面泄漏，在井内管柱无缩颈且不影响连续管通过性条件下，现场作业时一般在连续管管端安装回压阀工具（图5-53）。

图 5-52　连续管气举喷嘴　　　　　　　　图 5-53　气举单向阀

2. 气举作业基本要求

（1）了解井内液量、液面高度和地层压力，计算连续管作业深度和掏空深度，确定举升液量和氮气用量。按设计程序下入和泵注，至放喷后安全起出连续管。

（2）对高含硫施工井，应在开始返出氮气后关闭放喷阀门，起连续管出井口后，关闭清蜡阀门，再进行放喷，尽量减少连续管与高浓度硫化氢的接触，防止连续管发生氢脆伤害甚至断裂。

（3）根据井筒压力变化情况，及时调整防喷盒压力。

第六节　连续管挤注水泥

连续管挤注水泥工艺有储层伤害小、施工周期短、井控风险低等优点，通过对水泥浆性能和施工工序进行优化，能有效降低该工艺的施工风险。该工艺应用范围广泛，不但能用于油井，对于含硫化氢的常规天然气井同样适用，特别适合油气井后期二次压裂，需要封堵原产层射孔炮眼，以及套损套变井泵注水泥浆暂堵施工作业等。

"十二五"以来，以中国石油工程服务企业为代表，针对油田试油或井筒治理需求，开展了连续管挤注水泥先导试验和实际应用，取得了较高的成功率和应用效果，年作业20井次左右，解决了油企业的个性化生产难题，保障了油气井正常生产。

一、生产问题与作业类型

与采用常规油管注水泥时要求管端固定在塞面以上位置的操作不同，用连续管注水泥可将管端下到水泥塞的深度，待水泥浆被顶替挤出时，边顶替边上提连续管，从而保证形成坚实的水泥塞，避免气窜形成空洞。采用连续管注水泥无需事先压井，可增加作业安全，减少储层伤害，提高作业效率。

连续管注水泥作业主要有以下几种类型：

（1）封堵油井中的出气层，降低气油比，增加产油量；

（2）封堵油井中的出水层，降低含水率；

（3）注水井调剖，封堵高渗透层（漏失层）；

（4）报废井的封堵作业。

二、主要工具

连续管注水泥作业通常要使用注水泥胶塞，分为上塞和下塞。下塞用于将水泥浆与前置的循环液隔离；上塞用于将水泥浆与后置的顶替液隔离，并刮除连续管内壁上的水泥。要精确控制水泥塞高度时，同时使用上塞和下塞，并使用捕捉器捕获胶塞。

此外，连续管挤注水泥作业一般不需要使用下井工具，仅需对连续管管端作"笔尖"处理，以提高连续管管端在井筒内的通过性，以及便于通过井内管柱缩颈部位。但是，对于有一定压力的气井内挤注水泥作业，为防止井筒内气体倒灌进入连续管内上返地面泄漏，在井内管柱无缩颈且不影响连续管通过性条件下，现场作业时一般在连续管管端安装回压阀工具，必要时还可连接冲洗工具，对套管内壁进行清洗。

三、工艺要点

1. 施工总体工艺方案

主要施工工序：安装设备并试压→连续管通洗井→连续管正注水泥塞→上提连续管至安全井段→连续管反洗→关井候凝→连续管探塞并试压→安装作业井口→试压合格后关井口。

2. 地面施工流程方案

连续管作业不同于常规油管作业，一旦注塞过程中发生水泥浆"闪凝"，造成连续管被部分埋在套管中（俗称"插旗杆"）或连续管中形成大段水泥凝结现象（俗称"灌香肠"），处理困难很大，极有可能造成施工井报废，故连续管注水泥浆风险十分高，不但需要优化水泥浆性能参数，更要对施工地面流程进行相应优化，要求地面流程在注塞过程中随时保持畅通，能快速倒换"正洗"和"反洗"管线（图5-54）。

3. 施工步骤

（1）连续管试通井完毕后，将连续管输送至设计深度；

（2）使用水泥车连续管内连续泵注水泥浆，在注水泥过程中，高压连续管的末端始终插入注入的水泥浆中，并以一定的速度上提连续管；

（3）计算好水泥挤注量，达到设计挤注量后向连续管内泵注顶替液，边循环边上提连续管至安全井段；

（4）从环空泵注顶替液反循环洗井，同时上提连续管至井口；

（5）关井候凝，待水泥塞凝结后，卜入连续管探塞面，并对水泥塞试压验封。

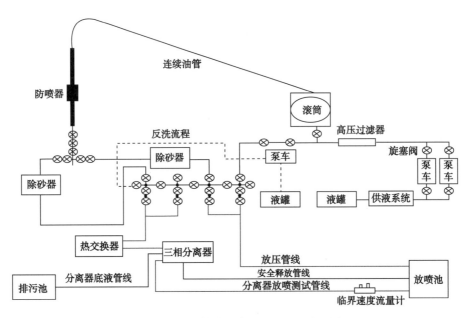

图 5-54　连续管挤注水泥施工地面流程图

参 考 文 献

[1]　管锋，刘进田，易先中，等.连续管水平井冲砂洗井水力计算研究 [J].石油机械，2012（11）：73-78.

[2]　朱峰，费节高，樊炜，等.连续管喷砂射孔解堵新工艺在苏里格气田的应用 [J].石油机械，2014，42（2）：88-90.

[3]　盖志亮，刘洪翠，辛永安，等.连续管冲砂洗井技术的应用 [J].石油机械，2017，45（2）：78-82.

[4]　叶光辉，鲁明春，朱涛，等.连续管氮气泡沫冲砂技术在涩北气田的应用 [J].石油机械，2012（11）：70-72.

[5]　刘冬菊.氮气气举采油技术的应用 [J].特种油气藏，2003（S1）：90-91.

[6]　张奉喜.连续油管气举排液技术在滩海石油勘探开发中的应用 [J].钻井液与完井液，2011（S1）：48-50.

第六章　连续管储层改造

储层改造技术在油田增加单井产量、动用难采储量方面发挥着越来越重要的作用。"十一五"及"十二五"期间，在广大油田工程技术人员的努力下，我国的储层改造技术取得了长足的进步。连续管技术与储层改造技术的结合随着水平井和气井的发展也日益紧密。在连续管储层改造技术方面，连续管喷砂射孔辅助压裂技术、连续管酸化技术、连续管水射流钻径向水平孔技术是最具代表性的技术。

第一节　基础试验研究

连续管压裂和连续管水射流钻径向水平技术，都属于连续管新发展的应用领域，是进入 21 世纪后才逐步完善和规模应用的新技术。其技术核心涉及高压水射流破岩、多相流流动等新兴学科，是实验性很强的学科门类。连续管压裂和连续管水射流钻径向水平技术在国内应用，需针对地层物性、井筒条件、作业介质、配套装备及工艺参数进行专门的试验。本节主要介绍由中国石油一系列课题资助和支持，开展的喷砂射孔与近井起裂的全尺寸模拟试验、真三轴定向喷射起裂模拟试验、超高砂比泵送与井下混合模拟试验、水射流钻径向井射流可钻性模拟试验。

一、喷砂射孔与近井起裂的全尺寸模拟试验

"十一五"后期，长庆油田苏里格气田开发中，出现了水力喷射压裂技术应用中部分作业效果不好的问题，为此中国石油设立专项开展水力喷砂射孔压裂系列模拟试验，其中针对长 6 储层的改造效果进行的"全真"模拟是极具代表性的综合试验，即采用现场实际施工参数、实际使用的喷射工具与施工设备，使用与目标地层对应的露头岩样和与实际井筒一致的靶件结构，在试验井场上，参照现场施工进行井口安装、管汇连接和压裂车组布置。这种"全真"地面模拟试验为国内首次实施，试验结果对于基础研究的进一步开展、现场施工工艺与参数的调整及井下工具的改进提供了依据，奠定了基础。

1. 试验方案

试验目的是通过地面模拟试验检测成孔形态和孔深，在实际施工参数条件下考察岩性、排量和喷射时间的影响，为水力射孔机理研究与施工控制提供依据；在水力射孔试验的基础上，增加起裂模拟过程，研究裂缝的发育情况及其转向的影响因素；用实际喷射器使用对称双喷嘴按致密储层现场施工参数和射孔、起裂泵注程序模拟。

因此，试验方案设计应建立尽可能接近现场作业工况的试验条件，准确获取试验要求的各种数据，确保作业过程安全。图 6-1 所示为试验基本方案。

方案中靶件为 1.5m 边长的立方体靶件，且其中上下以钢筋混凝土模拟上下覆层，周围由钢结构箱体包围。

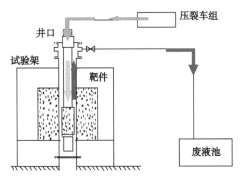

图 6-1 试验基本方案示意图

2. 试验靶件的选择

由于试验靶件的规格国内尚无先例，国外也未见报道，因此制作靶件便成为建立试验条件的首要任务。

现场勘查：试验针对的目的层为盘古梁西吴 420 井区长 6 储层，经过层位对比分析，结合鄂尔多斯盆地西倾单斜的构造背景，认为绥德长 6 露头与吴 420 井区长 6 储层完全对应，因此确定在绥德县城北四十里铺采集岩样。图 6-2 为绥德采集现场照片。

采用水力切割及爆破结合的方法采集原始样品 8 块。制成 500mm×500mm×1000mm 规格的方形岩样 6 件，1500mm×1500mm×1000mm 规格的方形岩样 2 件，并钻凿出直径约 245mm、高 1000mm 的柱状通孔，保证孔眼与 1500mm×1500mm 的上下表面垂直。图 6-3 为制成的岩样。试验结果见表 6-1 至表 6-4。

图 6-2 绥德采集现场

图 6-3 制作成型的露头岩样

表 6-1 吴 420 岩石力学参数实验结果表（层位长 6；围压 8MPa）

序号	井号	岩心编号	取心井段，m		岩性定名	弹性模量，GPa		泊松比		抗压强度，MPa	
			顶深	底深		实测	平均	实测	平均	实测	平均
1	旗 24–34	1–25/48	1661.15	1661.3	灰色油迹细砂岩	34.0		0.215		104.92	
2		1–38/48	1662.98	1663.11	褐灰色油斑细砂岩	13.5		0.311		47.86	
3		2–2/65	1664.52	1664.64		17.9	15.3	0.305	0.306	78.04	64.5
4		2–42/65	1670.26	1670.38		14.6		0.302		67.74	
5		2–62/65	1672.66	1672.74	深灰色泥岩	21.6		0.247		95.55	
6	旗 26–30	2–68/69	1698.15	1698.24	深灰色泥岩	42.9		0.175		120.03	
7		4–7/75	1711.64	1711.77	灰褐色油斑细砂岩	16.3	15.5	0.303	0.311	69.15	60.1
8		4–47/75	1716.45	1716.62		14.7		0.319		51.12	
9		5–20/42	1721.91	1721.99	深灰色泥岩	40.5		0.205		100.94	

表 6-2　塞 393 岩石力学参数实验结果

井号	层位	岩心编号	抗压强度，MPa		泊松比		弹性模量，GPa	
			实测	平均	实测	平均	实测	平均
塞 393-18	长 7	1-174/230-0 度	30.11		0.25		16.51	
		1-174/230-45 度	27.49		0.26		15.78	
塞 393-33	长 6	1-189/258-0 度	28.62	42.19	0.27	0.26	12.64	19.82
		1-247/258-0 度	55.76		0.26		27.01	
		1-189/258-垂直	44.43	39.84	0.26	0.27	18.58	16.25
		1-231/258-垂直	17.81		0.30		7.63	
		1-247/258-垂直	57.28		0.26		22.55	
		1-247/258-45 度	42.94		0.26		24.04	

表 6-3　吴旗、虎狼峁长 6 岩石力学参数实验结果

区块	岩性	岩心块数	弹性模量，MPa		泊松比		抗压强度，MPa	
			范围	平均	范围	平均	范围	平均
吴旗长 6	泥岩	6	18757 ~ 24026		0.2320 ~ 0.3107		—	—
	砂岩	6	13997 ~ 19634		0.1530 ~ 0.1891		—	—
虎狼峁长 6	泥岩	4	17520 ~ 26190	20737	0.151 ~ 0.210	0.183	86.23 ~ 123.84	103.3
	砂岩	1	15120	15120	0.228	0.228	68.97	68.97

表 6-4　吴旗、虎狼峁长 6 储层物性参数

区块	层位	油层有效厚度 m	油藏埋深 m	孔隙度 %	渗透率 mD
虎狼峁	长 6	24.6	1650	11.66	0.64
吴旗	长 6_1	17.71	1900	10.77	0.49

　　制作的水泥靶试件主要用于水力喷砂射孔试验，并希望喷射试验的结果与采集岩样试验的结果具有可比性。从前人研究试验的结果来看，尽管岩样的物性参数、力学性能与进行水力喷射射孔的射流参数、成孔参数有一定的关系，但至今没有得出一个定量的关系，也很难确定哪一个参数指标起决定作用。为获得对样块水力喷射性能更直观的认识，决定对不同样块在同等水力参数条件下进行可钻性对比试验，筛选出成孔参数与长 6 样块最接近的水泥靶件，并由此确定实际靶件制作的配比。

　　磨料射流水力喷射可钻性试验（图 6-4），在磨料射流试验条件下，对纯水泥、黄砂（1∶2、1∶3、1∶4）、长 6 露头等 5 种靶样，使用同种喷嘴在同等喷射参数下进行了进一步的对比试验。试验样块成孔参数见表 6-5。

　　从磨料射流试验结果看，长 6 露头岩样的可钻性与 1∶3 的水泥靶最接近。

图 6-4　磨料射流水力喷射可钻性试验

表 6-5　试验样块成孔参数（成孔直径为椭圆孔的长短轴）

样块类型	喷射时间 30s		喷射时间 60s	
	成孔直径，mm	成孔深度，mm	成孔直径，mm	成孔深度，mm
长 6 露头岩样	13.5，12	73	13.5，12.5	136
纯水泥	约 7	约 70	约 12	约 100
黄砂 1 : 2	13，11	64	14，13	74
黄砂 1 : 3	14，11.5	94	19，12	103
黄砂 1 : 4	22，16	135	22，20	152

3. 试验靶件的制作与配套装置

射孔模拟试验水泥靶（6 件）：靶筒直径 426mm，长度约 2000mm。套管横贯靶筒放置，自中心向两端依次为：50mm 厚水泥环、约 1000mm 厚水泥石，两端焊接环形封头限位。水泥石配比：自套管沿靶筒轴线向外依次为 50mm 厚水泥环、约 500mm 厚 1 : 2 水泥石、约 500mm 厚 1 : 3 水泥石。

射孔模拟试验岩样靶（2 件）：靶件箱尺寸 600mm×600mm×2200 mm，套管横贯靶件箱放置。露头岩样距套管 50mm 对称放在靶件箱内，注水泥成型。

射孔起裂模拟试验岩样靶（1 件）：靶件箱内腔尺寸 1600mm×1600mm×1800mm。上下为 300~400mm 厚的水泥挡板（与水泥环一样由水泥浆制作），中间为露头岩样。在岩样对应位置的四周箱板上钻孔，起裂后液体可顺孔排出，防止憋压。

设计制作射孔靶件箱操作台与防护罩；设计制作射孔起裂靶件操作台与防护罩；按油管内承压 50MPa，环空承压 25MPa 配套井口装置；落实靶件安装更换操作程序。使试验条件尽可能接近现场施工地面操作条件，确保试验安全与操作便利。

为及时发现问题以确保施工过程安全可控，实时监控与记录作业过程以得到真实完整的资料，配备了专用监控设备，如图 6-5 和图 6-6 所示。

图 6-5　监控摄像头　　　　　　　　图 6-6　监控柜

靶件解剖是获得完整试验数据的重要一环，由于靶件尺寸较大，最终确定了采用绳锯机和手持圆盘锯作为靶件的解剖设备，并且在正式切割前进行了多次的切割演练。图6-7 所示为绳锯机及其控制柜。图6-8 为解剖设备及现场照片。

4. 试验施工设计与实施

地面模拟试验动用一整套压裂车组，并配备水泥车和液罐车回收废液，吊车配合安装。射孔模拟试验：用实际喷射器使用的对称双喷嘴，按当量施工参数和射孔泵注程序进行模拟试验，试验时环空返出口不加压。主要参数见表6-6。

图 6-7　绳锯机及其控制柜

(a) 绳锯机切割试验　　　　　　　　　　(b) 手持切割机切割试验

图 6-8　解剖设备操作试验

表 6-6　试验主要参数

靶件	试验序号	泵注排量 m³/min	射孔时间 min	喷嘴规格	射流速度理论值 m/s	工作压力理论值 MPa
水泥靶	1	0.6	15	2×6.4mm	158	12.5
	2		20	2×6.4mm	158	12.5
	3	0.8	15	2×6.4mm	210	22
	4		20	2×6.4mm	210	22
	5	0.6	15	2×6.4mm	158	12.5
	6		15	2×4mm+2×3.5mm	225	25.4
长6露头岩样靶	7	0.6	15	2×6.4mm	158	12.5
	8	0.8	20	2×6.4mm	210	22

射孔起裂模拟试验：用实际 6 喷嘴喷射器按实际施工参数和设计的泵注程序模拟，试验 1 个岩样靶。主要参数见表6-7。

表 6-7　射孔起裂模拟试验参数

靶件	试验序号	泵注排量 m³/min	射孔时间 min	喷嘴规格	射流速度理论值 m/s	工作压力理论值 MPa
长 6 露头岩样靶	9	2.2	20	6×6.4mm	200	20

地面全真模拟试验共完成 9 个靶件的喷射试验。

根据前 8 个靶件的试验情况，在进行 9# 靶件（大岩样靶）试验时进行了工艺优化以增加操作的安全性。试验自 1.2m³/min 逐渐提高到 2.2m³/min，进行了 18min 喷射后将排量提高至 2.4m³/min，此时泵压达到约 32MPa，环空压力由 6MPa 突然下降，可判断岩样起裂，试验人员与监控室均观察到靶件刺水的现象。现场试验图如图 6-9 所示。

图 6-9　试验现场

5. 喷射射孔孔形分析

根据试验后的解剖与测绘，喷射成孔的形态特征完整清晰地呈现出来。

喷砂射孔孔形（图 6-10）基本呈橄榄形，内壁非常光滑，其整体形状由射流高速喷入的切割作用和回流的冲刷磨蚀作用综合形成。整个孔形可划分为 4 个部分：（1）套管穿孔，孔径略大于喷嘴出口孔径的 3 倍；（2）入口反溅段，水泥环入口的一小段倒喇叭形空腔，是在射流穿透套管后的成孔初期，射流在孔底与套管外壁间来回反溅冲蚀形成的结果；（3）水泥环缩径段，直径相对较小、弧度也较平，按实际井身结构制作的水泥环具有更强的抗射流冲蚀能力，孔壁的形成需要有更高的回流速度，导致成孔直径相应缩小；（4）主体段，代表孔形的主体结构，在后三段中直径最大、长度也最长，呈橄榄形或鹅蛋形。

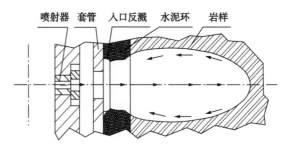

图 6-10　水力喷砂射孔孔形示意图

目前，水力喷砂射孔孔眼入口反溅段结构的描述未见文献报道，这里描述的试验结果当属首次提出；水泥环缩径段、孔眼主体段的特征也与以前文献报道的有明显不同。

完整的孔形参数见表 6-8（长度单位为 mm）。

表 6-8 孔形基本参数

喷距 mm	射孔时间 min	排量 m³/min	最高泵压 MPa	套管孔径 d_1 mm × mm	入口反溅直径 d_2 mm	入口反溅 深度 k mm	缩径直径 d_3 mm	最大直径 d_4 mm	孔深 h mm
21	15	0.3~0.6	17.75	19.2 × 22	60	7	43	57	121
				22.7 × 24	45	8	40	62	133

射孔起裂孔道的孔形特征如图 6-11 所示，除具备上述射孔孔形的特征，还在裂缝中间冲刷形成狭长剑形扁孔道，如图 6-12 及图 6-13 所示。

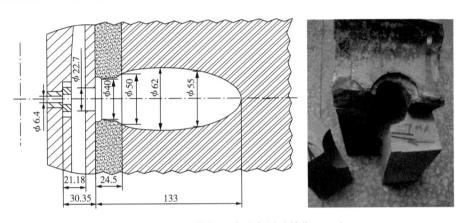

图 6-11 孔形特征尺寸示意图（单位: mm）

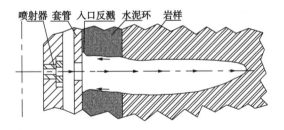

图 6-12 水力喷砂射孔起裂喷射示意图

图 6-13 射孔起裂孔道与套管关系

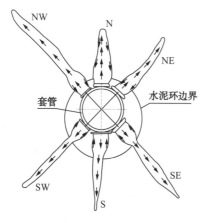

图 6-14　射孔起裂孔道的孔形特征示意图

6 个喷嘴射出的孔道始终保持着各自独立的孔形，并能明显看出压裂前的橄榄状孔道和压裂后的狭长剑形孔道（图 6-14），各孔入口处均有明显的反溅效应（图 6-15），孔壁较为平滑。

在靶件起裂前，射流与回流综合作用形成橄榄形喷孔；但靶件一旦起裂，高速流体沿着裂缝喷射，在橄榄形孔道之后沿裂缝形成狭长扁孔道，每个射孔孔道的孔形可划分为 5 个部分：（1）套管穿孔；（2）入口反溅段；（3）水泥环缩径段；（4）橄榄形孔道主体段；（5）剑形孔道。射孔起裂孔道的孔形参数见表 6-9。

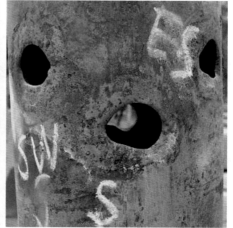

图 6-15　射孔起裂试验套管孔形及表面反溅

表 6-9　射孔起裂孔道的孔形参数

射孔时间 min	排量 m^3/min	最高泵压 MPa	孔号	套管壁孔形 d_1 mm×mm	入口反溅直径 d_2 mm	入口反溅深度 k mm	入口直径 d_3 mm	最大直径 d_4 mm	孔深 h mm
20	1.5~2.4	32.1	1	24×27.8	53	9	44	60	181
			2	21.5×27.5	42	6	35	50	354
			3	22.5×25	48	6	43	48	268
			4	23×28	68	5	49	53	279
			5	20×27	56	8	44	51	290
			6	23×29	59	9	40	43	230

将各孔的孔形和裂缝做出三维图形，各孔形与套管的关系如图 6-16 和图 6-17 所示。

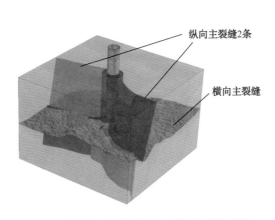

图 6-16 喷射起裂靶件孔道—裂缝立体示意图   图 6-17 喷射起裂靶件孔道—裂缝俯视图

6.试验结论与意义

上述试验虽然在很多方面较好地模拟了喷射压裂的工况条件，但鉴于地面试验的特点，在实际参数的试验规模下仍有部分工况难以模拟。即便如此，试验也让我们对喷射成孔的效果有了更直观和清晰的认识，其中最重要的结论是：

（1）提高射流速度是增加射孔深度的最主要参数。而射孔时间存在一个优化区间，并非越长越好。从现场实施的角度，通过提高射流速度、合理控制射孔时间是提高水力喷砂射孔深度的经济措施。

（2）起裂后射流由回流转向顺裂缝向前喷射，高速含砂液能很快顺裂缝冲刷出剑形孔道，使成孔长度成倍增加。起裂后计入冲刷孔道后的射孔长度，虽然不能作为射孔性能评价的依据，但该参数反映了起裂后喷砂射孔能快速延伸的特性。即使裂缝闭合丧失流通能力，成倍增长的射孔孔道仍可保持有效连通。因此，可以认为起裂后水力喷砂射孔的穿透半径成倍增加，对近井带的改造作用也随之增强，从油藏改造的角度而言，还是非常有意义的。

作为国内首次实施的"全参数水力喷砂射孔地面模拟试验"，即采用实际施工参数、实际使用的喷射工具与施工设备进行试验，使用与目标地层对应的露头岩样和与实际井筒一致的靶件结构。试验的影响及意义都十分深远。首先，试验结果使我们得到对喷砂射孔在量度上的直观认识，从而改变了在射孔参数设计上对国外的盲从状况。长庆油田在类似作业中将射流速度从 150m/s 提升至 180m/s 后，作业的成功率明显提升。其次，喷射器抗反溅能力的突破使得国内喷射器寿命迅速追赶上国际先进水平。最后，试验积累的经验也为后续开展同类试验打下很好的基础。

二、真三轴定向喷射起裂模拟试验

真三轴试验即是三个正交方向轴可以相互独立提供所需载荷的大规模模拟试验。该试验是在喷砂射孔压裂地面全尺寸模拟试验的基础上，对试验岩样施加真三轴应力，考察应力大小对喷砂射孔孔道尺寸和起裂压力等的影响，考察定向射孔方位对起裂裂缝走向的影响。

限制真三轴试验规模的瓶颈是试验装置，即有能容纳大岩样的三轴加压装置又有提供所需载荷的真三轴装置加载和控制系统。若试验规模定为边长1.5m的立方岩石，岩石单面模拟地应力最大定为10MPa，则单轴需提供2250tf的作用力。由于国内尚无同类产品，为完成试验必须自主研制真三轴试验装置。

1. 真三轴试验装置

全尺寸真三轴起裂模拟试验装置在国内外尚属空白。可供参考的同类装置（图6-18）主要包括：

（1）岩土力学实验的真三轴仪，用于研究三轴状态下的应力应变、强度等问题。试样尺寸一般为几十毫米至300mm。

（2）岩土工程大型物模试验的岩土工程模拟试验机，用于洞群、巷道相似模拟，研究三轴状态下的结构稳定等问题。国内最大试样尺寸为1000mm，以平面模拟为主，最大应力一般为10MPa以下。结构庞大，有的机型重达1000tf。

（3）假三轴试验装置。规模较大、应力较高的是全尺寸钻井模拟试验装置，岩样直径不超过600mm，长度1000~1500mm。

（4）两轴加载试验装置。有代表性的是华中科技大学的压剪试验机，竖向加载最大2500tf，水平加载最大280tf。

（5）水力压裂物理模拟试验的小尺寸真三轴相似模拟试验架，有代表性的是中国石油大学（北京）引进的MTS试验装置，试样尺寸为300mm的立方体，最大应力可超过10MPa。

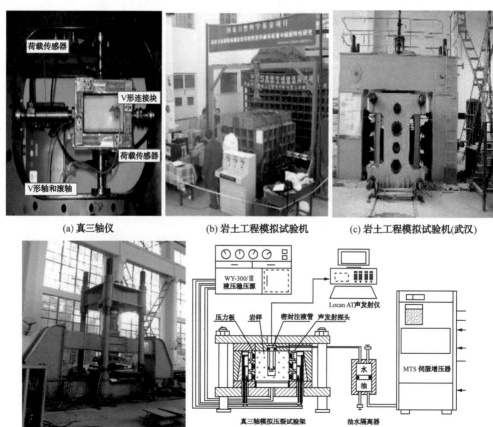

(a) 真三轴仪　　　　(b) 岩土工程模拟试验机　　　　(c) 岩土工程模拟试验机(武汉)

(d) 压剪试验机　　　　(e) 小尺寸真三轴相似模拟试验架

图6-18　全尺寸真三轴起裂模拟试验供参考的同类装置

真三轴装置设计方案：

参考以上结构的特点，主体支撑结构选用框架式方案，销轴连接。制造方式有焊接和铸造两种。利用有限元分析计算和数值模拟比较，最终选择铸造方案，并通过优化结构参数与布局，减轻重量、缩小体积。

图 6-19 为最终方案模型定型。

2. 真三轴加压系统

真三轴装置控制系统由 3 组相互独立的加载系统构成，分别控制真三轴装置 3 个方向的加载力，每个方向的加载力能无级调节并稳定控制在设定值。每组加载系统由 9 个单作用千斤顶同步加载，配套独立的油源、同步分

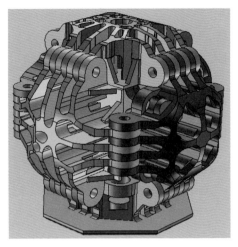

图 6-19　铸造式方案模型定型

流阀、必要的控制阀和压力表、系统附件。单个千斤顶的最大加载力为 320tf，最大行程 100mm，液压系统最高工作压力 63MPa。图 6-20 所示为加载千斤顶液压系统示意图，图 6-21 所示为加载千斤顶管线总装示意图。

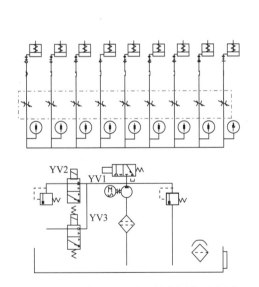

图 6-20　加载千斤顶液压控制系统示意图

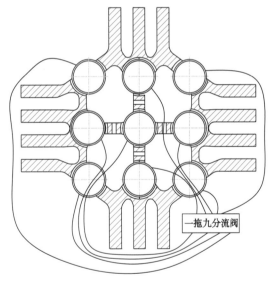

图 6-21　加载千斤顶管线总装示意图

将安装就位的千斤顶和分流阀与配套液压源系统相连，接通电源，即完成控制系统的连接，如图 6-22 和图 6-23 所示。

3. 真三轴试验岩样与加载

共采集 3 块露头岩样，规格 1500mm×1500mm×1500mm 立方体。其中两块岩石在中心位置钻凿出直径 240mm、高 1500mm 的通孔，另一块岩石在距相邻两边 1000mm 的位置钻凿出直径 240mm、高 1500mm 的通孔。图 6-24 为采集的岩样。

图 6-22 三组加载液缸和加载推板安装

图 6-23 加载液缸控制管线连接

由于加载载荷较大，对岩石的尺寸精度要求更加严格，为避免因岩石表面不平整而在试验加载过程中出现受力不均引起损坏，须用水泥把每个岩石的 6 个面分别进行找平修整（图 6-25）尽量做到相邻面垂直、对面平行，确保岩样受力均匀。

图 6-24 采集的岩样

图 6-25 修整合格的岩石

整机总装程序如图 6-26 所示。

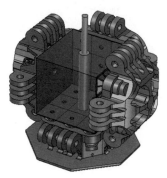
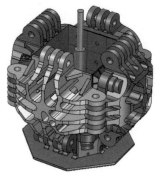
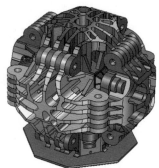

图 6-26 整机总装程序示意图

总装加载调试：

完成整机的总装后，按先底面、后两个侧面的顺序（Z、X、Y）依次调节加载系统，至试件就位，就位后保压（就位调节时，控制最高压力不超过 3MPa）。

逐级加载测试。按 Z、X、Y 的加载顺序，依次施加三轴载荷，加载系统的压力自 5MPa 开始，每一级的增量为 5MPa，使 Z、X、Y 方向加载系统的压力达到 50MPa，25MPa 和 40MPa 后不再增加，对应三轴加载力分别达到约 2250tf，1125tf 和 1800tf。加载过程中注意观察控制系统、真三轴装置及试件的参数、变形，无异常为合格。表 6-10 为液压千斤顶加载压力控制参考表。

表 6-10 液压千斤顶加载压力控制参考表

加载方向	每一级加载时，控制系统的加载压力，MPa									
	1	2	3	4	5	6	7	8	9	10
X	5	10	15	20	25	25	25	25	25	25
Y	5	10	15	20	25	30	35	40	40	40
Z	5	10	15	20	25	30	35	40	45	50

保压测试。在上述 3 组加载系统的最大压力下，停泵保压 6h 以上，降压不超过 1MPa 为合格。

4. 真三轴试验参数设计

真三轴定向喷射多缝压裂大物理模拟试验主要针对长庆油田低渗透、超低渗透地层定向多裂缝压裂的需要设计。为此，在专门建立的真三轴试验装置内，在三轴不等应力条件下进行定向射孔压裂模拟。使用三个边长 1.5m 的立方体岩样靶靶件，分两个阶段进行 3 次试验。

中心井筒靶件试验。井筒居于靶件中心轴上，在同一靶件上不同高度沿两对角线进行两次定向喷射试验（图 6-27），考察在薄层内实施两次定向压裂产生多条垂直主裂缝的可能性。控制垂向主应力、最大水平主应力、最小水平主应力分别为 9MPa，6MPa 和 3MPa。使用按 180° 相位对称布孔的 6 喷嘴喷射器，两次射孔方位分别对准两条对角线，利用应力差诱导裂缝转向。为避免两次试验的相互影响，利用封隔器隔离两射孔段。两级定向喷射器中间带专门设计的水力压缩封隔器，用加长滑套控制第 2 级喷射器和水力压缩式封隔器的启闭，通过一次定位定向和一次投球作业完成。

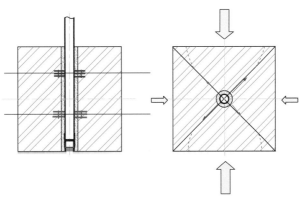

图 6-27 中心井筒靶件结构和射孔位置方位示意图

偏置井筒靶件试验。井筒沿对角线偏移，距靶件两邻边的距离为1m。在不加大靶件规模的情况下延长裂缝的延伸距离（图6-28），增大观察到裂缝转向的概率。控制垂向主应力、最大水平主应力、最小水平主应力分别为9MPa，6MPa和3MPa。去掉上述定向6喷嘴喷射器中一侧的喷嘴（只使用单侧3喷嘴），2个喷射器串联，单侧共6孔沿最长对角线进行1次定向射孔压裂试验。试验后，通过解剖测量给出裂缝面参数和射孔通道参数，描述裂缝延伸的特点。

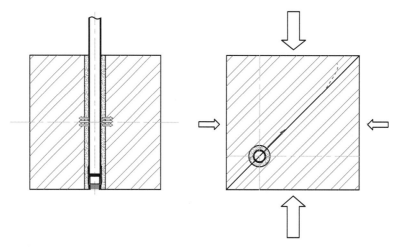

图6-28　偏置井筒靶件结构射孔位置方位示意图

两种靶件的套管是N80-7.72-5.5″，水泥环的厚度为50mm，采用G级油基水泥，喷射用砂为20~40目石英砂（0.425~0.85mm），砂浓度150kg/m³左右（140~160kg/m³），基液为瓜尔胶浓度0.4%，不加添加剂，试验参数见表6-11。

表6-11　真三轴试验参数设计

试验序号	靶件	泵注排量 m³/min	射孔时间 min	喷嘴规格	射流速度 m/s	理论压力 MPa	编号
1	中心岩样	2.0	10	6×6.35mm	175.5	15.4	B1
2	中心岩样	2.4	10	6×6.35mm	210	22	B2
3	偏心岩样	2.0	10	6×6.35mm	175.5	15.4	C1

注：表中理论压力为理论计算值，受喷嘴、管路局部阻力的影响，实际工作压力将高于表中值，施工压力以现场测试值为准。施工参数后有调整。

中心井筒靶件（两组，4次定向喷砂射孔压裂试验）使用单封定向喷射器组合，上下定向喷射器方位垂直，分别对正两条对角线。两喷射器均为6喷嘴，三轴加载应力9MPa，6MPa和3MPa。先下层后上层，下层完成后投球打开滑套再作业上层。泵注程序见表6-12（6喷嘴）。

偏置井筒靶件使用两个一级定向喷射器串联，单侧共6喷嘴，对准最长对角线，三轴加载应力9MPa，6MPa和3MPa。偏置井筒靶泵注程序表见表6-13。

表 6-12　中心靶件泵注程序（第一组）

层位	液体类型	油管排量 m³/min	射流速度 m/s	砂浓度 kg/m³	油管注入液量 m³	砂量 kg	阶段时间 min	备注
下层喷射	基液	2	175.5		2		1	环空开放
	基液	2	175.5	150	20	3000	10	
	基液	2	175.5	150	10	1500	3~5	逐渐关小环空阀门，至起裂后携砂泵注 1min
	基液	2	175.5		2		1	环空开放
打开环空阀门，投球，加压打开滑套								
上层喷射	基液	2.4	210		2.4		1	环空开放
	基液	2.4	210	150	24	3600	10	
	基液	2.4	210	150	12	1800	3~5	逐渐关小环空阀门，至起裂后携砂泵注 1min
	基液	2.4	210		2.4		1	环空开放

注：做好安全防护，喷射过程中发现提前起裂不中止，按上述程序完成定向射孔压裂。

表 6-13　偏心靶件泵注程序

液体类型	油管排量 m³/min	射流速度 m/s	喷嘴理论压降 MPa	砂浓度 kg/m³	油管注入液量 m³	砂量 kg	阶段时间 min	备注
基液	2	175.5	15.4		1		1	环空开放
基液	2	175.5	15.4	150	10	1500	10	环空开放
基液	2	175.5	15.4	150	5	750	3~5	逐渐关小环空阀门，至起裂后携砂泵注 1min
基液	2	175.5	15.4		2		2	环空开放

注：做好安全防护，喷射过程中发现提前起裂不中止，按上述程序完成定向射孔压裂。

5. 第一次真三轴模拟试验

岩样按设计吊装就位后，依次将试验架及工具、管线安装到位。如图 6-29 和图 6-30 所示。试验曲线如图 6-31 所示。

试验现象与分析：

试验用 110mm 定向喷射器和带底封的 110mm 定向喷射器分两次对中心岩样分别沿两条对角线方向喷射，完成两组定向喷砂射孔压裂试验。每组试验分为先下层后上层的两层施工，下层试验开始喷射 1min 内就出现大量液体从真三轴试验装置下方流出现象，环空管线排液较少。判断下端管封泄漏，于是停泵转上层作业。

图 6-29　真三轴模拟试验台安装完毕图

上层试验按设计正常完成。

初步解剖和表面裂缝，可见顶面的两条主裂缝（图 6-32），裂缝从套管水泥结合面沿南北方向延伸到靶件侧面。与最大水平主应力方向趋于一致。

图 6-30　第一次真三轴模拟试验施工现场

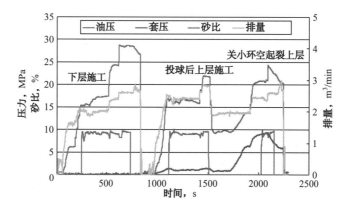

图 6-31　第一次真三轴模拟试验定向喷射施工参数曲线

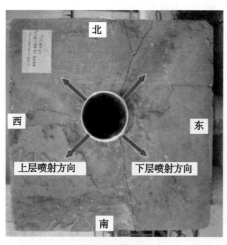

(a) 岩石喷射裂缝总图

(b) 岩石北面裂缝

（应力值：上下 9MPa，南北 6MPa，东西 30MPa）

图 6-32　第一次真三轴模拟试验岩石顶面视图及裂缝

解剖后发现，裂缝没有严格按照孔道的中心线开裂，与下层东南孔道相似基本沿着孔道的上部斜向开裂。裂缝在孔道中部、出水泥环的位置转向，比预计的转向距离小很多；说明设计的应力组合与选择的定向射孔相比，影响大得多（应力差与应力比）（图6-33）。

图6-33　1# 靶件裂缝与孔道特征

6. 第二次真三轴模拟试验

第一次真三轴大物模试验过程中，下层的喷射由于套管底部封头意外泄漏，造成环空无法建立围压，因此无法验证起裂效果。上层的试验过程虽基本正常，但通过靶件的解剖发现裂缝走向不符合设计预期，为排除因意外因素对试验结果的影响，重新进行一次该试验是十分必要的。本次试验在试验方案基本不变的前提下，对试验参数进行部分调整。调整后的中心井筒靶件的泵注程序见表6-14。试验架及工具、管线安装就位如图6-34和图6-35所示，试验曲线如图6-36所示。

表6-14　调整后的中心井筒靶件泵注程序

层位	液体类型	油管排量 m³/min	射流速度 m/s	砂浓度 kg/m³	油管注入液量 m³	砂量 kg	阶段时间 min	备注
下层喷射	基液	2	175.5		2		1	环空开放
	基液	2.2	193	150	33	4950	15	
	基液	2.2	193	150	10	1500	3~5	逐渐关小环空阀门，至起裂后泵注1min停泵
打开环空阀门，投球，加压打开滑套								
上层喷射	基液	2.4	210		2.4		1	环空开放
	基液	2.4	210	150	24	5400	15	
	基液	2.4	210	150	12	1800	3~5	逐渐关小环空阀门，至起裂后泵注1min停泵

注：做好安全防护，喷射过程中发现提前起裂不中止，按上述程序完成定向射孔压裂。

图 6-34 第二次真三轴模拟试验安装就位图

图 6-35 第二次真三轴模拟试验施工现场

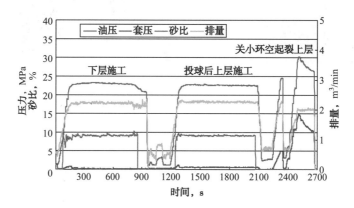

图 6-36 第二次真三轴模拟试验施工参数曲线

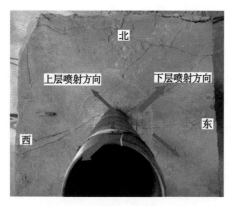

图 6-37 第二次真三轴模拟试验岩石
顶面视图及裂缝

应力值：上下9MPa，南北6MPa，东西3MPa

试验现象：

真三轴喷射压裂下层施工在加砂初始阶段，即出现与首次试验同样的现象：大量液体自底部漏出，根据上次试验经验判断为套管底部焊接盲板撕裂，由于可以排除焊缝质量问题，经分析可能是环空返液的节流效应使得封隔器胶筒提前坐封，套管底部憋压撕裂，使得下层无法进行预定的起裂试验。转上层施工后各参数基本符合施工设计。

初步解剖和观测，该块岩石裂缝较多，并出现较明显的横缝，裂缝存在可观转向特性，在西侧的上部两条裂缝均是大弧度转向，均垂直最小主应力方向（东西方向）转向（图6-37）。

岩石出现多处横缝，并有一条横缝基本贯穿整个靶件，解剖可见横缝位置的岩石颜色和邻层岩石颜色有差异，认为该岩石的横缝出现应该是岩石沉积层不均，岩石本身强度差异导致。横缝的形成影响岩石东侧纵向裂缝的发育。

西面和南面可见的裂缝，横向缝与沿最小应力方向的斜向缝：应由上层施工时西北侧三个射孔处起裂形成，东面可见的裂缝，横向缝与沿最小应力方向的斜向缝：由上层施工时东南侧、西北侧各三个射孔处起裂共同形成。如图6-38和图6-39所示。

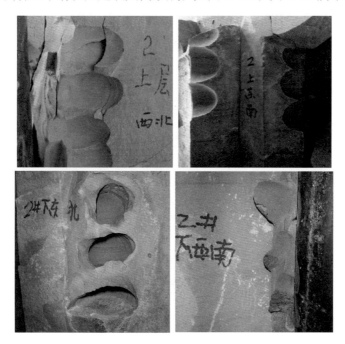

图 6-38　2#靶件孔道形状

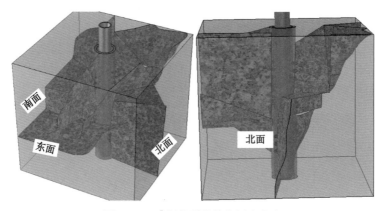

图 6-39　2#靶件裂缝的位置和走向

7. 第三次真三轴模拟试验

本次试验的靶件由于两次喷射的裂缝相互影响，对后期解剖分析造成困难，因此决定对偏置井筒靶件的参数方案进行再次调整。

工具置于偏置井筒靶件且沿长对角线方向喷射，并将原设计的一个喷射器改为两个喷射器串联，在不加大靶件规模的情况下延长裂缝的可延伸长度，便于更清楚地观察到裂缝转向的走势（图6-28）。

使用两只定向喷射器串联组合，两喷射器均为 3 喷嘴，上下喷射器出口方位角相同，沿最长对角线上下两层同时喷射。三轴加载应力垂直主应力 9MPa、最大水平主应力 6MPa、最小水平主应力 3MPa。再次调整后的偏心靶泵注程序见表 6-15。

表 6-15　再次调整后的偏心靶泵注程序（6 喷嘴）

液体类型	油管排量 m³/min	射流速度 m/s	砂浓度 kg/m³	油管注入液量 m³	砂量 kg	阶段时间 min	备注
基液	2	175.5		2		1	环空开放
基液	2	175.5	150	20	3000	10	环空开放
基液	2	175.5	150	10	1500	3～5	逐渐关小环空阀门，至起裂后泵注 1min 停泵

注：做好安全防护，喷射过程中发现提前起裂不中止，按上述程序完成定向射孔压裂。

岩石再次修整后，将真三轴试验台架的上盖和侧壁安装到位，并符合设计要求（表 6-16，图 6-40 和图 6-41）。

表 6-16　真三轴定向喷射压裂大物模三次试验工具配置对比

序号	时间	靶件	喷射器	喷嘴数量	备注
1	2010.12.26	中心井筒靶件	单封定向＋一级定向喷射器组合	下层 6 喷嘴，打滑套后上层 6 喷嘴	
2	2011.3.4				
3	2011.5.19	偏置井筒靶件	两只一级定向喷射器组合	共单侧 6 喷嘴	本次

试验现象：

从顶面视图及裂缝（图 6-42）来看，此次试验的裂缝走向符合设计的预期，即主裂缝沿喷射方向延伸一段距离后向垂直于最小主应力方向转向。同时，产生一条南北走向贯通通缝，东西面上无裂缝。

图 6-40　第三次真三轴模拟试验喷射管柱结构

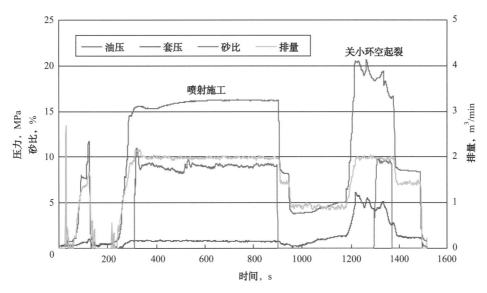

图 6-41　第三次真三轴模拟试验定向喷射施工参数曲线

该次试验岩石裂缝较单一，从表面看只有一条垂直最小主应力方向（南北走向）的贯通裂缝，而东西方向无裂缝，对岩石使力后，轻易就撕开，如图 6-42 所示。主裂缝明显，无其他裂缝的干扰，从顶面看裂缝的转向趋势较为理想，从套管位置开始沿对角线方向转向，转弯半径明显（$R \approx 500\text{mm}$），转弯至距套管中心 442mm 处基本垂直最小主应力方向（东西方向），转弯结束。

定向喷射器孔距过小导致孔道连通，由于水泥环冲蚀扩大，破坏了水泥环的完整性，易导致压裂液整体撕开水泥环，干扰了定向作用。射孔深度与孔径相比较小，套管外深度：孔径 <2，与水泥环冲蚀部分尺寸相当或略小，受损水泥环

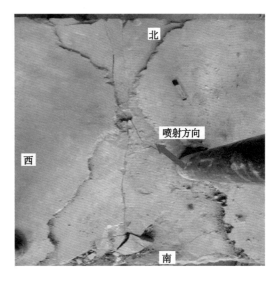

图 6-42　第三次试验顶面视图及裂缝
应力值：上下 9MPa，南北 6MPa，东西 3MPa

面上的径向作用力大于孔道上沿切向的作用力，影响定向作用。

8. 真三轴喷射试验结论

（1）本试验建立的可实现全尺寸大物模试验的真三轴试验装置，可安装边长 1.5m 的立方体岩样，三组独立的超高压加载系统，有效实现真三轴应力加载，最大单轴应力 10MPa。该装置是已知国内外同类台架中最大的。不但满足了全尺寸模拟试验，而且其设计、制造、组装均自主完成，显著提高了我国完成此类试验的设备能力。

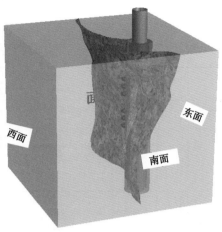

图 6-43　3# 靶件裂缝裂开状态

（2）"真三轴定向喷射多缝压裂大物模试验"的试验方法为国内外首创。试验同时包含全尺寸定向射孔与压裂模拟两个阶段，且在三轴应力条件下实施，最大限度地接近实际的工况。

①通过试验，对比了三轴应力条件下与非三轴应力条件下的喷砂射孔形态参数：真三轴应力条件下的喷射起裂孔接近正常喷射孔的孔型——橄榄形结构，但水泥环入口部分冲刷严重。喷砂射孔成孔深度和直径与岩石有无围压影响不大，主要是射流速度和喷射时间影响较大。

②定向压裂模拟的结果，也刷新了定向射孔射开程度对裂缝转向影响的认识。外加应力下裂缝开度较无应力条件下明显减小，裂缝转向和起裂位置明显受应力差异影响更大，裂缝在喷射方向延伸的尺度远小于预期，即在喷砂成孔的末端就开始转向。

（3）工程应用上，为增强定向射孔的引导作用，增大转向半径，应合理增大喷射器喷嘴孔距，缩小喷嘴孔径，增加喷嘴数量等尽可能增加孔深措施。

三、超高砂比泵送与井下混合模拟试验

连续管快速填砂压裂、井下混合填砂压裂技术最突出的一个特点是都会在泵注程序中涉及超高砂比泵送。连续管快速填砂压裂的最高砂浓度达到 1680 ~ 1920kg/m³（砂比 98% ~ 112%），井下混合填砂压裂的最高砂浓度达到 2400kg/m³（砂比 140%），并要求用非交联的基液携砂。为验证在用泵注与混砂设备的性能是否满足要求、测试液体和砂料是否适用，并形成操作程序，设置了超高砂比泵送试验。

井下混合填砂压裂工艺的特点是连续管泵送超高砂比携砂液，环空泵送滑溜水（不含砂），二者通过井底的混砂工具混合，可实时调整井底砂浓度。为验证专用井下混砂工具的性能、确认压裂工艺关键参数，开展井下混砂工具全尺寸地面模拟试验。

1. 试验参数

1）超高砂比泵送模拟试验

试验采用全尺寸模拟，按使用 60.3mm（2³/₈in）连续管设计，考察泵注的净液排量

$0.5 \sim 1.1 m^3/min$ 时，允许使用的最高砂浓度。主要需要确认液体性能、压裂设备和高低压管汇。

试验方法：净液排量按 $0.5 m^3/min$ 和 $1.1 m^3/min$，按 $800 kg/m^3$ 和 $1800 kg/m^3$ 的砂浓度，各进行 1 次 10min 的泵注试验（表6-17）。

表6-17 混砂性能设计参数

油管净液排量 m^3/min	油管砂浓度 kg/m^3	油管砂比 %	油管总排量 m^3/min	环空排量 m^3/min	总排量 m^3/min	井底砂浓度 kg/m^3
1.1	800	48	1.43	5	6.43	144
				3	4.43	215
				2	3.43	284
0.5	1800	109	0.84	5	5.84	164
				4	4.84	200
				2.5	3.34	300

注：（1）油管砂浓度指砂量/净液量。
（2）油管砂比指体积比，按视密度 $1650 kg/m^3$ 计算。
（3）油管总排量是油管净液量+砂体积，砂体积按真实密度 $2640 kg/m^3$ 计算。

2）井下混合模拟试验

井下混砂器是工艺最关键的工具，主要考察混砂性能和混砂距离，观察混砂器冲蚀情况。主要考察在设计参数下能否实现均匀混合。试验分为6种工况：在油管净液 $0.5 m^3/min$ 和砂浓度 $1800 kg/m^3$ 时，考察环空排量 $5 m^3/min$，$4 m^3/min$ 和 $2.5 m^3/min$ 的混砂性能；再按油管净液 $1.1 m^3/min$ 和砂浓度 $800 kg/m^3$ 时，考察环空排量 $5 m^3/min$，$3 m^3/min$ 和 $2 m^3/min$ 的混砂性能；混砂性能设计参数见表6-18和表6-19。

混砂距离主要考察两种井下砂浓度条件下的混砂距离：一种是正常压裂使用的砂浓度，取 $200 kg/m^3$ 左右；另一种是缝内脱砂转向压裂使用的砂浓度，取 $300 kg/m^3$ 左右。混砂性能的评价方法是采用混合液流动稳定后通过目测观察混合效果，并摄影存档。

井下混合填砂的过程，在保持油管内泵注的同时逐渐降低环空排量，直至缝口脱砂形成砂堵，并利用井下混砂器排出的高浓度砂液沉降堆积填满缝口的水平井段形成砂塞。地面模拟试验中，很难模拟脱砂过程，但可利用模拟井筒排出端的砂塞，以此为基础模拟减小和关闭环空排量（需要时可降低油管排量）使沉砂堆积填满井筒的过程。

在井筒前端设置安全堵头，可防止超压；建议的操作方式是填砂至打开安全堵头后，将油管内顶替干净再停泵。

井下混砂器混砂压裂的关键工具，试验主要考察混砂性能和混砂距离，同时观察大排量下混砂器本体的冲蚀情况。

混砂性能评价主要采取目测观察的方法，观察不同环空排量下混合液的混合均匀程度，测量从混砂出口到混砂均匀的距离；同时，摄影拍照存档。试验按照表6-18和表6-19中的泵注程序测试。

表 6-18　泵注程序 3-1：混砂控制（砂浓度 800kg/m³）

阶段	油管净排量 m³/min	砂浓度 kg/m³	环空排量 m³/min	油管注入量 m³	砂量 t	环空注入量 m³	阶段时间 min	备注
试运转 1	0~1.1	0	0	1.1	0	0	1	
试运转 2	1.1	0	0~5	1.1	0	5	1	
混砂 1	1.1	800	5	1.1	0.88	5	1	快速平稳加砂
	1.1	800	5	2.2	1.76	10	2	井底 144kg/m³
混砂 2	1.1	800	3	3.3	2.64	9	3	井底 215kg/m³
混砂 3	1.1	800	2	3.3	2.64	6	3	井底 284kg/m³
混砂 4	0.6	800	0	3	2.4	0	5	填满井筒截面或安全堵头打开，即开始顶替
顶替	0.6	0	0	0.6	0	0	1	
合计	—	—	—	15.7	10.32	35	17	

表 6-19　泵注程序 3-2：混砂控制（砂浓度 1800kg/m³）

阶段	油管净排量 m³/min	砂浓度 kg/m³	环空排量 m³/min	油管注入量 m³	砂量 t	环空注入量 m³	阶段时间 min	备注
试运转 1	0~0.5	0	0	0.5	0	0	1	
试运转 2	0.5	0	0~5	0.5	0	5	1	
混砂 1	0.5	0~1800	5	0.5	0.9	5	1	快速平稳加砂
	0.5	1800	5	1	1.8	10	2	井底 164 kg/m³
混砂 2	0.5	1800	4	1.5	2.7	12	3	井底 200 kg/m³
混砂 3	0.5	1800	2.5	1.5	2.7	7.5	3	井底 300 kg/m³
混砂 4	0.5	1800	0	2.5	4.5	0	5	填满井筒截面或安全堵头打开，即开始顶替
顶替	0.5	0	0	0.5	0	0	1	
合计	—	—	—	8.5	12.6	39.5	17	

试验后检测混砂工具的冲蚀情况。

2. 可视化试验装置

模拟井筒试验装置拟提供可视化试验的操作平台，为满足井下混合工具的要求，按照 $5\frac{1}{2}$in 套管空间尺寸模拟井筒，以内径 120mm 的有机玻璃（PMMA）管作为模拟透明井筒，用于观察混合工具的性能。为保证试验台架的强度和稳定性，采用有机玻璃管、法兰盘串联安装方式，玻璃管单根长度定为 1m/ 根；玻璃管本身不做结构加工，避免因加工导致应力集中影响管体的耐压强度。

（1）为确认玻璃管耐压强度，首先需要进行耐压测试。图 6-44 为玻璃管耐压测试试验装置。主要由玻璃管、两端套装法兰堵头、6 根的法兰拉杆、密封圈、橡胶垫等组成，通过试压泵试压。

模拟井筒的设计工作压力为 5MPa，故选择内径 120mm，壁厚 20mm 的有机玻璃管，主要考察其耐压及其连接处的密封性能（图 6-45）。

图 6-44 玻璃管耐压测试试验装置　　　　　图 6-45 有机玻璃管耐压测试

通过对 2 根玻璃管的爆破测试，其爆破压力分别为 25MPa 和 24MPa，在工作压力 5MPa 条件下，达到 5 倍安全系数，满足试验要求。

（2）试验装置设计。确认了透明模拟井筒的材质性能后，即可进行全套试验装置设计。该装置包括底座、透明模拟井筒、套管、井口、旁通闸阀、进出管汇、安全堵头等。如图 6-46 所示。

套管规格：J55-9.17-5.5″；

透明有机玻璃管：内径 120mm，壁厚 20mm；

井口：KY130-21；

四通：主通径 130mm，旁通 65mm，耐压 21MPa

考虑试验中总排量达 6m³/min，为减少玻璃管的振动情况，并控制安装运输风险，玻璃管长度定为 1m/ 根是合理选择，可视化井筒总长度设计为 5m。除法兰间可靠连接外，每个法兰均要与底座连接牢固。玻璃管法兰连接和固定卡箍如图 6-47 所示。法兰卡箍底边焊接在底座上。

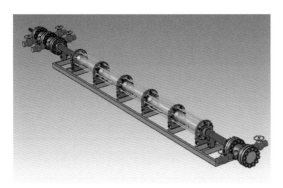

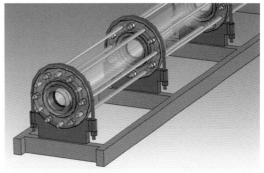

图 6-46 可视化试验装置　　　　　图 6-47 玻璃管法兰连接与卡箍固定示意图

模拟井筒按照玻璃管的规格和连接方式，拼装连接。进出口均使用 KY130-21 井口，其中进口处串联 2 个井口，共计 4 路旁通，旁通标配 PF65-21 平板闸阀。其中两路旁通作为环空入口，另外一路连接压力传感器，最后一路连接安全堵头。出口也连接一个 KY130-21 井口，两路旁通直接和排污管汇连接进入排污罐。

井口依靠其下部的套管固定，类似悬臂梁固定方式，因此套管的固定尤为关键，井口套管固定和套管卡箍如图 6-48 所示。套管卡箍底边焊接在底座上。

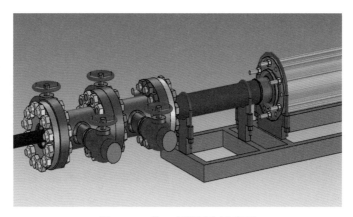

图 6-48　井口套管固定示意图

试验装置中采用双管汇进入，双管汇排出，进出管汇要求使用 3in 高压硬管连接，内径 60mm。油管内压降、环空压降和混合排液压降计算见表 6-20 至表 6-22。

表 6-20　油管内压降计算

排量 m^3/min	油管长度 L m	油管内径 d_i cm	油管内压降，MPa		油管容积 m^3	油管流速 m/s
			清水 Δp_i	基液 Δp		
0.5	50	5.1	0.1	0.09	0.1	4.0
1	50	5.1	0.4	0.28	0.1	8.0
1.5	50	5.1	0.8	0.58	0.1	12.0

注：油管压降基液取清水压降的 70%。

表 6-21　环空压降计算

排量 m^3/min	管长 L m	中心管工具 外径 d_p cm	套管内径 d_o cm	环空压降，MPa		环空容积 m^3	环空流速 m/s
				清水 Δp_i	基液 Δp		
1	50	9.0	12.1	0.16	0.11	0.3	3.2
3	50	9.0	12.1	1.03	0.72	0.3	9.7
5	50	9.0	12.1	2.58	1.81	0.3	16.2

表 6-22　混合排液压降计算

排量 m^3/min	长度 L m	油管内径 d_i cm	油管内压降，MPa		容积 m^3	油管流速 m/s
			清水 Δp_i	基液 Δp		
2	10	6.0	0.1	0.10	0.03	11.8
4	10	6.0	0.5	0.32	0.03	23.6
6	10	6.0	1.0	0.67	0.03	35.4

组装好的模拟装置如图 6-49 所示。

3. 高速摄影器材与液体配方

为确保施工过程安全可控，实时监控与记录作业过程以得到真实完整的资料，特别是为记录混砂过程，采用了最高 800 帧 /s 的高速摄影设备（图 6-50）。该设备可满足试验过程中，可视化模拟井筒中高速液体的流态记录。

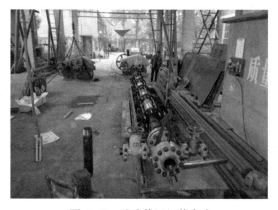

图 6-49 试验装置组装完成

图 6-50 高速摄影系统

液体性能是实现高砂比携砂的关键，为此专门进行了不同浓度瓜尔胶基液携砂能力实验，如图 6-51 和图 6-52 所示。对比 0.4% 与 0.6% 瓜尔胶基液黏度及携砂性能，0.6% 的瓜尔胶基液在试验所要求的高砂比情况下，具有更好的携砂能力，能够保证在液体运移期间（管汇体积按 1.6m³ 计算，运移时间 3.5min），无显著沉砂。为保证试验的顺利进行和设备的安全，最后确定液体体系为 0.6%HPG。

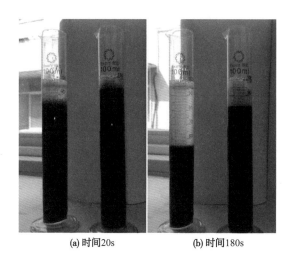

(a) 时间20s   (b) 时间180s

图 6-51 0.4%HPG 基液携砂性能

（左杯 50% 砂比，右杯 110% 砂比）

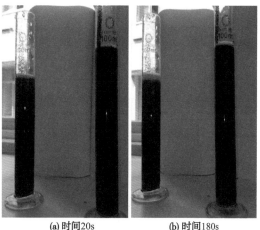

(a) 时间20s   (b) 时间180s

图 6-52 0.6%HPG 基液携砂性能

（左杯 50% 砂比，右杯 110% 砂比）

4. 试验过程

试验流程按照图 6-53 设计所示，采用中心管注入携砂液，环空双通道注入基液；试验台架下端双通道排出。

安装示意如图 6-54 所示。进液井口旁通阀 1 和旁通阀 2 双通道连接环空泵注管汇，旁通阀外留 $2\frac{7}{8}$ in 平式油管接箍，与进液压裂管汇连接；旁通阀 3 连接安全堵头；旁通阀 4 连接压力传感器。

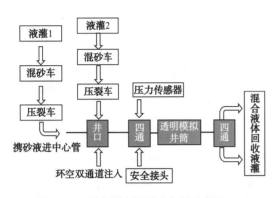

图 6-53　混砂器性能测试流程示意图

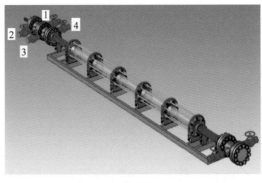

图 6-54　井口阀门连接示意图

混砂模拟试验工具为：液压丢手 + 喷砂器 + 球座 + 混砂器 + 丝堵，为避免垂直轴向方向喷射的喷嘴刺穿玻璃管，决定将喷嘴喷射位置控制在套管内，而混砂器位于第一段玻璃管中上部位置，便于观察。

试验装置是模拟水平井水平放置，中心管工具组合总长 1.6m，通过两个 118 刚性扶正器在模拟套管内起扶正作用。利用井口萝卜头的密封将中心管和环空封隔。

如图 6-55 和图 6-56 所示。

图 6-55　井下混砂工具组合示意图

图 6-56　模拟混砂工具安装示意图

试验设置混砂试验在两组不同砂比条件下，改变环空排量观察混砂距离的影响，试验泵注参数见表 6-23 和表 6-24。图 6-57 所示为试验现场布置图。

表 6-23　井下混砂器性能试验泵注参数（程序一）

序号	工序	油管排量 m³/min	油管净液量 m³/min	阶段排量 m³	砂浓度 kg/m³	砂比 %	阶段砂量 m³	环空排量 m³/min	环空阶段排量 m³	阶段时间 min	混合砂浓度 kg/m³
1	试运转	1.43	1.43	2.86						2	
2		1.43	1.43	1.43				5	5	1	
3	加砂	1.43	1.24	2.86	405	25	0.62	5	10	2	80
4		1.43	1.1	2.86	810	50	1.10	5	10	2	146
5		1.43	1.1	2.86	810	50	1.10	3	6	2	217
6		1.43	1.1	2.86	810	50	1.10	2	4	2	287
7		1.43	1.1	2.86	810	50	1.10	0	0	2	810
8		1.43	1.1	2.86	810	50	1.10	1	2	2	424
9	顶替	1.43	1.43	4.29				5	15	3	
合计				22.88			6.12		52	18	

表 6-24　井下混砂器性能试验泵注参数（程序二）

序号	工序	油管排量 m³/min	油管净液量 m³/min	阶段排量 m³	砂浓度 kg/m³	砂比 %	阶段砂量 m³	环空排量 m³/min	环空阶段排量 m³	阶段时间 min	混合砂浓度 kg/m³
1	试运转	0.84	0.84	1.68						2	
2		0.84	0.84	0.84				3	3	1	
3	加砂	0.84	0.73	0.84	405	25	0.18	3	3	1	80
4		0.84	0.64	0.84	810	50	0.32	3	3	1	139
5		0.84	0.57	0.84	1250	75	0.43	3	3	1	191
6		0.84	0.53	0.84	1560	95	0.50	3	3	1	234
7		0.84	0.5	1.68	1800	110	1.10	3	6	2	257
8		0.84	0.5	1.68	1800	110	1.10	2	4	2	360
9		0.84	0.5	1.68	1800	110	1.10	1	2	2	600
10		0.84	0.5	1.68	1800	110	1.10	0.4	1	2	1000
11		0.84	0.5	1.68	1800	110	1.10	0	0	2	1800
12	顶替	0.84	0.5	5.88				1	7	7	600
合计				20.16			6.93		34.80	24	

　　两组泵注程序基本按照试验设计顺利完成，没有出现管汇砂堵和设备异常的情况，得到满足高砂比携砂液的性能参数、设备运行参数和施工参数。根据试验情况可见高砂浓度携砂液的能力达到施工需求，压裂设备和高低压管汇满足试验要求。

　　高砂比携砂液泵注测试完成后，按照井下混砂器试验的流程连接管汇，按照井下混砂器性能试验泵注程序一的参数泵注施工，最高砂比 50%（即砂浓度 810kg/m³），油管净液排量 1.1m³/min，油管排量 1.43m³/min，环空排量最大 5m³/min，环空最大泵压 3.5MPa，油管最大泵压 2.6MPa。

通过改变环空排量的大小，观察混砂距离的变化；并考察环空停注时该砂比参数能否沉砂形成砂塞。施工参数曲线如图 6-58 所示。

图 6-57　试验现场布置图

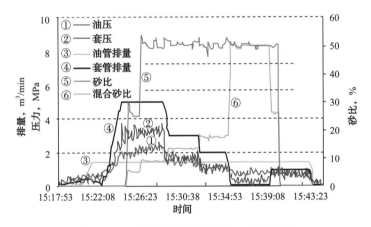

图 6-58　井下混砂器性能试验一施工曲线

根据高速摄影系统中慢放影像，基本可以得到不同参数下的混砂距离，见表 6-25。

表 6-25　井下混砂器试验一的混砂距离

油管参数	环空排量，m³/min	混砂距离，m
油管排量 1.43m³/min 砂比 50%	5	约 0.6
	3	约 0.35
	2	约 0.2
	0	约 0
	1	约 0.05

注：表中混砂距离为高速摄影系统慢放观察，从混砂器出口位置到流态均匀段的距离。

图 6-59 为井下混砂器试验一参数条件下混砂效果的照片。

混砂距离判别因无定量参数界定，根据高速摄影系统中慢放影像观察，从混砂器出口到流态均匀的距离还是比较明显的，但因人为因素和显示设备的不同存在一定差异。

试验过程中，环空停注时，在油管内排量 1.43m³/min 和砂比 50% 不变的条件下，模拟井筒压力未见升高，安全堵头未开启，说明在这种模拟参数条件下，不能形成砂塞。

图 6-59　井下混砂器试验一参数条件下混砂效果

油管排量 1.43m³/min 和砂比 50% 条件下

环空排量 5m³/min

试验后玻璃管正对混砂器出口位置有 6 个明显的冲蚀坑，最深坑的深度约 5mm，应为磨料射流的冲涮导致。但玻璃管的承压能力仍处于安全工作范围内。

调整油管短节，并将喷砂器取掉，改变混砂器出口的位置，继续实施井下混砂试验二的泵注程序。最高砂比 110%（即砂浓度 1800kg/m³），油管净液排量 0.5m³/min，油管排量 0.84m³/min，环空排量最大 3m³/min，环空最大泵压 2.3MPa，油管泵压最大 1.2MPa。通过改变环空排量的大小，观察混砂距离的变化，并考察环空停注时该砂比参数能否沉砂形成砂塞。施工参数曲线如图 6-60 所示。

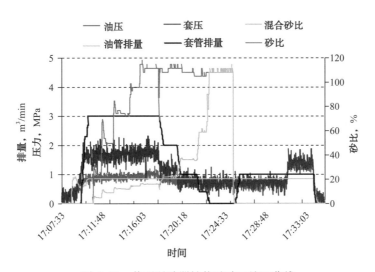

图 6-60　井下混砂器性能试验二施工曲线

根据高速摄影系统中慢放影像，得到不同参数下的混砂距离，见表 6-26，并与试验一的混砂距离对比。

由表 6-26 可见，在油管参数不变的条件下，随环空排量的降低，混砂距离逐渐缩短，当环空停注的时候，只有管内一种介质液体，不存在混砂距离的概念；对比两组试验，在环空排量相同的条件下，油管排量大的相对混砂距离略短。

表 6-26　井下混砂器试验二的混砂距离及与试验一的对比

井下混砂器试验一			井下混砂器试验二		
油管参数	环空排量 m³/min	混砂距离 m	油管参数	环空排量 m³/min	混砂距离 m
排量 1.43m³/min 砂比 50%	5	约 0.6	排量 0.84m³/min 砂比 110%		
	3	约 0.35		3	约 0.4
	2	约 0.2		2	约 0.20
	1	约 0.05		1	约 0.05
	0	—		0.4	约 0.05
				0	—

注：表中混砂距离为高速摄影系统慢放观察，从混砂器出口位置到流态均匀段的距离。

图 6-61　井下混砂器试验二参数条件下混砂效果

油管排量 0.84m³/min 和砂比 110% 条件下

环空排量 3m³/min

环空停注时，仅通过油管泵注高砂比液，两组试验均未形成砂塞，证明试验条件下光靠沉砂不能够形成砂塞，现场施工中需依靠地层裂缝脱砂形成砂塞。图 6-61 为井下混砂器试验二参数条件下混砂效果的照片。

5. 主要结论

（1）研制了水平井井下混合全真模拟试验的可视化试验装置，其承压能力超过 20MPa、透明长度达到 5m 的 5$\frac{1}{2}$in 模拟井筒，使井下混合工具的工作过程可视化，利用高速摄影系统（每秒 800 帧）进行全程摄像可对混合过程精确回溯。

（2）实现了基液小排量超高砂比泵注。用国产压裂车与混砂车组，使用高黏度基液携砂，在吸入排量 0.5m³/min（泵出排量 0.84 m³/min）时实现最高达 110%（即每立方米基液携砂 1800kg）的超高砂比稳定泵注。突破了国内超高砂比泵注的传统认识，为今后优化施工参数提供了很好的基础。

（3）利用井下混合方式实现了在地面实时控制井底砂浓度。采用油管内泵注高砂比携砂液，油套环空泵注清洁液，利用井下混合工具在井底混合的方式，通过改变两个通道的泵注排量可实时改变井底砂浓度。试验为实时改变井底砂浓度实现缝内暂堵转向压裂提供了基础，也为进一步提高环空排量实现大排量施工提供了条件。

（4）对混砂距离的认识：在油管参数不变的条件下，随环空排量的降低，混砂距离逐渐缩短，当环空停注的时候，只有管内一种介质液体，不存在混砂距离的概念；对比两组试验，在环空排量一样的条件下，油管排量大的相对混砂距离略短；环空停注时，仅通过油管泵注高砂比液，两组试验均未形成砂塞，证明试验条件下光靠沉砂不能够形成砂塞，现场施工中需依靠地层裂缝脱砂形成砂塞。

（5）得到了水平井内携砂液稳定流动最低速度的一组实测参数。在实验条件下，使用试验的高黏度基液和中密度陶粒，在不低于 1.22m/s 流速下，携砂液在水平段内能稳定流动，不形成砂塞。而 SPE 114881 推荐的是：用基液携砂时，应控制流速不小于 1.83m/s（6ft/s），才能使支撑剂在水平段能保持悬浮。实验条件下的最低流速比 SPE 文献的数据低了约 33%。这一结果，对水平井压裂施工、水平井冲砂作业，有很好的指导意义。

四、水射流钻径向井射流可钻性模拟试验

水射流破岩是一个复杂的过程，其内在机理和物理规律尚未被准确揭示，国内外学者对水射流破岩机理进行了一系列研究，建立了多种经验和半经验的模型[1, 2]，但还没有形成一种较为统一的学说，理论落后于实践应用。我国油气资源分布广阔，各种储层物性差异显著，水射流破岩基础试验数据匮乏，不能满足工程设计参考需求。近年来，径向钻井国外引进技术与国内自主技术的主要参数差别巨大，特别是最大钻进深度、钻进速度，需要实践验证。

用露头或岩心进行喷钻试验来评价地层的射流可钻性，用水泥靶件放大试验规模并增加试验数量，由此筛选适用的喷射钻头型式结构、几何参数和工作参数，设计优化地层钻进工艺和施工参数。

试验装置如图 6-62 所示。通过软管将高压水泵的高压水源接入喷管至喷嘴，在水箱内形成淹没射流，模拟对喷射靶钻进。利用液压站控制液缸低速平稳送进喷管，在喷管与送进液缸间安装拉压传感器，监测牵引力及遇阻力。

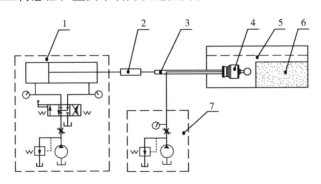

图 6-62　喷射钻进试验装置示意图

1—液压站；2—拉压传感器；3—喷管；4—喷射钻头；5—淹没水箱；6—喷射靶；7—高压水泵

喷射钻头的优选及结构参数优化系列试验包括空喷试验、定喷试验和喷射钻进试验等。空喷试验主要测试喷射钻头的流量—压力特性、前后流量分配比例、喷射反力（牵引力）、射流形状等。定喷试验是将钻头和靶件固定，两者保持一定距离，在淹没条件下喷射一定时间后，测量射流在靶件上钻出孔眼的直径、深度、形状等参数。喷射钻进试验包括硬管送进喷射钻孔和软管自牵引喷射钻孔，重点是控制钻头送进速度、孔道轨迹偏转等问题。

1. 水射流钻水泥环模拟试验

固井水泥环坚硬，清水射流钻进相对储层困难。实验室用固井水泥添加 10% 细沙制作模拟水泥环靶件，养护 3 个月后使用。试验用喷射钻头为多孔型（8 个 ϕ0.8mm 喷孔，外径 16mm），采用试验数据记录见表 6-27。

表 6-27　水射流钻固井水泥环试验参数

序号	流量 L/min	平均流速 m/s	初喷距 mm	送进速度 mm/s	送进时间 s	钻孔深度 mm	钻孔通径 mm
1	50.5	209.3	30	1.05	不能送进	遇阻	15.7
2	62.5	259.0	30	1.08	130	105	22.1
3	66.2	274.4	30	1.75	200	196	22.5

该喷射钻头在流量 60~65L/min、送进速度 1~2mm/s 条件下，可以钻穿模拟固井水泥环。

2. 水射流钻地层模拟试验

用不同的建筑水泥和沙配比制作试验靶件模拟不同的地层（图 6-63）。水泥模拟靶件的养护期需超过 3 个月，通过标准喷射钻头（当量直径 $\phi1.7mm$ 喷嘴）进行喷射钻进评价。

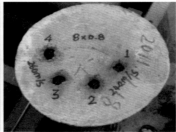

图 6-63　模拟靶件

按照钻孔直径不低于 20mm 的要求，针对不同地层（水泥靶件）推荐适用射流参数见表 6-28。

表 6-28　针对不同地层喷射钻孔推荐的射流速度

地层分类	对应模拟靶件	推荐射流速度范围，m/s
疏松地层	1∶5 青砂	180~200
	1∶4 青砂	200~220
密实地层	1∶3 青砂	220~240
	1∶2 青砂	240~260
坚硬地层	1∶2 黄砂	260~280
	1∶1 黄砂	280~300

获取长庆长 6、延 10 等典型储层露头和青海尕斯、昆北、扎哈泉等区块油井岩心，制作模拟试验靶件（图 6-64）。

以青海油田三个典型区块油井岩心为例。用水泥沙浆灌浇到 $9\frac{5}{8}$in 套管（长 250mm）内，养护 2 周后用于喷射试验。试验的钻头没有配后向喷嘴，喷管为 $\phi18mm$ 无缝钢管，采用液缸匀速推进，试验数据见表 6-29。

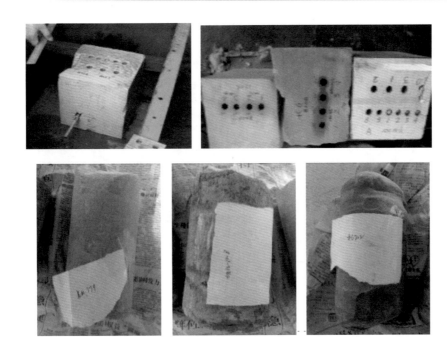

图 6-64　长庆露头和青海油井岩心

表 6-29　青海油井岩心可钻性模拟试验数据

喷嘴型式	试验参数			可钻性评价		
	入口压力 MPa	流量 L/min	射流速度 m/s	跃 379 井	切 12-10-8 井	扎 202 井
旋 ϕ1.4mm	50	22.2	240.4	2mm/s 速度送进，钻穿	—	—
旋 ϕ2.0mm	50	50.1	265.8	2mm/s 速度送进，钻穿	2mm/s 送进，钻深 100mm 遇夹层未钻穿	钻进 5mm 遇阻
8×ϕ0.8mm	50	68.2	282.7	2mm/s 速度送进，钻穿	钻穿	钻进 30mm 遇阻

试验结论：

（1）跃 379 井岩样为泥质砂岩，岩质均匀，对于旋 ϕ1.4mm 的前向喷嘴，流量仅为 22.2L/min，可钻性好，成孔完整。该区块可用旋流型钻头，配备较大排量的后向喷嘴，适合自牵引钻进较长距离（>15m）。

（2）切 12-10-8 井岩样非均质性明显，夹层坚硬，旋流喷嘴钻进夹层时破岩成孔效率低，换用多孔喷嘴，前向流量较大，可以钻穿夹层。该区块可用多孔型钻头，受系统总流量限制，可配备与前喷嘴相当的后向喷嘴，钻进深度受限（5~10m）。

（3）扎 202 井岩样坚硬，需要进一步提高水功率，受系统总流量限制，需用全流量钻进，钻进深度较短（<2m）。

3. 试验认识

综合模拟靶件、露头、岩心物模试验数据，将地层分为 5 类，并选择适合水射流钻径向井技术施工的 3 类地层，给出推荐的喷射钻进方式及钻进深度（表 6-30）[3]。

表6-30　基于水射流可钻性的地层分类

地层分类	超硬地层	坚硬地层	密实（中硬）地层	疏松地层	松散地层
典型靶件	—	长6露头、扎202井岩心	延10露头、切12-10-8井岩心	跃379井岩心	—
射流可钻性模拟试验钻进速度 m/min	<0.03	0.05~0.1	0.2~0.5	1~2	成孔孔径过大或坍塌
适应的喷射钻进方式	不适用	前向全流量喷射钻进，井下控制工具送进	前后流量平衡喷射钻进，步进式工具送进	后向流量远大于前向流量，自牵引钻进	不适用
推荐的径向钻进深度 m	—	1.5~2.5	5~10	30~50	—

第二节　连续管喷砂射孔辅助压裂

"十二五"期间，国家重视低渗透油气资源和非常规油气资源勘探与开发，同时，油气井的完井作业得到了不断进步与发展。水平井、定向井和小井眼技术成为开发低渗透与非常规能源的重要手段。大规模的体积压裂，密切割技术等压裂技术的引进与应用，为国内油气田开发积累丰富的经验，也为油田的上产起到不可替代的作用。随着水平段长度逐渐加长，在压裂段数越来越多、规模越来越大的大背景下，连续管作业技术利用其自身优势，在提高作业效率、降低作业风险、处理复杂作业方面发挥了重要的作用。从"十一五"引进国外技术、现场试验，到"十二五"的科研攻关与现场推广应用，连续管压裂技术也有了长足的进步，成为提高多级压裂效率和安全性最重要的技术手段之一。

对比各种多级压裂技术中，连续管压裂作业具有其非常鲜明的优点：首先是作业效率高、安全性好，不需接单根，起下速度快，可带压作业提高施工安全性；压裂施工层位间工具准备时间短，适应对层间距较大的多个层位进行快速拖动压裂；可带压起下与循环，及时拖动与返排，缩短泄压等待时间；射孔与压裂连作，简化工序与工艺。其次是能减少储层伤害，避免不必要的压井作业；快速作业及时返排，大大减少压裂液浸泡时间。可实现精确分层改善压裂效果，精确控制起裂位置有针对性地改造储层，特别适合对具有多个薄层的井进行逐层、分段压裂作业；能灵活控制每段压裂的规模。

本节对连续管压裂工艺进行了对比与分析，有选择性地进行了几种重点工艺的对比与分析。介绍了连续管压裂配套的基础工具的研究与现场应用情况。

一、连续管多级压裂工艺

连续管多级压裂工艺结合了常规压裂与连续管作业技术特点。连续管压裂技术依靠其自身的高效性、安全性以及灵活多变的压裂方式（应对复杂井），已经成为油田勘探开发的一种有效手段。本节从作业工程实施的角度对连续管压裂工艺进行了划分，按照分层的方式不同，可分为3大类典型工艺技术：第一类为连续管跨隔压裂，一般采用双封单卡方式，也有的采用单封结合填砂的方式；第二类为连续管输送枪弹射孔环空压裂；第三类为连续管喷砂射孔环空压裂。其中，第三类常用的方式有连续管喷砂射孔填砂环空压裂，连续管带底封环空压裂，连续管桥塞压裂，连续管无限级开关滑套环空压裂等。目前，国内实施最多的是连续管带底封环空压裂，在长庆、新疆和吐哈等油田得到推广与应用。

1. 连续管跨隔压裂

如图 6-65 所示，连续管跨隔封隔器压裂：先用射孔枪或喷射器进行射孔，射孔完成后下连续管压裂管柱分段压裂，连续管内注入压裂。

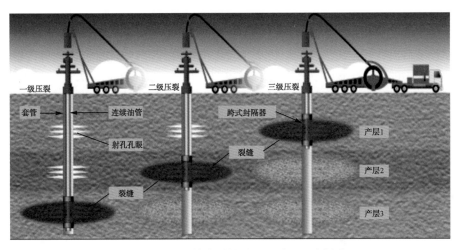

图 6-65 连续管跨隔封隔器压裂过程示意图

该种压裂技术对封隔器技术要求很高，封隔器的封隔与解封效果、寿命对该工艺技术影响很大。由于压裂液须由连续管内注入，要求使用 2in 以上的连续管，且施工排量受到限制；主要用于 2000m 以内的浅井，因使用的皮碗式封隔器承压能力有限，不适应破裂压力高的地层；用于套管固井完井方式，主要用于直井和大斜度井，也可用于水平井。

连续管跨隔压裂工艺实施步骤：

（1）需要压裂作业的层位提前进行射孔作业；

（2）通井，下入井下工具；

（3）把跨隔封隔器下入到待压裂的层段（校深定位）；

（4）如有可能，在环空内保持一定的液柱压力；

（5）按设计进行压裂处理；

（6）完成压裂处理后，反循环洗掉连续油管内的残留支撑剂，同时移到下一个层位。

该工艺的优势是实现补层压裂，老井重复压裂改造等；缺点是连续管寿命影响成本、施工排量受限，对工具可靠性要求较高。

2. 连续管输送枪弹射孔环空压裂

连续管枪弹射孔与环空压裂连作的方式完成每层的压裂，使用膨胀式封隔器实现分层，带压拖动完成多层作业。

压裂工艺需使用带电缆的连续管，要求使用连续管作业专用的电缆校深工具与控制工具，使施工成本大幅增加。可用于直井、斜井、水平井，套管固井完井方式。

井下作业工具：由带有电缆的连续油管、清洗工具、膨胀式封隔器、卡瓦、套管接箍定位器和射孔枪等装置组成。由于使用带有电缆的连续油管，可以通过套管接箍定位器定位，从而确定准确的射孔位置，有选择性射孔枪通过压力传感进行有选择性射孔。

工艺基本程序：

（1）下连续油管井下工具，测套管接箍位置，确定第一层射孔位置，进行射孔作业；

（2）射孔后下放连续油管到施工层位以下，坐封封隔器，进行主压裂施工；

（3）第一层施工结束后，上提连续油管到第二目的层进行射孔；

（4）射孔结束后，下放封隔器到第二目的层以下坐封，进行环空注入进行主压裂施工；

（5）如此重复上述作业，施工结束后，立即进行冲砂。

3. 连续管喷砂射孔辅助压裂

连续管喷砂射孔辅助压裂，实施方式为连续管内泵注携砂液进行水力喷砂射孔，打开施工管柱与地层的通道，环空大排量携带支撑剂压裂施工。使用填砂方式、封隔器或其他方式实现层与层之间的封隔。施工完成当前层位后，拖动连续管完成其他各层位的压裂施工。结合了连续管带压拖动的技术优势，环空大排量施工满足施工需求。

按照环空封隔方式分为：连续管拖动水力喷射拖动压裂，连续管喷砂射孔填砂环空压裂（图6-66）、连续管带底封环空压裂（图6-67）等。

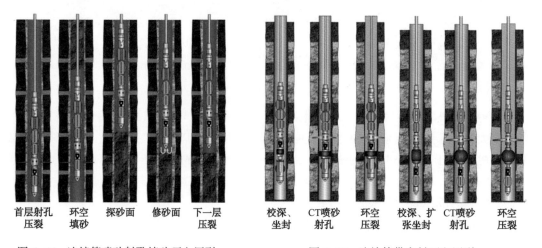

| 首层射孔压裂 | 环空填砂 | 探砂面 | 修砂面 | 下一层压裂 |

图 6-66　连续管喷砂射孔填砂环空压裂

| 校深、坐封 | CT喷砂射孔 | 环空压裂 | 校深、扩张坐封 | CT喷砂射孔 | 环空压裂 |

图 6-67　连续管带底封环空压裂

二、连续管多级压裂关键工具研制与应用

1. 高效长寿命喷射器研制与应用

连续管多级压裂中的核心工具，基本原理为高压泵将带有磨料的携砂液通过连续管泵注到喷射器，利用喷嘴节流作用，形成高速磨料射流切割管柱或井壁，连通作业管柱与地层。其寿命的长短直接影响了连续管多级压裂的成功率及作业效率。国内从20世纪90年代开始进行相关技术的研究，"十一五""十二五"期间，国内科研院所通过喷射器结构优化，喷嘴材料的筛选，研制成功系列化的喷射器，并在喷嘴有效寿命、耐冲蚀性等方面取得极大的进步，相关技术参数达到或超过了国外同类型工具，并且在现场应用过程中进一步明确了喷射射孔技术参数，制定了相应的规范与标准，为现场的推广应用奠定了基础。

1）喷射器参数试验

连续管携带喷射器喷砂射孔，施工排量越大，可布置的喷嘴数量越多，喷嘴直径也可放大，大多数情况下利于提高施工效率。但受制于连续管内径、管长等因素，往往有最佳的施工排量，在此条件下匹配喷嘴及工作压力，满足现场施工的需求。

　　测试条件：喷射器距离套管的距离一定，射孔用砂浓度恒定，在相同的喷射时间、不同射流速度下，观察切割套管的情况，分析射流速度对切割效率的影响情况。测试靶件如图 6-68 和图 6-69 所示，实验数据见表 6-31。

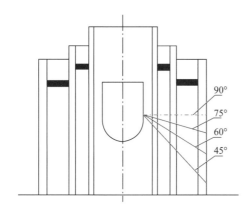

图 6-68　喷射器参数试验靶件结构示意图

图 6-69　喷射器参数试验靶件实物图

表 6-31　喷射器参数试验测试数据统计

喷距 mm	喷嘴直径 mm	喷嘴角度 （°）	孔编号	射流速度 m/s	时间 s	7in 套管 （壁厚 9mm）	备注
9.5	3	90	G1	150	120	有轻微痕迹	筛管穿
			G2	146	120		筛管损伤凹坑深度 6.6mm
			G3	148	120		筛管穿，筛网没穿
			H1	162	120	损伤凹坑深度：3.3mm	
			H2	167	120	损伤凹坑深度：0.82mm	
			H3	168	120	损伤凹坑深度：2.4mm	
			I1	189	（70）		筛管有浅痕迹
			I2	188	120	损伤凹坑深度：6mm	
			I3	190	120	损伤凹坑深度：7mm	
			J1	201	120	损伤凹坑深度：6.3mm	
			J2	207	120	损伤凹坑深度：6.5mm	
			J3	207	120	损伤凹坑深度：7mm	

　　射流速度是切割效率的主要影响因素，从统计的数据看，在 150m/s 左右的射流速度下，120s 内套管几乎没有受到损伤；而速度升至 165m/s 时，套管开始受到明显的损伤，平均深度为 2.5mm；当速度升至 185m/s 和 195m/s 时，套管切割深度升至 6.5mm 左右。射流速度为 207m/s 时，孔深 7mm。上述数据说明，随着射流速度的增加，切割能力增强，在套管内表面形成凹坑深度明显增加。综合考虑地面泵压、设备配套以及排量的限制等因素，射孔速度控制在 190～200m/s，切割效率较高。

2）喷嘴材料筛选

测试试验条件：磨料为 0.2~0.4mm 石英砂，磨料浓度为 15%~17%，喷嘴压降为 20MPa，时间 40min。材质对比试验选取 2# 结构 4 种材质的喷嘴进行试验，材质为 YG8、YG6、YG6 表面渗膜、复合碳，标记为 A、B、C、D。衡量喷嘴寿命高的标准是喷嘴的磨损量小，通过测量喷嘴的孔径磨损量以及喷嘴重量的减轻量，来进行定量地标定哪种材料的抗磨损效果好、寿命高。

测试数据均折算为 40min 的磨损量（图 6-70），其中国产材质中，材质 B 的绝对磨损量最小，材质 C 次之且都远小于材质 A 的磨损量。根据试验的实际情况，可以判定材质 B 与材质 C 的耐磨损性能基本一致。由于材质 C 是材质 B 进行渗镀而成，其硬度较渗镀前有所降低，通过试验判定该工艺对本使用条件下提高耐磨损寿命无实际意义。材质 D 为进口材质，试验中确实表现出优异的耐磨损性能，同等条件下其寿命应为材质 B 的 4 倍以上，材质 A 的 16 倍以上。

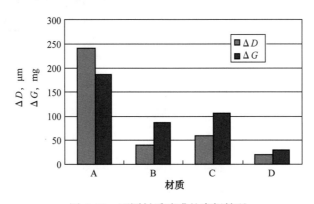

图 6-70　不同材质喷嘴的磨损情况

ΔD—喷嘴内通径变化量；ΔG—质量变化量

3）喷嘴结构筛选

根据前期的研究成果，喷嘴的局部结构优化，会改善其流量特性，降低压力损失。根据前期的基本数据，设计了三种不同结构喷嘴（图 6-71），并对喷嘴压力流量关系进行了相关试验，有限选择流量特性好（压力损失小）以及寿命高的喷嘴结构。

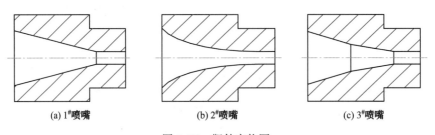

(a) 1# 喷嘴　　　　　　　(b) 2# 喷嘴　　　　　　　(c) 3# 喷嘴

图 6-71　靶件实物图

喷嘴结构筛选目的：选择流量特性好的喷嘴，即在相同的喷嘴孔径、相同测试排量下喷嘴的压降越小说明，液体经过喷嘴产生的能量损失较小。从而提高喷嘴的射孔效率，降低地面泵注设备的功率消耗。

通过测试曲线（图6-72）可以得出，随着排量的提高喷嘴的压降是逐渐升高的。在相同的排量条件下2#喷嘴的压降是最小的。经流量系数对比，优选2#喷嘴。

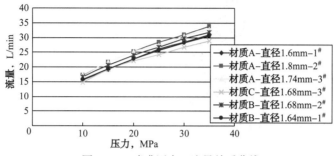

图6-72 喷嘴压力—流量关系曲线

流量系数的换算（图6-73）进一步验证了喷嘴的特性优良，流量系统越高说明喷嘴的流通特性较好，喷嘴的压力损失较小，通过地面测试对比得出1#喷嘴和2#喷嘴的流量系数比3#喷嘴的大，结合压降与流量特性，选择2#喷嘴作为研究与测试的重点结构。

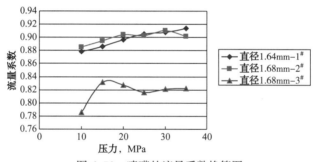

图6-73 喷嘴的流量系数换算图

4）抗反溅结构改进

喷射器正常工作时高速磨料射流在切割管柱内壁后，从套管内壁或形成的空洞反射到喷射器表面，当反射流速达到一定速度后对喷射器表面产生损伤。抗反溅试验的目的，是通过结构或材料优化设计，减少反溅冲蚀程度，提高喷射器的有效寿命。

通过地面的大量试验，在喷嘴的表面覆盖特殊的保护套能够提高喷射器的有效寿命。对比试验的效果如图6-74和图6-75所示。

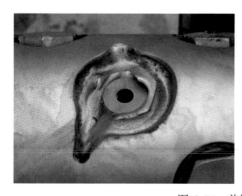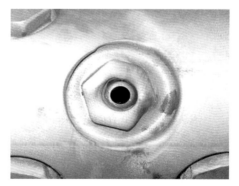

图6-74 前期金属保护套

图 6-75　硬质合金护套

针对喷射器的反溅试验以及现场应用情况，提出两个方面的建议：

（1）在工具上采用保护套结构（选择合适的材料），保护易受反溅冲蚀的部位。

（2）配套必要的定位和扶正措施，减少工具在作业过程中的错动，并尽可能使工具在套管中位置处于对称状态。

5）喷射器现场应用

开发了系列化的喷射器（主要参数见表 6-32），根据现场作业管柱以及施工工艺的要求，喷射器进行了系列化的设计与研制，形成了 7 种型号的喷射器。配套连续管作业，适应多种套管规格喷砂射孔作业；同时，可以实现钻杆内、油管内、过套管滑套的喷砂射孔作业。

表 6-32　系列喷射器主要参数表

名称	规格型号	外径 mm	工作压力 MPa	适应温度 ℃	适应管柱
110 喷射器	D1003-110-2.875EUE	110	≤ 60	<150	7in 套管
98 喷射器	D1003-98-2.875NUE	98	≤ 60	<150	5.5in 套管
65 喷射器	D1003-65-2.0EUE	65	≤ 60	<150	4～4.5in 油套管
50 喷射器	D1003-50-1.5MMT	50	≤ 60	<150	2.875～3.5in 油管
43 喷射器	D1003-43-1.0AMMT	43	≤ 60	<150	2.875in 油管
38 喷射器	D1003-38-1.0AMMT	38	≤ 60	<150	小尺寸管柱
32 喷射器	D1003-32-ACME	32	≤ 60	<150	

喷射器研制成功后进行系列化设计。形成了多种规格，在现场进行了多井次的应用，在应用的过程中出现的问题得到了及时的改进与优化，取得了好的成绩并得到了油田认可。

采用国内的硬质合金作为喷嘴材料，由于硬度及耐磨性不足，造成喷嘴有效寿命有限（过砂量 $40m^3$），采用进口材料和国内研发的材料制造喷嘴，大幅度提高了喷嘴的有效寿命（过砂量 $60m^3$ 以上几乎无磨损）。

（1）吐哈油田的现场应用。情况统计见表 6-33。

表 6-33 喷射器现场应用情况统计表

项目	喷射器型号	110 喷射器	110 喷射器	98 喷射器
施工参数	使用井位	mp2 井	ke28 井	sp212 井
	施工深度, m	2895	1656	2401
	射孔时间—排量 油压—砂量（石英砂）	10min—2.8m³/min 63.1MPa—2.1m³	16min—2.0m³/min 39.8MPa—2.1m³	22min—2.4m³/min 50.3MPa—2m³
	压裂时间—排量 油压—砂量（陶粒）	44min—2.7m³/min 70.3MPa—27.8m³	15min—2.5m³/min 52.8MPa—12.3m³	11min—2.4m³/min 62.9MPa—38.1m³
	喷射总时间—总砂量	54min—29.9m³	31min—14.4m³	33min—40.1m³
工具使用情况	本体外观	良好	良好	良好
	喷嘴规格 （直径×轴向长度） mm×mm	6.35×7	6.35×7	6.35×6
	施工后喷嘴直径, mm	6.44	6.4	6.51
	喷嘴磨损, %	1.5	0.7	2.4

（2）玉门油田现场应用。

玉门墩 X 井是一口侧钻井水平井，开窗井深 1992.5～2022.5m，设计 A 靶实测数据：井深 3058.28m，垂深 2856.33m，水平位移 461.82m，井斜角 79.90°；设计钻至 B 靶完钻，实际完钻井深 3560m，垂深 2897.95m，井底位移 959.12m。后期由于井壁垮塌，通井钻杆在 3351m 卡钻，经过多次活动后不能有效解卡，采用 5in 钻杆完井。钢丝绳测井下至 2812m 时遇阻，目前常规设备无法完成测井与完井施工。2014 年 5 月，采用连续管作业技术，实现连续管通洗井一体化作业，连续管携带储存式测井设备完成钻杆测井，连续管携带喷射器完成 16 簇 84 孔的喷砂射孔作业，喷射器使用完毕后表面基本没有损伤，孔径几乎没有变化。

喷射器地面测试如图 6-76 所示，施工泵注曲线如图 6-77 所示，完成 16 簇喷砂射孔后的喷射工具实物照片如图 6-78 所示。

2. 井下定位工具的研制与应用

连续管压裂技术的特点之一是精确定位校深，可针对薄互层实现精确分级压裂，避开干层或水层。有一些层厚 1~2m，要求连续管压裂井下工具精确定位，否则

图 6-76 喷射器地面测试

会造成射孔位置偏差，储层改造效果差，压裂施工破压高等问题。

连续管设备本身带有深度计量装置（计数器），但是由于连续管存在弹性伸长、施工过程中油管滑动、连续管设备注入装置链条的张紧等因素，造成计量装置的误差较大（每1000m 有 2m 误差）。因此，连续管井下定位工具是压裂施工作业中必不可少的部件，目前常用的是机械式接箍定位工具。

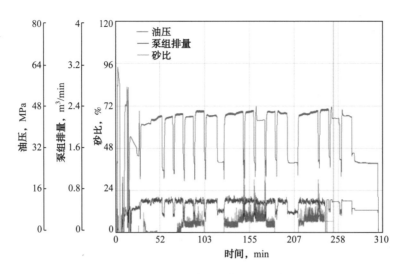

图 6-77　多簇喷砂射孔泵注曲线

图 6-78　喷射器工具完成作业后实物照片

油管作业常见的接箍定位方式为磁定位[1]，主要利用套管接箍处磁通量的变化进行探测和记录。机械接触式探测在油田接箍探测方面应用相对较晚；同时，它是随着传感器技术的进步而发展起来的，在套管接箍探测方面应用相对较少。它是通过探头与油管或接箍的接触发生应力变化，被传感器传到信号处理器中，得出探测结果。

国内主要进行了机械式定位器的研发，连续管的起下类似于常规管柱，依靠指重传感器控制，机械接箍定位器探测接箍，连续管悬重发生变化，为地面判断提供信号。

1）过接箍附加轴向力的计算

机械式接箍定位器的构成（图 6-79）主要由本体、定位片、弹簧，通过定位片与套管接箍间隙的附加摩擦力引起悬重的突变表明探到接箍。根据校深点和套管数据的最近短套位置校核连续管下深。

以接箍定位器的定位片为研究对象，进行受力分析（图 6-80），计算机械式接箍定位器过套管接箍的附加力大小。

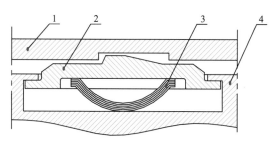

图 6-79　机械式接箍定位器结构示意图

1—套管接箍；2—定位片；3—弹簧；4—本体

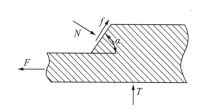

图 6-80　定位片受力分析

根据力平衡分析可得，过接箍附加轴向力：

$$F = \frac{\tan\alpha + \mu}{1 - \mu \cdot \tan\alpha} T \tag{6-1}$$

$$f = \mu N$$

式中　F——过接箍附加轴向力；

　　　N——套管口接触力；

　　　f——摩擦力；

　　　T——弹簧力；

　　　μ——接触面滑动摩擦系数；

　　　α——接触面与轴线夹角。

由式（6-1）可见，影响机械式接箍定位器通过接箍附加力的主要因素有弹簧力 T、接触面与轴线夹角 α、接触面滑动摩擦系数 μ。设定摩擦系数 μ=0.2，弹簧力 T=1，计算曲线见图 6-81。随着接触面与轴线夹角 α 的增大，接触力和过接箍附加力均增大，并且在超过 60° 时，增加趋势变大。

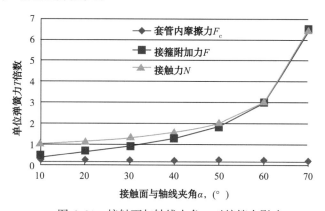

图 6-81　接触面与轴线夹角 α 对接箍力影响

根据常用 1.5～2.375in 连续管的载荷能力和传感器的灵敏度，确定机械式接箍定位器过接箍附加力为 10～20kN，周向均布 3 个定位片设计。单个定位片的设计参数为：弹簧力 T=1.69kN，接触力 N=5.17kN，套管内摩擦力 F_c=1.03kN。

2）接箍定位器设计

接箍定位器结构如图 6-82 所示，系列化设计参数见表 6-34。

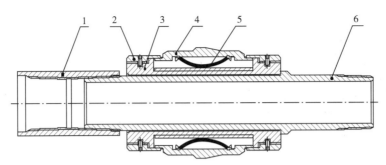

图 6-82 机械式接箍定位器结构图

1—接箍；2—压帽；3—本体；4—探爪；5—弹簧；6—心轴

表 6-34 机械式接箍定位器系列化设计参数

名称	规格型号	外径 mm	工作压力 MPa	适应管柱
7in 接箍定位器	C3001–148–2.875EUE	148	≤ 60	7in 套管
5.5in 接箍定位器	C3001–114–2.875EUE	114	≤ 60	5in 套管
4.5in 接箍定位器	C1003–92–2.875NUE	92	≤ 60	4.5in 套管
2.875in 接箍定位器	C1003–65–2.0EUE	65	≤ 60	2.875in 油管

3）接箍定位器室内测试

室内测试目的：测试机械式接箍定位器过接箍力大小，分析测试数据，得出其参数是否达到了设计要求。结合连续管采集系统的要求（频率、最小载荷刻度），确认改进的方向，为现场井下应用奠定数据基础。

试验台架主要包括模拟井筒、接箍定位器工作管柱、双作用液缸及液压站、数据采集记录系统（图 6-82）。双作用液缸及液压站用于模拟接箍定位器工作管柱在井筒内上提、下放操作的控制。数据采集记录系统主要包括监测液缸压力的传感器、推拉接箍定位器工作管柱的拉压力传感器、无纸记录分析仪等。

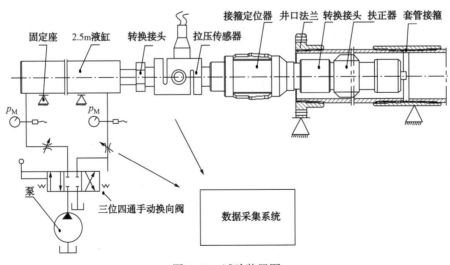

图 6-83 试验装置图

在上提速度在 2.25m/min 时接箍定位器过套管接箍，根据传感器观察到指重变化信号，载荷增加 1.0tf 以上；速度小于 1.5m/min，观察载荷显示 1.5tf 左右；速度控制在 0.72m/min 时，观察载荷显示 2tf 左右（图 6-84）。根据连续管设备上提速度范围 3~5m/min 调整弹簧大小和结构，连续管提升载荷增加值控制在 1.5tf 左右。

连续管设备信号采集系统的频率越高，可以采集到的信号明显，对设备速度限制越小，增加了接箍定位器判断的准确性。

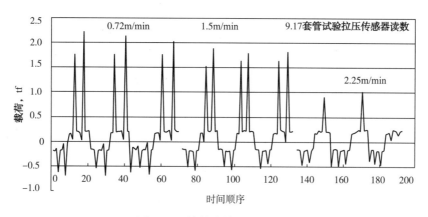

图 6-84 接箍定位器测试数据

4）现场典型应用

中国石油项目团队研制的接箍定位器在辽河油田、青海油田、吐哈油田等得到了广泛的应用。配合连续管喷砂射孔填砂压裂，底封拖动压裂发挥了巨大的作用。

以青海油田 Q6-9-X 井连续管填砂压裂作业作为接箍定位现场应用实例。该井为直井，深度为 2182m，套管短套的位置 2007.12~2011.12m。第一层喷射点 2040m，第二层喷射点为 2036m。

校深过程连续管将工具下放到短套管以下 10m，以 3~5m/min 的速度上提连续管，成功探测到短套管的位置，对应套管数据修改连续管设备显示深度，为下一步的施工作业奠定了基础（接箍定位器校深的现场采集数据曲线和现场使用的工具，如图 6-85 和图 6-86 所示。

地面采集系统获取的信号显示，在以 3~5m/min 上提速度下，过接箍的载荷变化为 1tf 左右，可以清晰地判断出短节的套管的深度。

3. 封隔器研制与应用

2011—2014 年，国内油田科研单位进行了连续管底封拖动压裂相关技术的研究与攻关，并进行了连续管压裂现场实验；同时，国内部分企业也通过引进国外工具进行现场技术服务。随着国内连续管作业技术能力提高，连续管底封拖动技术在油田逐步得到了应用，作业成功率得到大幅度提高，作业的费用进一步降低，"十二五"期间得到各大油田的重视，在油田得到规模应用与推广，达到了良好的应用效果。

2011 年开始，中国石油项目团队进行底封封隔工具开发，进行了实验研究与现场应用，形成的连续管底封拖动压裂技术推向了现场，底封封隔工具性能得到很大的提高，满足了现场的施工要求。同时，在此基础上研发了水平井常规管柱找水封隔器，能够满足

12段以上施工能力。水平井找水封隔器可以完成找上层、双封单卡找中间层、找下层三种工艺，在煤层气井作业中，可以实现水平井连续管定向喷砂射孔配套封隔器的研究与现场应用。

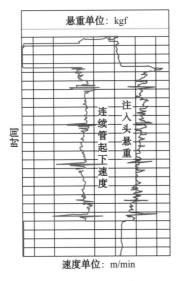

图 6-85　过接箍采集信号

图 6-86　现场使用的接箍定位器

进行了两种配套连续管压裂作业的封隔工具（CTY211封隔器与CTK344封隔器）研究与应用，下面对CTY211封隔器进行介绍。

CTY211封隔器（图6-87）是在常规Y211封隔器基础上进行局部改进优化，应用于连续管压裂作业。由于连续作业实现井下工具动作的形式，即液体循环打压和上提下放，可以使用电信号实现井下工具动作。但是考虑到连续管压裂需要通过携砂液，而且工作环境相对恶劣。CTY211封隔器的坐封与解封借用的常规Y211封隔器形式，通过连续管的上提与下放实现封隔器的坐封与解封。

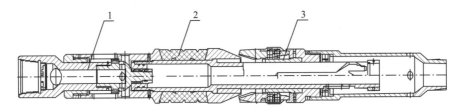

图 6-87　CTY211 封隔器结构示意图

1—平衡阀；2—胶筒；3—锚定机构

1）基本特点

CTY211封隔器通过上提下放实现J形轨道槽的换向，锚定机构接触锥形体，撑开卡瓦实现坐封，继续下压实现胶筒膨胀密封井筒，可以实现多次重复坐封、解封。

可在封隔器上集成接箍定位功能，通过调整弹簧数量与探爪（定位功能）实现在斜井、水平井以及其他井型的施工作业。

封隔器上部集成了平衡阀结构，主要作用是在坐封时密封封隔器（封隔器胶筒上下），解封时平衡阀先行开启，平衡胶筒上下压差，实现封隔器的解封。同时，平衡阀结构带有反洗循环通道，在胶筒之上积砂的情况下，反洗冲砂利用封隔器解封。

2）基本构成

平衡阀：主要作用在于使封隔器胶筒上部压力与下部压力能够在封隔器解封时得以平衡便于解封。同时，具有反洗功能，在封隔器坐封及施工时，通过油套环空进行反循环洗井冲砂作业。其工作原理：压力平衡阀下端密封头在连续管下压的过程中插入中心管的密封圆柱面内，使封隔器胶筒中部实现密封。当压裂施工完成时，一般情况胶筒上部压力大于下部，封隔器不容易解封，上提连续管平衡阀的密封头从中心管内拔出，胶筒上下压差通过中心管通道进行平衡，压力平衡后胶筒实现自动回缩，实现封隔器解封。

锚定机构：锚定机构由卡瓦坐封机构、密封胶筒、换向机构组成。用于在作业管柱内，实现储层之间的封隔。工作原理：地面将封隔器换向至短槽位置（正常入井状态），封隔器下到设计深度后，上提连续管中心包含平衡阀胶筒移动，坐封机构在弹性扶正器的情况下保持不动，启动换向机构实现 J 形槽内的换向。地面控制上提高度，然后下放工具，胶筒下部的锥形体撑开卡瓦坐封结构锚定套管，继续下压封隔器实现胶筒膨胀密封井筒。解封过程与之相反。

3）室内测试

测试目的：模拟井筒作业，测试封隔器基本功能，测试封隔器在带压情况下封隔器情况，封隔器的密封性能。

安装 CTY211 封隔器工具串（图 6-88），用 $\phi 38mm$ 的活塞杆模拟 38.1mm（1.5in）连续管的上提下放，在实验台架上利用拉压传感器测试封隔器的坐封力和行程，检验胶筒的封隔性能，并在环空带压情况下测试封隔器的解封力大小。采用喷嘴节流方式，建立套管环空压力。

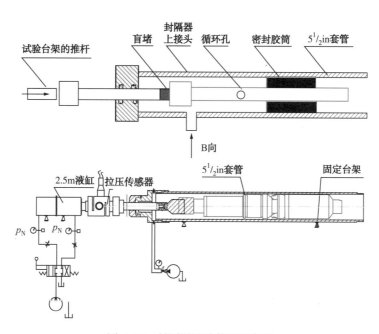

图 6-88　封隔器试验装置示意图

对封隔器进行了 20 次的坐封加压、解封试验（图 6-89），坐封后环空加压至 45MPa，最高加压 55MPa。封隔器换向正常，测试压力在 45MPa 情况下 5min 压降小于 0.5MPa，密封效果好。

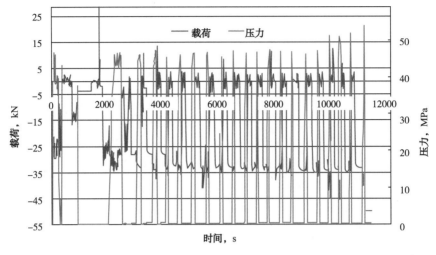

图 6-89　实验数据采集曲线

进行了专项带压解封最小解封力测试（图 6-90）。在 20MPa 的环空压力下，封隔器解封需要的载荷为 1tf 左右，与设计值基本吻合。在井筒有砂的情况下，不影响封隔器的坐封与解封；同时，解封载荷没有发生大的变化，证明了封隔器的适应能力较强。

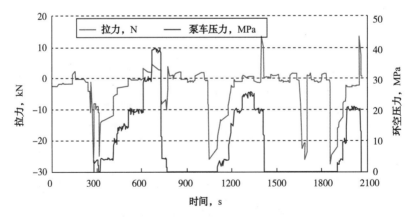

图 6-90　最小解封力测试曲线

4）现场应用及改进

新疆油田 DCX 井压裂（图 6-91）。DCX 井为 1 口老井，补孔压裂井深 1600m，在已生产层的上部进行喷砂射孔压裂施工。工具入井顺利完成了 8 层的压裂施工。封隔器从入井到起出共计进行 40 多次的坐封与解封，工作正常。现场实验证明，改进后的封隔器完全满足现场施工的要求。

图 6-91　现场作业及施工完成后的封隔器

三、连续管带底封环空压裂技术

连续管带底封环空压裂利用连续管泵送射孔液喷砂射孔，利用环空通道泵送压裂液实施压裂，通过封隔器进行层间封隔，连续管拖动完成分层作业。

利用封隔器进行层与层之间封隔，达到不限级数压裂。封隔器坐封与解封效率高，层与层之间的操作时间短。利用携带的接箍定位器可实现精确分层，可以对储层的实现多个薄互层分层，达到精细压裂的目的。施工完成后保留完整井筒不需要进行清洗井底积砂。连续管带底封环空压裂工具串如图 6-92 所示。

图 6-92　连续管带底封环空压裂工具串

井下工具组合：连接器 + 安全丢手 + 扶正器 + 喷射器 +CTY211 封隔器。

基本工艺过程为：

（1）通洗井，安装放喷管线与井场准备等；压裂专用井口安装与试压。

（2）连续管设备准备与试压。

（3）下入井下工具串。

（4）工具串校深。

（5）喷砂射孔，小型喷射压裂，环空压裂。

（6）封隔器解封，移动到下一层进行坐封。

（7）下一层作业，完成其余层作业。

目前，现场主要使用 CTY211 封隔器，通过连续管的提放操作完成封隔器的坐封，主要适应直井、大斜度井与水平井作业。

图 6-93　连续管带底封环空压裂现场施工图

现场应用：克拉玛依油田 DC012 井，该井是一口老井，经过多年的开采产量下降严重，通过对该井储层的分析，认为在产层的上部层位有一定的产油能力，实施连续管喷砂射孔拖动封隔器（CTY211）环空压裂，完成了该井 8 层的压裂施工。图 6-93 为现场施工图。图 6-94 为压裂施工曲线。

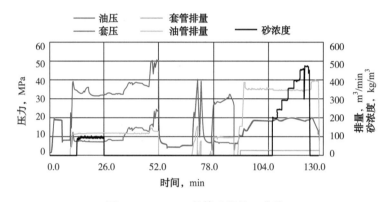

图 6-94　DC012 井第八段施工曲线

四、连续管喷砂射孔填砂环空压裂技术

在众多的连续管压裂技术中，连续管喷砂射孔填砂环空压裂技术是最受关注、发展也最迅速的技术之一，是国内引进最早但争议也最大的连续管压裂技术。

在国外，三大石油技术服务公司都开展了连续管喷砂射孔填砂环空压裂技术的研究应用，哈里伯顿公司的技术命名为 CobraMax，贝克休斯（BJ）公司的技术命名为 OptiFrac，斯伦贝谢公司的技术命名为 AbrasiFrac。哈里伯顿公司对该项技术进行了持续的研究，不仅用于直井分层压裂，也广泛用于水平井多级压裂，并对该技术在煤层气和页岩气水平井压裂中的应用进行了专门的研究试验，认定该技术是一项适应广泛、施工安全、成本低、效率高的技术。在国内，长庆油田、四川油田、华北油田和胜利油田等从 2010 年开始，通过国内石油技术服务公司引进哈里伯顿公司和贝克休斯（BJ）公司的技术，先后进行了20 多口直井的分层压裂试验，由于每天只能压裂 1~2 层，填砂过程耗时很长，未能完全掌握快速填砂的工艺。但在 2013 年长庆油田与中国石油项目团队开展井下混砂基础试验研究后，初步掌握了快速填砂的方法，并在新疆侧钻小井眼中成功应用，在青海与川南等地的套变井中也时有成功案例，这在很大程度上使人们重新认识到该工艺的应用价值，并为进一步深化应用指明了方向。

1. 技术原理与特点

连续管喷砂射孔填砂环空压裂技术利用连续管泵送射孔液喷砂射孔，利用环空通道泵送压裂液实施压裂，环空泵注填砂，利用砂塞实现层间封隔，连续拖动完成分层作业。图 6-95 所示为连续管喷砂射孔填砂环空压裂的基本施工步骤[2]。喷砂射孔的携砂液浓度一般为 120kg/m³（1 lb/gal，砂比约 7%），喷砂射孔的喷嘴射流速度约 200m/s；在环空泵注阶段，连续管以 0.1m³/min 左右的小排量正循环，防止连续管堵塞；填砂完成后，探砂面、对砂塞试压，试压合格后再进行下一层段的作业。最初要求试压到 50~70MPa，试压很难合格；推荐的试压程序[1]是，给环空加压至超过瞬时停泵压力约 7MPa（1000psi）后保压，如果 1min 内压力降落不超过 3.5MPa（500psi），则视为试压合格。

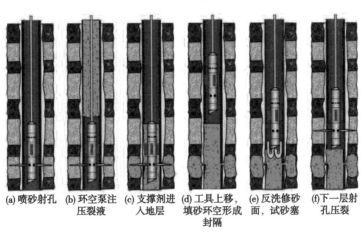

(a) 喷砂射孔　(b) 环空泵注压裂液　(c) 支撑剂进入地层　(d) 工具上移，填砂环空形成封隔　(e) 反洗修砂面，试砂塞　(f) 下一层射孔压裂

图 6-95　连续管喷砂射孔填砂环空压裂的基本施工步骤

喷砂射孔填砂环空压裂技术的主要特点：

（1）可对同一层进行多次喷砂射孔作业，以增加厚层的射开程度，或降低破裂压力。

（2）适用的连续管管径范围广。需要时，可使用 ϕ38mm（1.5in）的连续管进行作业，此时一般使用喷嘴孔径较小的两喷嘴工具；一般使用 ϕ44.5mm（1.75in）或更大的连续管作业，使用 3~6 个喷嘴。

（3）适用的井筒直径范围广。通过合理匹配工具和连续管参数，调整工艺过程，能用于 ϕ88.9mm（3.5in）至 ϕ177.8mm（7in）或更大范围的井筒。

（4）入井工具简单，施工安全性高；射孔与压裂连作，一趟管柱完成多个层段的射孔压裂。

（5）使用环空作为压裂泵注通道，施工排量大，常用排量为 3~6m³/min。根据井筒和连续管尺寸，需要时调整工艺参数和设备配置后，可以使用更大的排量。

2. 填砂技术的发展

填砂技术是连续管喷砂射孔填砂环空压裂过程最关键的技术，不仅决定层与层之间的封隔效果，也直接影响施工的效率。连续管喷砂射孔填砂环空压裂技术之所以能发展成为成本低、风险小、效率高的多级压裂技术，并能在水平井内扩大应用，主要得益于填砂技术的持续发展。

最早使用的填砂方法可称作单独填砂程序。其基本过程是，完成喷砂射孔和小型压裂后将连续管上提约 6m，完成主压裂后，反循环泵入计量好的携砂液至井底，上提连续管至砂液以上，等待 60min 让砂沉降，然后探砂面、试压。试压成功则填砂完成，可以进行下一层的压裂。这种方法的缺点是需要单独的泵注填砂程序，耗时长。

为提高填砂效率，采用欠顶替填砂程序取代上述填砂方法。其基本做法是，喷砂射孔和小型压裂后将连续管上提30~100m，控制主压裂加砂过程的顶替量，从而控制留在井筒内的携砂液量，使砂粒沉降后能达到设计的砂塞高度。等待60min让砂沉降，然后探砂面、试压。这种方法的主要缺点是砂塞高度不好控制，常常需要修整砂面或补充填砂。

进一步改进后的填砂方法，称为诱导砂堵填砂程序。其基本思路是，在主压裂加砂的最后阶段大幅提高砂比，诱导产生砂堵并在射孔通道和近井裂缝内形成砂桥，从而将压开的层封堵住。这种方法是后来发展的各种填砂技术的基础。

3. 典型应用

新疆油田75X井采用的就是每层压裂加砂尾段提高砂比的方式，井深1823m，侧钻水平段最大井斜60°，4in油管完井，水平段长度约600m。

该井为侧钻小井眼井压裂，由于井眼尺寸较小，现有拖动CTY211封隔器拖动压裂无法满足现场施工，确定采用小直径的喷砂射孔工具进行连续管喷砂射孔填砂压裂工艺。

施工现场如图6-96所示，使用的井下工具如图6-97所示。连续管携带小直径的喷砂射孔填砂压裂工具，工具外径65mm。工具串下钻到4in油管内，缓慢下钻到设计深度，进行校深作业。校深结束后，喷射器定位到射孔位置进行喷砂射孔作业，上提连续管至5.5in套管，进行环空压裂，压裂最后阶段采用诱导砂堵填砂，试压合格后，下入连续管工具进行下一层作业。

图6-96　连续管喷砂射孔填砂压裂现场施工图

图6-97　连续管喷砂射孔填砂压裂井下工具

该井共完成了9次喷砂射孔、4层压裂施工，填砂成功率100%。通过该井的实验表明，连续管填砂压裂工艺安全可控，工具串简单可靠，填砂时间在40~60min。

第三节　连续管酸化

连续管酸化是指通过连续管对垂直井或大斜度井井段进行酸洗或定点注酸作业，提高地层渗透率，达到增产目的。连续管可以在不动井下管柱的情况下，携带工具至目的层。在连续管下入过程中，泵注预清洗液清洗连续管及用压裂液替液置至地层，下至目的层后，泵注酸液。

连续管拖动酸化主要应用于水平井酸化，能够在水平井段实现均匀布酸，更大限度增加长水平段的解堵效果。连续管拖动酸化主要起到的是消除近井地带堵塞的作用。水平井酸化要实现目的层酸化的选择性和针对性，工艺及工具必须能够实现处理层有效隔离、全井段覆盖及用酸强度控制等功能。

一、生产问题

水平井开发一直以来存在着井下条件复杂、钻井液浸泡时间长、作业周期长等问题，导致产能降低，开发效果不理想，需要进行酸化等作业以提高产量。由于水平井完井后存在较为严重的地层伤害，采用常规笼统酸化工艺规模大、成本高、效果不好，为了达到在有限的规模下进行经济有效酸化的目的，采用连续管拖动酸化工艺技术，结合辅助布酸方法可实现分段均匀次级布酸，获得好的效果。

水平井段的地层伤害形态为水平椭圆锥台型，即水平井跟部的伤害大于趾端的伤害，因此，对水平井进行酸化设计时，水平井段的有效布酸成为储层改造有效与否的关键因素之一。国内外现场应用实践表明，采用连续管拖动的方式进行水平井的有效布酸是经济有效的方法。对于长水平段水平井，仅采用连续管布酸难以获得好的效果。为了确保在有限的用酸量下获得良好的酸化效果，根据油藏地质特征采用水力喷射酸化突破伤害带、转向酸液体系等辅助均匀布酸技术，优化设计方法，可获得显著效果。

常规水平井酸化储层增产改造工艺因井段长、岩性分布差异大而造成酸液分布不均匀、不能按要求对每个欲处理层段进行酸化改造。在低孔隙度井段酸液浸入量小，可能沿某一薄弱带进入高渗透地层，造成局部过度酸化，整体措施改造效果差。为使改造具有针对性，需要对储层准确分层分段，进行有针对性的选择性层段酸化。连续管拖动酸化技术，通过采用连续管拖动，控制每段的用酸强度，达到布酸的可控性和选择性，取得了良好的酸化解堵效果，达到了提高产量的目的。

二、连续管酸化基本方式与特点

1. 连续管注酸的基本方式

（1）在注入酸液的同时，上下拖动连续管，将酸处理液注入某一特定层段；起下速度和泵送速率均可随时调整，实现任意井段都能较均匀地得到酸蚀，保证酸化施工有效覆盖全井段。

（2）根据不同目的层段的渗透性差异，采用不同的注酸排量。通过改变拖动连续管速率，实现用酸强度控制。对高渗透层段、含水层段，提高连续管拖动速度，减小注酸排量甚至停止注酸；对于低渗透层段、致密油气层段，降低连续管拖动速度，加大注酸排量，以加大该段的酸液用量。

（3）连续管底携带喷射工具至目的层段，利用流体使喷嘴旋转，高速喷射并挤酸，储层在酸液溶蚀、压力挤入、冲击波扰动的三重效果作用下得到深部改造。

2. 连续管注酸优缺点

1）连续管酸化的优点

减少各种杂质进入生产层：采用常规管柱进行酸化会使管内的黏附物、蜡、锈渣等与酸液一起被挤入地层，而采用连续管酸化可先将生产管柱内的锈渣、结垢、结蜡等去除，减少酸化作业中对地层的伤害。减少酸液用量，有效作用井段长：采用常规管柱酸化，很难将酸液对长处理井段进行有效的酸化处理，而且处理液用量大。采用连续管，能对长井段特别是水平井段进行有选择性地处理，不但能有效地清除地层伤害，而且还能节省处理液量。不压井作业，避免油层二次伤害：快速清洗地层是提高产液的有效方法之一。因为酸液对地层处理之后，随之有沉淀和液体漏失的出现。采用连续管可以很容易地用氮气快速替喷，无需压井即可将连续管起出井口。由于连续管是一个封闭的回路系统，作业人员可对油井进行有效的控制，全部操作都可在操作室完成。避免了在排酸时，返出的有害气体（硫化氢和酸气）对操作人员的伤害。可过油管进行选择性酸化作业。在必须钻掉永久式封隔器的情况下，这种方法特别有效。用连续管定点局部注酸，比常规选择性酸化作业或分流酸化作业更精确，成功率更高。具有高的可实施性及安全性。尤其在不了解管柱状况的情况下，也能用其进行酸化。可进行拖动酸化、可以实现均匀布酸，提高酸化效果。

2）连续管酸化的缺点

摩阻大：连续管最大的缺陷是小直径的连续管在酸化等增产作业中，由于摩阻大，高排量时井口泵压高。受水平井段长度的限制：连续管在水平井中的下入深度是有限的，当下到一定深度后，连续管由于受下推力作用而弯曲螺旋锁定。

连续管拖动酸化技术，针对水平井段长度大、有效储层分散及非均质的特点，先将连续管下到水平段末端，根据水平井段储层分布规律，在连续管注酸的同时，按设计的速度提升连续管，直到酸液覆盖整个水平储层段。连续管拖动酸化可以让每个射孔段都能接触到地面原始浓度的鲜酸，解决了由于水平井段长，部分射孔段难以接触到鲜酸的难题。此外，还可以将水平井段中的压井液替出井底和进行酸后液氮排液，提高了残酸的返排效率，减少了增产作业中的二次伤害。

三、工艺过程以及施工参数的设计与控制要点

连续管拖动酸化的作业管柱为：连续管连接接头 + 单流阀 + 喷头。其形式可参考洗井喷头，但材质采用耐酸钢。

1. 工艺过程

连续管拖动酸化工艺就是为了满足水平井酸化解堵需要而开发出的不同于常规直井的增产方法。拖动酸化前，先将连续管通过完井油管下到水平段的射孔底界，开套管或油管从连续管内替入酸液，将水平段射孔底界到油管鞋以下的井筒内置换成酸液。再关油套管，开始从连续管高压注入降阻酸或胶凝酸，并以一定的速度拖动连续管，拖动到射孔顶界下附近位置后停止拖动连续管，继续泵入酸液，泵注酸液结束后，顶替活性水，将连续

管内的酸液置换成活性水。然后起出连续管。

（1）组装连续管地面设备、混合泵及泵送设备。

（2）在防喷器下面装三通。

（3）在管线上安装一个旋塞阀。

（4）安装合适的喷射工具，使喷嘴的方位、直径和数量满足作业要求。

（5）每次作业前对连续管及防喷器进行试压。

（6）下入速度控制在 20~30m/min，每下 300m 对连续管作一次拉力测试。

（7）在连续管下入过程中如有遇阻现象应先循环，直至下到有效深度后才能泵处理液进行作业。

（8）将清洗工具下至射孔段底部或处理段最低点，循环至井眼充满液体。

（9）进行挤注测试。

（10）注入前置清洗液。

（11）用一级酸处理液将前置清洗液替出，当酸处理液到达连续管喷嘴后，关闭环空，上、下活动连续管，使喷嘴上下穿越处理段，对射孔段进行酸洗。同时，观察连续管压力和环空压力，使挤注压力不要超过地层的破裂压力。

（12）随后泵入后置酸和转向剂。提高泵速并上下活动连续管，避免连续管在高压状态下作业时间过长。

（13）最后用一定量的冲洗液将处理液替出，完成对地层的处理。

（14）根据要求用氮气诱喷。

（15）上提连续管，保持循环至连续管提出井口。

2. 施工参数的设计与控制要点

1）施工参数的设计需要考虑的因素

井底压力的大小，对选择酸处理液和泵注压力大小提供参考。顶替液的种类，保证不对处理液有逆向作用。对井内液体和处理液取样，在实验室作相容化验，以便确认井内液体对处理液是否有逆向作用。了解井眼轨迹。选择合适尺寸的连续管和地面设备。是否应用泡沫和转向剂。井斜是否大于 30°。是否用计算机增产系统确认排量和压力。如果该井作业后要替喷，应降低多少静液柱压力才能使该井自喷。

2）酸泵注排量

当酸液到达连续管底部时，按要求缓慢起出连续管，速度与泵速相协调，保证目的层以上为不间断酸，是确保酸化效果的关键，可依据下面公式调整泵酸的排量：

$$Q_{排} = 4v / \pi d_n^2$$

式中　$Q_{排}$——泵液排量（即连续管排量），m³/min；

　　　v——介质流速，按清水密度计算，m/min；

　　　d——井内酸柱直径，m。

起连续管速度一定，随着连续管深度的减小，压力降低，可调低泵压，保证排量恒定，若排量过高，酸液会淹没连续管，腐蚀连续管；若排量过低，则会出现酸柱间断，影响酸化效果。

3）控制要点

环空和连续管内同时挤注时:（1）连续管、环空及目标井段应先替满酸液。作业过程中，连续管内应先泵注，再环空泵注。停泵时，先停止泵注环空，再停止泵注连续管。

（2）连续管外压与内压之差，应控制在当前拉力载荷下允许承受压差的80%以内。

仅从连续管挤注时，连续管内和目标井段应替满酸液。

若需拖动，应该确保泵压在安全载荷条件下，连续管内外压差在最大许用压差的80%以内。

连续管拉力在连续管许用拉力80%时，应立即停止拖动，减小连续管泵注排量。待泵压降低后，再试拖连续管。

有封隔器时，挤注前，环空应打平衡压力。

泵注结束，应记录压降情况。

四、典型案例

以M75-H井为例。M75-H井是磨溪气田雷-1气藏的第一口先导试验水平井。该井造斜点井深2390m，油层套管为ϕ139.7mm，完钻井深3278m（斜深），完钻点垂深2632.33m。水平段长516m，总的水平位移763.28m。射孔段：2750.0~3001.0m，射厚251m；3105.0~3138.0m，射厚33m；3177.5~3262.0m，射厚84m。累计射厚368.5m。

1. 作业过程

（1）配酸；（2）安装连续管及地面泵注流程；（3）下连续管到3262m；（4）开连续管与生产油管小环空，从连续管内注入胶凝酸，将水平段的压井液全部替成胶凝酸；（5）关连续管与生产油管小环空，从连续管内高压挤入胶凝酸，同时以接近10m/min的速度拖动连续管，将连续油从3262m拖动到3001m，实际用时27min；（6）再以相对快的速度25m/min拖动连续管到2905m，静止注酸39min；（7）连续管替酸结束后，在拖动连续管时，从油套管环空大排量的同时大排量挤酸。图6-98所示为M75-H井连续管拖动酸化施工曲线。

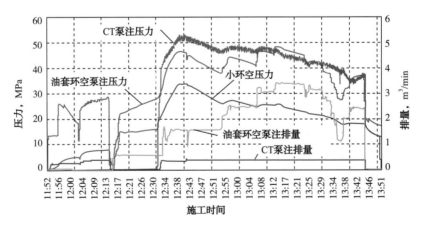

图6-98　M75-H井连续管拖动酸化施工曲线图

2. 酸化后效果评价

M75-H井是在国内第一口实施连续管拖动酸化的井，拖动酸化后的效果非常好。表6-35给出了酸化前后有关数据的对比。

表 6-35　M75-H 井酸化前后测试情况对比

测试条件	测试时间	地层压力 MPa	油压 MPa	套压 MPa	流压 MPa	气产量 $10^4m^3/d$
酸化前	2002.9.23	24.21	17.2	17.8	21.55	5.6106
酸化后	2002.9.30	24.21	16.4	16.6	20.1	17.9316

五、研究与展望

连续管酸化工艺技术适合于解决我国大部分碳酸盐岩油气田，特别是川渝地区的碳酸盐岩储层的酸化改造。四川油气田碳酸盐岩气藏具有非均质性强的特点，而对于大斜度井、水平井，水平段长达 1000~1500m，常常是储层与非储层交替分布，由于在纵横向上非均质性强，纵向和横向渗透率差异很大，导致酸液波及范围大大降低，实现储层均匀改善难度大。带来了多段多点布酸的问题。同时，碳酸盐岩储层中天然裂缝、天然溶孔也分布较为普遍，导致钻完井过程中钻井液漏失，产层伤害严重，且酸液流动不均匀，甚至流入隔层或非目标产层。

国内，连续管酸化技术已在四川气田、苏里格气田和塔里木油田现场应用 68 井次，成功率 100%，施工有效率 100%，平均增产倍比 2 倍以上，取得了良好的作业效果。在磨溪气田共完成 58 口井喷射酸化，累计向地层注入酸液 16864.9m³。工艺井最大分层数达到 15 层，单层最大液量为 1000m³。在塔里木油田共完成 10 井 105 段连续管喷射酸化施工，累计向地层注入酸液 17122.68m³，单井最大分 15 段喷射酸压。

1. 主要进展和成果

"十二五"期间，针对碳酸盐岩储层普遍具有衰竭快、高含水且离水层较近的特点，在酸化改造中长期存在的酸液分布不均、酸液流动不确定、厚滤饼带难以解堵等生产难题，通过科研攻关，主要取得了以下进展和成果：

（1）研究形成了酸喷射模型和紊流条件下酸岩反应模型。

（2）研制形成了喷射酸化工具、单流阀、滚轮扶正器、复合接头系列配套喷射工具。适用于 $4^1/_2$in，5in，$5^1/_2$in 和 7in 套管喷射酸化作业，最大工作压差 50MPa，最高工作温度 150℃，最大适用喷速 210m/s，5in 套管平均喷射距离 8.5mm。

（3）建立形成了喷射酸化工艺设计关键参数标准和不同管径下连续管摩阻参考图版。现场应用预测泵压符合率达到 90%。

（4）研究形成了集理论、工具、工程实验、液体、优化设计为一体的连续管定点和拖动喷射酸化工艺技术，适合不同储层条件下的方案设计优化和工艺优化。对孔隙型、裂缝型、孔洞型等碳酸盐岩水平井分段改造具有很好的针对性、时效性和增产效果。

研究形成的连续管酸化技术，多段多点针对性局部定点注酸、布酸及分流精确，带压作业不伤害地层，可方便进入水平段连续移动，可通过喷射方法控制高渗透率带酸液集中流动。平均单井增产 1.8 倍以上，成本较国外同类技术降低 25%，平均单井作业时间较常规油管酸化作业减少 30%~40%。实现了定点喷射酸化对产层进行 17 个点 17 段以上酸化改造，拖动喷射酸化对产层进行 879.5m 以上酸化改造，单井最大喷射酸量 1000m³、最高泵注压力 60MPa、最高泵注排量 1m³/min。

连续管酸化技术在极大程度上解决了碳酸盐岩储层酸化改造中长期存在的酸液分布不均、酸液流动不确定、厚滤饼带难以解堵等一系列问题，可以替代常规酸化改造碳酸盐岩储层。

连续管酸化技术提高酸化改造效率，降低施工风险和施工成本，对于我国的酸化技术的丰富和发展起到了重要的作用，取得了显著的经济效益和社会效益。

2. 发展展望

连续管广泛应用于油田的各项作业中，是改善布酸效果的非常有用的工具，可以处理大跨度井。目前，用于酸化的连续管的管径普遍较小（32~60mm），施工过程中摩阻较大，使施工排量难以提高，这也制约了连续管酸化技术的广泛应用。为了解决排量小、转向效果差的问题，目前，国外油田广泛采用将连续管酸化技术与化学转向及机械转向技术相结合的方式，现场应用表明，该方法能够取得比较好的酸化效果。同时，也开发出用连续管传输封隔器的新技术，膨胀跨式封隔器可在基质处理时实现区域隔离，在现场应用取得了很好的效果。这种将封隔器与连续管相结合的转向方法将是以后机械转向发展的主要方向。将连续管在井筒内的灵活定点的优点配合喷射工具形成的高速喷酸特性，可形成多种过油管喷射酸化的新型工艺技术。如"连续管多点定点喷射酸化""连续管定点喷射酸化预处理＋大型笼统酸化""连续管拖动喷射酸化""连续管旋转喷射酸化"等。这些技术可在不加封隔器的情况下进行多点、多段改造，灵活布酸，且对于厚滤饼的穿透尤其显著。

连续管酸化技术适应于我国大多数碳酸盐岩油气田，特别是川渝地区非均质性强的碳酸盐岩储层的酸化改造。为在不加封隔器条件下解决的碳酸盐岩储层多段改造、优化布酸、高效解堵等提供了一种有效的解决途径。在国内，每年有上千口井需进行酸化技术改造，但以往的笼统压裂酸化技术在提高单井产量上很难以最大化挖掘储层产能，因此连续管酸化技术将成为提高单井产量的有力技术支撑。

第四节　连续管水射流钻径向水平井

国内低渗透、超低渗透油气资源丰富，低渗透储量占探明储量的比例自1995年以来一直保持在60%~65%，未来新增探明储量中低渗透储量仍占主要部分，新区产能建设的主体是低渗透油气藏。低渗透油气藏受自身储层地质条件和工艺技术的制约，表现出单井产量低、操作成本高、经济效益低（甚至为负效益）等特征，使得大量低渗透油藏无法得到经济开采。在低油价形势下，构建"直井＋多径向井分支"新型结构井，采用低成本储层改造新工艺，是油气田可持续开发的方法之一[3]。

连续管水射流钻径向井是一种近似零转向半径的钻微型分支井技术[4]，可在油气井内沿井筒径向钻出多个深达数十米的清洁流通孔道，有效解除近井带堵塞，增大井筒生产半径，精准定向注采，调控近井压裂缝向，实现低成本提高单井产量和储层采收率。

一、技术概况

连续管水射流钻径向井技术是利用现有直井，沿井筒径向钻出多个微型分支井。基本工序包括井下管柱定位导向、套管开窗、水泥环和地层径向喷射钻进等，如图6-99所示。

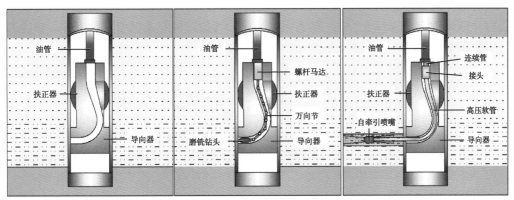

(a) 油管下入导向器,定深、定向、锚定　　(b) 连续管下入螺杆钻具,套管钻孔　　(c) 连续管下入射流工具,地层钻进

图 6-99　水射流钻径向井示意图

（1）下入导向器。

导向器与油管下端相连,通过修井机进行油管作业,将导向器下入井中,校深后定向。在整个径向钻井作业过程中,井下导向器由油管悬挂和锚定器锚定,与套管保持相对固定。

（2）套管钻孔开窗。

套管开窗钻具接入连续管下端,从油管中下入。下到预计深度后,钻头和柔性钻杆经井下导向器引导,由垂直转向水平,钻头接触套管待开孔位置。启动地面高压泵,连续管将动力液输送至井下螺杆马达,驱动柔性钻杆和钻头旋转钻进,完成套管和水泥环的开孔工序。完钻后通过连续管作业从油管中起出螺杆马达、柔性钻杆和机械钻头。

（3）水射流径向钻进。

高压软管一端与自进式高速射流钻头相连,另一端与连续管相连。在套管完成钻孔后,通过连续管作业将高压软管和自进式高速射流钻头下入油管中。在下入过程中启动地面高压泵,自进式高速射流钻头依靠前后高速射流产生的反作用合力为钻头前进提供了牵引力。导向器引导钻头和高压软管通过已开孔的套管和水泥环后调高地面高压泵的压力和流量,钻头前向喷嘴喷出的高速射流进行破岩钻孔,后向喷嘴喷出的高速射流提供前进动力,最终完成径向井段的钻井作业。

增产机理:根据稳态径向流的达西方程,对"压降漏斗"定量分析表明,距井筒 5～10m 的近井带压降占地层流入压降的 50%～75%（图 6-100,S 为表皮系数,代表地层伤害的程度）。

利用多分支水平井的产能公式,对多个径向井分支的产能进行分析计算（图 6-101）。其中,β 为基于水平方向渗透率与垂直方向渗透率对比所反映的地层各向异性程度,h 为储层有效厚度,n 为储层内钻径向井分支的数量,产率比 PRI 为钻完径向井的实际井与完善直井的产能比。

穿透近井 5～10m 的区域后,与完善直井相比,产量可增至 1.5～2.1 倍。如果近井地层伤害严重,那么该井增产效果会更好。这一增产思路对于具有自然产能的井普遍适用,是研究提出构建"直井＋多个径向井分支"新井型结构的理论基础。

当有效穿透深度达到 30m 时，与完善直井比可增产至 2.6～2.9 倍；有效穿透深度达到 50m 时，则可增产至 3.2～3.8 倍。在适用的地层，增加有效穿透深度有利于进一步提高增产效果，但增产幅度与穿透 5~10m 时相比，有所减缓。

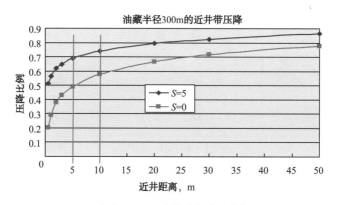

图 6-100　近井压降计算分析

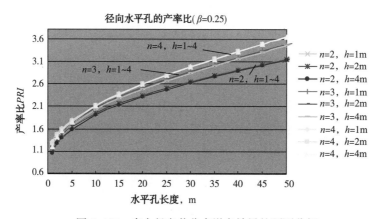

图 6-101　多个径向井分支增产效果的预测分析

技术发展现状：

美国 WES、RadJet 等公司[5]的使用 1/2in 左右的细小连续管，配套 20～50L/min 的高压泵源，标称的径向钻进深度 50～100m，但引进到国内的应用效果远远低于预期。国外技术值得关注的两个问题是：技术参数适用的储层不明确，不可能有普适性；实际技术指标难以验证。

最近资料展示，该技术在国外的应用也处在逐渐调整与评估阶段，关键技术参数根据现场实施或地面岩样钻削情况，从早期的高速钻进并且标称钻进深度超 100m，到后来调慢钻进速度、降低最大钻进深度，呈现逐步回归态势[6]。

"十一五"以来，依托国家重大科技专项"大型油气田开发"项目 36"煤层气钻井工程技术及装备研制"及相关配套项目，国内多家研究机构联合开展了水射流钻径向井技术攻关研究，形成了具有自主知识产权的成套技术与工具装备，并成功进入现场应用，取得了明显增产增注效果[3, 10]。

中外技术对比情况见表 6-36。

表 6-36 中外技术对比

	技术对比	国外技术 （100m，不分地层）	江汉所技术 （坚硬地层 1.5~2m，中硬地层 5~10m，疏松地层 30~50m）	
1	连续管	毛细管	常规连续管	
2	泵源	20~50L/min	100~120L/min，提高水功率	
3	导向工具定深定向	测井配合	工具自带功能（或部分自带）	
4	套管开窗	40~60min	5~10min	
5	钻进地层	一步：连续管送进，喷嘴自牵引钻进	三种工具，单独或组合使用	钻水泥环和硬地层：井下工具送进，全流量钻进，钻进速度 0.5~2mm/s
				中硬地层钻进：井下工具送进，前后平衡钻进，钻进速度 2~5mm/s
				疏松地层钻进：增大水功率，连续管送进，自牵引钻进，钻进速度 5~10mm/s
6	服务费用	依靠引进，成本高	自主、费用低，利于后期发展	

二、关键工具与主要配套设备的研制

1. 定位导向工具

定位导向工具主要包括导向器、锚定器、弹性扶正器、连续管工具定位短节等。如图 6-102 所示。

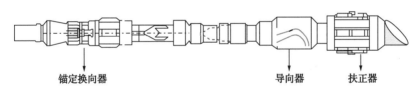

锚定换向器　　　　　　　　　　　导向器　　扶正器

图 6-102　定位导向工具示意图

定位导向工具通过修井机作业油管直接下入井中，并以井口悬挂和井下锚定的方式固定于井筒内。导向器引导柔性钻杆或高压软管完成由垂直向水平方向的转变，进入待钻点。

2. 套管开窗钻具

套管开窗钻具主要由钻头、万向节软轴、安全短节、钻压推加器和螺杆钻具等组成，如图 6-103 所示。

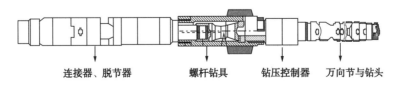

连接器、脱节器　　　螺杆钻具　　钻压控制器　　万向节与钻头

图 6-103　套管开窗钻具示意图

这种钻具专门用来钻套管和部分固井水泥环。万向节软轴是该套钻具加工制造的难点，要求软轴可弯曲通过导向器下部的转弯段，并能传递一定钻压和足够大的扭矩到钻头。

3. 地层钻进工具

依据地层的水射流可钻性差异，地层钻进工具包括以下三类。

1）近井带钻进工具

近井带钻进工具主要针对固井水泥环和密实坚硬地层。

这种钻具主要包括全流量破岩喷射钻头、高压软管和钻速控制器、转换接头等，如图6-104所示。其特点是喷射钻头只有前向射流，系统全部流量都用于破岩，钻孔能力强大。

连接器、脱节器　单流阀、过滤器　钻速控制器　喷嘴与软管　护筒

图6-104　近井带钻进工具示意图

由于喷射反力作用，钻头和与之相连的高压软管需要采用后端推进的方式钻进。钻速控制器主要包括推进液缸和节流调速机构，为钻头和软管提供推进动力并控制钻进速度。

高压软管在承受轴向压力的条件下容易失稳，临界长度取决于喷射反力、软管刚度以及软管在孔道内的支撑扶正状态等多种因素。目前，这种钻进工具的有效钻进深度一般只能达到2m左右。

2）步进式钻进工具

步进式钻进工具主要针对中等硬度地层。这种钻具主要由平衡式喷射钻头、高压软管、加重筒、步进式喷射钻井控制器和转换接头等组成，如图6-105所示。平衡式喷射钻头的特点是喷射钻头前后流量基本平衡。步进式喷射钻井控制器为钻头和软管提供推进动力并控制钻进速度。

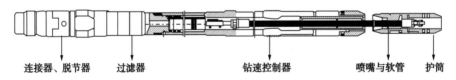

连接器、脱节器　　过滤器　　　　　钻速控制器　　　喷嘴与软管　护筒

图6-105　步进式钻进工具示意图

所谓步进式钻进，就是将设计钻进深度分多段渐进实施。步进式喷射钻井控制器包括钻速控制器和锚定（解锚）机构，钻速控制器液缸行程就是分段的长度。在每个钻进分段由钻速控制器为钻头和软管提供推进动力并控制钻进速度。在完成单个行程（分段）钻进后，通过地面下放连续管，在锚定（解锚）机构的配合下将钻速控制器液缸复位，重新进行下一个分段的钻进。经过多次循环，实现长距离低速平稳钻进。步进式喷射钻进流程如图6-106所示。

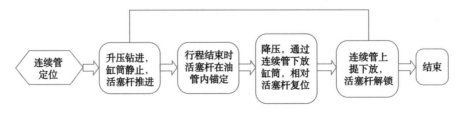

图6-106　步进式喷射钻进流程

由于钻头喷射反力前后平衡，高压软管承受的轴向压力只是管体与孔道壁间的摩擦力和液流阻力，失稳压曲的临界长度大大延长，目前这种钻进工具的有效钻进深度可以达到10m。

3）自牵引钻进工具

自牵引钻进工具主要针对浅层稠油储层、泥沙储层或松软砂岩层。这种工具主要包括自进式喷射钻头、长距离钻进高压软管、加重套筒、单流阀、转换接头等，如图6-107所示。

连接器、脱节器　　过滤器　　　　　　　　喷嘴与软管　　护筒

图6-107　自牵引钻进工具示意图

自牵引钻进依靠自进式喷射钻头为钻进提供牵引动力。自进式喷射钻头包含前后射流两部分，射流基本速度相当时，后向射流流量大于前向射流流量，后向喷射反力与前向喷射反力差值即为牵引动力。喷射钻头受流体输送管道流量—压降特性的限制，前后流量分配需要兼顾喷射破岩钻孔能力和自牵引能力，易出现破岩钻孔能力或牵引驱动力不足的情况。针对疏松易钻的储层，后向射流可以占比更高，从而得到更大的牵引驱动力，实现更长距离的钻进，目前这种钻进工具的有效钻进深度可以达到30m以上。

自牵引钻进工具的钻进速度由地面下放连续管速度控制，一般情况下保持连续管下放速度与钻头射流破岩钻进速度平衡。

三、主要工艺与技术关键

1. 工艺流程

连续管水射流钻径向井主要工艺流程如图6-108所示。

2. 风险控制

（1）井控。作业施工队伍必须配备符合规定标准的井控装置。井口安装防喷器和自封封井器，并保证阀门动作灵活。防喷器及井口管汇必须按标准试压。径向钻井过程中需严密监控井筒返流流量，异常增加时暂停作业，需启动防止井喷应急程序。

（2）起下管柱卡阻风险控制。待作业井一般是老井，大多存在不同程度的套变，在通井过程中必须限速下入管柱。在作业工程中，工具起下需制订遇卡判定标准与解卡措施。对于地层出砂井，需采取洗井、钻孔后及时起出工具等措施预防砂卡。

（3）液体。作业用液体应与地层配伍，并必须清洁。在流程中一般设置地面、井下两级过滤器。井下工具下井过程中注意保持清洁，防止颗粒物进入流道，造成钻头喷嘴堵塞。

3. 随钻校深定向

水射流钻径向井定位导向工具的基本功能除校深、定向、导向之外，还必须具备锚定功能。在径向钻井过程中，需要对井下油管工作管柱进行锚定，确保套管钻孔、地层钻进顺利完成。否则会导致两方面问题：一是在套管钻孔工具过导向器钻套管过程中，管柱重量会对钻孔钻压造成干扰，导致钻头卡钻；二是套管钻孔结束后，受工具起下影响，导向工具和套管开孔间易发生错位，造成后续地层钻进的钻具重入困难。

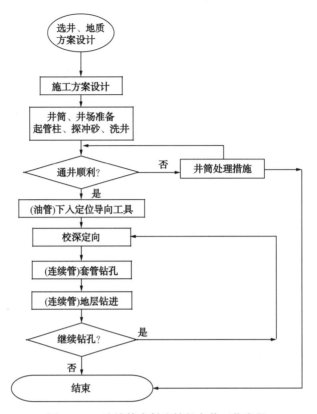

图 6-108　连续管水射流钻径向井工艺流程

1）采用机械式套管接箍定位器校深

井下校深定位方法有常规经验估算方法、声学探测法、电磁探测法、接触式探测法等。经验估算法因经验系数的选取和理论计算方法的选择不同，致使的结果存在较大误差。受井下复杂环境的干扰，想要得到清晰的接箍波是很难的，这是阻碍声波接箍探测发展的一个难题，至今没有很完善的解决声波接箍探测干扰问题方案，提高探测精度仍然是声学探测法今后的目标。电缆核磁电定位探深是目前使用最多、技术较成熟的一种方法，校深数据可信度较高，但需要专业测井车辆队伍和单独作业工艺。

根据油套管接箍所具有的"突出"特点，通过探头与接箍的接触发生应力变化，信号经传感器传到处理器得出探测结果。套管接箍定位器工作原理示意图如图 6-109 所示。

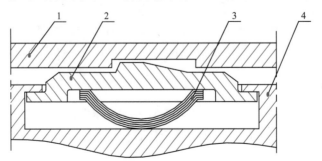

图 6-109　接箍定位器过套管接箍示意图

1—套管接箍；2—探爪；3—弹簧；4—本体

采用研制的套管接箍定位器定深，可不使用磁定位测井仪器，实现随钻校深，减少了测井仪器费用和作业时间。

2）采用可锚定定向器锚定管柱并定向

井下工具定位包括定深和定向。定向钻进有两种典型情况：一种是基于地层地质的特殊要求使钻井方位对正指定方位，目的是提高油气藏纵向动用程度，避免高含水，或者定向增注等；另一种定向可称为相对方位定向，以指定方向为基准，要求多个钻孔的方位与基准方向成一定夹角，或沿井筒径向均布，尽量扩大通道覆盖区域。

测量井下工具的工具面方向一般采用陀螺仪。对于多方位相对定向，一方面，频繁使用陀螺仪增加了作业成本；另一方面，依靠地面旋转管柱调节井下工具方向角的方式，操作复杂，很难精确控制，对复杂结构的管柱甚至暗含作业风险。

采用独立的锚定器和定向器形成的组合工具串，如果都采用起下管柱的控制方式，井下动作相互干涉，则需要增加附加机构，这样会使井下工具串变得复杂。如果采用不同的控制方式，工艺和设备配套则更复杂。

研制的可锚定定向器可兼具锚定器和定向器功能[11]，如图6-110所示。可锚定定向器基本结构包括两大部分：旋转接头和锚定换向器。旋转接头上接油管柱，锚定换向器下接导向器等工具。

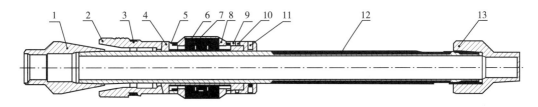

图 6-110　可锚定定向器结构示意图

1—椎体接头；2—卡瓦；3—涡卷箍簧；4—卡瓦座；5—压环；6，7—弹簧；8—摩擦块；9—压帽；
10—止退销钉；11—键销；12—中心管；13—下接头

旋转接头由上旋转接头、钢珠、下旋转接头、螺钉组成。其基本功能是使锚定换向器以下工具可相对油管柱自由旋转。

可锚定定向器基本结构设计为摩擦外套、中心管和换向机构、锚定机构4个功能单元。主要由锥体接头、卡瓦、涡卷箍簧、卡瓦座、压环、弹簧、摩擦块、压帽、止退销钉、键销、中心管、下接头等组成。

定向器相对方位定向原理如图6-111所示，工具下井时，键销在中心管下部滑槽中短槽上端D位，椎体接头与卡瓦分离，锚定机构处于解锚状态。当工具下入到指定深度后，先提拉一段管柱，在摩擦块的作用下滑槽相对键销移动，中心管相对摩擦外套沿着管柱轴向和径向分别运动，由D达到A点。然后下放一段管柱，销键滑移到长槽上端B位置，椎体接头、卡瓦和套管内壁接触作用，锚定机构锚

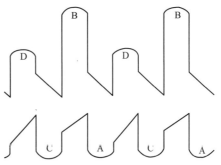

图 6-111　键销在滑槽中运动示意图

定，锚定换向器处于工作状态。

完成一个分支井眼钻井后，上提、下放管柱，键销继续由长槽上端 B 位经 C 位最终移至短槽上端 D 位，锚定机构解锚，中心管相对摩擦外套旋转完成一个转动周期。调节管柱深度至下一待钻点，再次上提、下放管柱，键销继续由短槽上端 D 位经 A 位最终移至长槽上端 B 位，椎体接头、卡瓦和套管内壁接触作用，锚定机构再次锚定，锚定换向器处于下个钻孔点待钻状态。中心管相对摩擦外套再次完成一个转动周期。

可锚定定向器解决了使用独立的锚定器和定向器组合而产生的功能干涉问题，简化了井下工具串配置结构。其本身结构简单，操作方便，运行可靠。该工具的定向功能可在同一深度的不同方位完成多个分支井眼的作业，避免多次使用陀螺仪，不仅定向准确，还简化了施工工艺，缩短了作业时间，有效降低了成本。

4. 套管钻孔控制系统

采用螺杆钻具驱动万向节和钻头过导向弯道对套管进行钻孔作业是目前套管开窗的方式之一。钻头在套管钻孔的过程中，一方面，因过弯道传递扭矩和钻压，钻头工作参数不稳定；另一方面，井下环境复杂，套管受地层挤压，应力可能较大，钻孔位置套管可能已有射孔，套管外固井水泥环可能不完整，这些恶劣工况都可能导致钻头受力不均而卡钻。

1）钻压控制

在套管钻孔的过程中，钻头切削套管需要适合稳定的钻压和转速。在井下过导向器工况下，钻压难以精确控制：钻压过大易导致卡钻，甚至造成万向节软轴断裂；钻压过小，切削量不够，钻头易磨损，无法钻穿套管；钻压波动过大，会造成钻头切削不均，崩刃，使钻头失效。研制了一种钻压可控的机械式钻压推加器[12]，如图 6-112 所示。

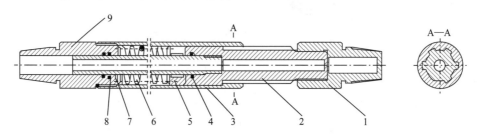

图 6-112　机械式钻压推加器

1—上接头；2—外花键接头；3—内花键外筒；4，8—O 形密封圈；5—弹簧垫环；6—弹簧；7—心轴；9—下接头

工作时，上接头上端螺纹连接螺杆钻具下端，下接头下端连接万向节软轴，万向节软轴下端接钻头。油气井套管钻孔作业时，先下入导向器至设计深度方位，再将套管钻孔钻柱下至转向器内定位。机械式钻压推加器内部弹簧压缩，内花键外筒滑移到外花键接头某一个合适的行程位置上，此时，机械式钻压推加器上接头以上部分已经完全依靠管柱重量限位，下接头以下部分受弹簧力作用使万向节前端钻头与套管内壁接触，该弹簧力即为真实施加到钻头上的钻压。通过调节弹簧的初始压缩量和最小压缩量的弹簧力来控制钻压的大小范围，在该过程中，作用在钻头上的弹簧力始终存在，该弹簧力大小只随弹簧压缩量大小而改变，不受其他因素干扰。钻头在钻孔过程中产生的波动经弹簧缓冲，实现稳定工作。外花键接头与内花键外筒之间采用花键连接方式，既可传递扭矩，又可上下滑动一定行程。根据钻头工作特性与钻削要求，可匹配合适的弹簧初始压缩量来控制合适的钻头钻压。

地面开泵调压后，液压马达通过花键带动钻压可控的机械式钻压推加器转动，同时也带动万向节和钻头转动。钻头转动过程中，弹簧的弹簧力推动下接头和内花键外筒向下滑动对套管进行切削。此时的弹簧力即为施加在钻头上的钻压，与管柱重量没有直接关系。弹簧施加在钻头上的钻压在一定压缩量范围内是可控的，可控范围内的钻压都可对套管进行有效切削。

2）减摩结构设计

万向节软轴过弯道传递扭矩和钻压的特点是载荷波动较大，对套管钻孔不利。特别在钻头工作部位，钻头径向跳动显著增加切削载荷的波动，易使钻具超负荷卡钻，甚至导致万向节断裂脱落。

在系统结构设计时，除优化弯道设计、合理控制软轴与弯道间隙、配合面减摩处理等措施外，直接在钻头工作位设计轴承式扶正结构十分必要[13]。如图6-113所示。在导向器弯道出口处采用旋转滚动摩擦副方式，可大大降低钻头与导向器弯道之间的旋转阻力矩，并对钻头提供支撑和扶正作用，对解决套管钻孔过程中因钻头径向跳动导致卡钻问题起到重要作用。

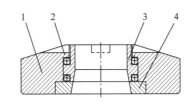

图6-113　钻头扶正轴承

1—本体；2—钢球；3—旋转环；4—盖板；5—螺钉

3）钻具的安全防护

（1）万向节软轴保护筒。

套管钻孔工具由连续管起下。套管钻孔工具包含有过弯道的万向节软轴，下井时受井筒结构和井下环境干扰，特别是在大井斜段、油管内油垢富聚段，万向节软轴易弯曲折断，造成钻头脱落事故，因此需要设置万向节软轴保护机构。研制的伸缩式万向节护筒如图6-115所示。在钻具下井过程中，万向节软轴在护筒约束保护下，不会产生弯折，能够适应连续管快速起下。当钻具临近下放到套管钻孔位置，下护筒底端至转向器弯道入口，依靠连续管柱重量，依次剪断剪切销钉，下护筒、上护筒依次相对连接杆上移，收缩重叠，钻头及万向节软轴伸出，在导向器弯道的引导下进入套管钻孔位置。收缩后的护筒不会对钻具工作造成干涉。启泵开钻套管时，万向节软轴过弯道传递钻压和扭矩。套管钻穿后，上提连续管柱回收工具，上下护筒在重力、液流阻力和与油管内壁的接触摩擦力等作用下滑移伸长，端部限位台阶止位，恢复至保护状态。工具起出后重新检修安装销钉，可再次下井。

（2）过载保护安全短节。

套管钻孔时，如果钻孔部位已存在孔洞，或者固井质量不合格，会导致钻头受力不均，严重时造成卡钻。如果发生钻头卡钻，螺杆钻具的堵转扭矩可以达到正常工作扭矩的2~3倍，巨大的堵转冲击扭矩可扭断万向节，钻头脱落造成施工事故；定位导向油管柱也必须起出，待检修好导向器后重新下入，工作量显著增加。因此，需要在螺杆钻具和万向节钻软轴之间设计保险装置[14]，如图6-114和图6-115所示。

套管正常钻孔时，剪断销能传递工作扭矩。当钻头遇卡螺杆钻具产生陡转扭矩时，安全短节上的剪断销会在扭矩达到设定安全上限时被剪断，启动安全保险作用，防止万向节软轴因过载而扭断。

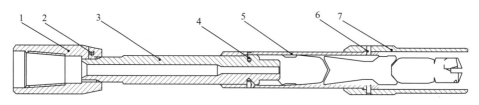

图 6-114　万向节软轴保护筒

1—上接头；2—紧定螺钉；3—连接杆；4—剪切销钉；5—上护筒；6—剪切销钉；7—下护筒

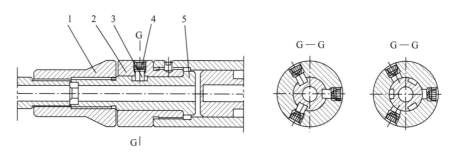

图 6-115　安全短节示意图

1—上接头；2—下接头；3—剪断销；4—螺钉；5—悬挂接头

4）套管钻穿的检测判定

套管钻孔是钻径向井的关键一步，套管钻穿与否决定下步地层钻进工序能否继续。在井下复杂工况下，套管钻孔不能保证 100% 成功，有必要对套管是否钻穿进行检测判定。

工程上现用的检测判定方法包括实时监测和事后评价两种。一种实时监测的方法如图6-116 所示。在机械式钻压推加器的下接头上设计一组受行程控制的泄压孔，套管未钻穿时该泄压孔相对活塞杆内腔封闭，套管钻穿后该泄压孔与活塞杆内腔联通，泄漏一部分流量导致系统压力降低。通过地面监测系统压力信号可获取套管钻穿的信号。

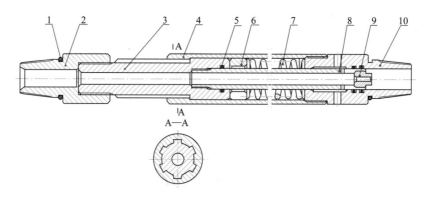

图 6-116　套管钻穿实时监测方法

1，5—O 形圈；2—上接头；3—外花键；4—内花键外筒；6—弹簧垫环；7—弹簧；8—弹簧传递轴；9—节流孔板；10—下接头

另一种事后检测的方法是在钻头上设置行程标记。套管未钻穿（钻头行程未达到设定值）时该标记不发生变化，一旦套管钻穿该标记就会被磨损。待起出钻具后，检测钻头及标记等，便可判定套管是否钻穿。

5.喷射钻进系统

1）喷射钻头

经过试验优选，水射流钻径向井破岩钻孔喷射钻头最终采用旋流型和多孔型两种基本型，如图 6-117 所示。

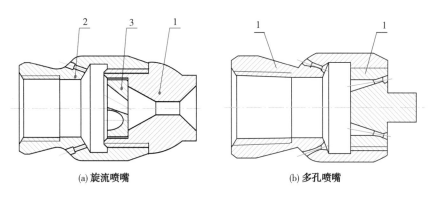

(a) 旋流喷嘴　　　　　　　　　　(b) 多孔喷嘴

图 6-117　旋流喷嘴和多孔喷嘴

1—前向喷嘴；2—后向喷嘴；3—导流体

通过对不同靶件的钻孔对比试验，两种显示出不同的特点。多孔喷嘴水力损失小，效率高，各孔定位加工要求精确。因多股组合射流，在轴截面上流速分布不均性，钻硬地层时钻孔截面形状呈齿轮状，容易对喷管送进形成卡阻。旋流喷嘴射流分布均匀，钻孔截面形状圆整，但其水流压能转化为动能分两次进行，局部压力损失大，效率低。旋流喷嘴导流芯体加工复杂。（1）适应不同地层的喷射钻进技术。针对地层的射流可钻性差异，对地层的喷射钻进可分为以下 3 种方式：①全流量破岩喷射钻进技术。针对坚硬地层，将系统全部流量都用于破岩。为克服喷射反力和喷管送进的摩擦阻力，需在喷射软管后端加力推动。高压软管在承受轴向压力的条件下容易失稳压曲，临界长度取决于喷射反力、软管刚度以及软管在孔道内的支撑扶正状态等多种因素，目前这种钻进方式的有效钻进深度为1.5~2.5m。②前后流量平衡的步进式喷射钻进技术。针对中等硬度地层，可在满足前向射流破岩钻孔能力的前提下，将剩余流量用于向后喷射，平衡前向射流的反作用力，最大限度减少高压软管的轴向压缩力，增加钻进深度。目前这种钻进方式达到的深度为 5~10m。③自牵引喷射钻进技术。针对疏松储层，前向喷嘴仅需较小的流量即可实现高效破岩，可将大部分流量用于后向喷嘴提供牵引力，喷射软管在牵引力驱动下可实现更长距离钻进。受喷射软管流动摩阻的限制，这种钻进方式目前达到的径向钻进深度为 30m 左右。（2）钻进控制。喷射钻进送进速度控制是制约地层长距离钻进的难题之一。现有连续管作业机下放管柱的速度比较快（大于 0.01m/s），而且波动大，受井筒等因素影响，力传递情况复杂，不能数千米满足井下低速平稳喷射钻进（小于 0.005m/s）速度控制要求。速度过快、力量过大的送进，喷射软管易因受压在孔眼中发生折弯损伤导致钻进卡钻，最终使喷射软管无法继续向前送进。

研制的钻速控制器[15]采用液缸液力推进，为钻径向水平井喷射软管提供足够、准确、稳定的动力。该系统设计封闭液压油腔进行油水隔离，利用液压油作节流介质，通过液压油腔内环隙节流调控钻进速度，实现径向水平井喷射软管在孔道中低速平稳前行。

如图6-118所示，液压腔引入系统压力，是动力腔。环腔3通过节流柱塞与缸筒间的环隙与环腔6连通，构成一个密闭腔，里面装满液压油。上活塞杆与节流柱塞及下活塞杆连接，构成活塞杆总成。在系统压力源的作用下，液压腔驱动活塞杆总成下行，将环腔3的液压油通过节流柱塞与缸筒间的环隙压入环腔6，环腔3与液压腔1之间存在一定的压差，该压差作用于活塞总成，平衡部分驱动力。通过控制节流间隙实现推进速度控制。

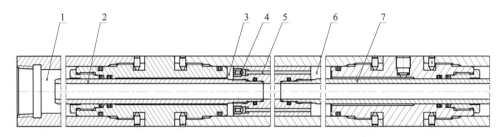

图6-118　钻速控制器结构示意图

1—液压腔；2—上活塞杆；3—环腔1；4—钢球；5—节流柱塞；6—环腔2；7—下活塞杆

2）步进式钻进

步进式喷射钻井控制器主要包括钻速控制器和锚定复位机构。锚定复位机构如图6-119所示。

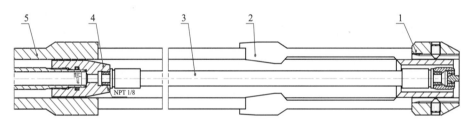

图6-119　锚定复位机构示意图

1—限位螺母；2—滑动锚爪；3—喷管；4—钻速控制器活塞杆接头；5—外筒

锚定复位机构主要由限位螺母、滑动锚爪、喷管、钻速控制器活塞杆接头、外筒组成。钻速控制器推进一个行程，钻速控制器活塞杆接头将滑动锚爪推至限位螺母，形成楔形机构，将活塞杆锚定于油管内壁。下放外筒，活塞杆相对外筒复位。复位完成时，外筒上部台阶撞击滑动锚爪，解除锚定。在液压作用下进行下一个送进循环。

现场钻径向水平井作业时，根据具体的钻进距离，可选择多次步进式爬行送进，实现喷射软管长距离送进，送进总距离等于步长 × 步进次数。

四、典型案例

根据青海油田勘探开发工作的需要，亟需工艺手段来解决对柴西基岩、柴北缘低饱和度及英西盐间等特殊储层的认识与有效开发。该类储层普遍具有油水层间互、储层薄、储隔层应力差小、物性差的特点，常规水力压裂在改造储层的同时，会因为裂缝的纵向延伸而造成复杂的层间干扰，严重影响储层评价效果，也增加了该类储层效益开发的难度。

水射流钻径向井是对上述油藏开发方式的一项新技术，先导试验的主要目的是研究该技术是否适用于青海油田储层，探索提高油田特殊储层单井产量的新方法，为油田增储上产提供的新技术支持。

跃 924 井属柴达木盆地尕斯库勒 N_1^1—N_2^1 油藏，深 2210m，井温 75℃，油层套管 5.5in—TP110TT—厚 10.54mm，最大井斜 3°。下部 3 个储层 1678.4～1733.9m，层厚分别为 2.2m，2.0m 和 1.4m，渗透率约 150mD，射孔投产初期日产液 15.88t，日产油 4.76t，含水 70%。作业前日产液 30.96t，日产油 0.31t，含水 99.00%，累计产油 22.74t，累计产水 473.28t。作业要求封堵下部储层后新开上部储层。待作业新开 3 个小层深 1610～1623m，分别厚 1.5m，1.8m 和 1.9m，渗透率约 100mD，孔隙度约 20%。设计每层钻 2 孔，孔深 5m，相位差 180°，共 6 孔。

2015 年 9 月 19 日至 9 月 25 日，青海油田井下作业公司配合中国石油项目团队成功完该井作业，完钻 5 个径向井眼，单个井眼钻深在 4.0～5.7m，平均钻进距离 4.78m。该井施工工艺具有以下特点：

（1）与 1.5in 常规连续管车配套作业；

（2）导向工具串自带相对定向功能；

（3）基于系统的射流钻进物模试验，提高钻进水功率，优化参数；

（4）液体在与地层配伍的基础上添加降阻剂减摩；

（5）为确保成功穿透，提出水泥环和地层分步实施的射流钻进工艺：

钻水泥环喷射钻头采用全流量前向喷射钻进，流量 80～85L/min，射流速度高达 300m/s；地层钻进采用平衡式喷射钻头，前后射流反力基本平衡，总流量 110～115L/min，射流速度超过 240m/s。跃 924 井水射流径向钻井作业增产效果如图 6-120 所示。

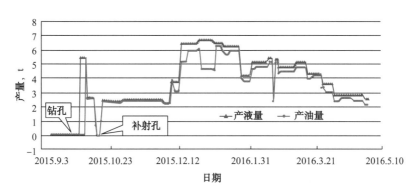

图 6-120　跃 924 井水射流钻径向井作业增产效果

增产效果评价：

（1）作业后 2 周采用补射孔对比产量，补射孔后几乎无增量，表明径向井眼的连通性远优于常规射孔孔眼的连通性；

（2）作业后近 2 年日均产油 3.6t，为常规射孔井的近 2 倍，增产效果明显；

（3）稳产近 2 年，稳产期超过常规射孔 5 倍，作业累计产量增加显著；

（4）含水上升慢，同期含水上升率与压裂相比减少 70% 以上。

切 12-22-9 井属柴达木盆地西部坳陷区昆北断阶带切十二号构造，深 2030m，油层套管 5.5in—N80—厚 9.17mm，最大井斜 3°，地层倾角 8°～10°。待作业层 1946.4～1963.0m，层厚 16.6m，渗透率约 30mD，孔隙度 25%，初期日产液 21.48m³，日产油 16.5t，含水 23.19%。补孔后不见效，且延续衰减趋势，目前产量较低至约 2.5m³/d，累计产量约 9000t，需考虑高效增产措施。考虑临近水井影响，设计钻孔方位为北偏东 20° 和 200°，选取 3 个深度点钻 6 个井眼，每个深度点对称 2 孔。

2016 年 8 月 2 日至 17 日，在某油田，一口井完钻 6 个径向井眼。该井在近井带钻进 5～8m 的基础上增加了一趟加深钻进工序：采用自牵引喷射钻头，牵引力 100～150N，总流量 80～85L/min，射流速度超过 240m/s，设计最大钻深超过 35m。切 12-22-9 井水射流钻径向井作业增产效果如图 6-121 所示。

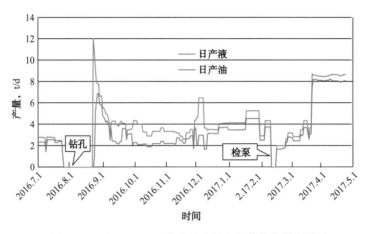

图 6-121　切 12-22-9 井水射流钻径向井作业增产效果

截至 2017 年 4 月，该井作业后稳产超 8 个月，日均产液 4.8t，产油 3.7 吨，日增产原油 1.3t，平均增液 92%，增油 53.5%，后期检泵后日产油稳增至 8.08t 并维持稳定趋势。

这项技术在青海油田进行了 7 井次的应用试验，成功率达 100%。截至 2017 年 4 月，油井措施前平均日产油 1.74t，措施后平均日产油 3.28t，增油 88%；注水井措施前平均日注水量 3.5m³，措施后平均日注水量 15.5m³，增注 342%。

五、应用展望

充分穿透近井区域，增大井筒有效半径，以较低的成本提高单井产量，这一增产思路对于具有自然产能的油井普遍适用，可由此构建"直井 + 多个径向井分支"新的井型结构，预计该技术将在以下领域发挥重要作用：

（1）扩大油井有效半径，近井带解堵。穿透伤害层，显著降低近井带流动压降，增产增注或准确评价地层产能。

（2）优化井网布置：定向注采，提高注采效率。

（3）低渗透地层改造。改善酸化效果，增加处理深度；压裂前预处理，降低储层起破压力、控制近井裂缝的转向。

（4）延缓底（边）水或气顶的锥进。孔眼准确定位，远离油水、油气界面，避开边水。

（5）特殊井增产作业。油水层间互、储薄层、储隔层应力差小、裂缝性储层等不适合酸化压裂的井。

基于连续管水射流钻径向井技术的特点和在青海油田的先导应用情况，在应用推广过程中给出的建议如下：

（1）对于有自然产能、地层渗透率较高的井，建议以充分穿透近井 5~10m 区域的地层伤害带、增大井筒有效半径为目标，以相对简化的工艺和较低的成本实施增产作业。

（2）对于较厚的储层，在地层条件适合的前提下，尽量增加径向井分支的钻进深度，并配合酸化措施消除结蜡等因素的影响。

（3）对于临近底水、油水同层的薄储层，钻孔位置应尽量选在储层中上部，推荐设计的径向井钻进深度不超过储层厚度的 5 倍，且作业后不宜再酸化，以降低水窜的风险。

参 考 文 献

[1] PeakZT，Janik K Z，Marshall E J，et al.Coiled-Tubing-Deployed Fracturing Service Yields Increase in Completion Efficiency[R]. SPE107060，2007.

[2] Beatty KJ，McGowen JM，Gilbert JV，et al. Pin-Point Fracturing（PPF）in Challenging Formations[R]. SPE106052，2007.

[3] East LE，Michael B，McDaniel BW.Halliburton Hydrajet Perforating and Proppant Plug Diversion in Multi-IntervalHorizontal Well Fracture Stimulation：Case Histories[R]. SPE114881，2008.

[4] 沈忠厚. 水射流理论与技术 [M]. 北京：石油工业出版社，1998.

[5] 王瑞和，倪红坚. 高压水射流破岩钻孔过程的理论研究 [J]. 石油大学学报：自然科学版，2003，27（4）：44-47，148-149.

[6] 胡强法，张友军，路彦森，等. 连续管水射流钻径向井技术先导试验与推广建议 [J]. 石油科技论坛，2017，36（5）：60-67.

[7] 胡强法，朱峰，张友军. 零半径水射流径向钻井技术的研究与应用 [J]. 石油机械，2009，37（12）：12-15.

[8] Dickinson W，Dickinson R，Herrera A，et al. Slim Hole Multiple Radials Drilled with Coiled Tubing[R]. SPE 23639，1992.

[9] Bruni M，Biassotti H，Salomone G. Radial Drilling in Argentina[R]. SPE107382，2007.

[10] 张友军，陈智，张炎，等. 水射流钻径向井技术自主研究与应用 [C]. 首届油气井工程直属研究院学术报告会，北京，2016：828-833.

[11] 中国石油天然气集团公司，中国石油集团钻井工程技术研究院，中国石油集团钻井工程技术研究院江汉机械研究所. 油气井定向器：ZL201510412148.0[P]，2015.

[12] 中国石油天然气集团公司，中国石油集团钻井工程技术研究院，中国石油集团钻井工程技术研究院江汉机械研究所. 钻压推加器：ZL201410561814.2[P]，2014.

[13] 中国石油天然气集团公司，中国石油集团钻井工程技术研究院，中国石油集团钻井工程技术研究院江汉机械研究所. 钻径向水平孔用导向器旋转出口装置：ZL201510882231.4[P]，2015.

[14] 中国石油天然气集团公司，中国石油集团钻井工程技术研究院，中国石油集团钻井工程技术研究院江汉机械研究所. 一种安全接头：ZL201520438869.4[P]，2015.

[15] 中国石油天然气集团公司，中国石油集团钻井工程技术研究院，中国石油集团钻井工程技术研究院江汉机械研究所. 步进式喷射钻进井下控制系统：ZL201410669498.0[P]，2014.

第七章 连续管完井管柱

随着国内连续管作业技术的发展进步以及气井开发降本增产需求的不断增加，连续管作业技术除在气井作业环节的应用外，在气井生产环节的应用也日趋广泛和成熟，逐渐形成了国产化的连续管完井管柱作业技术。主要应用于小直径连续管速度管柱气井排水采气和生产完井管柱等，有效地解决了气井开发中的低压气井排水采气的难题和新投非常规气井不压井投放大管径连续管取代常规油管作为生产管柱问题。

第一节 生产需求与技术基础

针对低压、低产、小水量气井积液后排水采气的需要，开发应用连续管速度管柱技术；在致密气、页岩气、煤层气压裂后的投产过程，针对降低带压作业成本和风险、提高完井投产效率并延缓井筒积液的需要，开发应用连续管完井管柱技术。

一、连续管速度管柱和完井管柱的需求

1.连续管速度管柱的需求

自 21 世纪以来，我国天然气消费需求快速增长，市场进入快速发展期，2000—2010年，我国天然气消费量增长了 4.4 倍。2013 年，我国天然气表观消费量达到 $1676 \times 10^8 m^3$，同比增长 13.9%，已成为世界第三大天然气消费国。虽然近年来我国天然气储产量也出现快速增长，但产量增长仍跟不上需求的急速攀升。在消费市场需求强劲的背景下，国内天然气勘探开发难度和储层上产压力却不断增大，除复杂地质构造等因素影响外，我国大多数主力气田目前不得不面临一个共性问题——产层老化，产能下降，甚至停产。导致这一问题的原因有多个方面，包括气藏压力下降、边底水侵入、气体流速降低、井底积液及产液量增加等。气井一旦出现积液，将意味着不断增加的井底液柱回压导致井底流动压力增大，生产压差减小，导致储层流体无法进入井筒，产量大幅度下降甚至停产。此时，必须采取有效的排液措施以维持气井正常生产。

目前，国内外排水采气技术除物理化学法（泡沫排水采气法）外，还有机械排水采气法，包括优选管柱、气举、电潜泵、机抽、连续管等；近年来，国外开发了一些新技术，如同心毛细管、超声旋流雾化排液、井下气水分离、回注系统和气举组合开采等；同时，物理化学法和机械法的复合工艺也随之发展起来。其中，速度管柱排水采气技术与其他人工举升方法或井口压缩装置相比，具有所需的生产设备少、井口维护简单、可连续长期稳定生产等优势，已规模应用于气田开采中，并取得了良好的效果。

以国内长庆油田为例，气井普遍具有低压、低产、小水量特征，携液能力差。随着气藏不断开发，气井井底易形成积液，导致产气量下降，甚至水淹停产。在以低压、低渗透、低丰度为典型特征的苏里格致密气田，储层埋藏深，单井井数多，约 50% 气井产气量小于 $0.5 \times 10^4 m^3/d$，该类气井携液能力差，生产过程中井筒存在积液，传统工艺措施难以维持正

常平稳生产。此外，长庆气田已投产水平井 930 口，约 10% 气井存在不同程度积液，由于井斜大、水平段长、井下工具多，常规的泡沫排水、提产带液等排水采气工艺措施效率低。

自 2009 年以来，长庆油田创新性地提出了采用小管径连续管作为速度管柱提高气井携液能力的技术思路；同时，针对引进国外装置和材料存在价格高、周期长的问题，自主研究开发了速度管柱系列化工具和关键工艺，形成了致密气田速度管柱排水采气技术并实现了工业化应用，为该问题的解决提供了有效途径，有效节省了人力、物力，降低生产管理和现场操作成本，满足推广应用需求。

2. 连续管完井管柱的需求

连续管完井通常包括钻井后的完井及生产完井，受国内钻完井需求和连续管作业技术水平限制，连续管作为钻井后的完井管柱国内鲜有报道，"十二五"期间，中国石油部分油田公司和工程服务企业已经开始在新投气井和页岩气井上使用连续管作为生产管柱完井的尝试和先导试验，取得不错的应用效果。本书将重点论述连续管作为生产管柱完井的相关技术和应用。

随着老气田开发的深入以及受压井液等对地层伤害影响，局部区域的储层压力和产能呈整体下降趋势，对于新钻气井，其单井产量短期内下降明显，且较同区块开发初期产量相差较大，单井开发的经济性越来越差。为提高老气田新井单井产量和开发效益，当前一般的认识是尽可能避免压井作业，减小对地层的伤害，特别是应避免压井完井。此外，对于部分气田重点区域内的重点探井、评价井和高产井，为准确评价气藏数据，通常也要求不压井进行生产完井。

当前，我国页岩气、煤层气、致密气等非常规气藏的开发，初期大多采用套管完井后直接生产，但长期生产会对井内筒安全性和完整性带来安全隐患，同时，由于井内无常规生产管柱，也无法开展相关生产干预措施。为提高套管完井生产气井的安全性和生产干预能力，需进行二次完井作业。由于这类井产量和采收率受压井影响很大，一般不允许压井，因此必须在带压条件下投放生产完井管柱。

现有常规生产管柱完井方法存在诸多的不足：（1）压井完井对地层伤害较大，并且影响气井产能，降低了储层可动用程度和开发效益，特别是地层压力系数低的气井，压井作业可能导致气井压死和复产困难；（2）在压井条件下选用钻机或修井机下入常规油管完井，施工效率低、周期长、工人劳动强度大，常规油管管材成本也较高；（3）使用常规带压作业装置下入油管完井虽然避免了压井作业对地层的伤害，但是同样存在作业效率低的问题，而且作业费用较常规下管高出许多，且井口压力等级越高，费用越高，常规气井完井作业无法承受如此高额的作业费用。

因此，基于以上生产需求和常规完井方法存在的不足，有必要寻求一种全新的低成本、安全、高效的生产管柱完井方式。

随着我国非常规气藏开发和研究的不断深入，以及借鉴国外先进开发经验，连续管完井管柱技术是国内近些年一直探索研究的重点，其本质利用连续管代替常规单根管柱，下入井内作为生产管柱的一项技术。连续管作为生产管柱完井的重点研究和推广方向主要是基于以下几方面考虑：连续管具有在不同井况条件下完井需要的尺寸规格和材质系列，管材成本较常规油管低；连续管不用接单根可实现连续高速起下，显著提高施工效率和安全性，降低人员劳动强度和作业费用；连续管适应多种井口压力级别下的带压作业，可实现欠平衡条件下的完井作业，避免压井对储层的伤害，节省压井液费用，并且连续管带压作业费用受井口压力级别影响较小，较常规带压作业技术费用更低，很好地满足了当前油气开发降本增效的目标和要求。

二、气井完井管柱设计与选型

1. 气井携液条件分析

根据气井井筒积液的机理，保证气井不积液的条件是要求气井产量大于临界携液流量，即为确保持续携带出地层流入井筒的液体和天然气井筒流动过程中的产生的凝析水，气流速度必须大于最小临界携液流速。为达到相同的临界携液流速，管柱管径越大，气井连续排液所需的临界携液流量越大，反之亦然。

连续管作为速度管柱，一方面是基于速度管柱工艺本身，对标准化和系列化小管径管柱配套需求，并能够实现工业化、较低成本生产以及大批量供应；另一方面，连续管作业具有的不压井带压起下管柱的优势，避免了压井投放速度管柱对地层的伤害，能够最大程度体现速度管柱工艺效果，挖掘气井产能；此外，连续管无接箍，可实现高速起下，施工效率和作业成本方面都优于常规带压作业装置。

1）井筒中液体载荷上升判断

气井含水易出现液体载荷上升，严重影响气井的正常生产。因此，及时判断和处理液体载荷的上升问题是非常必要的。根据长庆气田产水气井生产资料统计分析，造成气井井筒中液体载荷上升的原因基本有：（1）产气量波动大；（2）套压基本不变，油压降低很快，产水量逐渐增大；（3）油套压同时降低，油套压差逐渐增大。

2）最小携液流量模型

在产水气井生产过程中，一方面游离态液体随着天然气进入井筒，另一方面由于热损失导致天然气凝析形成液体。如果气井的产量高于临界携液流量生产时，所有的液体都被天然气带出井筒外，气井的流动具有相对可预测的稳态特征，且井筒不形成积液；当气井以小于临界携液流量生产时，液体不能完全被天然气带出井筒，井筒开始积液，液体开始以混合气柱的形式滞留在井筒之中；随着产出液体的聚集，井筒液柱高度的增加，井口压力和天然气产量随之急剧递减。在这种情况下，必须对气井实施合理的排水采气措施，提高气井的携液能力，排出井底积液，使气井恢复正常生产。因此，要保证气井井筒不积液的条件是必须要求气井的产量大于临界携液流量。

该理论的研究对保证气井长期连续携液生产，改造与生产管柱一体化研究以及后期更换管柱作业具有重要的指导意义。

（1）Turner 模型（液滴模型）[1]。Turner 等在研究携液流量时，首先针对高气液比（气液比大于 $1367m^3/m^3$），气流呈雾状流，并假设在紊流中的液滴是光滑、坚硬的球形微粒；气流的雷诺数范围为 $10^4 < Re < 10^5$。通过对气流中的液滴进行受力分析，建立了平衡方程，于 1969 年得出了计算球形液滴临界携液流速公式（液滴模型）：

$$v_g = 5.46\sigma^{0.25}(\rho_L - \rho_g)^{0.25}/\rho_g^{0.5} \tag{7-1}$$

式中　　v_g——临界流速，m/s；

　　　　σ——表面张力，N/m；

ρ_L——液滴密度，kg/m^3；

ρ_g——气体密度，kg/m^3。

从理论上讲，最小携液流速等于最大沉降流速，但实验表明，前者要高出后者16%左右。

为了安全，Turner 等建议取安全系数为 20%，于是得出以下公式：

$$v_g=6.55\sigma^{0.25}(\rho_L-\rho_g)^{0.25}/\rho_g^{0.5} \tag{7-2}$$

（2）Turner 模型的改型。由于 Turner 模型忽视了流动状态对气井临界携液流量的影响，而流动状态直接影响拽力系数曲线的形状，并且直接决定了临界速度公式。因此，用紊流状态推导出的临界速度公式应用于所有的流动状态，导致计算结果不正确，也造成了与不同范围的实际数据比较时的差异。1997 年，M.A.Nosseir 等应用 Turner 模型"液滴是光滑、坚硬的球形"理论，建立了两种分析模型：一种是瞬变模型，另一种是紊流模型，在前人分析与计算结果的基础上，得出了两个与液滴模型相似的公式。

瞬变流状态：

$$v_g=14.6\sigma^{0.35}(\rho_L-\rho_g)^{0.21}/(\mu_L^{0.134}\rho_g^{0.426}) \tag{7-3}$$

式中　μ_L——液体黏度，mPa·s。

高度紊流状态：

$$v_g=21.3\sigma^{0.25}(\rho_L-\rho_g)^{0.25}/\rho_g^{0.5} \tag{7-4}$$

它显然消除了 Turner 模型对于不同范围的数据需要还是不需要做出调整的这种模糊不清的状况。它解释了同一个公式的计算结果为什么 Turner 模型需要向上调整 20%，而 M.A.Nosseir 建立的模型不需要做出任何调整，却都能与实际数据相接近。基本的原因就在于 Turner 等忽视了流动状态的影响，而流动状态直接影响拽力系数曲线的形状，并且直接决定了临界携液流速公式。将紊流公式应用于所有流动状态肯定得出不正确的结果，也就造成了与不同范围的实际数据比较时的差异。

Turner 的数据主要落在高度紊流区域。因此，它遵从式（7-4）。式（7-4）与 Turner 调整后的经验公式（7-2）非常接近。

椭球形模型。Turner 临界流量计算公式适用于气液比非常高（气液比大于 1367m^3/m^3）、流态属雾状流的气井。但实际应用时，发现许多气井的产量在明显低于 Turner 公式所计算出的临界产量时，气井仍然正常生产。1991 年，Steve 把 Turner 临界携液流速和产量公式的系数减小 20%，但仍与实际情况相差甚远。

Hinze 指出，相对于气流运动的液滴受到两种相互对抗力的作用：一种是企图使液滴趋于椭球形的速度压力，另一种是力图保持液滴为球形的表面压力。两种力的综合作用，使得相对于气流运动的液滴会呈圆球形和椭球形两种形状。基于此，采用被气流携带向上运动的液滴是椭球形的观点，推导出了一个新的气井连续排液最小携液速度和产量公式。

气体携液最小流速或临界流速为：

$$v_g=2.5\sqrt[4]{\frac{(\rho_L-\rho_g)\sigma}{\rho_g^2}} \tag{7-5}$$

相应的最小携液产量或临界产量为：

$$q_{sc} = 2.5 \times 10^8 \frac{Apv_g}{ZT} \tag{7-6}$$

式中　A——油管截面积，m^2。

　　　p——井底压力，MPa；

　　　T——井底温度，K；

　　　Z——p，T条件下气体的偏差因子；

　　　q_{sc}——临界携液流量，m^3/d。

从上述公式可以看出，影响气井携液的因素较多，给现场应用带来了不便。Steve和Turner等根据对气井的统计结果，取天然气相对密度0.6、温度为322K、气井压缩因子0.845，得出如下简化计算公式：

$$v_g = \frac{1.2373 (1074 - 7.68p)^{0.25}}{(7.68p)^{0.5}} \tag{7-7}$$

$$q_{sc} = 113.68 \frac{AP(1074 - 7.68p)^{0.25}}{(7.68p)^{0.5}} \times 10^4 \tag{7-8}$$

通过对上述各种模型的对比可以发现，他们的公式形式都非常相似，$v_g = K\sigma^{0.25}$ $(\rho_L - \rho_g)^{0.25}/\rho_g^{0.5}$，仅有的差别是比例系数$K$不同，其原因是他们建立模型的出发点是相同的，都是以液滴力学平衡为出发点，而且假设为雾状流。但是实际产水气井中两相流态是多种多样的，因此这些模型的适用范围是有限的。

3）速度管柱生产动态分析

速度管柱设计的目的是为了找到一个能恢复井筒生产的最优化连续管尺寸和安装深度，以便摩擦压降最小化，生产能力最大化，而且井筒必须持续生产足够长的时间来抵消速度管柱的安装成本[2]。设计速度管柱时需要比较两种曲线：一种是IPR曲线（描述储层的流动特性），另一种是J曲线[2]（描述气体在管柱内的流动特性），以此来考察气井产量及持续生产时间。

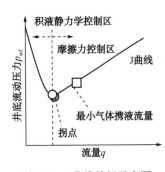

图7-1　J曲线特征示意图

IPR曲线表示井底流压与储层流向井筒的产气量之间的关系，主要与储层性质，尤其是储层压力有关；J曲线表示特定油管尺寸、下入深度及井口条件下井底流压与井筒产气量之间的关系。由于井底积液的存在，导致井底流动压力随流量变化呈上凹形态，如图7-1所示。在较低气井流量条件下，随流量的增加，井底滞液率较小，致使井底流动压力下降；在较高气井流量条件下，随流量增加，滞液率进一步减小，摩擦压降的影响占主导，使得井底流动压力反而升高。

上述两种关系曲线可以通过不同条件下气体渗流理论及井筒多相流理论方法获得。

IPR曲线和J曲线交汇处的流速是井筒内流体实施流动速度。比较交叉点的流速和J曲线上的临界流速，会有3种情况发生：

（1）当交叉点在临界速度（最小携液流量）点右边，井筒内流体会一直流动（图7-2）且不会产生积液。

（2）当交叉点在拐点和临界速度点中间，井筒内流体会流动，但迟早会因井筒积液而停产（图7-3）。

（3）当IPR曲线和J曲线不相交或者交点在拐点左边，在特定的管道尺寸、深度和井口压力下，井底流动压力太低以至于井筒内流体无法正常流动生产（图7-4），此时需要考虑另行设计连续管速度管柱。

当井筒内流体不流动就需要安装速度管柱（图7-5）。

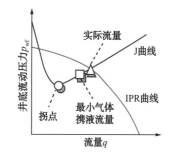

图7-2　正常生产无积液时IPR—J示意图

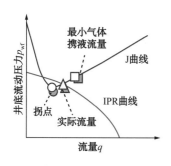

图7-3　即将发生积液时IPR—J示意图

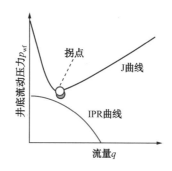

图7-4　无法正常生产时IPR—J示意图

在储层压力持续下降的情况下，速度管柱设计必须能保持井筒的生产时间足够长，这样才能够抵消安装速度管柱的费用。创建一条IPR曲线来预测未来的储层压力，然后将其与速度管柱J曲线进行比较，确保未来储层压力下的实际流速大于临界流速，从图7-6可见，安装速度管柱A和速度管柱B均可以保证井筒的可持续生产，而如果多个设计均符合要求，最佳选择通常是在当前生产（高流动速度）和可持续生产（相对低的井底压力）之间做一个折中。

2.连续管速度管柱设计

连续管速度管柱设计主要包括连续管管径选择、悬挂深度设计、悬挂方式、下入时机、管材成本的考虑等几个方面。

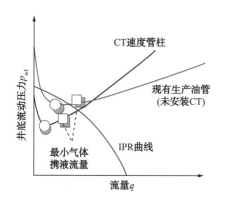

图7-5　安装速度管前后生产动态示意图

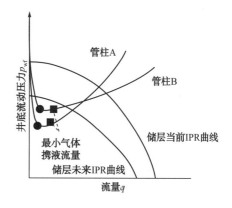

图7-6　速度管生产动态示意图（未来储层条件下）

1）管径选择

连续管管径的选择主要考虑的是摩擦压降最小化、生产能力最大化以及具有足够长的稳产时间，最大程度收回速度管柱投放成本。连续管速度管柱沿程摩阻压降可参考表 7-1 对比气井井底流入动态曲线（IPR 曲线）及井筒流出动态曲线（J 曲线）的方法来考察气井产量及持续生产时间。

表 7-1　连续管速度管柱沿程摩阻压降优选表

井口压力 MPa	临界携液 流量 m³/d	摩阻压降 （3300m） MPa	临界携液 流量 m³/d	摩阻压降 （3300m） MPa	临界携液 流量 m³/d	摩阻压降 （3300m） MPa	临界携液 流量 m³/d	摩阻压降 （3300m） MPa
	ϕ60.3mm（2³/₈in）		ϕ38.1mm（1¹/₂in）		ϕ31.8mm（1¹/₄in）		ϕ25.4mm（1in）	
1	3479	0.139	1908	0.974	1188	1.746	812	4.588
2	4911	0.074	2693	0.608	1677	1.213	1146	3.868
4	6920	0.043	3795	0.328	2363	0.926	1614	2.803
6	8445	0.042	4631	0.229	2883	0.639	1970	2.813
8	9716	0.052	5328	0.189	3317	0.414	2266	2.688
10	10822	0.070	5934	0.177	3694	0.253	2524	2.458

2）悬挂深度设计

速度管柱下入深度设计应符合气井井身结构、油管鞋深度、井下工具规格、深度、油补距、产层井段、排水采气的要求，下入井中的位置过高时可能导致气流流速不足无法携液。按照中国石油天然气集团有限公司速度管柱作业标准 Q/SY 1770.6—2014 的要求，气井有油管时，速度管柱设计下入深度在水力锚以上 5~10m；气井无油管时，速度管柱设计下入深度在产层之上 5~10m。

3）悬挂方式

根据现有井口的结构、速度管柱生产通道的设计、下井工具尺寸以及井筒内现有管柱情况，选择合适的悬挂方式。按照速度管柱悬挂位置可分为井口悬挂和井筒内悬挂（悬挂在安全阀以下），其中，井口悬挂按照悬挂方法又可分为卡瓦式悬挂、心轴式悬挂和萝卜头式悬挂，如图 7-7 所示，几种井口悬挂方式主要特征比较见表 7-2。

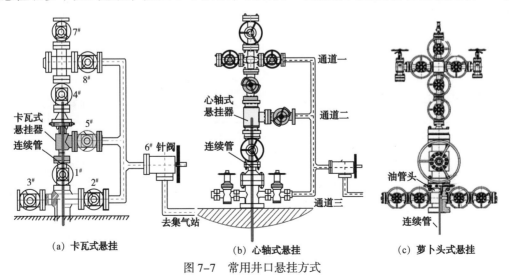

图 7-7　常用井口悬挂方式

表 7-2 井口悬挂方式主要特征比较

项目	卡瓦式悬挂器悬挂	心轴式悬挂	萝卜头悬挂
悬挂位置	井口	井口	原油油管头
生产井内管柱情况	常规油管 / 套管	大尺寸油管 / 套管	套管
适用的原井口	常规	常规 / 大通径	大通径
施工是否改变井口结构	是	是	否
井口有效通道数	2 个或 3 个（CT、油油环空、油套环空）	2 个或 3 个（CT、油油环空、油套环空）	2 个（CT、连续管与套管环空）
施工配套专用装置	卡瓦式悬挂器、操作窗	专用油管头、可退式丢手送入工具串	油管挂、可退式丢手送入工具串
允许下入工具外径情况	与连续管同尺寸	不大于原井口生产主阀内径	不大于原井口生产主阀内径
工艺复杂程度	简单	复杂	复杂

4）下入时机

在一次完井投产后，针对地层能量衰竭较快、产量变化幅度较大及边底水较为活跃的气藏，若以小流速采气，开采时间越长，则地层生产条件越不可逆，即使后期投放速度管柱，气井产能和携液能力都会大打折扣，而且一旦地层积液严重，投放速度管柱前还需进行氮气气举诱喷等措施，增加了生产成本。因此，在气井出现积液迹象，并具有一定产能的条件下（长庆油田苏里格气田试验数据是，日产气量大于 $0.3 \times 10^4 \mathrm{m}^3$ 的气井投放速度管柱后能有效降低油套压差，提高日产气量），可考虑及时下入速度管柱：一方面可以保证正常生产需要；另一方面气井开始产水时，高速气流对产出液有较强的携持能力，可有效减缓气井见水时间。具体设计方法如下：

（1）根据 Turner 临界携液流量公式，计算出一定井口压力下多种管径的临界携液流量和摩阻压降；

（2）根据计算结果，分析某一井口压力下气井开采的经济性角度分析，并应满足：

$$q_1\left(t_1 - t_2\right) S \geqslant M \qquad (7-9)$$

$$t_2 \leqslant t_1 - \frac{MS}{q_1} \qquad (7-10)$$

式中　t_1——产量降为临界携液流量时对应的已生产时间，d；

　　　t_1——下入速度管柱时已生产时间，d；

　　　q_1——平均单井增产气量，$10^4 \mathrm{m}^3/\mathrm{d}$；

　　　S——天然气价格，元 /m^3；

　　　M——单井作业成本，元 / 井。

采用专业软件（如 Eclipse）模拟出气田某区块直井产量递减率曲线，如图 7-8 所示。根据模拟曲线可得出 t_2 时刻对应的日产气量为 q_2。选择日产气量高于 q_2 时安装速度管柱，从而保证气井采用速度管柱生产后能收回成本。

3.连续管选型

连续管作为速度管柱和完井管柱材质选择均应符合气井井深、压力、温度、流体性质、出砂情况、机械性能、防腐的要求。

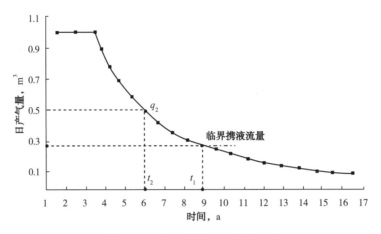

图 7-8　气井产量递减率模拟曲线

连续管管径一定下，通过下述连续管极限下深校核方法，初选出适用的连续管管材钢级及壁厚。不考虑摩擦力和浮力影响，速度管柱理论极限下入深度计算公式为 [3, 4]：

$$\sigma_{max} = \frac{W}{A} = \frac{4ql}{(r_o^2 - r_i^2)\pi} \leqslant \frac{[\sigma]}{\lambda} \qquad (7-11)$$

$$l \leqslant (r_o^2 - r_i^2)\pi [\sigma] / (4q\lambda) \qquad (7-12)$$

式中　σ_{max}——速度管柱所能承受的最大许用应力，Pa；

$[\sigma]$——某钢级的管材对应的抗拉强度，Pa；

W——速度管柱重力，N；

A——速度管柱横截面积，m^2；

λ——安全系数，新管取 1.5，旧管取 1.5~3.3；

q——油管单位长度重力，N/m；

r_i, r_o——分别为速度管柱内径和外径，m；

l——速度管柱下入深度，m。

初选出满足下深要求的连续管后，依据井内压力和温度情况，通过查阅标准 API Spec 5ST《连续管规范》，进一步筛选适应井内压力（抗内外压能力）的相应钢级的管材和壁厚。考虑到连续管速度管柱或生产管柱生产过程中，管内大的过流摩阻，高、中液体压力或气体内压的共同作用将会引起挠性管蠕变，以及地层存在出砂冲蚀管壁的可能，从而对 CT 寿命有一定影响，因此，管柱设计时应当优选材料屈服强度较高的连续管 [2]。但是，在满足气井下深和抗压的情况下，从降低管材成本角度考虑，推荐选用中等钢级和壁厚的管材。

长庆连续管速度管柱采气示范区，2009 年开始探索使用钢级 QT90（新管）连续管作为速度管柱，由于单井管材成本较高难以推广，后经科学论证和先导试验后，最终确定规模推广钢级 CT70 连续管（等径管，壁厚 3.18mm）新管作为速度管柱，并应用至今无意外断裂等不良事故报告。

连续管生产完井管柱国内应用以 2in 连续管为主，主要分布在焦石坝和威远页岩气井，以及临汾煤层气，管材以 CT80 新管（等径管，壁厚 4.44mm）以及具有高剩余疲劳寿命 CT90 旧管（变径管，壁厚 3.40~4.44mm）为主。

连续管作为速度管柱和完井管柱在井下流体介质中还应考虑防腐的要求：常规无腐蚀或微量腐蚀性介质的气井中，推荐使用碳素钢连续管，耐腐蚀能力不低于井口的材质级别，如长庆油田苏里格气田速度管柱井口材质为 EE 级（H_2S 分压 $\leq$ 3.5kPa，CO_2 分压：49~210kPa），投放的连续管速度管柱为 CT70 钢级材质；对于有腐蚀性介质的气井，13Cr 或奥氏体不锈钢 QT-16Cr 或 HS-80CRA[5] 的连续管具有良好的抗 CO_2 腐蚀性能，2205 双相不锈钢（适用 H_2S 分压 $\leq$ 10.5kPa，对 Cl 含量和 pH 值无限制，高温 $\leq$ 232℃，强度 420~455MPa）连续管具有很好的抗 CO_2 和 H_2S 腐蚀能力。

三、连续管服役后评价

连续管作为速度管柱或完井管柱投放后，悬挂深度达数千米以上，其受力状况复杂，再加上高矿化度地层水和油气中腐蚀性介质的作用，管柱在井下服役过程中可能发生坑蚀、穿孔、裂缝、变形及腐蚀减薄等损伤，导致气井不能正常生产，甚至停产，从而造成经济损失，所以有必要对井下服役一定时间后的连续管使用后的情况进行评价。

连续管起出评价的目的包括两个方面：一方面是通过对典型井况条件下，一定服役期限的连续管的评价，及时掌握服役后的连续管的可靠性，并发现同区块已投放的连续管速度管柱或完井管柱在选用上的不足，排查隐患，并为后续管柱更好推广和应用，或调整提供决策依据；另一方面是通过合理的评价，为起出后的连续管的再次重复利用提供基础和依据。

"十二五"期间，中国石油宝鸡石油钢管有限责任公司和长庆油田均对新连续管作为速度管柱一定下井期限后的管体情况展开过相关评价和研究工作[6, 7]，国内未见针对旧管作为速度管柱或完井管柱，起出后进行评价的公开报道。本书将重点介绍新连续管作为速度管柱或完井管柱下井起出后的评价技术与案例。

新的连续管作为速度管柱或完井管柱因弯曲产生的疲劳损耗非常小，起出后的连续管评价可忽略疲劳损耗的影响，评价指标主要参照新管标准 SY/T 6698—2007《油气井用连续管作业推荐做法》，评价检测的项目主要包括：外径和壁厚测量、金相和显微硬度试验、拉伸试验、扩口和压扁试验、静水压试验、低周疲劳试验等。

以苏里格区块 4 口井服役 3 年后起出的连续管速度管柱评价为例进行介绍说明。评价研究的连续管规格为 ϕ 38.1 mm × 3.18 mm，钢级为 CT70，管柱全长为 2800~3200m，分别截取井口位置及井底位置管柱，对速度管柱样管进行实验室性能分析。

1）外观

整体外观。4 口井的起管作业过程中，从井内起出的连续管，外壁光滑，无明显腐蚀产物，表面颜色普遍发白，如图 7-9 所示。

图 7-9　现场起出的连续管外观

施工结束后，将连续管露天放置，经过雨水之后，连续管外表面普遍逐渐生锈，如图7-10所示。表面生锈可能会影响其再次下井使用，如果需再次利用其下井生产，建议起出连续管后对其做必要的养护、内外防锈处理。

局部外观。井口和井底处管柱样管内、外表面腐蚀形貌如图7-11所示。井口样管表面虽有锈迹，但锈层较浅，属于管体表面一层浮锈，管体外壁光滑，无明显腐蚀产物、无划伤、凹坑、点蚀现象；剖开井口样管观察管体内壁，内壁光滑，无明显腐蚀产物，管体焊缝处腐蚀状况与管体无明显差异，焊缝处无沟腐蚀及选择性腐蚀。

图7-10　起出后露天放置后的连续管

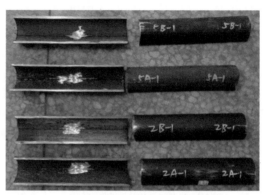

图7-11　井底和井口连续管内外表面外貌（A为井口、B为井底）

井底样管内、外表面腐蚀的情况较井口管样严重；管壁外表面有一层腐蚀产物覆盖，腐蚀较轻微，无点蚀现象，属于均匀腐蚀，管壁无划伤、凹坑现象；剖开观察管体内壁，有锈迹和均匀的一层水垢生成，如图7-12所示，锈迹较管体外壁腐蚀更轻微，为均匀腐蚀，管体焊缝处腐蚀状况与管体无明显差异，焊缝处无沟腐蚀及选择性腐蚀。

2）连续管外径及壁厚测量

（1）按照井号每口井选取2根长500mm的试件（井口和井底各1根）进行编号，编号规则为："井号"–"井口（A）/井底（B）"–"件号"–管口位置（1~2），测量的试件如图7-13所示。

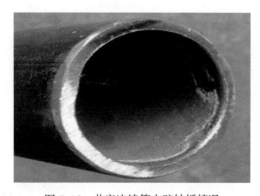

图7-12　井底连续管内壁结垢情况

图7-13　尺寸测量试件

（2）使用千分尺在每一根连续管在两端各测2次直径值，每次测量时旋转90°进行测量，共4次，测量的直径数据见表7-3。由直径测量结果可知，连续管椭圆度均在5%以内，符合标准要求。

表7-3　连续管试件直径测量记录表

井号对应的编号		管段位置	直径，mm			
			位置1		位置2	
1	苏6-15-9	A-1	37.87	38.28	38.24	37.91
		B-1	37.46	38.42	38.34	38.12
2	苏东41-56	A-1	38.18	37.87	37.88	38.22
		B-1	37.69	38.17	38.01	37.66
3	苏东49-66	A-1	38.33	37.76	37.84	38.08
		B-1	37.76	38.29	37.78	37.99
4	苏6-7-24	A-1	38.17	38.37	38.27	38.40
		B-1	37.76	38.39	37.83	38.48
标准要求		38.1mm±0.25mm，直径公差范围37.85~38.35mm，椭圆度≤5%				

（3）使用游标卡尺在每根连续管的两端各选取6个沿轴向均布的位置测量连续管壁厚，壁厚测量位置如图7-14所示，测量得到的数据见表7-4。

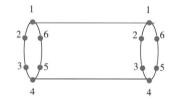

图7-14　连续管壁厚测量位置示意图

表7-4　连续管试件壁厚测量记录表

井号对应的编号		管段位置	壁厚，mm					
			测点1	测点2	测点3	测点4	测点5	测点6
1	苏6-15-9	A-1-1	3.30	3.30	3.24	3.26	3.30	3.24
		A-1-2	3.28	3.26	3.24	3.24	3.30	3.30
		B-1-1	3.42	3.32	3.34	3.40	3.30	3.34
		B-1-2	3.34	3.34	3.32	3.36	3.40	3.42
2	苏东41-56	A-1-1	3.32	3.38	3.28	3.32	3.34	3.32
		A-1-2	3.32	3.32	3.28	3.28	3.32	3.32
		B-1-1	3.32	3.26	3.28	3.24	3.32	3.32
		B-1-2	3.28	3.28	3.28	3.32	3.28	3.32
3	苏东49-66	A-1-1	3.24	3.24	3.28	3.28	3.28	3.28
		A-1-2	3.26	3.26	3.32	3.32	3.30	3.26
		B-1-1	3.24	3.26	3.24	3.28	3.28	3.28
		B-1-2	3.32	3.32	3.26	3.26	3.24	3.22

续表

井号对应的编号		管段位置	壁厚，mm					
			测点 1	测点 2	测点 3	测点 4	测点 5	测点 6
4	苏 6-7-24	A-1-1	3.44	3.32	3.32	3.28	3.28	3.28
		A-1-2	3.30	3.32	3.32	3.34	3.32	3.30
		B-1-1	3.34	3.32	3.32	3.32	3.32	3.32
		B-1-2	3.34	3.32	3.32	3.32	3.30	3.30
标准要求			规定壁厚为 3.18 mm，壁厚尺寸范围 2.98~3.48 mm					

由测量结果可以看出，管体实际壁厚均大于管体规定壁厚且满足 API Spec 5ST 标准要求。

3）硬度测量

对连续管进行切片，在靠近试件轴向中间位置，管体内表里面焊缝附近（热影响区）及连续管母体上分别进行硬度试验，如图 7-15 所示，每片连续管沿轴向打 3 个点的硬度，测量硬度试件如图 7-16 所示，试验数据见表 7-5。由试验结果可以看出，所检测的井底和井口连续管试验硬度均在标准要求的范围内。

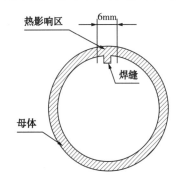

图 7-15　硬度试验区域

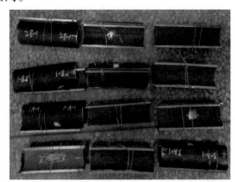

图 7-16　连续管硬度试验试件

表 7-5　硬度计测试硬度数据

井号对应的编号		管段位置	硬度，HRC	
			热影响区	母体
1	苏 6-15-9	A-1	22/17/17	18/16/19
		B-1	21/18/22	20/20/20
2	苏东 41-56	A-1	11/12/15	16/16/14
		B-1	10/10/20	17/17/15
3	苏东 49-66	A-1	13/16/19	8/12/11
		B-1	12/18/19	16/17/18
4	苏 6-7-24	A-1	12/12/16	11/12/9
		B-1	14/10/15	18/12/15
标准要求			API Spec 5ST 要求，洛氏硬度 ≤ 22	

4）拉伸试验

以连续管试件中心位置为参考，两边量取总长 100mm 的长度作为标距并做上标记。启动拉压试验机直至连续管被拉断，并立即停止拉压试验机运动，并记录该过程中的屈服载荷、抗拉载荷，拉断连续管断口对合后测量拉断后试件标距长度，计算伸长率，试验数据见表 7-6，试验后的试件如图 7-17 所示。由试验结果可以看出，服役 3 年的连续管全截面试样屈服和抗拉强度仍满足 API Spec 5ST 标准要求；试验的样管延伸率基本满足 API Spec 5ST 延伸率要求。

图 7-17　拉伸试验后的试件

表 7-6　连续管拉伸试验结果

井号对应的编号		管段位置	屈服强度，kN		抗拉强度，kN		伸长率，%		
			单值	均值	单值	均值	断后标距长度 mm	单值	均值
1	苏 6-15-9	A-1	194	202.5	248	252	121	21	21
		B-1	211		256		121	21	
2	苏东 41-56	A-1	176	181.5	225	222.5	120	20	21
		B-1	187		220		122	22	
3	苏东 49-66	A-1	185	198	228	242	122	22	22.5
		B-1	211		256		123	23	
4	苏 6-7-24	A-1	173	181.5	215	218.5	123	23	22.5
		B-1	190		222		122	22	
标准要求			≥ 169		≥ 193		≥ 21.5		

第二节　连续管卡瓦式悬挂

"十一五"中期，针对长庆油田苏里格气田低产积液气井排水采气问题，长庆油气工艺研究院联合江汉机械研究所联合开展了连续管速度管柱排水采气技术专项研究，自主研究开发了速度管柱关键工艺及卡瓦式悬挂等关键装置和工具，解决了直接引进国外技术和工具成本高昂，不利于规模推广应用的问题。"十二五"期间，依托中国石油天然气集团有限公司连续管作业技术专项推广（一期）项目，连续管速度管柱卡瓦式悬挂技术和配套装置已完全实现国产化并升级，速度管柱技术得到规模化推广和低成本运行，形成了致密气田速度管柱排水采气技术并工业化应用，建成国内首个连续管速度管柱示范区。

一、作业装置与工具

卡瓦式悬挂器悬挂技术关键配套作业装置与工具主要包括卡瓦式悬挂器、操作窗、管端堵塞器等。其中，悬挂器作业完毕后将永久留置于井口处悬持连续管；操作窗用于速度管柱施工过程中临时安装于井口，辅助投放卡瓦等操作，施工结束后拆除，可重复使用；堵塞器下井前安装于速度管柱端部，用于临时封堵连续管内通道，防止气流上返，施工结束后堵塞器被泵出，连续管与井筒连通生产。

1.卡瓦式悬挂器

1）悬挂器结构

卡瓦式悬挂装置结构如图7-18所示。其主要由盖板法兰、测试接头、三通、顶丝、主密封、主悬挂、副悬挂、副密封等构成。

主悬挂包含两瓣式卡瓦，后期在操作窗的配合下，投放到主悬挂的卡瓦座上，实现连续管的悬挂；主密封采用压缩式胶筒结构，并通过顶丝进给控制，实现连续管外环空通道的密封。副悬挂和副密封在主悬挂和主密封操作结束后安装，其中副悬挂采用以主悬挂为支撑点的方式，使得主、副悬挂具有动作的联动性，副密封在具有二次密封作用的同时，对连续管管端起到扶正导引的作用。测试接头用于对盖板法兰与三通的连接处法兰按照井口标准试压级别要求进行安全有效试压，保证了井口连接法兰的密封性和安全性。

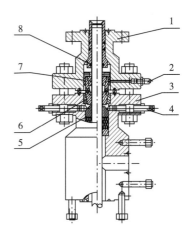

图7-18 卡瓦式悬挂器结构示意图

1—盖板法兰；2—测试接头；3—三通；
4—顶丝；5—主密封；6—主悬挂；
7—副悬挂；8—副密封；

2）装置特点

该卡瓦式悬挂器具有双重悬挂和密封结构。双重悬挂中的主悬挂卡瓦座与三通本体分体式设计，便于加工和更换，具有双重悬挂和密封结构的井口卡瓦式连续管悬挂器，确保连续管悬挂后不受长期生产过程中的振动影响，可靠悬持连续管不滑脱，长期有效密封隔离生产通道，并兼顾悬挂器与采气树连接法兰能够按照井口标准试压要求进行安全有效试压。

3）技术参数

卡瓦式悬挂器技术指标见表7-7。

表7-7 卡瓦式悬挂器技术参数表

参数指标	参数	参数指标	参数
垂直通径，mm	65，78，103	气密封试验压力，MPa	35
适用连续管规格，in	1.25，1.5，1.75，2，2.375	额定悬挂载荷，tf	12，18，20，28，32
额定工作压力，MPa	35	产品等级	API 6A EE-PSL3G-PR I
强度试验压力，MPa	52.5	工作温度等级	L级（-46~+82℃）

2. 操作窗

操作窗用于速度管柱投放过程中，为投放悬挂卡瓦、观察管柱滑移等操作提供可关闭的临时窗口，一般情况下，单井次作业需开启和关闭操作窗 2 次。目前，市场上已经推出了机械式和液控式两种形式的操作窗，目前速度管柱下管作业最常用的还是机械式操作窗。

其中，机械式操作窗由大螺栓、上法兰、下法兰、连接套、活塞套等零部件组成，如图 7-19 所示。4 个大螺栓用于固定上、下法兰，并支撑其上其他井口作业装置的重量；连接套外表面设计有与活塞套旋合的螺纹，通过旋转活塞套控制活塞套上下移动，即窗口启闭。

机械式操作窗结构简单，加工制造成本低，但由于控制活塞套启闭的旋合螺纹外露，容易造成螺纹沾染灰层，旋转操作扭矩大，人员劳动强度高，而且窗口启闭速度慢，启闭一次窗口约需要 20min，降低了整体施工效率。

机械式和液控式操作窗技术参数见表 7-8。

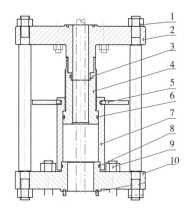

图 7-19 机械式操作窗结构示意图

1—大螺栓；2—上法兰；3—小 O 形密封圈；
4—连接套；5—手柄；6—O 形密封圈；7—活塞套；
8—大 O 形密封圈；9—小螺栓；10—下法兰

表 7-8 机械式和液控式操作窗技术参数表

参数指标	参数	参数指标	参数
垂直通径，mm	65，78	气密封试验压力，MPa	35
适用连续管规格，in	1.25，1.5，1.75，2，2.375	窗口开启高度，mm	150
额定工作压力，MPa	35	产品等级	API 6A EE-PSL3G-PR I
强度试验压力，MPa	52.5	工作温度等级	L 级（-46~+82℃）

3. 堵塞器

堵塞器结构，与卡瓦式悬挂器配套使用的堵塞器从技术研发之初，到目前大面积推广，经历了多次改进和优化，形成了 3 种主要结构的产品：简易堵塞器、坐落堵塞器和回收笼堵塞器（图 7-20），这 3 种结构目前都有不同程度的应用。其中，回收笼堵塞器是现阶段主推和应用效果最好的产品。

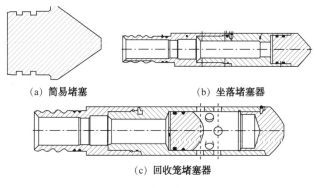

（a）简易堵塞　　　　　　（b）坐落堵塞器

（c）回收笼堵塞器

图 7-20 几种结构的堵塞器

由于卡瓦式悬挂器主密封的胶筒内通径与连续管外径基本一致，所以压球配套使用的堵塞器外径不得大于连续管外径，只能采用内连接方式安装，3 种堵塞器特点及区别见表7-9。

表 7-9　几种堵塞器特点及对比

结构	简易堵塞	坐落堵塞器	回收笼堵塞器
特点及对比	（1）简单，成本低，但可靠性差，泵出后落井； （2）全通径； （3）下管过程易意外脱落	（1）加工配合面密封可靠性高； （2）堵塞器泵出的压差稳定在0.2~0.5MPa； （3）预留坐落筒，起管实现井底封堵，作业安全； （4）内通径一定缩小有节流作用	（1）加工配合面密封可靠、压差稳定； （2）预留坐落筒，起管实现井底封堵； （3）提高通过性，但建议避免回堵； （4）过滤防堵、泵出堵塞器不落井；适用直井、水平井； （5）泵出堵头可配套剪钉控制泵出压差； （6）内通径一定缩小有节流作用

3 种堵塞器技术参数见表7-10。

表 7-10　机械式和液控式操作窗技术参数表

参数指标	参数		
	简易堵塞	坐落堵塞器	回收笼堵塞器
适用连续管规格，in	1.25，1.5，1.75，2，2.375		
最小通径，mm	全通径	比连续管内径小 12mm	
额定工作压力，MPa	≤ 35	35	
材质	铝合金	35CrMo+ 表面防腐	
工作温度，℃	−46~+200		

二、悬挂技术与应用

连续管速度管柱悬挂的主要目的是针对低压、低产的老井气井内投放连续管作为速度管柱排水采气之用，尤其适用于常规油管下部封隔器无法解封，以及油管腐蚀严重容易发生断脱等复杂事故等井况的老井。连续管完井是直接带压悬挂连续管作为生产管柱，可避免压井伤害地层，维持气井正常生产，提高单井产量、降低开发成本，提高储量动用程度。

1. 作业工艺

卡瓦式悬挂器悬挂连续管，具体步骤（图7-21）为：

（1）使用钢丝作业车对油管内进行通井作业，通井深度为连续管设计下深以下5~10m。

（2）关闭井口 1# 主阀，拆除井口 1# 闸阀之上采气树，并在其上依次安装悬挂器（一般为三通结构）、操作窗、防喷器和注入头等井口作业装置或设备。

（3）连续管自由管端安装堵塞器，带压下入连续管至设计深度，然后操作悬挂器顶丝压缩胶筒密封连续管的外环空，放空卸掉悬挂器以上装置内的压力。

（4）打开操作窗投放悬挂器主悬挂卡瓦，将连续管悬挂在井口悬挂器上，要求缓慢下放连续管至悬重降到零。

（5）启动防喷器剪切闸板剪断连续管，移除悬挂器以上井口，在悬挂器之上 380~400mm（不高于 4# 阀闸板）的位置用割管器割断连续管，拆除操作窗，恢复原有井口采气树并焊接采气流程。

（6）利用气井自身油套压差或使用氮气车向连续管内泵注氮气，泵出连续管管端的堵塞器，速度管柱连通生产。井内积液较深时，堵塞器被泵出后，连续管内继续泵注氮气进行定点气举，直至将井举通。

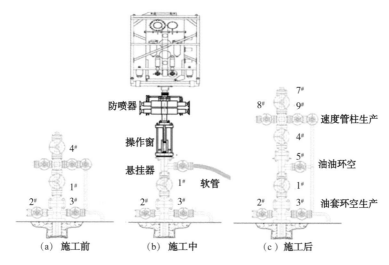

图 7-21　速度管柱油管内悬挂工艺过程示意图

2. 技术特点

该工艺主要特点有：（1）整体工艺流程操作简单，施工效率高；（2）采气树具有三个生产通道，便于生产调配；（3）井口需额外配套专用悬挂器和两个闸板阀，硬件投入成本相对较高；（4）速度管柱悬挂后 1# 主阀为常开状态，存在一定程度的浪费；（5）施工后井口高度增加不利于人员井口操作，且需重新焊接采气流程，在一定程度上增加了作业成本。

此外，油管内投放连续管速度管柱可通过倒流程的方式，利用气井自身压力泵出堵塞器，即生产流程焊接完毕后，将套管压力引入连续管内后憋压，打开连续管与油管环空生产降压，一段时间后堵塞器自然脱落。通过这种方法，可节省打堵塞器费用[5]，降低了作业成本和风险，缩短了开井时间。

3. 应用情况

2009—2015 年，卡瓦式悬挂器油管内悬挂连续管技术在长庆油田、新疆油田、青海油田、吉林油田等均有不同井次的应用，工艺成功率 100%。其中，以长庆油田应用最多，截至 2015 年底，长庆油田苏里格气田使用该技术应用达 300 余井次，均采用 CT70 的新连续管作为速度管柱，施工配套的堵塞器工具经过改进后，通过倒流程方式依靠气井自身压力泵出几率明显提高。

2014 年，由江汉机械研究所提供施工方案以及配套装置和工具，在礁石坝页岩气井开展了 3 口井的连续管完井先导试验并取得成功，完井管柱采用的是 2in 变壁厚连续管旧管。继礁石坝页岩气井投放连续管完井管柱试验成功后，临汾部分煤层气井和威远部分页岩气井由于气井出水量较大，也先后各开展了 2in 连续管完井管柱作业，并取得较好的生产效果。

第三节　连续管心轴式悬挂

苏里格南区块是长庆油田与道达尔公司合作区块，该区块气井主要采用 $3^1/_2$in 生产套管完井生产。气井生产后期见水后，采用心轴式悬挂器悬挂小直径连续管速度管柱排水采气生产效果显著，截至 2015 年底，该区块已实施小直径连续管速度管柱排水采气作业 200 井次以上 [8]，技术较为成熟。

川庆钻探工程有限公司长庆井下技术作业公司作为道达尔公司速度管柱业务总承包商，为有效实施气井丛式井组速度管柱示范工艺，成立了苏南速度管柱作业示范队伍，开展了连续管作业队伍的专业化建设与配套，并在作业模式方面进行了优化：一是在速度管投放作业之前，由钢丝作业实现井丛的通井作业；二是投放作业中，通过专用塔架实现丛式井组的井间平移，省去拆卸和安装时间；三是依靠基地橇装倒管装置，实现倒管与投放分开，使得连续管设备专门进行投放作业。

一、作业装置与工具

连续管心轴式悬挂技术关键作业装置与工具包括心轴式悬挂装置、液压升降塔架、防喷管快速试压短节、复合式闸板防喷器等。

1. 心轴式悬挂装置

心轴式悬挂装置结构如图 7-22 所示。其主要由悬挂井口本体、萝卜头、顶丝等构成。

2. 液压升降塔架

针对苏南区块连续管速度管柱施工，设计研发了一套液压举升塔架。该塔架针对苏南区块速度管柱场地狭小、丛式井等特点进行设计制造。塔架可以支撑注入头上下移动 1.5m 和围绕中轴进行 15°旋转，并能沿着注入头下平面做左右前后各 20cm 的平移，设计很好地解决了现有工作平台的自由度不够、吊车吊装注入头不稳定、不能整体吊装、人员高空作业安全风险高的缺点。特别是在气井丛式井场进行速度管柱作业具有支撑可靠、拆装简单、作业高效等优点。

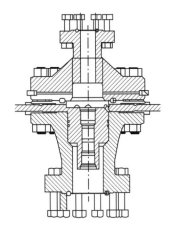

图 7-22　心轴式悬挂装置示意图

　3. 复合式闸板防喷器

　复合式闸板防喷器结构示意图如图 7-23 所示。采用复合式闸板防喷器，第一组闸板是全封与剪切组合式闸板，第二组和第三组闸板同为卡瓦与半封复合式闸板。使用两组卡瓦半封复合闸板的好处在于更加安全的保障了油管环空的密封性与闸板对油管的夹持力，减少了割开油管后安装拆卸简易卡瓦的工序，可缩短施工用时 60~80min。

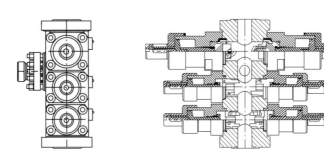

图 7-23　复合式闸板防喷器

二、作业工艺技术与应用

　1. 作业工艺

　心轴式悬挂是通过连续管上端回接连接器与萝卜头，悬挂于井口 1# 之上的位置，具体工艺为：

　（1）用钢丝下放滑套式套管堵塞器。

　（2）拆除原井口 1# 闸阀之上采气树，依次安装心轴悬挂器、大通径防喷器、操作窗和注入头。

　（3）自由管端安装堵塞器的连续管下管至设计深度后，复合式闸板防喷器启动半封和悬挂功能。

　（4）复合式闸板防喷器之上人工割断连续管，利用井口塔架将注入头等设备举升一定高度。

　（5）连续管端部高强度连接器、萝卜头和回接短节。

　（6）利用注入头，将投放送进工具和回接短节对接，释放防喷器的悬挂功能，下放萝卜头坐封于心轴悬挂器上。释放送进工具，关闭心轴悬挂器之上的阀门，安装采气树。

　（7）由液氮泵车对连续管内部进行打压，打掉连续管内堵塞器和套管内堵塞器，速度管柱连通生产。

　2. 技术特点

　该工艺主要特点有：（1）施工过程带压作业，套管和连续管双重堵塞器，井控更安全；（2）采用萝卜头悬挂管重，下井工具外径不受心轴式悬挂装置内通径限制，允许下入外径尺寸不大于井口通径的堵塞器工具，从而减小工具节流作用；（3）作业过程中需要井口作业塔架辅助作业，作业更安全，但塔架的制造和使用成本也较高；（4）施工过程需拆卸现有采气树，增加劳动强度；（5）井口需额外配套专用油管挂和闸板阀等硬件，重新连接采气流程都增加了作业成本，同时，井口高度增加不利于人员井口操作；（6）施工完毕后1#主阀也必须为常开状态，存在一定程度的浪费。

第四节　连续管萝卜头式悬挂

目前，国内页岩气井体积压裂作业完成后，多数采用套管直接生产，由于部分气井后期产水量大，且出于井筒安全性考虑，需二次完井后生产。常规带压下油管作业费高昂，压井作业可能会对储层造成不可逆伤害，而带压下入连续管作为完井管柱（或速度管柱），无论从管材和作业成本控制，还是风险掌控方面都具有很好的优势，可谓最佳选择。

国内页岩气套管生产井典型生产井口自下而上一般为：套管头+KQ65-105特殊四通（油管头，最大通径130mm）+130-105压裂主阀+KQ65-105盖板法兰+KQ65-105闸板阀+KQ65-70闸板阀+KQ65-70小四通+KQ65-70闸板阀等。基于井口压力下降，以及降低开发和生产成本的考虑，油田方希望能够在投放连续管完井管柱作业的同时，将井口130-105压裂主阀（成本10万元/套左右）替换为成本较低的65-70生产主阀。同时，通过更换井口主阀，降低现有井口高度，利于井口常规化和标准化，连续管卡瓦式悬挂和心轴式悬挂技术很难满足以上要求。

基于以上生产需求，由江汉机械研究所牵头，联合川庆钻探工程有限公司井下作业公司开展了萝卜头式悬挂技术研究，研发了一套低风险且切实可行的施工工艺，研制了可捞式萝卜头、回压阀式井底堵塞器等一批专用配套工具，成功地解决了采用"萝卜头"悬挂大尺寸连续管生产完井管柱的难题，为诸如页岩气井等高压高产井的安全平稳生产提供了有力的技术支撑。

一、作业装置与工具

连续管萝卜头式悬挂技术关键配套作业装置与工具主要包括液压剪切闸板装置、可捞式萝卜头（油管挂）、卡瓦式重载连接器、GS打捞送入工具串、回压阀式井底堵塞器工具等。其中，单作用液压剪切闸板临时安装于井口辅助剪管操作；可捞式萝卜头和卡瓦式重载连接器作业完毕后将永久留置于井口处悬持连续管；大通径井底堵塞器随连续管下入井内，施工结束后内置堵头被泵出，连续管与井筒连通生产；GS打捞送入工具串完成送入工具后丢手取出重复使用。

1.液压剪切闸板装置

1）剪切闸板装置结构

剪切闸板装置结构如图7-24所示。其主要由液缸、剪切闸板、上下连接法兰或活接头等构成。剪切闸板采用连续管作业机液压源作为动力源，一般处于常开状态，需要剪切操作时，向液压缸内供油推动剪切闸板活塞带动闸板抱紧连续管并将其剪断。反向液缸内泵注液压油，剪切闸板打开回复全通径状态。

2）装置特点

液压剪切闸板装置采用连续管四闸板防喷器结构中的剪切闸板并独立使用，控制方式和压力与连续管四闸板防喷器相同，为满足大尺寸完井工具的通过，液压剪切闸板装置要求具有较大的内通径。通过使用液压剪切装置，实现施工过程中剪管操作在密闭的井口内进行，避免人工割管带来的高空作业和连续管割断后弹性伤人的风险，降低人员劳动强度，提高作业效率。

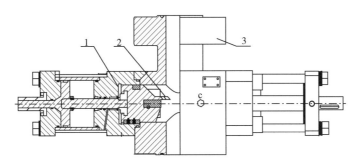

图 7-24 剪切闸板装置结构示意图

1—液缸；2—剪切闸板；3—本体

3）技术参数

液压剪切闸板装置技术参数见表 7-11。

表 7-11 机械式和液控式操作窗技术参数表

参数指标	参数	参数指标	参数
主通径，mm	103	关闭 / 开启油量，L	1.8/1.7
适用连续管规格，in	1.25，1.5，1.75，2，2.375	产品等级	API 6A EE-PSL3G-PR Ⅰ
额定工作压力，MPa	70	金属材料温度等级	T75（-59~+121℃）
剪切压力	作业机系统压力（20MPa）	非金属材料温度等级	BA（-18~+82℃）

2. 可捞式萝卜头

1）可捞式萝卜头结构

可捞式萝卜头结构如图 7-25 所示。其主要由标准打捞颈、心轴、卡簧、压紧块、压缩胶筒、锥形密封垫圈、垫环、锁紧螺母等构成，与原井口油管头配套使用密封井口环空，其作用是将连续管悬挂到井口油管头内。可捞式萝卜头上部设计有标准的 GS 打捞颈结构，可供 GS 打捞送入工具抓取；下部设计为标准石油井下工具螺纹类型，用于与连续管连接；可捞式萝卜坐入井口油管头内时，垫环在油管头内部台阶处限位并承受连续管管重，并依靠连续管自重压缩锥形密封垫圈径向膨胀，实现第一道密封，操作油管头顶丝压缩可捞式萝卜头的压紧块上锥面，带动压缩胶筒膨胀实现第二道密封，可捞式萝卜头上部外表面还设计有 O 形圈，实现第二重密封。

2）装置特点

可捞式萝卜头在参考原井油管挂的尺寸和结构基础上，增加了标准打捞颈结构，方便 GS 打捞送入工具串与可捞式萝卜头方便、快速对接和丢手，简化了施工操作；可捞式萝卜头设置三重密封，可有效密封可捞式萝卜头与井口环空；可捞式萝卜头下接头为 2.375inPAC 螺纹，上扣方便，还可保证足够大的过流截面和连接强度。

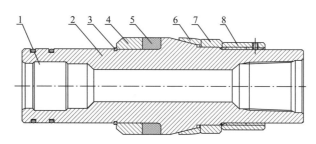

图 7-25　可捞式萝卜头结构示意图

1—标准打捞颈；2—心轴；3—卡簧；4—压紧块；5—压缩胶筒；

6—锥形密封垫圈；7—垫环；8—锁紧螺母

3）技术参数

液压剪切闸板装置技术参数见表 7-12。

表 7-12　机械式和液控式操作窗技术参数表

参数指标	参数	参数指标	参数
最大外径，mm	125	额定工作压力，MPa	105
最小内径，mm	42	打捞颈规格，in	3
适用连续管规格，in	2，2.375	产品标准	API 6A

3. 卡瓦式重载连接器

1）卡瓦式重载连接器结构

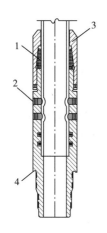

图 7-26　卡瓦式重载连接器结构示意图

1—卡瓦；2—紧定螺钉；3—上接头；4—下接头

卡瓦式重载连接器结构如图 7-26 所示。其主要由卡瓦、紧定螺钉、上接头和下接头等构成。卡瓦式重载连接器用于连续管与连续管工具之间的连接，其原理是利用楔紧油管的带锯齿的卡瓦做"楔作用"，然后增加拉力，使其越抓越紧，提供较大的拉力。具有尺寸紧凑、结构简单、抗拉强度大等特点；可保持连续管内通径；卡瓦可更换；连接器的下端有 PAC 或 AMMT 螺纹，便于与连续管工具串连接。此外，紧定螺钉上紧后，具有承受扭矩的作用，防止连续管松动。

2）装置特点

卡瓦式重载连接器结构和安装简单，可以使连续管保持较大内通径，减小工具内的节流作用，并允许较大尺寸的钢球通过，以便需要时激活井下工具。此外，由于卡瓦的楔紧作用，工具与连续管的连接强度高，可承受较大抗拉载荷和一定扭矩。

3）技术参数

卡瓦式重载连接器技术参数见表7-13。

表7-13　卡瓦式重载连接器技术参数表

参数指标	参数	参数指标	参数
适用连续管规格，in	2, 2.375	额定工作压力，MPa	70
最大外径，mm	73	抗拉载荷，kN	467
最小内径，mm	38	连接螺纹	2.375inPAC
总长，mm	305		

4.GS打捞送入工具串

1）GS打捞送入工具串结构

GS打捞送入工具串结构如图7-27所示。其主要由活套式扶正器、连续管连接器、GS打捞矛等构成，用于将可捞式萝卜头送入井口油管头内。活套式扶正器安装在连续管连接器和GS打捞矛本体外面，用于扶正连续管，便于GS打捞矛顺利找到鱼顶；连续管连接器用于将连续管与打捞送入工具串连接起来，具有承受大拉载的能力；GS打捞矛为液压作用可退式打捞工具，自动抓取具有配套打捞颈的落鱼，工具内部打压时，打捞矛与落鱼分离丢手。

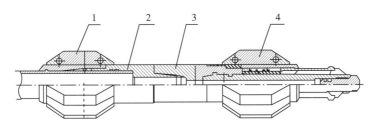

图7-27　GS打捞送入工具串结构示意图

1，4—活套式扶正器；2—连续管连接器；3—GS打捞矛

2）工具串特点

GS打捞送入工具串利用了可捞式萝卜头带有标准打捞颈的结构特点，将工具的对接和送入转换为常规打捞作业操作方式，简化了施工操作和必要硬件配套，降低了作业难度，提高了施工效率和安全性。配套的活套式扶正器结构简单，加工成本低，可直接安装于其他工具外部，缩短了工具串长度，有利于降低作业井口高度。GS打捞矛在不可视环境下，可直接插入便可抓取落鱼，落鱼抓取操作简单可靠，工具本身并可承受较大拉载。

3）技术参数

GS打捞送入工具技术参数见表7-14。

表 7-14　GS 打捞送入工具技术参数表

参数指标	参数	参数指标	参数
适用连续管规格，in	2，2.375	工具串总长，mm	740
工具串最大外径，mm	103	抗拉载荷，kN	356
工具串额定工作压力，MPa	70	打捞矛丢手压差，MPa	2.5

二、作业工艺技术与应用

连续管萝卜头式悬挂与心轴式悬挂在工艺上相似性很高，但是萝卜头式悬挂较心轴式悬挂在施工流程和装置配套上进行了简化和改进，特别是省去了成本高昂的液压升降塔架，而不降低施工的安全和高效性。

连续管萝卜头式悬挂技术主要适用于具有大生产主阀的井口及套管生产井筒的井，其技术核心是带压将连续管悬挂于原井口油管头处，取代常规油管完井。

1. 作业工艺

连续管萝卜头式悬挂具体工艺步骤（图 7-28）为：

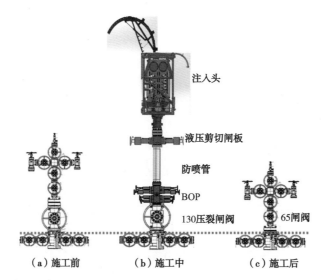

（a）施工前　　　　（b）施工中　　　　（c）施工后

图 7-28　连续管萝卜头式悬挂工艺过程示意图

（1）钢丝通井。使用钢丝作业车对油管内进行通井作业，通井深度为连续管设计下深以下 5~10m。

（2）井口安装。关闭井口 1# 主阀（压裂主阀），拆除 1# 主阀之上采气树，并在其上依次安装通径 130mm 四闸板大通径防喷器、液压剪切闸板装置。

（3）安装下井工具。连续管穿过注入头和防喷盒，并在连续管自由管端安装回压阀式井底堵塞器。

（4）带压下入。对接井口，井口试压合格后，打开 1# 主阀，带压下入连续管至设计深度后停止下管。

（5）临时悬挂。依次启动四闸板防喷器的半封闸板和悬挂闸板，将连续管临时悬挂于井口并密封。

（6）剪断。启动液压剪切闸板装置剪断连续管，拆除四闸板防喷器以上井口作业装置。

（7）安装悬挂工具。修理井口处连续管管口，依次安装卡瓦式重载连接器和可捞式萝卜头。

（8）安装送入工具串。注入头夹持的连续管通过连接器与 GS 打捞送入工具串连接，将液压剪切闸板装置替换为防喷管，并将 GS 打捞送入工具串收入防喷管内。

（9）连接井口。将防喷管与四闸板防喷器连接，并进行井口试压。

（10）工具抓取对接。井口试压合格后，下入连续管，带动 GS 打捞送入工具串抓取可捞式萝卜头。

（11）萝卜头送入。抓取完成后，打开四闸板防喷器的半封闸板和悬挂闸板，将可捞式萝卜头送入井口油管头内，释放注入头载荷。

（12）固定萝卜头。打紧井口油管头上的操作顶丝，将可捞式萝卜头锁定在油管头内。

（13）送入工具丢手取出。送入工具内打压并上提 GS 打捞送入工具串，注入头载荷不上升表明丢手成功，取出送入工具串。

（14）更换井口压裂主阀。井口泄压，对下入的萝卜头进行验封，验封合格后，拆掉通径 130mm 压裂主阀，更换为通径 65mm 主阀，并恢复原井口采气树。

（15）打堵塞器。泵车向连续管内打压，泵出回压阀式井底堵塞器的堵头，连续管与井筒连通生产。

2. 工艺特点

该工艺主要特点有：（1）将复杂的连续管回接送入操作转化为常规打捞抓取作业，避免使用成本高昂的液压升降塔架；（2）剪管操作使用专用液压剪管装置，避免人工割管，降低作业风险；（3）使用原井油管头悬挂连续管，不增加井口高度，还可视需要更换掉井口大通径压裂主阀后重复使用，降低成本；（4）施工需配套与井口压裂主阀相同的大通径四闸板防喷器和防喷管井口作业装置；（5）采用回压阀式井底堵塞器，既满足了下管施工管内临时封堵的要求，又具有较大的生产过流截面，避免井底节流，同时，还预留了井底封堵带压起管功能；（6）完井后的井口与常规天然气井一致，具有两个生产通道，井口美观，可实现生产井口的标准化。

萝卜头式悬挂技术是心轴式悬挂技术的改进和升级技术，在不降低施工安全性的前提下，显著降低作业成本，提高了施工效率。

3. 应用情况

中国石油四川威远页岩气区块根据气井生产情况以及低成本完井需要，提出连续管完井并带压更换井口压裂主阀的生产需求。2016 年末，由国内某民营油田技术服务公司在威远某页岩气井开展首口井先导试验，采用原井萝卜头悬挂 2 连续管完井作业，工艺设计借鉴了连续管心轴式悬挂技术并做适当适应性改进，施工上没有摆脱使用液压升降塔架的局限，现场施工如图 7-29 所示。

图7-29 威远页岩气井萝卜头式悬挂施工现场

第五节 连续管完井管柱带压起出

速度管柱生产后期，产气量低于连续管相应的临界携液流量时，速度管柱携液效果逐渐丧失，井底重新积液。此时需带压起出井内的连续管，以便进行后续储层改造或柱塞气举等修井作业，避免压井起管对储层的伤害，最大程度体现后续储层改造和修井作业效果。

为解决连续管速度管柱带压起管工艺技术问题，自2013年开始，中国石油钻井工程技术研究院江汉机械研究所与长庆油田油气工艺研究院开展合作，针对苏里格连续管卡瓦式悬挂井口和管柱特点，先后开展了三种带压起管技术的研究和现场先导试验，并获得成功。"十二五"期间，完成了该项技术的完善和定型，现场应用数十井次，在行业内起到引领示范的作用，并最终形成了国内首创、指标先进、具有自主知识产权的"管—管对接"带压起管技术，解决了连续管速度管柱或完井管柱带压起出瓶颈技术，为连续管速度管柱或完井管柱规模推广应用后提供了坚实技术储备和保障。

一、卡瓦式悬挂带压起管方式的改进

1. 设计依据

1）作业压力

通过对长庆油田苏里格气田带压起管井生产情况调研，该类气井起管前井口压力一般小于5MPa，施工过程中如果长时间关井，会使得连续管内压力在0.5~3MPa/24h范围内上升，但最高压力小于30MPa。

2）连续管悬挂方式

针对连续管卡瓦式悬挂方式，该种方式悬挂的速度管柱井口处卡瓦之上有一段长370mm左右自由段[9]；井下连续管管端无封堵工作筒。对于该类井况的气井，带压起管的前提是连续管内通道的封堵。

3）连续管情况

苏里格气田连续管速度管柱使用的是宝鸡钢管生产的国产连续管，该管的内表面有一条沿轴向，且高度不超过 2.3mm 的焊缝内毛刺，其对管内封堵带来了不利影响。带压起管技术研究针对的是外径 38.1mm、壁厚 3.18mm 的国产连续管。此外，要求连续管管体无夹扁或轻微夹扁，能通过卡瓦式悬挂器的密封组件。

4）连续管下深

苏里格气田连续挂速度管柱下深一般在 3200m 左右，管体悬重约 9ft。

2. 带压起管技术改进

2013—2015 年期间，先后探索研究并形成了三种连续管速度管柱带压起管技术，（表 7-15）。

第一阶段，国内率先进行带压起管技术研究，形成"外卡连接吊车上提"方案成功施工 2 口井，工艺可行，但存在高空反穿注入头和连续管带压插入滚筒等安全风险高。

第二阶段，形成的"内连接等径杆上提"方案，利用重载内连接器，通过注入头上提等径管，引出井内连续管，避免了高空反穿注入头作业风险，操作难度和复杂性显著减低，同时，避免了吊车上提过程中井口处于无井控状态，使井口在井控状态下，注入头上提解卡，井控安全性显著提高。

第三阶段，形成的"管—管对接"方案，将井内连续管和滚筒预留两段连续管对接完成后，带压起管的特殊作业转为正常起管程序，直接缠绕上滚筒，彻底解决了人工弯曲井内带压连续管插入滚筒可能发生的折断或弹出伤人的风险。

经过现场评价试验，速度管柱带压起管技术有很大改进和完善，现场验证了"管—管对接"方案在技术、安全具有显著的优越性。

表 7-15　三个阶段带压起管方案对比

阶段	年份	起管方案	起管关键技术	备注
第一阶段	2013 年	外卡连接吊车上提	（1）1CT 内阻塞； （2）外卡连接吊车上提； （3）反穿注入头； （4）回缠滚筒	率先进行带压起管，施工 2 口井，工艺可行，但高空反穿注入头和连续管带压插入滚筒安全风险高
第二阶段	2014 年	内连接等径杆上提	（1）管内堵塞器； （2）内滚压连接等径杆上提； （3）引出出连续管插入滚筒； （4）回缠滚筒	重载内连接器和等径管引出井内连续管，解决了反穿注入头的风险，3 天施工 1 口井
第三阶段	2015 年	管—管对接方案	（1）管内堵塞器； （2）快速封堵滚压连接器； （3）管—管对接直接回缠滚筒	将带压起管特殊作业转化为连续管上提的正常作业程序，简化操作，安全回缠，施工 3 口井，平均 1~2 天

1）外卡连接吊车上提方案

外卡连接吊车上提方案是江汉机械研究所与长庆油田油气工艺研究院共同研究，并于 2013 年国内首次提出的速度管柱带压起管技术方案，该方案从技术角度实现了带压起管的可操作性，开创了国内具有自主知识产权的速度管柱带压起管技术，同年完成了两口井的现场带压起管试验，该方案的基本施工步骤见表 7-16。

表 7-16　外卡连接带压起管工艺技术运行表

序号	施工工艺	施工目的	配套措施	备注
1	连续管内封堵	管内封堵后拆井口	管内堵塞器	
2	外卡连接吊车上提	提出井内 CT	外卡连接器	
3	反穿注入头	井内连续管穿入注入头	塔架	风险点
4	CT 插入滚筒回缠	缠绕滚筒	预弯连续管并固定	
5	起管 + 在线检测	起管	在线检测仪	
6	尾管倒流程放气	关井泄压	连接流程	

2013 年采用该方案，在准备压井措施的条件下，对苏 6-7-20 井和苏西 91-75 井进行带压起管并获得成功，很好地验证了管内封堵工具及操作（图 7-30）的可行性，为后期工艺和工具改进提供了基础。但是存在以下问题和风险：

（1）该工艺单井施工周期近一周，施工过程中尝试多次管内堵塞器无法顺利通过连续管管口，坐封时丢手载荷过大；

（2）吊车上提连续管时，连续管及悬挂器暴露在空气时间长，井口无井控措施；

（3）高空反穿注入头耗时长，操作繁琐，劳动强度大且危险性高（图 7-31）；

（4）缠绕滚筒时需预弯带压的连续管，耗时长且存在连续管弯曲断裂和弹出伤人的风险。

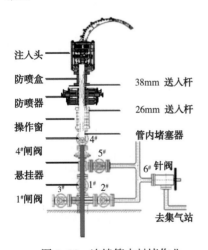

图 7-30　连续管内封堵作业

图 7-31　连续管反穿注入头施工现场

2）内连接等径杆上提方案

从外卡连接器方案现场施工效果来看，该方案在安全性、高效性和经济性方面与预期效果有一定差距。为解决高空反穿注入头和井内连续管带压插入滚筒两大作业风险问题，进一步提高速度管柱带压起管技术的安全性和可实施性，2014 年，江汉机械研究所与长庆油田油气工艺研究院，继续开展速度管柱带压起管技术完善及现场试验的研究。

经过大量调研和室内试验，江汉机械研究所设计了内连接器方案，重点解决外卡连接器方案中安装耗时最长、风险点最多和井控风险最大的施工工序——连续管反穿注入头，改为等径管上提解卡并引出井内连续管，设计了配套工具和井口装置，该方案的基本施工步骤见表7–17。

表 7–17　内连接等径杆上提起管工艺技术运行表

序号	施工工艺	施工目的	配套措施	备注
1	连续管内封堵	管内封堵后拆井口	管内堵塞器	
2	内连接等径杆上提	井内连续管解卡上提	重载内连接器	
3	等径管引出 CT	井内连续管穿入注入头	等径管	
4	CT 插入滚筒回缠	直接上滚筒	预弯连续管并固定	
5	起管 + 在线检测	起管	在线检测仪	
6	尾管倒流程放气	井口泄压后换井口	连接流程	

2014 年，采用该方案进行了 1 口井的现场试验并取得成功，该方案的特点包括：

（1）利用重载内连接器（图 7–32）将等径杆与井口连续管回接（图 7–33）后，通过注入头上提等径管，引出井内连续管，避免高空反穿注入头作业，操作难度和复杂性显著减低；同时，避免了吊车上提过程中井口处于无井控状态，使井口在井控状态下，注入头上提解卡，井控安全性显著提高。

图 7–32　重载内连接器

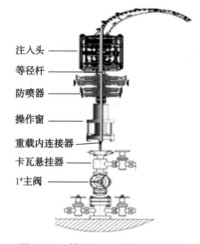

图 7–33　等径杆回接井口连续管

（2）重载连接器抗拉载荷大，最大外径不大于连续管公称直径，使得其可以通过悬挂器和防喷盒的内通径，为工艺实现提供了基础。

（3）滚压式内连接器配有 O 形圈密封结构，对连续管内通道进行二次封堵，提高了作业安全性。

3）管—管对接方案

虽然内连接等径杆上提方案相对外卡连接器方案有很大进步，但其改进部分仅限于等径管引出连续管工序，对其他工序中涉及的操作复杂度、施工效率和安全等方面未作改进优化。为全面提升带压起管工艺技术的安全性、高效性，在继承内连接器起管工艺部分工序的基础上，2015 年初，对以往施工过程中发现的工具和工艺中存在的不足进行了改进和完善，形成了管—管对接带压起管方案，彻底解决井内连续管带压插入滚筒的风险，该技术方案将在后文中详细阐述。

二、卡瓦式悬挂带压起管配套作业装置

为了保证连续管速度管柱带压起管工艺的顺利实施，在围绕几种带压起管技术研究和改进的同时，最终形成了几种关键配套作业装置：连续管管端扶正装置、连续管管口修磨装置、液压通径装置、液控操作窗、起过报警装置等5种配套作业装置。

1.管端扶正装置

卡瓦式悬挂器悬挂连续管后，井口有一段悬臂偏心（连续管自身弯曲）且无扶正措施的连续管，为方便后续连续管内通径探夹扁工具，以及管内堵塞器能够顺利通过管口，避免堵塞器无法通过连续管管口甚至被管口刮坏，需要使用管端扶正装置，井口带压条件下送入扶正套对连续管管端进行扶正。

1）装置结构

连续管管端扶正装置结构如图7-34所示。主要由旋转手柄、进给手柄、升降螺纹、延长杆和连接法兰等组成，作业时配套扶正套。作业时，保持现有速度管柱生产井口，关闭井口4#闸阀，将管端扶正装置与井口的测试法兰连接，打开4#闸阀，依靠升降螺纹的轴向进给送入扶正套。

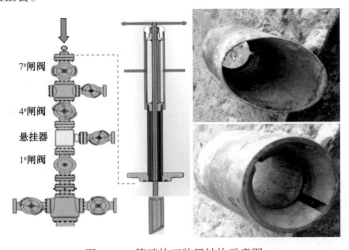

图 7-34　管端扶正装置结构示意图

2）装置特点

该装置具有轴向进给和周向转动双重作用，并可独立动作，当扶正套过程下入意外遇阻时，可通过转动手柄转动扶正套调整工具角度，实现顺利下入并套住工具。此外，该工装还可用于后续修磨管口作业，实现一套装置多种用途。

3）技术参数

管端扶正装置技术参数见表7-18。

表 7-18　管端扶正装置技术参数表

参数指标	参数	参数指标	参数
额定工作压力，MPa	35	扶正套内径/外径，mm	40/62
轴向有效行程，mm	400	产品等级	API 6A EE-PSL3G-PR Ⅰ

2. 管口修磨装置

连续管速度管柱下入作业割管时，井口处连续管因割刀割管导致的管口缩颈或毛刺很多未作处理，导致连续管内管口产生 2~3mm 的缩颈，如图 7-35 所示。便于后续通径规和堵塞器通过，连续管管口需对管口进行修磨处理。

连续管管口修磨装置结构借用管端扶正装置，不同的是将扶正套和送入工具换成了锥形锪刀。通过旋转进给手柄，控制锥形锪刀轴向进给量，然后旋转手柄，修磨掉管口缩颈和毛刺。

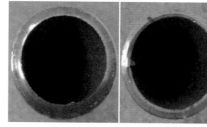

(a) 缩颈的管口　　(b) 处理后的管口

图 7-35　连续管内管口缩颈对比

3. 液压通径装置

速度管柱应用初期下管施工完毕后，由于井口管理不到位，时常发生人员误操作导致 1# 闸阀处连续管被严重的现象，使得现有的带压起管工艺都无法实施（夹扁位置无法通过卡瓦式悬挂器密封组件）。为了避免使用连续管作业机探夹扁带来的高作业费用，以及因连续管严重夹扁导致起管作业无法继续实施带来的人员和设备动迁费用，设计了轻便的液压通径装置，在连续管作业机上井前对井口处连续管实施通径作业，提前了解和掌握井口处连续管夹扁情况，以便后续决策和生产安排。

1）装置结构

液压通径装置结构如图 7-36 所示，其主要由液压接口、连接法兰、活塞缸、活塞杆和指示尾杆等组成。将带导引槽的连续管通径规（图 7-37）与液压通径装置的活塞杆相连，关闭井口 4# 闸阀，液压通径装置的法兰连接于井口测试法兰处，打开 4# 闸阀，使用液压源（手压泵）驱动活塞杆下行进入连续管内，直至通径规经过 1# 闸阀，在该过程中，通过观察指示尾杆缩进长度来判断通径规下行距离，通径完毕后液压源驱动活塞杆上行，直至通径规过 4# 闸阀并将其关闭，拆掉通径装置，至此完成通径工作。

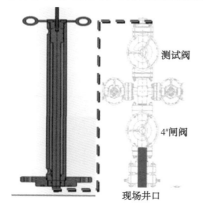

测试阀

4#闸阀

现场井口

图 7-36　液压通径装置结构示意图

图 7-37　连续管通径规

2）装置特点

该装置带有指示尾杆，通过指示尾杆的行程可有效读取连续管通井规的真实下入深度，准确判断通井规是否到达了井口 1# 主阀对应深度处的连续管内。

3）技术参数

液压通径装置技术参数见表7-19。

表7-19　液压通径装置技术参数表

参数指标	参数	参数指标	参数
额定工作压力，MPa	35	最大液控压力，MPa	25
轴向有效行程，mm	1500	产品等级	API 6A EE-PSL3G-PR Ⅰ
通径规外径，mm	30.5（ϕ38.1mm×3.18mm CT）	工作温度等级	L级（−29~121℃）

4. 液控操作窗

带压起管过程中需打开操作窗取出卡瓦，此时利用液压操作窗控制其快速开启和关闭，可节省作业时间和降低劳动强度，另可利用液控操作辅助快速分离卡瓦和卡瓦座。

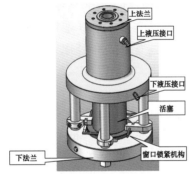

图7-38　液控操作窗结构示意图

1）装置结构

液控操作窗主要由液压接口、上下连接法兰、活塞和窗口锁紧机构等组成，如图7-38所示。操作窗有上下两个液压接口，分别控制活塞上下运动，即操作窗打开和关闭。操作窗上窗口锁紧机构用于操作窗关闭后，限制活塞向上运动，防止施工过程中由于井口气压作用或人为误操作意外打开操作窗。

2）装置特点

液控式操作窗可由连续管作业机提供液压源控制操作窗的启闭，有效减低劳动强度，提高了施工效率。此外，起管作业时还可使用液控操作窗辅助分离卡瓦和卡瓦座操作，进一步提升作业效率。

3）技术参数

液控式操作窗技术参数见表7-20。

表7-20　液控式操作窗技术参数表

参数指标	参数	参数指标	参数
通径，mm	65，78	窗口高度，mm	250
额定工作压力，MPa	35	产品等级	API 6A EE-PSL3G-PR I
最大液控压力，MPa	21	工作温度等级	L级（−29~121℃）

5. 防起过报警装置

连续管带压起管后期，由于连续管设计下深与实际下深数据时常存在误差，导致连续管尾管有可能起过防喷盒导致井口漏气，甚至起过注入头造成连续管喷射甩管，给施工作业带来较大的安全隐患。为降低井口漏气和甩管的风险，除采用降低注入头起管速度措施外，起管作业时将该装置安装于防喷器之下，一旦连续管尾管经过该装置，该装置立刻发出报警信号提醒作业机操作手技术停止起管。

1）装置结构

防起过报警装置结构如图7-39所示，其主要由左右活塞指示杆、上下连接法兰、复位弹簧和偏心滚轮等组成。防起过报警装置的滚轮与井口偏心一定距离，初始状态下左右指示杆与端面平齐，当报警装置内有连续管上下运动时，由于连续管位于井口轴线位置，推动滚轮与井口产生更大的偏心，左活塞杆内缩，右活塞杆伸出端面，滚筒同时转动。当连续管尾管起

指示杆

图7-39　防起过报警装置结构示意图

过该装置时，由于没有了连续管的作用，左右活塞杆在复位弹簧的作用下恢复到初始状态，地面可观察到右活塞杆缩进，同时，左活塞杆在复位的同时触动电子报警装置，装置产生报警作用，此时连续管尾管位于井口1#主阀和防喷盒之间，作业人员可立即停机并关闭井口1#主阀。

2）装置特点

该报警装置采用左右活塞杆联动的方式，克服井内压力对活塞杆的轴向作用力；报警装置可通过触动电子报警装置报警，也可通过人眼观察活塞指示杆位置情况进行判断。本报警装置不仅适用于带压起管作业，也可用于其他常规作业。

3）技术参数

防起过报警装置技术参数见表7-21。

表7-21　防起过报警装置技术参数表

参数指标	参数	参数指标	参数
通径，mm	65，78	产品等级	API 6A EE-PSL3G-PRI
额定工作压力，MPa	35	工作温度等级	L级（-29~121℃）
适应管径，in	1.25，1.5，1.75，2，2.375		

三、连续管管内堵塞及快速封堵连接

实现带压起管的关键技术是井内连续管管内封堵和回接，其中井内连续管管内封堵是带压封堵连续管内通道，阻止井内气体上返到井口，是带压起管的先决条件。连续管对接目的是将井内的连续管与滚筒上的连续管通过高强度连接方式连成一整根，并安全顺利地回缠到作业机滚筒上。对应的作业工具为连续管管内堵塞及快速封堵连接工具。

1. 连续管管内堵塞器

连续管管内堵塞器不同于常规油管带压作业用的堵塞器，首先，连续管内堵塞器要求外径小，以1.5in连续管为例，其内径不足32mm，要求工具结构非常紧凑；其次，连续管的内焊筋对堵塞器的锚定和坐封都是不利的；堵塞器坐封成功之后，工艺要求管内堵塞器本身能够随连续管一同弯曲缠绕在滚筒上。为此，江汉机械研究所技术人员开展了该工

具的攻关，主要针对连续管的内径小、内壁有焊筋、弯曲缠绕滚筒、管端导向等问题开展研究，研制的连续管内堵塞器，不仅保证了不压井作业起管堵塞的安全、高效，而且对不压井作业工艺配套技术的完善起到推动作用。

1）工具结构

连续管速度管柱带压起管内堵塞器结构如图7-40所示。

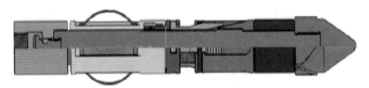

图7-40　连续管内堵塞器结构示意图

2）工作原理

CT内堵塞器采用心轴单向滑动、机械坐封方式工作。分为下放送入、上提坐封、丢手三个阶段。其工作状态如图7-41所示。

（1）下放送入。如图7-42所示，将注入头、防喷盒和防喷器连接到井口的悬挂器之上，堵塞器的上接头通过送入杆将CT内堵塞器送入井内CT内预设位置（0.5~1m）。其下放摩擦阻力为F_1。

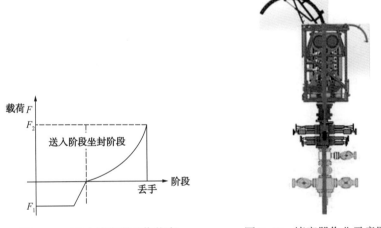

图7-41　CT内堵塞器工作状态　　　图7-42　堵塞器作业示意图

（2）上提坐封。注入头上提，堵塞器摩擦片与CT内壁的摩擦力使卡瓦张开，并"咬住"连续管内壁。继续控制载荷上提，压缩胶筒密封，阻隔胶筒上下压力。胶筒压缩载荷呈反"抛物线"趋势。

（3）上提丢手。注入头继续上提，直至载荷达到F_2丢手拉销被拉断（15~18kN），在锁环的作用下，使其保持现有的卡瓦锚定和胶筒密封状态，达到CT内堵塞器的功能。

3）工具特点。

（1）堵塞器通过送入杆送进连续管内，上提坐封、丢手，操作简单。丢手结构采用拉销拉断丢手，较剪切丢手载荷更精准、稳定。

（2）锁环与心轴有相互啮合的单向锁紧齿，其为连续螺纹，目的是便于加工和提高制造精度。

（3）卡瓦和椎体的楔形面采用平面结构，保留了楔形面两侧的支撑筋，有效地避免了堵塞器卡瓦的损坏。

（4）心轴采用柔性设计，堵塞器坐封后能够随连续管一起平滑地缠绕在作业机滚筒上，且堵塞器弯曲后仍能够保持良好密封性，不伤管体。

4）技术参数

以 ϕ38.1mm（1.5in）连续管为例，工具总长 430mm，额定密封压差 35.0MPa，额定丢手载荷 15~18kN，耐温 −29~121℃。

2.快速封堵连接工具

管—管对接带压起管工艺要求通过高强度的连接工具将井口处和作业机滚筒上预留的连续管连成整体，连接部位强度要求能够承受井内连续管悬重，并且能够起到二次密封连续管内通道的作用。为此，研发了可快速安装，具有高连接强度的快速封堵连接工具。

1）工具结构

快速封堵连接工具结构如图 7-43 所示。其中，心轴上部设有内六方扳手沉头孔，外表面设有螺纹，使用内六方扳手旋转心轴，控制心轴轴向运动，压缩胶筒实现密封。在连续管外表面对应的工具环槽位置滚压对应深度，实现连续管与该快速封堵连接工具连接；同时，另一段连续管也有一个滚压连接接头，通过连接螺纹实现两个工具短节连接，从而完成两段连续管对接。工具外表面还有一条轴向直槽，用于容纳连续管焊筋，以便不修或少修焊筋。

图 7-43　快速封堵连接工具结构示意图

2）工作原理

在无需对连续管内焊筋作任何处理情况下，将该工具装配好后，从连续管管口直接插入连续管内，使用图 7-44 所示的专用滚压工具，并对应滚压接头环形槽轴向位置滚压连续管外壁，使连续管外壁凹陷深度与每一条环形滚压槽深度相等，实现该工具与连续管连接；逆时针旋转心轴，心轴带动挡圈压缩胶筒密封，由此完成工具与连续管的连接和二次密封。

3）工具特点

采用轴向压缩胶筒密封代替常规 O 形圈密封，不需要修磨连续管内焊筋，可实现快速安装和二次密封，缩短安

图 7-44　连续管专用滚压工具

装回接工具悬挂器暴露空气中的时间，降低井口作业安全风险，提高井控安全性；在

	196.1kN
	179.8kN
	137.5kN
	174.8kN
	197.6kN
	197.7kN

图7-45　快速封堵连接工具滚压连接强度
样管试验结果

常规滚压连接器的基础上，对滚压槽尺寸进行了优选，安装后连接部位的连接强度不低于管体本身的抗拉载荷。此外，该快速封堵连接工具还具有随连续管一同平滑缠绕在作业机滚筒上的能力。

4）技术参数

额定气密封工作压差：35MPa；与连续管安装连接后的抗拉载荷：不低于连续管管体屈服载荷或拉断载荷（CT70，ϕ38.1mm×3.18mm快速封堵连接工具滚压连接强度样管试验情况如图7-45所示）；工具总长170mm。

四、作业工艺技术与应用

鉴于外卡连接吊车上提方案和内连接等径管上提方案中取得的认识和存在的问题，对带压起管技术进行全面改进设计，形成了管—管对接带压起管技术，经过现场评价试验，验证其在技术、安全和提高施工效率方面具有显著的优越性。

1. 作业工艺

管—管对接带压起管工艺技术的基本施工步骤见表7-22。

表7-22　管—管对接带压起管工艺技术运行表

序号	施工工艺	施工目的	配套措施	原有措施	备注
1	管端扶正	扶正导引管塞进入	研制装置	—	新增
2	修管口	去毛边有利管塞进入	研制装置	—	新增
3	通CT探夹扁	CT能否通过密封环	注入头/研制装置		改进
4	连续管管内封堵	管内封堵后拆井口	管内堵塞器	—	改进
		二次封堵连续管对接	快速封堵连接器	—	新增
5	管—管对接成一体	井内和滚筒预留CT两段管子连成一体	滚筒预留等规格CT，管—管封堵对接	等径管引出	提前基地准备
6	解卡取卡瓦	CT上提	液控窗推掉	撬杠	改进
7	CT回缠	直接上滚筒	预弯连续管并固定		新增
8	起管+在线检测	起管	在线检测仪		新增
9	关井放气	井口泄压后恢复井口	起过报警装置		新增

1）井口准备（工艺新增内容）

（1）使用管端扶正装置与测试法兰相连，下入扶正套对井口悬臂弯曲的连续管进行扶正；

（2）管端扶正装置连接锥形锪刀再次下入井内，旋转管口扶正装置的旋转手柄，井口带压条件下修磨连续管管口内边毛刺并倒角；

（3）使用液压通径装置井口带压条件下将通径规送入1#闸阀以下，探测1#闸阀处连续管夹扁情况。

注：井口准备工作可在探路时，利用配套作业装置提前实施，减少作业机占井时间，减低作业成本。

2）管内封堵（工具和工艺改进）

使用作业机滚筒上的连续管作为送入管柱，将改进后的堵塞器送入连续管内设计深度，注入头上提连续管使堵塞器完成坐封和丢手。

3）连续管对接（工具和工艺改进）

CT 内封堵试压合格后，打开悬挂三通上的法兰，不需对井口处连续管内焊筋做任何修磨，直接安装改进升级后的快速封堵滚压式连接器，然后将滚筒上预留的 CT 穿过注入头、BOP 等设备后，直接与井口处连续管通过螺纹连接，如图 7-46 和图 7-47 所示。

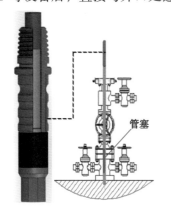

图 7-46　安装快速封堵滚压接头　　　　图 7-47　连续管对接示意图

4）上提解卡

井口装置改用液控操作窗，回接完成后，打开操作窗利用液控操作窗辅助解卡，使卡瓦座与卡瓦分离，取出卡瓦。

5）正常起管

启动作业机，将解卡后的连续管按照正常起管程序缠绕至滚筒上，该过程中管—管对接工具和坐封的堵塞器都将随连续管一起弯曲缠绕在滚筒上，而不发生失效和破坏。

6）尾管处理

起管时，在注入头下方的起管井口上安装防起过报警装置，当连续管尾管刚好过防起过报警装置时，报警装置报警提示操作手停止起管。

2. 技术特点

管—管对接带压起管技术具有以下特点：

（1）两段连续管对接完成后，转为正常起管作业，直接缠绕上滚筒，避免了人工弯曲井内带压连续管插入滚筒可能发生的折断或弹出伤人的风险。

（2）快速封堵内连接器不需修连续管内焊筋，直接安装，简便、快捷、高效。

（3）井口处连续管管端扶正和修磨，保证管内堵塞器作业的顺利施工。利用液压探夹扁装置提前探测 1# 闸阀处连续管夹扁情况，节省了连续管占井时间，降低施工费用；

（4）使用连续管送入堵塞器，以及打完堵塞器后直接与井口连续管对接，简化了施工操作，提高了作业效率。

3. 应用情况

为验证管—管对接工艺方案的改进效果，在长庆油田油气工艺研究院的协调和相关采气厂的支持下，2015年在长庆油田苏里格气田，挑选了数口生产年限均在3年以上的连续管速度管柱井进行了现场试验，成功完成4口井的带压起管作业，提前探得1口井连续管被严重夹扁而终止施工。

苏东A井起管作业前，安排2~3名工人提前上井，使用新研制的装置依次实施连续管管端扶正和通径作业。通径过程中，$\phi30.5mm$的通径工具顺利过管口，但下行至1#主阀处遇阻，增大液压通径装置推力至4kN仍无法通过。换用$\phi28mm$的通径工具再次通径，相同位置遇阻，尝试多次仍无法通过，判定1#主阀处连续管夹扁严重，随即上报指挥部，建议停止该井后续作业，改换其他井。

苏东B井、苏东C井、苏A井和苏B井提前实施管端扶正和通径作业，确认井口条件满足施工要求后，连续管作业机搬迁至井场施工。4口井管内封堵器下入、坐封和验封均一次性顺利完成，滚压式重载内连接器的安装时间一般在25min左右，两段连续管对接操作简单迅速，起出的滚压式重载内连接器、坐封有管内封堵器的连续管均平滑地缠绕在滚筒上。通过4井次的连续现场试验，改进后的配套工具、新研制的装置和整个工艺得到有效的检验，施工效率和安全性明显提高，施工周期与速度管柱下管作业相当。4口井的作业情况见表7-23。

表7-23　4口起管试验井作业情况

井号	施工日期	下深 m	连续管规格 （外径 × 壁厚） mm×mm	井口油压 MPa	注入头最大上 提载荷 kN	周期 d	备注
苏A	2015.6.15	2900	$\phi38.1\times3.18$	1.6	8.9	2	
苏B	2015.7.9	2910	$\phi38.1\times3.18$	2.3	13.8	2	井口返砂
苏C	2015.7.14	3245	$\phi38.1\times3.18$	2.7	9.4	< 2	
苏D	2015.7.28	3238	$\phi38.1\times3.18$	4.5	9.5	< 2	

第六节　技术应用展望

"十二五"期间，通过科研人员的技术攻关，掌握了连续管完井管柱技术部分核心工艺，在很大程度上解决了连续管完井管柱技术和配套装置工具的国产化问题，形成了一定的技术积累和规模应用，连续管完井管柱的技术和经济优势逐步显现。以长庆油田苏里格气田为代表的连续管速度管柱示范区，其在解决气井积液问题，提高气井产量，降低开发成本等方面的突出作用和成绩，在中国石油内部形成了较大影响和好评，并通过以点带面的形式，引领和带动了青海油田、中国石油煤层气、威远页岩气等油气田连续管完井管柱技术的探索和应用，起到很好的示范带动作用。

展望"十三五"，国内连续管作业需求和发展势头强劲，以"十二五"连续管作业技术研发和应用成果为跳板，通过以点带面的形式，连续管完井管柱技术也将实现质和量的突破，主要表现在以下几个方面。

（1）气井连续管完井管柱应用再上规模。

我国天然气资源丰富，天然气井基数多，以长庆苏里格气田为例，截至 2015 年 11 月底，苏里格气田投产井数 9315 口，平均单井日产气量为 $0.9812 \times 10^4 m^3$，这些天然气井生产中后期绝大多数将会面临产层出水，井筒积液的问题，在国内连续管速度管柱技术还未完全普及推广的背景下，随着连续管技术的发展，连续管管材和作业成本进一步降低，连续管速度管柱技术将成为我国众多天然气井排水采气潜在主体应用技术之一。

当前，在国际油气价格持续低迷的背景下，国内新钻气井的数量呈下降趋势，但整体数量仍较大，国内新投气井连续管完井在国应用仍较少。但是，通过近些年在新投气井连续管完井作业先导试验结果表明，其在不压井保护储层，降低完井成本，提高完井效率方面较常规油管完井具有独特的优势，该观念也越来越得到业内的认可，在不久的将来也将成为业内的共识，规模推广应用指日可待。

（2）解决非常规气井完井主体技术之一。

"十二五"期间，连续管完井管柱应用领域已由苏里格气田和青海油田等的常规天然气，初步拓展应用到焦石坝气田、威远页岩气和临汾煤层气等的非常规气，并有了自喷油井、出气水井的应用；井筒条件也由老井的油管内悬挂，拓展到新井的套管内完井、老井的套管内悬挂；井型结构由传统的直井拓展到水平井。针对长庆油田和吉林油田的含硫化氢和 CO_2 的天然气井，连续管速度管柱排水采气也被油田公司提上了生产议程，作为"十三五"期间重点技术攻关对象。

特别是页岩气完井，由于其单井开发成本过高，产能下降快，常规压井完井或常规带压作业装置完井存在压井或作业成本高、效率低等问题，在降本增效的背景下，连续管完井将成为当前技术条件下解决上述问题的有效手段。

（3）多种悬挂技术共同发展。

在当前连续管完井管柱卡瓦式悬挂、心轴式悬挂和萝卜头式悬挂等多种悬挂技术应用的背景下，还无法做到全方位覆盖所有井况条件和生产需求。针对套管安全阀以下悬挂连续管完井管柱，以及出砂气井连续管完井管柱回接冲砂等典型井况，国内暂无相应成熟的连续管悬挂技术。在国外技术保密和高昂技术引进成本，以及国内气井生产差别化需求的背景下，自主研发新型悬挂技术，多种连续管完井管柱悬挂技术并行已成为大的趋势。

（4）连续管作为钻井完井管柱。

"十二五"期间，中国石油钻井工程技术研究院已开展了连续管老井加深和开窗侧钻等技术研究和先导试验，取得了很大的技术突破。随着国内连续管钻井技术的发展和完善，连续管作为新钻裸眼井完井管柱或生产尾管也将是连续管钻井技术的主要配套技术之一。

参 考 文 献

[1] Turner R G.Analysis and Prediction of Minimum Flowrate for the Continuous Removal of Liquids from Gas Wells[J].JPT, 1969（11）: 1475-1482.

[2] 王海涛，李相方.气井 C T 速度管柱完井技术理论研究 [J].石油钻采工艺，2009, 31（3）: 41-45.

[3] 卢秀德，刘刚等.50.8mm 连续管作速度管串在天然气井的应用 [J].油气井测试，2010, 19（3）: 44-45.

[4] 赵彬彬，许学刚.低成本速度管柱排水采气技术探讨 [J].石油机械，2013, 41（2）: 84-86.

［5］Poppenhagen K L，Harms R，Wilkinson，D E.Deliquification of South Texas Gas Wells Using Corrosion Resistant Coiled Tubing：A Six Year Case History[R].SPE 130632，2010.

［6］白晓弘，赵彬彬，杨亚聪，等.连续管速度管柱带压起管及管材重复利用 [J].石油钻采工艺，2015，37（3）：122-124.

［7］李鸿斌，毕宗岳，余晗，等.服役速度管柱性能分析 [J].焊管，2015，38（3）：52-56.

［8］李斌.ϕ31.75mm 连续管作速度管柱在苏南气井的应用 [J].中国化工贸易，2014（35）：191.

［9］白晓弘，李旭日.速度管柱排水采气技术的应用及改进 [J].石油机械，2011，39（12）：60-62.

第八章 连续管作业技术在页岩气开发中的应用

中国石油页岩气连续管作业始于 2010 年，从引进工具与服务起步，由直井作业到水平井作业、再到长水平段作业，由简单工艺到复杂处理，经历了从探索到快速发展两个大的阶段。2010 年到 2013 年为探索阶段，中国石油连续管作业队伍与设备在长宁、威远及礁石坝先后完成 30 多口井的先导作业，主要用于模拟通井、首段传输射孔、压后钻磨桥塞，遭遇并解决了连续管挤扁与鼓胀变形、工具断脱落井、设备失速下滑等一系列的问题，通过持续完善配套、积累经验，逐步拓展连续管作业技术在页岩气的应用。2014 年到 2015 年为快速发展阶段，形成了中国石油页岩气水平井复合桥塞多级压裂连续管配套作业的两大系列技术，其一是正常作业工况下的长水平段连续管作业技术，主要包括：压裂前连续管通洗井、存储式固井质量测井、首段传输射孔，压裂后连续管钻磨桥塞、清理井筒、生产测井、连续管完井等；其二是套形、砂堵、工具落井等紧急情况下的井下复杂与应急处理连续管作业技术，主要包括：压裂砂堵应急处理，连续管打捞、切割，连续管输送桥塞、传输射孔，套变井连续管钻磨、压裂等。

第一节 页岩气长水平段连续管作业技术

到 2014 年，水平井复合桥塞多级压裂依然是美国页岩气开发的主体技术，连续管作业则是页岩气水平井作业的必备手段，其中连续管最主要的工作是在压裂后钻磨桥塞，每年美国连续管钻磨桥塞的工作量接近 10000 口井，要钻除 10 万至 14 万只桥塞[1-4]。在水平段长度超过 1500m，钻磨第 13 个及以后的桥塞时，连续管钻磨的效率会显著下降，使用减阻剂和水力振荡器可延长连续管下深、增大实际可施加的钻压，提高钻磨效率[2, 3]；增大连续管直径和施工排量、优化钻磨介质，可达到提高钻磨效率、缩短占井周期、减少液量，进而降低施工成本的效果[4]。

自 2014 年开始，国内页岩气开发的主体技术与美国基本相似，连续管技术在井筒准备、应急处理、压裂后配套作业等方面的应用逐步形成规模。本节主要介绍页岩气水平井增加连续管作业深度的技术、连续管通洗井技术、连续管传输射孔技术、连续管钻磨桥塞技术。

一、增加连续管作业深度的技术

针对页岩气水平井，增加连续管作业深度主要包含两层含义：一是增加连续管能下入的最大深度，需要克服螺旋锁止或清除导致连续管卡阻的障碍；二是增加连续管能完成钻磨作业的最大深度，需要增大连续管能施加在钻具上的钻压。

从工程角度，当传递到井下连续管末端的力不足在地面施加载荷的 1% 时，我们可视同连续管在该点锁止。基于这一定义，可计算连续管能下入的最大深度（锁止点）[5]。

随着水平段的增加，可通过连续管施加在钻具上的钻压会随之降低。一般而言，当钻压低于 4.5kN（1000lbf）时，钻磨的效率就会明显降低；当钻压低于 2.25kN（500lbf）时，钻磨过程就几乎不可行了[3]。

1. 生产问题与解决方案

1）要解决的生产问题

为了提高页岩气的单井产量和采收率，增加水平段的长度以增大井筒与储层的接触面积，进而增加裂缝数量和改造体积，已成为一种发展趋势。从 2011 年到 2015 年，川渝页岩气水平井的水平段长度，已由最初的 1000m 增加到 1500m 以上，部分井已超过 2000m；储层最大埋深也由 2200m 左右，增加到 3000m 以上；最大井深已超过 5000m。

由于受山地复杂运输条件的限制，用于这些页岩气水平井施工的连续管管径以 50.8mm（2in）为主，难以使用更大管径的连续管。随着水平段长度的增加，连续管在井筒内处于螺旋状缠绕的长度也增加，摩阻增大。因连续管在水平段内提前锁止无法下入预定深度、或因钻压下降导致钻磨效率降低甚至无法完成钻磨的问题出现得日益频繁，已严重影响到连续管的正常作业，急需寻求能增加连续管作业深度的有效措施。

2）增加水平井内连续管作业深度的主要方法

Ken Newman 通过研究[5]，提出 6 个方面的方法：

（1）连续管管端加力。使用爬行器、使用皮碗借助环空泵送加力、使用向后喷射的射流喷嘴等。

（2）减阻。使用水力振荡器、泵注减阻剂、使用滚子扶正器，增大浮力（降低浮重：在井筒内泵入加重流体，或在连续管内泵入轻质流体），使部分或整根连续管旋转。

（3）提高连续管的刚性。增大连续管管径或壁厚，使用弹性模量比钢材弹性模量更大的连续管材料。

（4）减小连续管与井壁的径向间隙。缩小井眼内径（例如穿过钻杆下入连续管），增大连续管外径。

（5）降低连续管的残余弯曲。使用矫直器。

（6）使用组合管柱。连续管和常规油管组合作业。

同时，Ken Newman 通过实例计算进行参数敏感性分析，还得到优化井眼轨迹（例如降低造斜率增大造斜段半径）、使用特定组合的变壁厚连续管也能有效增加连续管最大下入深度的认识。

3）用于川渝页岩气水平井的解决方案

在选用高强度和变壁厚连续管增大刚性之外，主要采取两种现场措施实现减阻，进而增加连续管的作业深度：

（1）泵注减阻剂，主要使用金属减阻剂。

（2）使用水力振荡器。

2. 减阻剂的作用与效果

减阻剂主要用于降低连续管与井壁的摩阻，体现在计算模拟中就是降低当量摩擦系数，从而达到增加连续管作业深度的效果。

按照 Ken Newman 展示的计算实例[5]，在 ϕ244.5mm（$9\frac{5}{8}$in）套管内使用 ϕ50.8mm（2in）连续管作业，当量摩擦系数由 0.35 依次降低到 0.3 和 0.25，连续管在水平井内的最大下入深度由 510m（1673ft）增加到 736m（2415ft）和 937m（3073ft），分别增加了 226m和 427m。如果是在 ϕ127mm（5in）或 ϕ139.7mm（5.5in）套管内，连续管能下入水平段的深度会更深（约 1500m），减阻后增加下入深度的效果会更好（500m 以上）。

根据贝克公司的经验[3]，对于页岩气水平井内的连续管钻磨作业，通过优化作业液已使得正常作业的当量摩擦系数达到 0.24，进一步加入金属减阻剂，还可使当量摩擦系数达到 0.2 或更低。

在川渝页岩气水平井连续管作业中，连续管与井筒的当量摩擦系数一般取 0.3，加入金属减阻剂后可降低至 0.25。当量摩擦系数是影响计算模拟预测数据准确性的一个重要参数，能定量反映减阻剂对实际施工效果的影响。可基于现场数据通过回归分析得到施工井的当量摩擦系数，在井筒条件与施工条件相近时可更准确地进行模拟预测，指导施工。

3. 水力振荡器的作用与效果

水力振荡器也用于降低连续管与井壁的摩阻。减阻的机理是利用形成的压力脉冲使连续管产生振动，变静摩擦为动摩擦，从而降低当量摩擦系数；同时，压力脉冲在连续管管端收缩截面的水锤效应，还有在管端产生周期性轴向拉力的效果。

体现在计算模拟中，以前的做法是视同将当量摩擦系数降低 0.03~0.06，新的模型是视同使用水力振荡器后提供了一定的拉力（或消除了一定的摩擦阻力）[6]。

根据贝克公司的研究[2]，建议水力振荡器工作排量为 300~500 L/min，产生的压力脉冲频率为 8~10Hz，幅值为 3~5MPa，在管端形成的当量拉力为 4~8kN。

在页岩气水平井连续管作业中使用水力振荡器的宏观效果如图 8-1 所示，可理解为，使用前连续管在造斜段和水平段处于受压状态，使用后连续管管端有一段处于受拉状态[1]，从而减轻螺旋屈曲。在现场起到的作用是，可以延缓锁止增加连续管的最大下入深度，可以有效增加在预定深度能施加的钻压。在川渝页岩气水平井连续管作业中，使用水力振荡器可以使水平井内的最大下入深度和最大钻磨作业深度增加 300~500m。

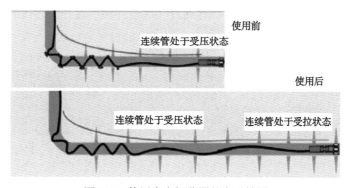

图 8-1　使用水力振荡器的宏观效果

一、连续管通洗井技术

1. 生产问题与解决方案

连续管通洗井主要用于页岩气水平井分段压裂改造前的井筒准备作业。

1）要解决的生产问题

由于套管固井后井筒内存在水泥残留、钻井液和地层碎屑等杂物，使套管通径缩小甚至形成堵塞，导致后续施工过程中极易造成井下复杂，诸如：桥塞置放过程中提前坐封；射孔枪无法下至目标层位，电缆及射孔枪卡钻乃至断脱落井；压裂泵注过程中杂物被压入地层，污染近井地带，导致压裂液难以注入、井口泵注压力超压带来井控风险等。井下复杂会严重影响生产进度，带来了大量的人力和设备等资源的浪费。因此，压裂前必须实施替液、通井、刮管、洗井等井筒准备作业，确保套管井筒内壁干净、井筒畅通。

使用钻机或常规修井机实施井筒准备作业，一般需要经过4次起下作业才能完成替液、刮管、通井、洗井，作业周期接近一周时间；由于接单根时无法保持连续循环，井筒难以清洗干净，作业液的用量也大幅增加。周期长、劳动强度大、费用高，需要改变工艺提速提效。

需使用连续管传输射孔枪进行首段射孔作业的井，由于射孔工具串较长，为确保施工安全，在使用常规管柱完成井筒准备后，仍需使用连续管带通井工具进行模拟通井和洗井，时间和成本进一步增加。

2）解决方案

采用连续管钻磨通洗井工艺，一趟管柱完成替液、通井、刮管、洗井作业。

其基本思路是，利用连续管作业提高效率，采用钻磨方式彻底清除套管内壁上的附着物和井筒内的堵塞物，借助在起下过程保持连续循环确保水平段清洁；同时，通过较长的大直径工具组合的作业，达到确认通径、验证连续管下入能力的目的。

2. 关键工具

1）连续管模拟通井和洗井作业

推荐工具组合为：连续管连接器＋双瓣回压阀＋液压丢手＋扶正器＋防脱旋转接头＋通井规＋旋转喷头或旋流喷头。

通井规最大外径小于井筒内径6~8mm，外表面设计返流通道并作耐磨处理，返流通道截面积不小于连续管内截面积。典型的页岩气水平井模拟通井规如图8-2所示，外表工作面采用螺旋结构，覆焊硬质合金。

模拟通井工具串有效长度应不小于拟使用工具串长度。

图8-2 模拟通井规实物图片

2）连续管钻磨通洗井作业

推荐工具组合为：连续管连接器＋马达头＋扶正器＋（震击器或水力振荡器）＋螺杆马达＋平底磨鞋。扶正器最大外径小于井筒内径6~8mm，马达头包含双瓣回压阀、液压丢手及循环接头。

磨鞋直径按套管通径规（Drift）直径的95%~98%选取[1]，典型的钻磨通洗井用平底磨鞋结构如图8-3所示。

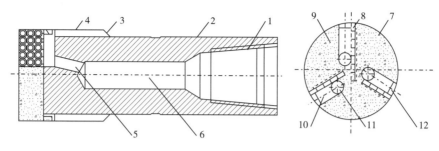

图 8-3　平底磨鞋结构图

1—螺纹连接端；2—接头体；3—过渡段；4—磨鞋体；5—倾斜孔；6—主工作液通道；
7—切削元件；8—碳化钨钢块；9—切削齿保护层；10—排液槽；11—铅垂孔；12—排液槽

页岩气水平井钻磨通洗井用的螺杆马达，建议参照钻磨复合桥塞的要求选择其工作参数，其基本特点是低钻压、高转速、大排量、大扭矩。选择低钻压，是基于水平段较长时连续管施加钻压困难；选择高转速，是基于要在低钻压下依然能获得较高的钻磨效率；选择大排量，则是基于水平井内钻屑清理难的特点，便于更好地清洁井筒；选择大扭矩，是为了提高预防卡钻的能力。推荐使用外径 73mm 的螺杆马达，钻压范围为 4.5~6.8kN，最高转速不低于 400r/min，最大排量不低于 450L/min，工作扭矩不低于 600N·m[1]。

震击器和水力振荡器在需要时使用，但不建议两者同时使用。震击器主要用于固井质量不良、井身结构异常复杂时，方便钻磨工具遇卡后解卡；水力振荡器主要用于水平段长度 1500m 以上时，延长连续管的下入深度、增大能施加在磨鞋上的钻压。

3. 控制要点

连续管钻磨通洗井是要以高效率、低成本实现清理井筒的目的，要确保连续管能下入预定深度并实现有效钻磨清理，要避免产生过大的钻屑无法返出，避免卡钻导致井下复杂，需要全面考虑，不能单纯追求最短的磨铣时间。

作业前要做好连续管作业参数模拟分析，实施中要严格控制工艺过程和参数监测，实施后要进行必要的分析总结。

1）连续管作业参数模拟分析

建议使用专业软件进行模拟分析。模拟分析的主要参数包括连续管最大下入深度（是否出现锁止、锁止深度）、连续管在起下过程中的载荷变化（强度是否满足要求）、在指定深度能施加的最大钻压等力学参数，循环流量、泵注压力等流动参数，以及剩余疲劳寿命等参数。

以威××井的连续管下入深度和钻磨深度参数模拟为例。

（1）井身结构参数：套管内径 114.3mm，造斜点 3012m，A 点 4234.84m（垂深3557m），人工井底 5736.00m，水平段长 1501.16m。

（2）连续管参数：使用 QT900 外径 50.8mm、壁厚 3.96~4.78mm 的 6000m 变径连续管作业。

（3）软件模拟结果：

取当量摩擦系数 0.3，不使用振荡器，最大下入深度 5380.9m（水平段长 1146m），无法下入人工井底；

取当量摩擦系数 0.3，使用振荡器，400L/min 排量，最大下入深度大于 5736m（水平段长 1501m），可满足下入要求；但最大钻磨深度只有 5520m（水平段长 1285m，钻压大于 5kN），仍不满足钻磨要求；

取当量摩擦系数 0.27，使用振荡器，400L/min 排量，作业深度增加 300m，达到要求。

（4）连续管钻磨通洗井施工建议：推荐在作业介质中添加减阻剂，使连续管与井壁间的当量摩擦系数低于 0.27，并使用水力振荡器。

2）工艺过程控制和参数监测

（1）全过程保持循环。直井段泵注排量 80~200L/min，下至造斜点后泵注排量提至 400L/min；连续管钻磨通洗井至人工井底后，停留 5~10min 后上提，并保持泵注排量 400L/min 至泵注循环液量不少于 1.5 倍井筒容积且进出口液体基本一致。

（2）遇阻时应对遇阻位置反复钻磨冲洗，再尝试通过，但反复次数不宜超过 5 次。

（3）全过程采集并记录数据。主要数据包括：深度、起下速度、指重，泵注排量、压力和阶段液量。

3）施工总结分析

（1）形成总结报告，分析施工过程成功经验和需要改进的地方。

（2）使用专业软件，对采集数据进行回归分析，获得施工过程的实际当量摩擦系数，并与作业前的模拟分析数据对比，对差异较大的数据进行重点分析，提出下一步模拟、作业的改进建议。

三、连续管传输射孔技术

连续管传输射孔主要是指用连续管携带射孔弹下入井内进行射孔作业。施工时将事先装配好的射孔枪接在连续管工具管柱的下部，下至井内预定深度，调整连续管深度使射孔弹对准油气层的射孔层位，用内加压或内外同时加压的方法起爆射孔弹进行射孔作业。

在页岩气水平井内，连续管传输射孔与传统的电缆射孔、油管传输射孔相比优势明显。与两者相比，具有井控安全和作业安全方面的优势；与电缆传输射孔相比，能更好满足水平井射孔的要求，在水平段较长时，连续管输送能力强、防卡能力强的优势更加明显；与普通油管传输射孔相比，无需压井，施工效率高。

1. 生产问题与解决方案

1）要解决的生产问题

页岩气水平井的首段射孔（趾端射孔），需要采用连续管传输射孔。目前的桥塞分段多簇射孔体积压裂方式，主要采用电缆泵送分簇射孔及坐封桥塞联作技术，对于第一段，由于储层未开启，无泵送通道，无法实现电缆泵送射孔来完成射孔作业。

由于作业过程或井筒出现异常，需要采用连续管传输射孔。目前，在川渝页岩气水平井分段压裂施工中，易出现井内压力高、压力变化范围大或出现套变、砂堵等情况，桥塞泵送不到位，同样无法实现电缆泵送射孔来完成射孔作业，需要采用连续管传输射孔解决射孔、补孔等问题。

2）解决方案

主要采用连续管传输枪弹射孔。使用连续管将射孔枪输送到预定深度，加压起爆完成射孔；通过加压方式和延时起爆方式的组合，实现分簇射孔；当出现难以下入预定深度时，主要通过使用金属减阻剂增加下入深度。

连续管传输喷砂射孔作为枪弹射孔的一种补充方式。喷砂射孔方式可以使用水力振荡器，有利于进一步增加连续管下入深度；喷砂射孔工具长度短、直径小，有利于通过曲率半径小或存在套变的井段。因此，当水平段较长、井眼轨迹上翘、套变较严重时，连续管传输射孔枪往往下不到位，可以采用连续管输送喷砂射孔。

2. 关键工具

1）连续管传输枪弹射孔

按两簇射孔，常用的工具组合为：连续管连接器＋变扣接头＋第2簇射孔枪（含起爆器＋接头＋射孔枪）＋第1簇射孔枪（含起爆器＋接头＋射孔枪）＋枪尾。

（1）根据经验，工具组合中不加装安全丢手装置，降低掉枪的风险。

（2）2013年前后，对于3簇以上的射孔，采取的方案是分两趟连续管作业，主要是为保证作业安全。第一趟传输2簇射孔枪，第1簇环空加压起爆后回拉至第2射孔点，第2簇管内加压起爆，完成后起出。第二趟传输1簇射孔枪，管内加压起爆。

（3）到2015年，随着延时射孔方式在页岩气水平井应用的增多，一趟管柱完成3簇以上连续管传输枪弹射孔的方案得到越来越普遍的应用。

（4）川渝页岩气使用的射孔枪主要是89型和73型，每簇射孔长度一般为1.5m，每段射孔以3簇居多。2簇枪弹射孔工具组合的长度一般为6m左右，3簇时长度增加为8.5m左右，工具长度相对较长，施工时需准备长度足够的防喷管。

（5）连续管传输枪弹射孔的模拟通井管柱，一般使用不含炸药的射孔工具组合（假枪）。

2）连续管传输喷砂射孔

推荐工具组合为：连续管连接器＋液压丢手＋滑套式喷射器＋水力振荡器＋引鞋。

滑套式喷射器为常闭结构，通过连续管泵注时水力振荡器工作，使连续管能克服摩阻将喷射器输送到预定深度。输送到位后，投球打开滑套，同时阻断水力振荡器的通道，即可实施喷砂射孔作业。

3. 控制要点

（1）设计阶段应使用专业软件进行连续管作业能力模拟分析，确定是否能完成作业，确认是否需要使用减阻剂，是否需要准备喷砂射孔工具和水力振荡器。

（2）实施连续管传输射孔工艺前，需确保井筒清洁并用连续管进行模拟通井。

（3）连续管传输枪弹射孔作业要点：连续管下放过程中钻压不超过3kN；下放到位后，采用探底的方式进行深度定位。连续管接近人工井底／桥塞时，下放速度为2~3m/min，下探时施加钻压建议不超过5kN，避免损坏射孔枪。上提连续管至目的射孔位置，校深并经甲方现场负责人确认数据无误后，才能进行射孔作业。

采用环空加压起爆时，应打开连续管注入阀，防止连续管管内起压引爆上一支射孔枪或造成连续管挤毁。

4. 典型案例

1）CNH6-1井首段连续管传输枪弹射孔

CNH6-1井位于四川省宜宾市珙县，属于长宁背斜构造开发水平井。该井人工井底4408m，水平段长1354m，最大井斜角101.02°。水平段较长、井眼轨迹上翘。

根据软件模拟分析结果，为避免连续管出现螺旋锁定，在下模拟射孔枪时泵注

1%~3%的金属减阻剂后顺利完成模拟通井。

施工过程中使用金属减阻剂后，连续管携带73mm射孔枪，顺利完成首段4382.5~4381m和4357.5~4356m两簇射孔。射孔成功率100%，为后续泵送桥塞打开循环通道，成功完成该井多级压裂。

2）V202H2-3井首段连续管传输喷砂射孔

V202H2-3井位于四川省内江市威远县，属于威远中奥顶构造。该井人工井底4652m，水平段长1748m，最大井斜角105°。水平段超过1700m，井眼轨迹上翘。

原计划首段射孔采用连续管传输枪弹射孔，设计2簇射孔，拟使用86射孔枪，每簇射孔长度为1.5m。根据软件模拟分析结果，连续管下入预定深度的难度较大。

使用连续管下入枪弹射孔模拟通井管柱，并泵注了金属减阻剂，经多次尝试无法通井至人工井底，且距离人工井底500m以上。

判定采用枪弹射孔无法完成施工，决定采用连续管传输喷砂射孔，并配套使用水力振荡器。工具组合为：连续管连接器＋液压丢手＋滑套式喷射器＋水力振荡器＋引鞋。工具组合长度缩短至2.3m，滑套喷射器外径104mm、长度0.65m，使用73mm水力振荡器。

在该井施工中，进行了不使用和使用水力振荡器时连续管下入能力的对比测试。下入了两趟管柱，对比了3种工况：

（1）用连续管下入直径104mm、长度0.65m的通井规（不含水力振荡器），模拟通井，在4313.2m处遇阻（泵注条件）；

（2）用连续管下入喷砂射孔工具组合（带水力振荡器），在未开泵状态，下至4093m处遇阻；

（3）用连续管下入喷砂射孔工具组合（带水力振荡器），开泵以400L/min排量泵注，通井至4645.5m的人工井底。

通过对比，使用水力振荡器可使连续管在水平井下深增加300~500m。

其后，投球打开喷射器滑套进行首段喷砂射孔。从4631m至4607m共进行6簇射孔，顺利完成压裂施工。

四、连续管钻磨桥塞技术

连续管钻磨桥塞作业是页岩气水平井连续管配套作业最重要的技术，主要用于页岩气水平井分段压裂施工完成后，钻除复合桥塞，恢复井筒通径和产气通道。

1. 生产问题与解决方案

1）要解决的生产问题

（1）页岩气水平井在压裂完成后、排液结束前就需开始钻磨作业，属于井口压力较高的带压钻磨；且钻磨过程中，随着产层打开程度不断增加，页岩气产出随之加大，井口压力还会增大。要求具有比较强的带压作业能力，并能实现连续循环；要求配套能满足固相、液相、气相三相流的作业和处理流程，保持进出液量基本一致、控制井口压力在可控范围。

（2）页岩气水平井的水平段长度不断增加（最长已超过2000m），桥塞数量也随之增多（最多已超过30个），需要采取措施延长作业深度、保证钻磨过程能有效施加足够的钻压。

（3）由于待钻的桥塞数量多，为提高钻磨效率，要求适应复合桥塞的特性配套专用的磨鞋，并相应配套钻磨工具与工艺。

（4）为防止卡钻、清洁井筒、节省成本，需采用在钻磨全过程能确保井筒清洁的工艺措施，需配备专用装置清除地面返出流体中的钻屑，保持作业液的循环使用、防止堵塞流程。

2）解决方案

针对川渝页岩气的作业要求，采取如下主要措施：

（1）配套最大能力达到 6000m 的 50.8mm（2in）连续管作业机进行钻磨桥塞作业，工作压力、井控设备承压能力均按不低于 70MPa 配套；地面流程配备脱气装置和控制井口返出压力的节流管汇。

（2）使用高强度（现场使用的最高压力等级已达到 CT110）变径连续管、金属减阻剂、水力振荡器等措施，增加连续管的最大下入深度、增大连续管管端能施加的有效钻压。

（3）使用专门开发的页岩气水平井压裂专用复合桥塞，并配套研制适应桥塞特性的专用磨鞋，按低钻压、高转速、大排量、大扭矩的原则配套钻磨用螺杆马达。

（4）研制配套钻屑捕捉器，用于清除井口返出液中的桥塞碎片和钻磨碎屑，并与地面流程形成配套，控制井口返出压力。

2. 关键工具

1）地面配套专用装置

页岩气水平井钻磨桥塞最重要的专用装置是钻屑捕捉器（图 8-4），主要用于捕捉、过滤钻磨后的桥塞碎屑，防止桥塞碎屑堵塞井口和地面流程，利于钻磨返排液回收循环使用。同时，为清除地层砂、压裂砂和小颗粒钻屑，防止小颗粒固相冲蚀节流管汇，可在钻屑捕捉器下游安装除砂器（图 8-5）。推荐流程：井口—钻屑捕捉器—除砂器—节流管汇—应急管线—气体分离器—多级沉淀池。

为保护连续管及井下工具，防止固相堵塞连续管、损坏井下工具，在高压泵车和连续管作业车之间的泵注管汇上，建议安装高压过滤器。

图 8-4 钻屑捕捉器

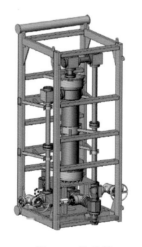

图 8-5 除砂器

钻屑捕捉器的承压能力建议不低于70MPa，其设计结构使之能方便地在三种流通通道间进行切换（图8-6）。在无需捕捉钻屑时，关闭两侧通道的阀门，开启中间通道的阀门；在需要捕捉钻屑时，关闭中间通道的阀门，开启一侧通道的阀门，可切换为下侧通道捕捉钻屑［图8-6（a）］或上侧通道捕捉钻屑［图8-6（b）］。侧翼通道的阀门关闭后，可打开端部具有快速装拆结构的堵帽，现场快速更换滤芯、清理捕捉的钻屑。

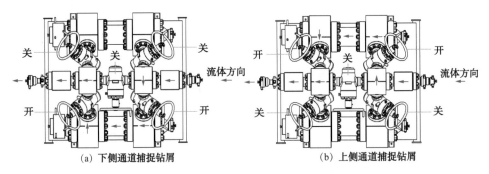

（a）下侧通道捕捉钻屑   （b）上侧通道捕捉钻屑

图8-6　钻屑捕捉器工作流程转换示意图

2）井下关键工具

推荐工具组合为：连续管连接器＋马达头＋（震击器＋液压丢手）＋水力振荡器＋螺杆马达＋磨鞋。马达头包含双瓣回压阀、液压丢手及循环接头。

连接器应具有承扭能力，震击器应具备双向震击功能；水力振荡器在连续管作业参数模拟可能出现锁定时使用，其工作参数应与螺杆马达工作参数匹配。

螺杆马达要求具有低钻压、高转速、大排量、大扭矩。川渝页岩气最常用的是外径73mm的螺杆马达，钻压范围为4.5~6.8kN，最高转速不低于400r/min，最大排量不低于450L/min，工作扭矩不低于600N·m。

磨鞋应与桥塞材质、结构相匹配，对于川渝页岩气常用的复合桥塞，最常用的是碎片式磨鞋（图8-7）。国外公司推荐磨鞋直径按套管通径规（Drift）直径的95%~98%选取[1]，国内习惯是按套管内径的90%~95%选择磨鞋外径。

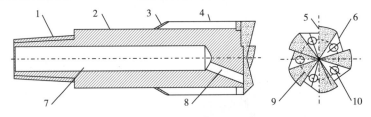

图8-7　碎片式磨鞋结构图

1—外螺纹连接端；2—接头体；3—过渡段；4—磨鞋体；5—排液槽；
6—倾斜面；7—主工作液通道；8—倾斜孔；9—铣齿；10—排液孔

图8-8是现场使用磨鞋的端面图片，图8-9是现场钻磨形成的复合桥塞钻磨碎屑。

3.控制要点

作业前要做好连续管作业参数模拟分析，预测连续管最大下入深度、能施加的最大钻压及循环压力，明确是否需要采取加入金属减阻剂、是否需要使用水力振荡器；实施中要严格控制工艺过程和参数监测，实施后要进行必要的分析总结，将采集数据与作业前的模拟分析数据对比，对差异较大的数据进行重点分析。

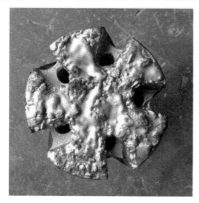

图 8-8　磨鞋端面外观

图 8-9　复合桥塞钻磨碎屑

1）连续管下入过程控制要求

连续管串入井前，需在井口连接并用清水试压、验通后才能下入，避免在井下出现意外。

下入时确认防喷器、大通径法兰和放喷阀门及测试管汇回浆和放喷管线畅通，连续管串过井口时一定要小心谨慎，放慢速度。

下放连续管过程中，根据下入深度情况，控制好下放速度不超过 25m/min，接近射孔段时控制下放速度低于 5m/min。

下放连续管过程中，要密切注意悬重的变化情况，及时做好记录，并与设计计算值进行比较，及时纠正。每下放 300~500m 上提 10m 检查悬重是否正常或有无阻卡现象。

如果下入过程中出现遇阻、卡现象，应立即停止下放作业，上提油管，最大下压不超过 5kN，观察悬重变化情况，查明原因后方可继续下放或根据情况现场讨论确定下步方案。

2）连续管钻塞作业相关要求

（1）在地面检查马达是否处于正常状态，下入井内后进行上提和下放检测。

（2）对于每一个桥塞的钻磨：轻碰压裂桥塞顶面，探得桥赛后上提 1~2m，再将泵注排量增加到设计排量，慢慢下放，直到泵压上升，开始钻磨；磨铣桥塞顶部 5min 后，上提管柱 1m 使管柱处于中性状态，再下放继续磨铣桥塞，重复这一动作直至桥塞被磨铣完毕。钻压应控制在 5~20kN，最大钻压不宜超过 40kN，施加钻压应缓慢。

（3）每个桥塞钻磨完成后，泵注 2~5m³ 胶液，再下放连续管探下一个桥塞塞面；完成 2~3 个桥塞磨铣工作后，进行一次短程起下。短起前应泵入不小于 10m³ 的冲洗液，再边循环边上提连续管至造斜点。

（4）每钻两只桥塞应对钻屑捕集器进行检查、清理。钻屑捕集器的倒换应遵循先开后关原则，确认压力释放完，压力表显示为零后再进行拆卸、清理作业。收集的钻屑应进行分类处理，并称重、记录。应根据钻屑返出和钻磨效率情况，确定是否进行钻屑打捞。

（5）井口回压控制以油嘴控制为主，以针阀为辅。油嘴大小在入井后泵注测试选择，井口压力控制应满足出口排量略大于泵注排量要求，推荐差值为 50~100L/min。

（6）螺杆马达制动后，应将钻具提离桥塞面，重新建立循环，待泵注稳定后，才能恢复磨铣作业。

（7）所有桥塞被磨铣完毕后，追送最后一个桥塞残留部分到井底。上提过程中，应充分洗井，在水平段至少来回冲洗2次以上。

4. 典型案例

以 CNH6-5 井钻磨桥塞作业为例。该井水平段长 1500m，最大井斜角 88.5°。共使用两只磨鞋尺寸分别为 106mm 和 104mm 钻磨掉 19 个复合桥塞，其中 106mm 磨鞋钻磨掉 13 个桥塞，104mm 磨鞋钻磨掉剩余 6 个桥塞。为了控制碎屑尺寸以及充分泵注胶液提高返屑率，每个桥塞平均钻磨时长 45min（从探得塞面、完成钻塞，到泵注 5m³ 胶液）。

使用了两趟连续管作业，两趟所用工具串的磨鞋规格略有差异。第一趟钻磨工具组合：ϕ73mm 复合接头 $+\phi$73mm 单向阀 $+\phi$73mm 液压丢手 $+\phi$73mm 震击器 $+\phi$73mm 螺杆马达 $+\phi$106mm 磨鞋；第一趟钻磨工具组合：ϕ73mm 复合接头 $+\phi$73mm 单向阀 $+\phi$73mm 液压丢手 $+\phi$73mm 震击器 $+\phi$73mm 螺杆马达 $+\phi$104mm 磨鞋。

CNH6-5 井钻磨桥塞作业过程记录见表 8-1。

表 8-1　CNH6-5 钻磨桥塞作业过程记录

时间	作业内容
7 月 8 日	安装钻磨工具串，使用 106mm 磨鞋
7 月 8 日 19：00	开井下连续管
7 月 8 日 19：00—23：05	下至井深 2730.2m 探得第 1 个桥塞
7 月 8 日 23：05—23：47	钻磨完成第 1 个桥塞，泵注胶液 5m³
7 月 8 日 23：47—9 日 00：10	下至井深 2798.4m 探得第 2 个桥塞
7 月 9 日 00：10—00：27	钻磨完成第 2 个桥塞，泵注胶液 5m³
7 月 9 日 00：27—01：00	下至井深 2870.3m 探得第 3 个桥塞
7 月 9 日 01：00—01：45	钻磨完成第 3 个桥塞，泵注胶液 5m³
7 月 9 日 01：45—02：17	下至井深 2956.3m 探得第 4 个桥塞
7 月 9 日 02：17—04：10	钻磨完成第 4 个桥塞
7 月 9 日 04：10—06：00	泵注胶液 10m³，上提至 2200m
7 月 9 日 06：00—06：35	下至井深 3029.8m 探得第 5 个桥塞
7 月 9 日 06：35—07：06	钻掉第 5 个桥塞，泵注胶液 5m³
7 月 9 日 07：06—07：27	下至井深 3110.2m 探得第 6 个桥塞
7 月 9 日 07：27—08：34	钻磨完成第 6 个桥塞，泵注胶液 5m³
7 月 9 日 08：34—08：55	下至井深 3186.7m 探得第 7 个桥塞
7 月 9 日 08：55—10：15	钻掉第 7 个桥塞
7 月 9 日 10：15—11：50	泵注胶液 10m³，上提至 2500m
7 月 9 日 11：50—13：35	下至井深 3269.4m 探得第 8 个桥塞
7 月 9 日 13：35—14：05	钻掉第 8 个桥塞，泵注胶液 5m³
7 月 9 日 14：05—14：40	下至井深 3349.7m 探得第 9 个桥塞
7 月 9 日 14：40—18：05	钻掉第 9 个桥塞，泵注胶液 5m³
7 月 9 日 18：05—18：33	下至井深 3420.6m 探得第 10 个桥塞

续表

时间	作业内容
7月9日 18：33—19：05	钻掉第 10 个桥塞，泵注胶液 5m³
7月9日 19：05—22：45	间断泵注胶液和滑溜水短起至 2000m
7月9日 22：45—7月10日 00：20	下至井深 3493.6m 探得第 11 个桥塞
7月10日 00：20—01：00	钻掉第 11 个桥塞，泵注胶液 5m³
7月10日 01：00—01：15	下至井深 3559.7m 探得第 12 个桥塞
7月10日 01：15—03：20	钻掉第 12 个桥塞，泵注胶液 5m³
7月10日 03：20—03：44	下至井深 3620.6m 探得第 13 个桥塞
7月10日 03：44—04：38	钻掉第 13 个桥塞，泵注胶液 5m³
7月10日 04：38—05：15	下至井深 3682.4m 探得第 14 个桥塞
7月10日 05：15—06：55	钻磨第 14 个桥塞未完，起油管
7月10日 03：00—7月11日 03：00	下强磁打捞工具清除井筒碎屑
7月11日 03：00—06：40	下入钻磨工具串带 104mm 磨鞋至 3682.4m，探得第 14 个桥塞
7月11日 06：40—06：50	钻除第 14 个桥塞，泵注胶液 5m³
7月11日 06：50—07：18	下至井深 3740.5m 探得第 15 个桥塞
7月11日 07：18—08：55	钻磨完成第 15 个桥塞，泵注胶液 5m³
7月11日 08：55—09：20	下至井深 3798.6m 探得第 16 个桥塞
7月11日 09：20—10：25	钻磨完成第 16 个桥塞，泵注胶液 5m³
7月11日 10：25—11：00	下至井深 3970.4m 探得第 17 个桥塞
7月11日 11：00—12：05	钻磨完成第 17 个桥塞，泵注胶液 5m³
7月11日 12：05—12：30	下至井深 3969.5m 探得第 18 个桥塞
7月11日 12：30—13：25	钻磨完成第 18 个桥塞，泵注胶液 5m³
7月11日 13：25—13：50	下至井深 4019.4m 探得第 19 个桥塞
7月11日 13：50—14：30	钻磨完成第 19 个桥塞，泵注胶液 5m³
7月11日 14：30—15：00	探得人工井底 4100m
7月11日 15：00—23：00	上提连续管，拆卸设备，完成钻磨

第二节　井下复杂与应急处理连续管作业技术

川渝页岩气开发示范区和试验区的开发难度远高于美国页岩气，不仅是地貌复杂、运输和井场条件受限，而且地质和储层条件也要复杂得多。在川渝页岩气水平井储层改造过程中，出现一系列井下复杂情况和紧急状况，需要采用连续管作业进行处理。

（1）因水平段过长、井筒钻井液污染严重、井口压力高、井身结构复杂等原因，采用泵送方式桥塞和射孔枪无法有效下至目标层段，无法实施层段分隔和射开地层；

（2）电缆、射孔枪落井，大的桥塞碎片无法排出，导致卡钻事故发生；

（3）压裂改造过程中砂堵，导致泵注压力超高，储层改造作业停止；

（4）发生套变后，正常作业无法进行，需要处理。

本节简要介绍页岩气水平井压裂砂堵连续管应急处理作业技术、连续管输送置放桥塞技术、套变井连续管钻磨技术、连续管打捞技术。

一、压裂砂堵连续管应急处理作业技术

1. 生产问题与解决方案

页岩气储层复杂，易出现在加砂压裂过程中因裂缝内脱砂或支撑剂桥堵而引起施工压力急剧升高，瞬间达到限压而被迫中止施工。由于页岩气井分级压裂都在水平段中进行，所以发生砂堵后，冲砂也是在水平段中作业。

发生砂堵后最有效的方法是下入连续管带冲洗头进行冲砂解堵[7]。

2. 关键工具

推荐工具组合为：连续管连接器 + 双瓣回压阀 + 液压丢手 + 旋转喷头或旋流喷头。

喷头和单向阀一般选用相同的外径。若喷头或其他工具外径大于单向阀外径时，使用丢手工具。

3. 控制要点

地面流程应使用除砂器，建议使用油嘴控制井口压力，冲砂过程中应控制出口排量与泵注排量基本一致。

探砂面下放速度应小于 5m/min。遇阻后，应反复探塞面 2 次以上，遇阻砂面载荷下降应大于 10kN。探到砂面后，应记录砂面位置，上提管柱至砂面以上 5m，开泵循环正常后，再缓慢下放管柱冲砂。

推荐使用正循环冲砂。直井段冲砂时排量应满足最小上返流速不小于 2 倍颗粒沉降速度；水平井段冲砂，排量应满足最小上返流速不小于 6 倍颗粒沉降速度。

水平井段冲砂，建议每进尺 100~200m 上提 5~10m 测试载荷，校验载荷一次。遇阻应停止下入，待载荷恢复后再下入。

若冲砂无进尺，应上下活动连续管。反复冲洗无效果时，应起出连续管。

应保持连续泵注。若中途停泵，应上下活动管柱，立即启动备用泵。直井段应提到砂面以上 50m，水平井段应提到造斜点以上。

冲砂至目的深度后，应继续泵注循环，定点循环 10min 以上后，边循环边上提连续管出井口，并保持泵注排量至循环液量不少于 1.5 倍井筒容积且进出口液体基本一致。

二、连续管输送置放桥塞技术

1. 生产问题与解决方案

通常情况下，页岩气水平井都采用泵送方式下桥塞和多簇射孔的射孔枪。当出现水平段过长、套管存在缩径、井口压力高、井身结构复杂等情况时，就无法正常下入。

连续管输送桥塞置放技术可有效解决生产紧急难题。通过连续管输送，可解决因压力过高无法大排量泵注的问题；可利用连续管施加钻压，使桥塞顺利通过套管直径缩小的井段；需要时，可结合金属减阻剂、水力振荡器的使用，满足超长水平段输送桥塞的要求。

2. 关键工具

推荐工作组合为：连续管连接器 + 双瓣回压阀 + 液压丢手 + 水力振荡器 + 桥塞坐封工具 + 桥塞适配器 + 桥塞。

连续管输送置放桥塞所用的桥塞坐封工具，是一种标准的液动坐封工具（图8-10，图8-11），用于桥塞的连接、坐封、丢手。通过相应转换头可适用于不同桥塞，通用性强；内设有液流通道，保证入井过程中液流畅通，管柱内外压力平衡，避免提前坐封。

图8-11　液动坐封工具结构示意图

坐封工作原理：工具到位后投球，候球入座然后打压，球座下行封堵旁通孔，同时液体通过传压孔进入上下两级活塞之上，活塞带动坐封套下行，使坐封套和固定在缸套上的拉杆产生相对位移，从而坐封下面的桥塞，当推力增大到一定程度后实现丢手。

3. 控制要点

组合工具串时，应对工具串进行通球测试，工具串入井前应对连续管进行通球测试，以确保需要时能通过连续管投送液压丢手钢球及桥塞坐封钢球。

下工具串到桥塞坐封位置以下5~10m，根据标识位置起连续管到桥塞坐封位置，校深定位。

先开泵循环15~20min后，再投球并泵球到球座位置进行憋压坐封桥塞。

桥塞坐封成功丢手后，应探塞面和进行验封测试。

三、套变井连续管钻磨技术

1. 生产问题与解决方案

生产问题：在川渝页岩气水平井多级压裂中，由于施工排量大、压力高，时常会发现套管出现变形的情况。套管变形导致通径变小，进而导致射孔枪、桥塞不能下至预计井深，或者钻磨桥塞时工具串不能通过变形段甚至出现卡钻，严重影响施工效率和带来安全风险。

解决方案：主要包括两类钻磨作业，均用连续管作业实施。第一类是连续管钻磨修整套管变形段，直到能通过常规钻磨工具串，主要用于套管变形不是很严重时（变形量小于8mm）；第二类是通过变形段进行连续管钻磨桥塞施工，使用小磨鞋、偏心磨鞋。

2. 关键工具

1）连续管钻磨修整作业用的铣锥

当遇到套管轻微变形，连续管下端工具无法通过时，连续管可携带铣锥对变形部位进

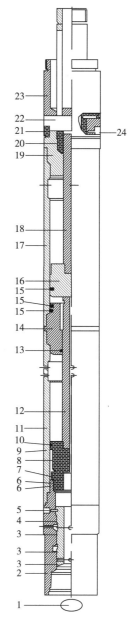

图8-10　液动坐封工具结构图

1—钢球；2—上接头；3，6，9，10，13，15—O形密封圈；4—T型阀；5—剪切销钉；7—活塞堵套；8—上活塞；11—上套筒；12—上压缩杆；14—中间接头；16—下活塞；17—下套筒；18，21，22，23—十字头连杆组件；19　下接头，20　拉伸套，24　内六角螺钉

行磨铣，连续管钻磨作业用的铣锥结构图如图8-12所示。铣锥本体下端略小，通过螺杆马达转动并施加一定钻压将铣锥逐步引导靠近变形部位开始磨铣，铣锥本体侧面的硬质合金对变形部位不断磨铣，并通过底部水眼和侧水眼泵注液体对硬质合金降温，并将碎屑通过液体循环通道携带至井口。

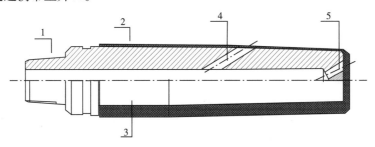

图8-12　连续管铣锥结构示意图

1—上接头；2—硬质合金；3—铣锥本体；4—侧水眼；5—底部水眼

2）连续管钻磨桥塞用的偏心磨鞋

为避免因套管变形带来的卡钻风险，能顺利通过变形部位进行钻磨桥塞作业，开发了偏心磨鞋（图8-13），由上接头、磨鞋本体、硬质合金及液体循环通道和水眼组成。缩小磨鞋外径，将底部硬质合金设计为偏心结构，磨鞋与井下马达连接后，马达旋转中心线和磨鞋旋转中心线不重合，使得磨鞋

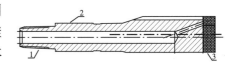

图8-13　偏心磨鞋结构示意图

1—上接头；2—本体；3—硬质合金

体积小但旋转起来作用面积大，适合套管变形的油气井修套、钻磨桥塞时使用。其优点是不降低磨鞋的强度，提高磨鞋作用范围。

3. 典型案例

CNH3-1井为某页岩气水平井工厂化压裂试验井组其中一口井，该井人工井底3973m，水平段长1000m，分12段压裂，压裂完成后计划用连续管钻磨掉井筒内11个复合桥塞。

实际钻磨时，在2924m位置发现套管变形，使用$\phi 96mm$、$\phi 94mm$、$\phi 92mm$和$\phi 86mm$磨鞋及$\phi 96mm$金刚石磨鞋，均无法通过。使用$\phi 89mm$铣锥对变形段反复磨铣后，用$\phi 81mm$小磨鞋通过变形点，分3次钻磨完成全部11个复合桥塞。

四、连续管打捞技术

1. 生产问题与解决方案

页岩气水平井与其他油气井作业一样，也会出现井下落物需要打捞的情况。由于大量的桥塞需要钻磨，落物种类和出现的概率比常规油气井更多。因为存在水平段较长、井筒压力高，固、液、气三相等复杂情况，页岩气水平井的打捞更为复杂。

目前，在川渝页岩气水平井主要采用连续管进行打捞作业，打捞射孔枪电缆头、螺杆马达、磨鞋碎片等井下落鱼。

2. 关键工具

推荐工具组合为：连续管连接器+双瓣回压阀+震击器+液压丢手+打捞工具。

根据需要可在工具组合中增加加速器、扶正器等工具。打捞工具的选择应根据井内落物情况，优先选用常规打捞工具，实际打捞尺寸应根据铅模显示或者其他方式获得的鱼顶内径、外径和形状决定，并绘制工具草图。打捞绳类落物时，打捞工具上部应有挡环，其厚度应小于20mm，外径宜比油套管内径小6~8mm。

1）可退式卡瓦打捞筒

可退式卡瓦打捞筒（图8-14）是从落鱼外径抓捞落鱼的打捞工具。它可以打捞连续管、马达及其他井下工具。该系列工具功能完备，有密封结构，抓住落鱼后能进行钻井液循环。若抓住的落鱼被卡，也能很容易退出来。还带有铣鞋，能有效地修理鱼顶裂口、飞边，便于落鱼顺利进入捞筒。如果需要增大网捞面积可连接加大引鞋，鱼顶偏倚井壁时可使用壁钩，抓捞部位距鱼顶太远可增接加长节。可退式打捞筒的外筒由上接头、筒体、引鞋组成。内部装有抓捞卡瓦、盘根和铣鞋或控制环（卡）。打捞卡瓦分为螺旋卡瓦和兰状卡瓦两类，每类又有几种尺寸的打捞卡瓦。进行打捞时，可选用一种适合落鱼外径的卡瓦装入筒体内。

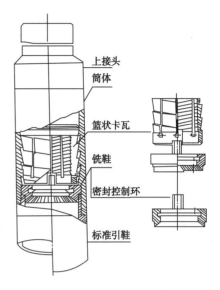

图8-14　可退式卡瓦打捞筒结构示意图

打捞筒的抓捞零部件是螺旋卡瓦和篮状卡瓦，其外部的宽锯齿螺纹和内面的抓捞牙均是左旋螺纹。当落鱼被引入捞筒后，只要施加一轴向压力，卡瓦在筒体内上行。由于轴向压力使落鱼进入卡瓦，此时卡瓦上行并张大，运用它坚硬锋利的卡牙借弹性力的作用将落鱼咬住卡紧。当上提捞柱，卡瓦在筒体内相对地向下运动。因宽锯齿螺纹的纵断面是锥形斜面，卡瓦必然带着沉重的落鱼向锥体的小锥端运动，此时，落鱼重量越大，卡得也越紧。整个重量由卡瓦传递给筒体。

筒体的宽锯齿螺纹和卡瓦的内外螺纹均为左旋螺纹。卡瓦与筒体配合后，也由控制卡或控制环约束了它的旋转运动，所以释放落鱼时只要施加一定压力，顺时针方向旋转捞住，即将捞筒由落鱼上退出。由于抓捞牙为多头左旋螺纹，退出的速度较快。

2）强磁打捞工具

强磁打捞工具是利用磁场原理，在连续管作业施工中处理金属块状落物的打捞工具之一。目前，已经有普通式、圆弧式和侧开式等几种产品类型，强磁工具满足连续管管串连接要求，操作简单。通常可根据需要连接4~8根强磁工具，实现金属落物打捞。特别针对连续管钻磨桥塞过程中产生的金属卡瓦片，由于卡瓦片通常为密度较大的金属材质，难于通过携带能力较强的工作返排出井口，特使用该工具，进行金属卡瓦片单独打捞，防止块状物大量堆积于井筒内，造成连续管卡钻风险。

3）连续管穿心打捞工具

连续管一旦被卡在套管或裸眼中，如果强行大力上提，连续管容易被拉断。连续管断裂后，鱼顶通常贴着套管内壁，而且连续管相对井筒（套管或裸眼）而言尺寸小。因此，打捞作业捞获鱼顶较为困难；又因为入鱼困难，鱼顶更容易损坏。鱼顶一旦损坏，修整难以实现，很可能不得不采用套铣或磨铣工艺处理井下落鱼，易使井下情况复杂化。如果连续管自上部被拉断，井下落鱼较长，解卡打捞难度和工程风险都非常大。为此，将穿心打捞工艺应用于解卡打捞连续管：维持连续管柱的完整性，连续管贯穿打捞工具以及整个打捞管柱，即"穿心"，打捞工具顺着连续管下入井下，下端抓牢连续管本体或连续管所连接的工具，然后进行解卡作业，即使连续管被拔断，井下剩余落鱼减少，也比较容易处理。因此，穿心打捞可以提高连续管解卡打捞效率。

（1）打捞工具。打捞工具是穿心打捞成败的关键，必须顺利下入，而且能有效抓牢落鱼。打捞部位通常有两种选择：一是连续管下部本体；二是连续管下端连接的大直径工具。

穿心打捞连续管本体，需要特殊的捞筒。因此设计了连续管卡瓦捞筒（图8-15），由筒体、卡瓦、弹簧、上接头组成。卡瓦设置倒齿，捞筒可以沿着连续管顺利下入。下至预计打捞深度后，上提打捞管柱，卡瓦在摩擦力作用和弹簧力的作用下，向筒体内锥体的小端运动，卡瓦缩小以实现对连续管咬合，上提力越大，咬合力也就越大；下放打捞管柱或上提连续管，可以解除卡瓦的咬合。该工具地面模拟操作，动作灵活可靠。

打捞连续管下部连接大直径工具，一般选择相应尺寸可退式卡瓦捞筒。

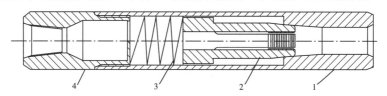

图8-15　连续管卡瓦捞筒示意图

1—筒体；2—卡瓦；3—弹簧；4—上接头

（2）穿心工具。穿心工具实现连续管在井口快速地与钢丝绳连接与脱开，连续管依靠穿心工具悬持，从而实现打捞工具和打捞管柱的"穿心"。穿心工具由快接头、绳帽、加重杆和钢丝绳组成，如图8-16所示。

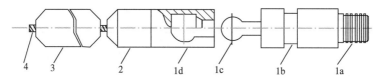

图8-16　穿心工具示意图

1—快速接头；2—绳帽；3—加重杆；4—钢丝绳；

1a—连接螺纹；1b—卡盘槽；1c—蘑菇头；1d—连接凹槽

快速接头由连接凹槽、卡盘槽、蘑菇头和内螺纹接头组成，快速接头下端设置连接凹槽，通过环压实现与连续管连接，卡盘槽与U形卡盘配合将连续管坐在钻具接头上，蘑菇头与内螺纹接头可以快速连接与脱开。快速接头的内螺纹接头通过螺纹与绳帽连接，绳帽连接钢丝绳，绳帽上端配置足够重量加重杆。穿心打捞施工过程中，连续管的上提和下放通过依靠钢丝绳实现。

3.控制要点

（1）探鱼顶，打捞作业前，通洗井，大排量冲洗鱼头，探明鱼顶位置。

（2）验证鱼顶形状，修鱼顶。若鱼顶不详，应打铅印落实验证鱼顶形状。若鱼顶形状不规则，无合适工具或较难捞出，应先进行鱼顶修理。

（3）选择打捞工具。应根据井内落物情况，优先选用常规打捞工具，外径尺寸应依据油套管内径、铅模显示或者其他方式获得的鱼顶内径、外径和形状决定。打捞工具串应接丢手工具。入井工具应绘制工具草图。

（4）下工具串打捞。

（5）打捞完所有落物后，一般宜洗井并通井至井底。

4. 典型案例

长宁某井钻磨桥塞过程中螺杆马达断裂形成落鱼（图8-17）。

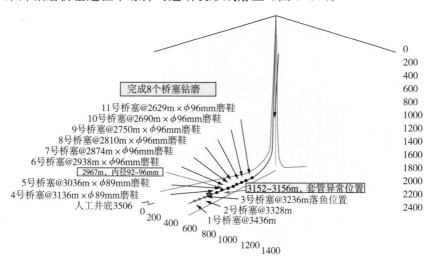

图 8-17 长宁某井落鱼基本情况

该井压裂完成后，开始进行钻磨桥塞作业。钻磨过程中，首先使用 ϕ96mm 磨鞋钻磨完成 11 号 ~6 号桥塞，但在 2967m 位置无法通过；后改用 ϕ89mm 磨鞋钻磨完成 5~4 号桥塞，当下探到 3152~5156m 位置遇阻钻磨后通过，钻磨第 3 号桥塞无进尺，后起出发现螺杆下部传动轴部分马达断裂；在为打捞做准备工作，使用铣锥对井筒进行通井磨铣过程中，螺杆马达退扣，造成新的落鱼。施工过程见表 8-2。

表 8-2 长宁某井施工过程描述

序号	工艺	主要工具	下入深度，m	过程描述
1	钻磨	ϕ96mm 磨鞋	2967	钻磨 11 号 ~6 号桥塞（共6个），2967m 位置遇阻，钻磨 3.5h 无进尺，起出检查马达损坏
2	钻磨	ϕ96mm 磨鞋	2967	2967m 位置无法通过，钻磨 40min，憋泵 15 次
3	钻磨	ϕ89mm 磨鞋	3236	钻磨完成 5 号、4 号桥塞，下探到 3152~3156m 有遇阻现象，钻磨后通过，探到 3236m 第 3 号桥塞位置；钻磨 1.5h 进尺，起出检查螺杆断落
4	通井	ϕ92mm 磨鞋	3152	为确定井下通过能力，使用 ϕ92mm 磨鞋通井，停泵、开泵状态均不能通过 3152m 位置
5	冲洗	ϕ73mm 冲洗头	3236	下冲洗工具到 3236m 第 3 号桥塞位置，水平段大排量洗井，下入过程中无遇阻
6	通井磨铣	ϕ89.7mm 铣锥	3236	下到 3152m 遇阻，钻磨 3h 后通过，探到 3236m 第 3 号桥塞位置；对 3152~3156m 上下反复磨铣 8 次，上提轻微遇卡、下放遇阻情况无明显变化；起出检查螺杆马达退扣部分工具掉井

1）落鱼情况分析

ϕ89mm 磨鞋钻磨工具串断裂形成落鱼。入井工具串（图 8-18）长度 7.52m，断裂后形成 0.43m 长的落鱼，断裂位置如图 8-19 所示，落鱼外形尺寸如图 8-20 所示。

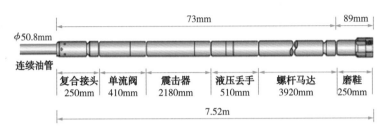

图 8-18　入井工具串结构

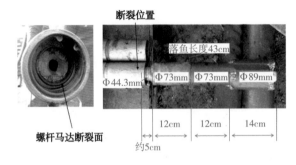

图 8-19　工具串断裂分析

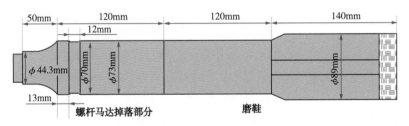

图 8-20　落鱼外形尺寸示意图

ϕ89.7mm 铣锥工具串脱扣落井，形成二次落鱼。脱扣落鱼分析示意图如图 8-21 所示，二次落鱼外形尺寸如图 8-22 所示。

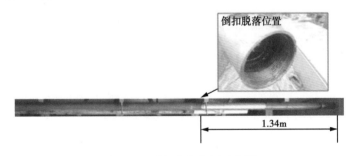

图 8-21　脱扣落鱼分析示意图

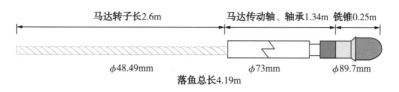

马达转子长2.6m　　　马达传动轴、轴承1.34m　铣锥0.25m

ϕ48.49mm　　　　　ϕ73mm　　　ϕ89.7mm

落鱼总长4.19m

图 8-22　二次落鱼外形尺寸示意图

2）打捞方案制订

通过施工过程和施工曲线分析，第一个落鱼在第 3 号桥塞上面位置，第二个落鱼位置可能在第 3 号桥塞位置，也可能在 3152~3156m（图 8-23）。

桥塞3@3236m　落鱼1　　　　　　　　落鱼2

102.7mm

图 8-23　落鱼位置示意图

因此制订了以下打捞方案：

（1）下连续管校深管串模拟通井管串通井及洗井。用连续管下 ϕ89mm 模拟通井管串通洗井到鱼顶位置后，洗出鱼顶以上的沉砂及钻屑。

（2）下 ϕ83mm 冲洗头通井及洗井。若模拟通井管串通井过程中遇阻，无法通井到鱼顶位置，则下 ϕ83mm 冲洗头通井以鱼顶并洗井。

（3）下打捞筒打捞转子。通洗井后，下打捞转子的打捞筒管串到鱼顶，打捞转子。

（4）下打捞筒打捞螺杆本体。若在打捞转子时，因转子表面硬度太高，而出现卡瓦打滑，无法捞获落鱼时使用。

（5）下开窗打捞筒打捞。若下打捞螺杆本体的打捞筒无法捞获落鱼，则下开窗式打捞筒打捞螺杆密封轴承外壳的下端。

3）实际打捞过程

（1）打捞第一处落鱼。转子硬度为 HRC55，硬度高，加工外径 81mm、长度 97cm 的可释放片状卡瓦打捞筒（图 8-24）来打捞螺杆马达转子，卡瓦使用硬度为 HRC 65~HRC70 的硬质合金。连续管下 ϕ89mm 模拟通井管串通洗井后，下打捞筒顺利捞出。

图 8-24　打捞筒示意图

（2）打捞第二处落鱼。关井下连续管至 3152m，对 3152m 位置进行磨铣处理，反复磨铣几次，继续下入直到探到鱼顶（停泵探鱼顶）。起连续管出井口后，下打捞筒打捞成功。

参 考 文 献

［1］Steven Craig, Jeffery Harris, et al. Best Practices for Composite Plug Milling[R]. SPE 154060, 2012.

［2］Castaneda J C, Schneide C E, et al. Coiled Tubing Milling Operations：Successful Application of an Innovative Variable-Water Hammer Extended-Reach BHA to Improve End Load Efficiencies of a PDM in Horizontal Wells［R］.SPE 143346, 2011.

［3］Christopher Schneider，Steven Craig，et al.The Effects of Fluid Hammer Tools on the Efficiencies of Coiled Tubing Plug Milling－A Comparative Best Practices Study［R］.SPE 147158，2011.

［4］Michael Pawlik，Jonathan Champagne，et al. Optimizing Frac Plug Mill Outs in Horizontal Wells using Coiled Tubing［R］.SPE 168279，2014.

［5］Ken Newman，P.E，Patrick Kelleher.CT Extended Reach：Can We Reach Farther［R］. SPE 168235，2014.

［6］Ken Newman，Timm Burnett et al.Modeling the Affect of a Downhole Vibrator［R］.SPE 121752，2009.

［7］翟恒立.页岩气压裂施工砂堵原因分析及对策[J].非常规油气，2015，2（1）：66-70.

第九章　连续管技术发展展望

自 2006 年以来，中国石油引领国内技术快速发展，使我国成为全球连续管技术发展最快的区域之一。通过"十一五"期间的攻关试验、"十二五"期间的专项推广，中国石油连续管作业的总体技术水平与国际先进水平的差距迅速缩小，已能初步满足国内生产的需要。但是，与国际领先水平相比，中国石油和国内连续管作业技术依然存在不小的差距，需要持续攻关、加快专业化建设与应用推广；连续管钻井技术还处于研究试验的起步阶段，需要尽快突破、落实应用。

进入"十三五"，中国油气市场呈现出低价格、低回报、低投资和低成本的特点，要在低油价形势下实现"稳油增气"的勘探开发目标，倒逼工程技术持续进步，依靠创新发展提高采收率、提高效益。中国石油未来 10~20 年的油气生产，老油田稳产复产依然举足轻重，勘探开发的重点在深层、低渗透领域，非常规油气成为储量产量新的增长点，这些重点工作均面临高成本、低产量、低效益的难题。

连续管技术是提高井筒作业效率、解决复杂井作业难题、降低作业成本的重要手段，"十三五"期间要在石油工程领域降本增效中发挥更大作用，更好地满足勘探开发生产需求。要适应工作量快速增加的需要，持续提升连续管作业装备和专业化服务保障能力；适应地质条件日益苛刻、工程技术难度日益加剧的生产条件，不断完善和拓展连续管作业技术；适应高效经济开发的需要，持续降低连续管作业的成本、凸显规模应用的效益。同时，要加快连续管钻井技术的研究试验，加强连续管新技术的研究攻关，持续提升连续管技术的发展水平与服务能力。

第一节　与国外先进水平的差距

通过"十一五"期间的攻关试验、"十二五"期间的专项推广，中国石油连续管作业技术发展很快，与国际先进水平的差距迅速缩小，但各方面的发展并不平衡。从连续管作业装备和专业化配套装置、专用管材、作业工具等实物产品来看，总体技术已接近国际先进水平，部分技术存在一定差距；从应用技术来看，替液、井筒清理、速度管柱、底封压裂等常规技术和生产急用技术已基本成熟，精细酸化、填砂压裂、实时测井、过油管传输工具、复杂井处理等针对性强、集成度高的技术需进一步配套完善；从专业化水平和应用领域看，连续管技术在油田技术服务企业发挥的作用和地位与国际大公司差距明显，在高压深井、超长水平段井和海上、管道／管线等方面的应用与国际领先水平差距较大；从配套作业软件和新技术研究来看，相比国际领先水平落后较多。

自 2010 年以来，中国石油开展了连续管加深钻井和侧钻的项目攻关和现场试验，但总体而言，连续管钻井仍处于起步阶段，连续管钻机、关键井下工具与仪器、钻井技术与国际先进水平差距较大，需要进一步攻关、突破。

一、连续管作业实物产品的差距

国内连续管作业装备和专业化配套装置、专用管材、作业工具等实物产品发展很快，总体技术已接近国际先进水平，但部分技术仍存在一定差距。

1. 连续管作业装备

中国石油研发的国产连续管作业装备趋于成熟，已形成3类8种结构型式的系列化产品，适应页岩气复杂地貌的大容量车装连续管作业机、适应钻磨作业低速稳定送进要求的注入头已具备与国际同类先进产品竞争的实力。2007—2015年，国内连续管装备年均递增约20%，远高于全球平均增长水平；2012年起，国内新增设备中国产设备占80%多，自主技术开始主导国内相关领域的应用与发展。

国内连续管作业机总体技术水平与国际先进水平相当，但在大管径、大容量拖装作业机及其装载结构、专业化配套装置等方面与国外先进技术存在差距，在要求高的场合，防喷盒与防喷器仍以进口为主。

1）NOV公司超大容量连续管作业机（UHC CTU）

国内大管径大容量连续管作业车，一直面临超宽、超高、总量超限的问题，难以满足道路运输要求，UHC CTU超大容量连续管作业机提供了值得借鉴的设计思路。该作业机采用一拖一车一橇的结构，由控制车、滚筒拖车和运输橇组成，如图9-1所示。滚筒采用可升降式下沉结构，容量达50.8mm（2in）连续管7000m；滚筒未升起时整车高度为4.47m，以便顺利通过桥梁或涵洞，滚筒升起后，其离地间隙达0.54m。滚筒拖车采用框架式结构，承载连续管能力达36.5t；采用强制式后桥转向，转弯直径小于21m，配以大离去角和接近角，提升了其在山路上的机动性能，可适应崎岖的路段，满足山地、丘陵地区超深井连续管作业的需求。

图9-1　NOV公司开发的超大容量连续管作业机

2）NOV公司注入头安装机械臂

目前国内连续管作业现场，注入头仍采用吊车或塔架支撑，安装复杂。为实现连续管作业时注入头更方便快捷的安装到井口，美国NOV公司研制了注入头安装机械臂（图9-2），通过液压油缸驱动多个运动副实现。机械臂最大载荷18000kgf，工作高度19.52m，注入头中心到井口最大安装距离4.57m。

3）哈里伯顿公司推出小型高压泵橇

国内目前现场普遍使用常规压裂车、水泥车配合连续管作业，存在参数不匹配、费用高的问题。几家国际油田技术服务大公司在专业化配套装置方面都有不同程度的发展，开发了与连续管作业机配套的专用泵源等产品。哈里伯顿公司的C15小型高压泵橇（图9-3）是其中的代表之一，最大排量$0.87m^3/min$（5.5bbl/min），工作压力140MPa（20000 psi），能很好地适应连续管作业小排量、高压力的施工特点。

图9-2　NOV公司开发的注入头安装机械臂

2. 连续管专用管材

中国石油研发的国产连续管专用管材已成为国内市场的主流产品，连续管现已形成了CT70—CT110钢级8种规格的连续管产品，占国内市场份额80%以上，并应用到中东和俄罗斯等地区。对比国外，CT130及以上等级连续管尚属空白，产品疲劳性能等基础数据尚不充分，高压深井等复杂井的应用有待拓展。

国内已开发了变壁厚的变径连续管，钢级CT110的变壁厚变径连续管已在页岩气水平井连续管作业中应用，但与国外相比仍有差距。

图9-3　哈里伯顿公司C15小型高压泵橇

哈里伯顿公司开发的变外径的变径连续管技术（DeepReach Taper CT），突破了最大垂直作业井深的限制，将连续管的最大垂直作业井深提高到10000m以上。首先是开发了一种新结构的连续管，在前期采用增大强度、变壁厚等措施的基础上，发展形成了变外径的连续管（锥形连续管）；其次是配套研制了专用的注入头。以110钢级的连续管为例，使用50.8mm外径×3.4mm壁厚（2in×0.134in）的常规连续管，计算最大垂直下入深度6125m（20096ft）；使用50.8mm外径×3.4~5.16mm壁厚（2in×0.134~0.203in）的变壁厚变径连续管，计算最大垂直下入深度8446m（27709ft）；使用50.8mm（2in）变44.5mm（1.75in）的变外径的变径连续管，计算最大垂直下入深度9997m（32798ft）；使用60.3mm（2.375in）变50.8mm（2in）再变44.5mm（1.75in）的变外径的变径连续管，计算最大垂直下入深度11062m（36293ft）。也就是说，与变壁厚相比，变外径的变径连续管最大下入深度可增加20%~30%（图9-4）。

3. 连续管作业工具

中国石油实现了连续管作业工具的自主配套，开发了4个系列90多种工具产品，初步满足了国内连续管作业的需要，并形成以水射流技术为特征的作业与增产工具特色技术，摆脱了对引进的依赖，降低了使用成本。

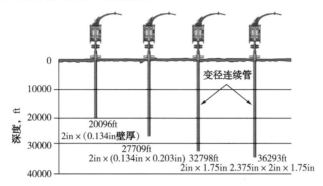

图 9-4 哈里伯顿公司开发的变外径的变径连续管

对比国外，尚未形成有影响的品牌，未建立产品标准和专业检测手段。NOV 公司等连续管设备制造厂商，斯伦贝谢公司、贝克休斯公司、哈里伯顿公司等国际油田技术服务大公司，都有自己的连续管工具专业研发制造分布，形成了在行业内有较高知名度的工具品牌。

二、连续管作业应用技术的差距

中国石油利用自研的连续管装备和工具，形成 5 大系列 60 多种连续管作业工艺，在大庆、长庆、新疆、青海等 11 家油气田应用推广，中国石油连续管作业的年作业量已超过 2500 井次，连续管作业已由"特种作业"变为日常作业，并成为页岩气开发的必备手段。

国内连续管替液、井筒清理、速度管柱、底封压裂等常规技术和生产急用技术已基本成熟，与国际先进水平相当。但连续管多级压裂、精细酸化、实时测井、传输工具与过油管作业、复杂井处理等针对性强、集成度高的技术仍需进一步配套完善，与国外领先水平存在明显差距。

1. 连续管多级压裂

国内以连续管底封环空压裂为主，在长庆致密气、玛湖致密油、陕北煤层气形成初步的规模应用，优势尚未形成。而国外则形成了通过连续管泵注的双封跨隔压裂，通过环空泵注的喷射压裂、底封压裂、填砂压裂、套管滑套无限级压裂，通过套管泵注的桥塞压裂、填砂压裂等技术系列，广泛应用于常规油气、致密油气、页岩气、煤层气等领域，强调精确分层、定点压裂，5 级以上具有作业成本低、增产效果好的优势。

1）连续管泵注的双封跨隔压裂

斯伦贝谢公司的 CoilFRAC 双封跨隔压裂，在加拿大 500m 内浅层气井节省成本 30%，缩短完井周期 75%。

2）环空泵注的连续管无限级压裂

贝克休斯公司推出 OptiPort 压裂技术（图 9-5）、加拿大 NCS 公司推出 MUFIS（Multistage Unlimited Frac-Isolation System）压裂技术，两者的基本原理都是将套管滑套与连续管封隔器和连续管开关滑套技术结合起来，在增加级数的同时更进一步提高了作业效率，在 10h 内能连续完成 20 级压裂。贝克休斯公司在 Barnett 油田 1219m 的水平段 9 天完成48级压裂，一趟管柱完成24级压裂，施工排量为4.5~5.5m³/min；NCS公司的连续管无限级压裂，2014年在Bakken油田创单井压裂104级的纪录。

3）连续管快速填砂压裂[1]

哈里伯顿公司持续研究开发了一系列的填砂压裂新工艺：

开发的CobraMax-H快速填砂压裂技术，利用超高砂浓度实现缝口诱导砂堵，最后阶段的超高砂质量浓度要达到1680~1920 kg/m³（砂比98%~112%），并要求用非交联的基液携砂。成功用于水平井多级压裂，并将填砂时间缩短到30min以内。

开发的HJAP-Anchor新型填砂压裂工具系统，设计了带简易锚定装置和向下喷射通道的喷砂射孔工具，实现了在喷砂射孔过程填砂分层，省掉了单独填砂的时间。

开发的CobraMax DM井下混合填砂压裂技术，将经连续管泵送的超高砂浓度携砂液（最高砂浓度达到2400 kg/m³，砂比140%）与经环空泵送的基液在井底混合，在改善填砂性能的同时，解决了大排量压裂过程中携砂液高速流动带来的冲蚀问题，并可实时控制井底砂浓度实现暂堵转向压裂等特殊工艺（图9-6）。井下混合填砂压裂技术在Marcellus页岩地层和Austin石灰岩地层应用，施工排量降至4~6m³/min，24h完成6级压裂，一趟管柱可完成24~30级压裂。

图9-5　OptiPort压裂技术示意图

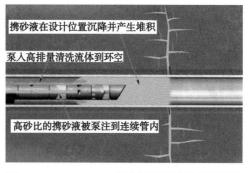

携砂液在设计位置沉降并产生堆积

泵入高排量清洗流体到环空

高砂比的携砂液被泵注到连续管内

图9-6　CobraMax DM混合填砂压裂技术示意图

2. 连续管精细酸化

国内主要用于均匀布酸，通过地面控制连续管拖动速度来控制布酸，更多地强调拖动速度的匀速控制，而国外强调均质地层的均匀吸收、非均质地层定点酸化，在施工理念和措施效果等方面都存在较大的差距。国外连续管射流酸化技术用于高伤害地层增产作业将连续管射流工具与酸化技术结合，清除污染带、改善布酸与增产效果。

贝克休斯公司利用旋转喷射除垢工具Roto-Jet，形成一步式砂岩酸化技术OSSA（One-Stage Sandstone Acid，简称OSSA）（图9-7）。在泰国海上Bualuang油田，清除448m井段的近井带伤害，因为射流工具的解堵作用，无需使用前置酸、后置酸，节省时间和费用。

哈里伯顿公司利用共振脉冲射流工具Pulsonix TFA（图9-8），提高酸化效率。在美国西部，用于注水井增注；在Bakken油田，实施泡沫酸压，消除化学伤害；在Ecuador油田，用于解除炮眼堵塞实现增产。

3. 连续管测井

国内以存储式测井为主，主要用于固井质量测井，开始部分生产测井，也用于特殊井筒的校深，连续管团队与测井团队处于各司其职的分离状态。

图 9-7　Roto-Jet 工具用于 OSSA 酸化

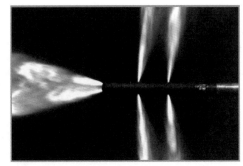

图 9-8　Pulsonix TFA 射流工具

国外已形成包含存储式、电缆直读、光纤直读、无线直读 4 种测井方式的系列技术，涉及井筒完整性测井、资料录取、生产测井、作业参数测量及井下电视等应用。并将连续管、测井、油藏等多学科融合，实现作业过程实时测量，精确作业、精准改造，开启智能作业的应用。

4. 连续管传输工具与过油管作业

国内主要应用连续管传输射孔，开始应用连续管开关滑套，尚未开展连续管输送跨隔封堵、过油管复杂作业、砾石填充防砂等工艺，与国外存在较大差距。

三、专业化水平和应用新领域的差距

国内连续管技术在油田技术服务企业发挥的作用和地位与国际大公司差距明显，在高压深井、超长水平段井和海上、管道/管线作业及连续管钻井等方面的应用与国际领先水平差距较大。

1. 专业化水平

国内油田技术服务企业于 2015 年才开始组建连续管专业队伍，工作量份额小，仍属于特种作业范畴，缺乏特色技术。在国外连续管作业地位突出，是斯伦贝谢公司、贝克休斯公司、哈里伯顿公司等国际油田技术服务大公司修井与增产作业核心业务的重要手段。

国内连续管作业主要用于修井、压裂、完井，但主要以修井作业为主；国内连续管钻井、测井、试油、采油刚起步，专业化水平与服务能力与国外差距较大。国外已广泛用于钻井、完井、修井、测井、试油、采油采气等各种作业，最新发展了页岩气压裂、井下实时测量精确作业、作业软件、超长水平段作业等技术。

从适用的井筒条件来看，国内在套管内、油管内的连续管作业技术总体上与国际先进水平相当，国内在裸眼井及过油管连续管作业差距较大，国内超低压井同心连续管作业刚开始研究。

2. 高压深井作业

国内深井超深井连续管作业以陆上为主，主要集中在塔里木和四川两个油气田区域，以冲砂解堵为主，作业深度已超过 6500m，但针对高温、高压的配套措施尚不成熟。

国外作业较深的井以海上为主，主要在墨西哥湾和委内瑞拉东部，作业深度 5400~6700m，最大作业深度 8000m；贝克休斯公司的 2in 连续管 TeleCoil 智能作业（图 9-9），在新西兰最大作业井深达到 7300m。

斯伦贝谢公司通过针对性的工具配套和工艺设计，不断突破连续管作业的高温、高压条件和超深作业的记录。

在委内瑞拉东部，连续管高温高压作业已成为常规作业，每年作业约 50 口井。主要使用 ϕ44.5mm（1.75in）和 ϕ50.8mm（2in）的连续管，应用喷射和钻磨工具进行清砂和解堵作业。井深 5400~6700m，井底温度 140~170℃，井底压力大于 70MPa（10000psi），硫化氢含量大于 80mg/m³。

在中东（主要是科威特和阿曼），主要使用 ϕ38.1mm（1.5in）和 ϕ50.8mm（2in）的连续管，应用喷嘴和喷砂射孔等喷射工具

图 9-9　TeleCoil 智能作业（最深达到 7300m）

进行替液、酸化、喷砂射孔等作业。垂深约 5200m，井底温度达到 176℃，井底压力达到 85MPa（12350psi），硫化氢含量达到 160mg/m³。

在北海，主要使用 ϕ50.8mm（2in）的连续管，应用喷喷射工具、钻磨工具和开关工具进行压裂后清砂、磨铣球座、开关滑套等作业。垂深约 4000m、测深约 5500m，井底温度最高达到 298℃，井底压力 76MPa（11000psi）。

在墨西哥湾（主要是美国和墨西哥），连续管高温高压作业已成为常规作业，主要使用 ϕ38.1mm（1.5in）和 ϕ44.5mm（1.75in）的连续管，应用喷射工具进行替液、酸化作业。垂深约 5200m、测深约 6170m，井底温度 152℃，井底压力达到 104MPa（15140psi）。墨西哥湾下一步要使用连续管进行作业的三超井（超高温、超高压、超深井），最大井深超过 8500m，井底温度最高达到 230℃，储层压力最高达到 210MPa（30000psi），井口压力预计最高达到 155MPa（22500psi）。

3. 长水平段作业

目前，应用最多的主要是页岩气水平井连续管作业技术，国内在水平段长 2000m 以内总体技术与国外先进水平相当，应用水平存在差距；在水平段长 2000m 以上差距较大。

水平段长 2000m 以内的页岩气水平井，国内连续管作业技术与国外的差距，以连续管在钻磨桥塞为例来说明[2]。川渝地区平均单个桥塞纯钻时间约 39min，北美约为 22min；川渝地区平均单个桥塞总钻时间约 120min，北美约为 65min；总体效率相差近 1 倍。造成钻塞效率差距较大的主要因素，首先是工具与施工水平还存在差距，磨鞋与桥塞匹配使用的配套研发有差距；其次是套变严重（威远示范区占比 58.7%），井眼轨迹不光滑，卡钻、超压停泵发生率高；还有一个原因，受山区道路限制，威远主要使用 2in 连续管，而北美多使用 $2\frac{3}{8}$in 连续管。

水平段长 2000m 以上的页岩气水平井，国内在连续管作业技术与国外的差距，涉及一些新技术的研发与应用。其中，要解决的首要问题是大管径连续管如何兼顾运输和作业深度这两个相互冲突的要求，贝克休斯公司和哈里伯顿公司形成了两种有代表性的技术。

（1）贝克休斯公司推出 DuraLink 可缠绕连接器[11]，用于在现场加长连续管，采用分段运输、现场管管对接的方式，解决大管径超长连续管运输受限的问题。以工具连接取代焊接，更加可靠、可控，适用的管径 44.5mm（1.75in）~73mm（2.875in）。

（2）哈里伯顿公司推出组合管柱作业技术（PowerReach），实现连续管+油管组合管柱作业，彻底解决大直径连续管运输长度受限的问题，可以更灵活地适应深井和长水平井作业，并克服使用小尺寸连续管带来的排量小、摩阻高、长水平段作业易屈曲的问题。

哈里伯顿公司开发了专用的连续管组合管柱作业装置（图9-10），将连续管作业机和不压井作业机相结合，把连续管注入头安装在不压井作业机上，采用统一的液压与控制系统，一套设备完成两种管柱的交替施工；开发了三种安全阀，适应两种管柱带压作业的切换。采用公司 ϕ60.3mm（2.375in）的连续管和同尺寸的油管组合，2011年在西弗吉利亚完成4口页岩气水平井的喷砂射孔填砂环空压裂，一口井最多完成29级压裂。

图9-10　连续管组合管柱作业装置（PowerReach）

4.海上与管道/管线作业

国内海上连续管作业，从2009年开始组建自己的连续管队伍，在渤海、南海、东海等水域，开展气举、冲砂、除垢、打捞等常规作业。由于起步晚、作业量少，技术水平、应用范围和规模都与国外有较大差距。

国内连续管用于管道/管线的作业，基本处于空白状态，与国外的差距更大。

5.连续管钻井

国内目前只有中国石油开展了连续管钻井技术的研究和试验，共进行了11口井的连续管侧钻现场试验，最大侧钻长度707m，最大井斜37°，最大造斜率4°/30m，基本上是侧向定向井，侧钻水平井尚属空白。国内连续管钻井处于起步阶段，连续管钻机、关键井下工具与仪器、钻井技术与国际先进水平差距较大，需要进一步组织攻关。

四、连续管作业软件和智能作业新技术的差距

连续管作业专业软件已成为连续管技术水平的重要标志和现场应用的重要支撑。由于应用规模持续提升、使用条件日益复杂，必须使用专业软件来规范设计与实施过程，评估作业能力和风险、监控作业过程，以提高作业的效率、安全性和成功率；同时，连续管作业软件平台也是进一步实施井下数据实时监测、开展智能作业的基础。

国内连续管作业软件及相关研究与国外存在较大差距。国内初步形成了采集软件、在线检测软件，但设计分析软件仍依赖引进，缺乏综合性的软件平台；国内连续管作业基础理论、基础试验缺乏系统研究，作业井数少，作业经验和数据缺乏积累。

而国外不仅形成了比较成熟的通用商业软件，如CTES公司的Cerberus、MEDCO公司的TAS和FACT等软件，斯伦贝谢公司、贝克休斯公司、哈里伯顿公司等国际油田技术服务大公司还专门开发了自己的连续管作业软件，融入作业经验和数据，并形成智能作业的基础平台。商业软件可通过购买后使用，但各大公司独有的专业软件

及以之为基础衍生的技术，是国外领先技术的关键所在，必须通过自主研发逐步缩小差距。

1. 国际油田技术服务大公司独有的连续管作业软件

油田技术服务公司开发自己的连续管作业软件，融入作业经验和积累的数据，与使用常规商业软件相比，可实现更精细的分析。

（1）斯伦贝谢公司自主开发形成了系列软件。

斯伦贝谢公司的 CoilCADE 软件系统能进行作业前的设计、模拟、预测和作业后的设计修正，并能基于现场累积数据对模型进行修正；CoilSCAN 软件系统能持续跟踪检测连续管缺陷，并通过数据累积分析，基于检测实现对连续管使用寿命的评估，改变单纯依靠模型预测寿命的方式；CoilCAT 软件系统能采集施工数据、监控作业机关键参数，并能与设计参数实时对比，实现监测、报警或重新设计分析。

（2）贝克休斯公司的 CIRCA 实时模拟软件，可在线修正模型，实时开展力学和流体分析。

（3）哈里伯顿公司的 InSite 作业设计与采集系统，能在线开展作业设计、方案比较、力学和流体分析，能收集和累积数据，实现远传通信。

2. 连续管井下实时测量精确作业技术

将连续管作业与直读测井技术结合，实现井下实时测量、精确作业，逐步形成智能作业的理念。

1）斯伦贝谢公司的 Active 技术

Active 技术（图 9-11）利用光纤实现井下实时测量，提升作业效率与效果。测量参数包括压力、温度、接箍信号、伽马信号，拉压载荷，主要作业类型包括射孔、酸化、封堵、调剖等增产作业，钻磨、除垢、冲砂等修井作业。

2）贝克休斯公司的 TeleCoil 技术

TeleCoil 技术（图 9-12）使用电缆传输。主要作业类型包括射孔、酸化、封堵、调剖等增产作业，钻磨、除垢、冲砂、井下电视等修井作业，固井质量、井筒完整性、生产测井、井下电视等测井作业。

3）哈里伯顿公司的 SpecTrum 技术

SpecTrum 技术（图 9-13）可使用光纤、电缆、无线三种方式传输。可用于增产作业、修井作业、测井作业，还可用于储层评价、增产效果评价、压裂设计优化。

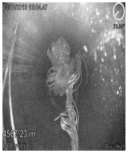

图 9-11　Active 技术应用　　　图 9-12　TeleCoil 技术应用　　　图 9-13　SpecTrum 技术应用

第二节　面临的生产需求与挑战

国内经济持续增长，对能源消费的需求依然旺盛，石油和天然气依然在我国能源体系中占有重要的地位。油气行业正在从"资源为王"向"技术为王"转变，需要靠工程技术的进步将探明储量转化为可采储量和经济可采储量；随着低品位油气资源增多、老油田挖潜难度加大，对技术的要求也越来越高；持续低油价，进一步凸显了技术创新的紧迫性和重要地位。连续管技术是能从根本上转变井下作业方式的前沿工程技术，在"十三五"期间需要进一步提升应用水平和服务能力，持续扩大应用规模，以更好地促进油气田经济开发和清洁安全生产，适应低油价下经济发展的需要。

一、中国石油连续管技术发展的生产需求

"十三五"期间，为保障实现中国石油原油 $1 \times 10^8 t$ 有效稳产、天然气突破 $1000 \times 10^8 m^3$ 后再上产的发展目标，连续管装备与队伍的缺口很大；为适应地质条件日益苛刻、工程技术难度日益加剧的生产条件，连续管技术的提升空间很大；立足长期低油价，依靠工程技术持续进步实现高效、经济开发，利用连续管技术持续降本提速的需求强烈。

1. 需要进一步扩大规模提升保障能力

（1）中国石油连续管设备和队伍规模不大，且过于分散。

2006 年以来，中国石油和国内连续管设备和队伍规模增长很快，但总体规模依然不大。根据中国石油连续管作业技术专项推广项目团队统计的数据，将国内连续管设备数量与国外数据对比，可以看出国内连续管作业的区域规模、公司规模都不大，且存在过于分散的问题。

从区域对比来看（图 9-14）：到 2014 年底，中国区域连续管设备保有量 168 台（含停用待修的老设备和未启用的新到设备），仅为美国在役连续管设备数量的 27%，加拿大的 51%；到 2016 年底，在国内设备保有量保持增长而美国和加拿大受油价暴跌影响在役设备数量锐减（分别比上年减少 85 台和 63 台）的情况下，中国区域连续管设备保有量也仅为美国在役设备数量的 38%，加拿大的 70%。

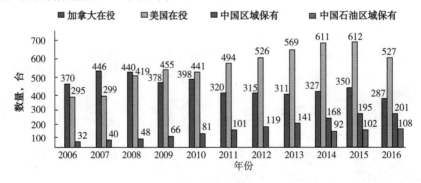

图 9-14　2006 年以来国内连续管设备数量与美国和加拿大数量对比

从公司对比来看（图 9-15）：按中国石油作为一家公司计算，2014 年到 2016 年，中国石油自有的在役连续管设备数量分别为 52 台、53 台和 59 台，可在国际服务公

司中排名前 6 位或更靠前，排名不低，但也仅为斯伦贝谢公司同期数量的 17%，17% 和 23%。

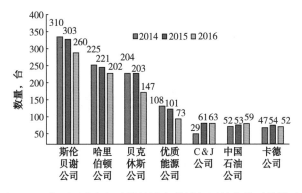

图 9-15　中国石油在役连续管设备数量与国外大公司数量对比

但是，中国石油自有设备分散严重，大大削减了设备数量公司排名的含金量，对设备的使用和生产的组织造成极为不利的影响。以 2016 年为例，中国石油自有连续管设备（图 9-16）总计 63 台，有 4 台停用，有 7 台在海外服务，在役的自有设备只有 59 台，在国内作业的在役自有设备仅为 52 台。中国石油自有设备分布在 12 家单位（7 个油田企业、5 个油田技术服务企业），最少的只有 1 台，最多的也仅有 17 台，10 台以上的仅有 3 家。

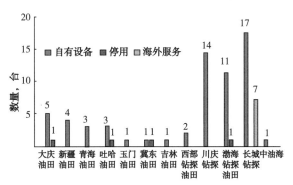

图 9-16　中国石油自有连续管设备分布

（2）中国石油连续管作业应用规模有限，设备利用率不高。

中国石油连续管技术发展很快，连续管作业量（国内）2013 年至 2016 年年均递增超过 40%，但到 2016 年也仅有 2300 多井次，不足中国石油当年井下作业工作量（国内）的 2%，规模非常有限。按 2016 年中国石油自有设备国内在役数量 52 台测算，单台设备年作业量不足 50 井次（如扣除由非中国石油自有设备作业的井次，会更低），与国外单台设备年均 100 井次以上相比，设备利用率严重偏低。

从中国石油 10 个油田 2016 年连续管作业量来看（图 9-17），单个油田作业量超过 100 井次的仅 4 家，同一油田单项工艺作业量超过 100 井次的仅有 1 家，施工规模非常有限。

从中国石油 10 个油田 2016 年连续管作业工艺来看（图 9-18），单项工艺合计作业量超过 100 井次的仅有 4 项，得到规模应用与推广的技术非常有限。

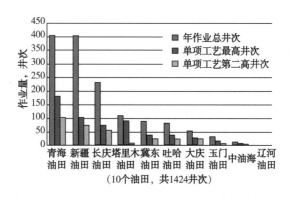

图 9-17　中国石油 10 个油田 2016 年连续管作业量统计

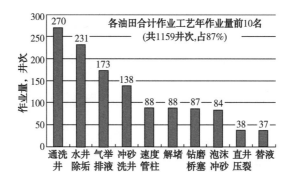

图 9-18　中国石油 10 个油田 2016 年合计作业量前 10 名

从中国石油 10 个服务单位 2016 年连续管作业量来看（图 9-19），单个服务单位作业量超过 100 井次的仅有 3 家，同一服务单位单项工艺作业量超过 100 井次的仅有 1 家，施工规模非常有限。

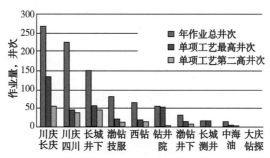

图 9-19　中国石油 10 个服务单位 2016 年连续管作业量统计（10 个服务单位，共 913 井次）

从中国石油 10 个服务单位 2016 年连续管作业工艺来看（图 9-20），单项工艺合计作业量超过 100 井次的仅有 4 项，实现规模应用与推广的技术非常有限。

（3）为保障稳油增气，中国石油连续管设备和队伍缺口较大。

非常规油气是中国石油储量产量新的增长点，水平井体积压裂已成为其主体开发方式，连续管技术已成为必备的工程手段。以川渝页岩气为例，为实现 2020 年产量达到 $120 \times 10^8 m^3$，2018 年工作量超过 270 口井，2019 年还将增加近 100 口井，需要连续管装备（队伍）约 50 套（支），缺口接近 30 套（支），缺口达到约 60%。

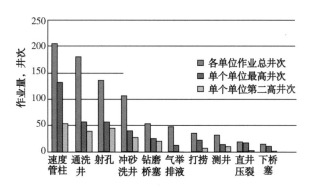

图 9-20 中国石油 10 个服务单位作业工艺 2016 年合计作业量前 10 名（共 616 井次，占 67%）

老油田稳产复产是中国石油稳油增气的工作重点，通过前期推广，连续管技术已成为提高修井效率、降低综合成本的重要手段。大庆、长庆、新疆和青海等油田，均出现了因连续管设备队伍不足，影响规模应用和生产组织的问题。

2. 需要进一步拓展应用提升服务能力

中国石油"深层、低渗透、非常规、老油田"等勘探开发重点领域，面临井深更深（跨越 8000m）、水平段更长（迈向 3000m）带来的挑战，面临高成本、低产量、低效益的难题，连续管技术在扩大应用规模的同时，还需要进一步拓展应用范围、提升服务能力，适应地质条件日益苛刻、工程技术难度日益加剧的生产条件。

1）拓展深层油气领域应用

以塔里木油田为例，最大井深已超过 8000m，需要配备适应超深井作业的连续管装备，适应高温高压条件的工具与井控装置，适应高含 H_2S/CO_2 等腐蚀环境的配套技术。

需重点解决以塔里木油田库车山前为代表的高压深井连续管作业难题。塔里木油田库车前陆区油气资源丰富，地质条件极为复杂，属于高压（105~130MPa）、高温（150~184℃）、超深（平均 6800m，最深 8038m）气藏。井口温度 70~100℃，井口压力 80~115MPa，CO_2 含量高等极端井筒环境特征，决定了其井筒作业蕴含极大的施工风险，任何微小的疏忽和瑕疵都会导致灾难性的后果。使用连续管作业，需要重点解决超深井管柱长、摩阻大，压裂砂堵后处理难度大、成本高及处理工具及工艺不配套等问题，重点研究高压深井连续管作业装备、高压深井过油管作业技术与工具。

2）拓展低渗透油气领域应用

需要围绕直井多层压裂、水平井多级压裂，推进连续管一体化作业，进一步提升连续管技术的应用水平与规模，持续提高效率、降低成本。

3）拓展非常规油气领域应用

需要适应 2000m 以上超长水平段的作业要求，配套大管径大容量连续管装备，完善工具与技术以延长连续管下入深度、提升作业能力。

需重点解决以川渝页岩气为代表的深井长水平段连续管作业难题。重点解决超深超长水平段水平井作业技术与装备不成熟，气井压裂后带压作业周期长、成本高等问题，重点研究连续管与油管组合管柱带压作业技术、大管径连续管现场对接技术、连续管压裂与完井投产一体化技术。

需重点解决以陕北地区致密油、煤层气为代表的复杂地貌长水平段作业难题。重点解决运输条件受限的设备配套和复杂井筒条件的作业等问题。

4）拓展老油田应用

长庆油田急需低成本的连续管侧钻水平井技术、连续管小井眼完井与改造技术；大庆油田等安全清洁生产、降本增效，需要适应大规模应用的低成本、专用化的连续管快速修井装备与技术。

需针对老油田多井低产、维护成本高的问题，扩大连续管快速修井、不动管柱作业技术的应用，推广连续管高效低成本作业；针对低产低效井占比高，枪弹射孔难以穿透近井伤害带和井周应力场变化区，增产措施有效期短等问题，研究应用连续管增产作业与辅助压裂技术；针对侧钻小井眼储层改造工具不配套的问题，研究应用小直径井筒连续管水力喷砂定点压裂技术；针对连续管速度管柱成本压力大的问题，研究连续管旧管用作速度管柱等技术。

3. 需要进一步降低成本提升效益水平

低油价带来的成本冲击持续存在，新两法提出了更加严苛的安全环保要求，进一步提升连续管技术应用规模，有利于促进高效、低成本开发和安全、清洁生产，推动井下作业方式持续转变。为转变作业方式，凸显规模应用的效益，连续管作业的成本也需要持续降低。

连续管技术实物产品制造，要兼顾个性化设计与工业化生产，推进模块化，实现进口与国产化多渠道采购，提高互换性。

连续管技术现场应用，要加强油田生产宏观管理，转变主要用于应急处理和解决特殊复杂问题的"特种作业"管理模式，要提前规划连续管技术的应用，使连续管作业真正成为日常生产手段。

连续管技术作业服务，要提升规模应用的水平，实现队伍专业化、装备定制化、服务标准化。

二、中国石油连续管技术发展存在的共性问题

中国石油连续管技术的发展，需从转变观念入手，解决通用性与专用化、技术挑战与成本约束、运输标准和作业要求等几方面存在的矛盾和问题。

1. 需进一步转变观念持续促进应用

（1）要提高认识高度。

要认识到连续管作业技术已成为修井与增产作业的重要手段，代表井下作业技术的发展方向，加大应用与推广是一种必然趋势。连续管技术已成为页岩气、致密油水平井开发等领域必备的工程手段，其技术和应用水平在很大程度上代表了油服企业的服务能力和市场竞争力，也在一定程度上反映了油田业主的生产管理水准。

要从行业发展的高度认识连续管技术对于降本增效、安全生产、清洁生产的意义。要转变只盯住单个工艺过程进行施工成本简单对比的观念，关注综合效益和综合成本。

要转变将连续管技术作为特种作业技术的观念。要将其作为专业化的日常作业手段来使用，在生产组织和施工设计中提前考虑。

（2）要重视专用化配套和规模效应。

在连续管设备选型方面，要改变一套设备打遍天下、片面求高求全的观念，要结合具

体应用条件选择最适用的设备配置，并匹配专用的装置和工具。结合作业用途、工况和道路条件的差异性与特殊性，凸显其专用化，提高作业效率。

重视连续管技术在常规作业中的应用。中国石油井下作业工作量中80%为常规小修作业，常规作业是转变作业方式的首要问题；尽管连续管在全球用于钻井、压裂的工作量增长很快，但国际上连续管作业60%以上的工作量依然是常规作业。

（3）要结合连续管技术的特点转变作业理念。

连续管技术不是简单地解决了无需逐根连接螺纹的问题，也不仅仅是设备自动化程度高、起下速度快，要重视作业的"一体化"思维，逐步形成不动管柱作业、带压作业、过油管作业、连续拖动、连续循环等连续管作业理念，真正发挥连续管技术的优势，促进作业方式的转变。

连续管作业理念和作业方式的转变，不仅仅体现在连续管作业过程，还要上溯到前期的钻完井和生产管理，形成一种系统化的思维和生产管理模式。

2. 需推进标准化和专用化提升规模和使用效率

（1）要改变过分强调个性化的现象。

部分用户过分强调连续管装备的个性化，已严重影响研发和生产组织，不仅使设计与制造的成本增加、周期延长，也不利于维护与使用，需要改变。

连续管装备的个性化设计要求来源于需求的差异性，需要识别和协商调整。有一些是客观的，必须满足，比如道路、井场、气候等区域差异需要不同的运移设计，物性与压力温度、井身结构、作业深度等储层差异需要不同的配套设计，作业类型差异需要不同的功能设计；有一些是主观的，可以调整，比如指定品牌、供货商，指定配置等。

（2）要通过标准化配置和模块化设计满足通用型与专用化要求。

为降低配套成本、打造专业化服务，利于提升应用规模和使用效率，可通过标准化配置和模块化设计满足通用型与专用化要求。

基于通用性要求，通过系列化、模块化设计，确定一些基本机型形成标准配置。明确基本机型标准配置的定位与定价、供货周期，对非标要求增加供货约束条件。

对于已形成规模应用的作业，可在基本机型的基础上进一步形成专用化设计，基本思路是"优化（或简化）配置＋专用化配套"，例如：针对快速修井，可基于一体化作业机配套小型无级变量高压泵；针对除垢等作业，可配套作业液在线处理连续循环装置。

（3）提高效率降低成本是提升规模和利用率的关键。

要提高中国石油连续管作业的保障能力，更好地满足生产需求，不仅需要进一步提升设备和队伍规模，更要提高设备和队伍的利用率。其关键是要提高作业效率、降低综合成本，使油公司能看到使用连续管作业的效益和效果，也给油田技术服务公司带来更大的收益。

要更加注重提高效率。对于规模应用的技术，在设备设计与配套专用化的基础上，持续优化工具与工艺、完善施工组织，实现标准化作业、规范化管理。

要更加注重降低综合成本。除了优化设备与工具配套，控制施工过程之外，更加强调全生命周期管理，从设备维护与有效动用、连续管管材维护与检测评价、作业液处理与循环利用、作业有效期跟踪与效果评价等方面，降低综合成本，最终降低吨油成本。

3. 需适当放宽成本约束激励新技术的研究与应用

连续管技术的最大优势和终极目标是提高效率、降低成本、提升效益水平，但要考虑技术复杂性和发展的阶段性，不仅要重视科研投入，也要重视在应用推广过程中适当投入"学习成本"。

（1）需要长远规划，有序推进重大技术方向的研究与应用推广。

连续管钻井是一项需要多学科研究、多技术集成的前沿技术，国内研究试验刚刚起步。从国外发展历程来看，从加深钻井到侧钻、侧钻水平井，再到欠平衡钻井和新井钻井，经历了一个技术逐步提升的过程，才最终在一些特定的场合和领域形成连续管钻井的高效低成本优势。国内也应遵循渐进发展的规律，目前要重点针对致密油侧钻水平井小井眼钻井，先通过攻关试验掌握技术，再逐步形成低成本配套。

连续管井下实时测量精确作业、超低压井同心连续管作业、连续管海上作业和管道/管线作业、连续管采油等新技术的研究和新领域的应用拓展，也需要进行长远规划、有序推进。

（2）需要渐进安排，为新工艺应用提供技术培育和流程再造的成本空间。

连续管多级压裂在国外发展较快、应用广泛，而国内的技术发展和应用则不甚理想。其中很重要的一个原因是，在连续管压裂自主技术应用的起步阶段，甲方成本控制没有给技术培育和流程再造提供足够的空间，服务方背负了过重的"学习成本"，无利可图，缺乏积极性和动力，影响了该技术的持续完善和应用推广。

（3）需要综合评估，正视技术复杂性增加必然带来成本增长的问题。

在页岩气和致密油开发中，深井超长水平段井的作业，在水平段长度超过2000m、作业深度超过5000m后，是一项极具挑战性的工程技术难题。使用连续管作业目前依然是国内外优先考虑的技术方向，需要从连续管装备、工具、作业介质等多方面入手，并配合井身轨迹优化等措施。在国内，针对川渝地区的复杂地貌，在作业深度达到6000m以上后，还需进一步增大管径，用一台作业机运输一盘连续管已不能满足作业井深的要求，需要采取连续管现场对接、连续管与油管组合作业等措施，技术复杂性大大增加。

在国内页岩气水平井压裂中，普遍存在套变严重（威远示范区占比58.7%）、井眼轨迹不光滑的问题，连续管作业与钻磨过程中卡钻、超压停泵发生率高，极易造成井下复杂。

除了页岩气水平井作业外，超深井、超高压或超低压井、裸眼井等复杂井筒条件和遇卡、变形、地层出砂等井下复杂情况，都会因技术复杂性增加带来成本增长。国外在连续管复杂作业中有较成熟的定价和核算机制，值得国内借鉴。

4. 需适应道路运输标准拓展设计配套思路

1）新标准对特车的要求

新标准对特车的要求，使连续管装备普遍超限。GB 1589—2016《汽车、挂车及汽车列车外廓尺寸、轴荷及质量限值》道路行驶车辆提出了一系列比较严苛的限制要求。

（1）油田专用车（车载/半挂）：宽2550mm、高4000mm、总重55000kgf。

（2）每个桥的最大桥荷：13tf（四轴52tf，五轴55tf）。

（3）低平板运输半挂车：宽3000mm、高4000mm、总重40000kgf。

按新标准设计的连续管作业装备最大容量：车装（主要受尺寸限制）为ϕ50.8mm

（2in）连续管 3800m，ϕ 60.3mm（2.375in）连续管 2300m；拖车（主要受尺寸限制）为 ϕ 50.8mm（2in）连续管 5000m，ϕ 60.3mm（2.375in）连续管 3000m；橇装（主要受重量限制）为 ϕ 50.8mm（2in）连续管 5000m，ϕ 60.3mm（2.375in）连续管 4000m。

在 GB 1589—2016 的限制范围内，适应致密油和页岩气水平井作业要求的连续管作业装备现有机型基本都超限，大管径及超深井作业装备运输难上加难。

2）几种可行的配套思路

（1）延续车装和拖车连续管装备的设计配套思路，对于超出 GB 1589—2016 限制的装备，按现有标准可以继续申请公告，但不能办理正式牌照，只能申领临时牌照运行。优点是具有较好的移运性和操控性能，方便运输和现场安装；缺点是增加了管理难度。

（2）改变设计配套思路，对于超出 GB 1589—2016 限制的车装和拖车连续管装备，采用橇装设计，变超限车为超限运输。优点是规避了超限车的管理问题；缺点是增加了运输难度和成本。

（3）彻底改变设计配套思路，对于按单台设计超出 GB 1589—2016 限制的车装和拖车连续管装备，采用分体设计，使单台设备符合标准要求，采取连续管现场对接、连续管与油管组合作业等措施满足作业井深的要求。优点是规避了超限车的管理问题；缺点是增加了施工难度和成本。

第三节　技术发展方向与建议

自 2006 年以来，中国石油连续管技术发展迅速，但总体应用规模依然很小、发展也不平衡，连续管技术应用水平和服务能力与国外相比还有较大的差距，需要进一步推广以持续提升规模和效益，也需要进一步研究攻关来满足深井、长水平段等复杂作业的要求，尽快突破连续管钻井技术实现应用。

一、发展方向与思路

1. 中国石油连续管技术的发展方向

适应集团公司原油稳产、天然气持续上产的发展需要和勘探开发重点领域降本增效、增储上产的要求，加快连续管装备与队伍建设，提升工程服务保障能力。

适应长期低油价带来的成本压力，满足新两法提出的安全环保要求，进一步提升连续管技术应用规模，推动井下作业方式持续转变，促进高效作业与安全清洁生产。

适应地质条件日益苛刻、工程技术难度日益加剧的生产条件，加强连续管作业技术的滚动研究与应用拓展，加快连续管钻井技术的研究试验，持续提升连续管技术的发展水平与服务能力。

2. 中国石油连续管技术的发展思路

继续加大推广力度，持续提升规模应用效益和专业化服务保障能力。继续发挥专项推广项目的平台作用，逐步建立集团公司层面的推广应用目标考核体系。

继续加强试验示范的支持，推动连续管作业技术的滚动研究与应用拓展。在"深、低、非、老"等勘探开发重点领域的后续专项项目中，继续保留连续管技术提速提效与示范应用的研究专题。

继续加大研究投入。持续支持连续管作业新技术与连续管钻井技术的研究试验，加强基础研究与试验平台建设。

二、措施建议

1. 成立中国石油连续管技术推广应用领导小组

将连续管技术确定为今后一个时期重点发展的工程技术，成立集团公司层面的领导小组，指导连续管技术的研究与应用推广。主要职责：

（1）确定集团公司连续管技术发展目标，制订科技发展规划计划，组织建立集团公司层面的推广应用目标考核体系；

（2）统一制定集团公司连续管技术推广应用总体目标、分解下达任务，制定管理办法，配套激励约束政策；

（3）组织确定基本机型标准配置、定额标准等通用准则，组织协调示范试验专题任务的安排。

2. 组建中国石油连续管工程技术中心

依托技术优势单位，组建中国石油连续管工程技术中心，加快技术进步，支撑推广应用和技术升级。主要职责：

（1）编制连续管技术发展总体规划、阶段发展计划，为领导小组决策连续管技术发展方向提供参考；

（2）开展标准化、信息化工作，为推广应用和持续研究提供技术支撑；

（3）建立集团公司连续管技术共享平台，形成研发中心、培训中心、技术交流中心、装备和高端工具生产制造基地。

3. 开展连续管技术重点项目研究

（1）高压深井连续管作业技术与配套装备研究；

（2）深层超长水平段连续管作业技术与配套装备研究；

（3）连续管侧钻水平井技术与配套装备研究；

（4）自动化连续管作业机研制；

（5）智能化连续管钻完井技术与配套装备研究；

（6）连续管钻井工程实验室建设。